冶金工业出版社

普通高等教育“十四五”规划教材

催化科学与工程应用基础

Fundamentals of Catalytic Science and Engineering Applications

主　编　舒　庆
副主编　陈喜蓉　邹来禧

北　京
冶 金 工 业 出 版 社
2023

内容提要

本书共分为10章，内容包括固体催化剂的结构基础、吸附与催化、催化剂与催化作用、催化剂的制备与应用、催化剂表征技术、光催化、电催化、稀土催化、密度泛函理论在催化中的应用。

本书可作为高等院校化学、化工专业本科生、研究生教学用书或教学参考书，也可供从事催化研究的工作者和化学工业生产的科技人员阅读参考。

图书在版编目(CIP)数据

催化科学与工程应用基础/舒庆主编. —北京：冶金工业出版社，2023.6

普通高等教育“十四五”规划教材

ISBN 978-7-5024-9507-7

Ⅰ.①催… Ⅱ.①舒… Ⅲ.①催化—化学反应工程—高等学校—教材 Ⅳ.①TQ032

中国国家版本馆CIP数据核字（2023）第083762号

催化科学与工程应用基础

出版发行 冶金工业出版社 **电　话** (010)64027926

地　址 北京市东城区嵩祝院北巷39号 **邮　编** 100009

网　址 www.mip1953.com **电子信箱** service@mip1953.com

责任编辑 杨盈园　美术编辑 彭子赫　版式设计 郑小利

责任校对 王永欣　责任印制 窦　唯

北京捷迅佳彩印刷有限公司印刷

2023年6月第1版，2023年6月第1次印刷

787mm×1092mm 1/16；19印张；458千字；291页

定价46.00元

投稿电话 (010)64027932 投稿信箱 tougao@cnmip.com.cn

营销中心电话 (010)64044283

冶金工业出版社天猫旗舰店 yjgycbs.tmall.com

(本书如有印装质量问题，本社营销中心负责退换)

前　言

催化剂是影响化学反应的重要媒介，催化剂的研究已成为国内外化学工程与技术领域的研究热点。本书以催化剂及催化反应的研发为主线，根据本学科领域国内外最新进展并结合作者近十年来的科研成果，全面系统地介绍了催化剂的基本概念、制备方法、表征方法、催化性能和工业应用。催化剂的设计与开发，需要固体物理、表面化学、结构化学、量子化学等学科的理论知识作为研究基础。因此，本书注重将上述学科知识和催化剂的设计与开发过程相结合。全书共分为10章，内容包括固体催化剂的结构基础、吸附与催化、催化剂与催化作用、催化剂的制备与应用、催化剂表征技术、光催化、电催化、稀土催化、密度泛函理论在催化中的应用。

本书可作为高等院校化学、化工专业本科生、研究生教学用书或教学参考书，也可供从事催化研究的工作者和化学工业生产的科技人员阅读参考。

本书的编写得到了江西理工大学本科生和研究生教材建设项目资助，编者深表感谢。

由于编者学识水平所限，尽管在编写过程中尽力避免错漏，但书中仍有可能出现错误和不妥之处，敬请读者批评指正。

编　者

2022年12月

目　录

1 绪论

在通过化学反应合成产品的过程中，催化是实现化学转化的关键。迄今为止，大多数工业化生产过程都需要使用催化剂。尤其是生物反应，几乎全部需要使用催化剂。这种由于催化剂的介入而加速或减缓化学反应速率的现象，称为催化作用。

早在古代，人类就已经开始接触到催化，如利用酶（生物催化剂）酿酒、制醋和制酱；中世纪，炼金术士以硫黄为原料和硝石为催化剂来制备硫酸；13 世纪，人们发现用硫酸作催化剂能使乙醇变成乙醚。尽管人们已经感觉到了这种可称为“催化”的神秘作用的存在，但是催化的基本作用原理和机制却一直没有被人所知。直到 19 世纪，工业革命有力地推动了科学技术的发展，大量的催化现象被人们发现。从那以后，研究者们才真正开始对催化进行系统的科学研究。

催化剂是一种少量使用就可以增加化学反应速率而本身并不消耗的物质。之前，普遍认为催化剂不参与反应过程。但随着人们对催化认识的逐渐深入，现在已知催化剂可与反应物在催化过程中发生化学键合作用，催化实质是一个循环过程。除了加速反应之外，催化剂还有另一个重要的性质：对化学反应具有选择性，即可通过使用不同的催化剂体，从给定的原料获得完全不同的产物。在工业上，这种对目标反应的控制能力往往比催化活性更重要。

催化剂可以是气体、液体或固体物质。大多数工业催化剂是液体或固体物质，是靠其表面的原子或离子参与反应，使反应活化能降低从而使反应速度增加，而最终实现催化作用。当代化学工业，75%的化学品的生产需借助于催化剂，在新开发的工业生产流程中，该比例超过了 90%。许多用于生产塑料、合成纤维、药物、染料、作物保护剂、树脂和颜料所需的有机中间产品，只能通过催化反应过程来生产。很多涉及到原油加工和石油化学的过程，如纯化、精炼和化学转化，均需要使用催化剂。许多环保措施，如汽车尾气、发电站和工厂的废气净化处理，都离不开催化剂。因此，催化剂的重要性不言而喻。

1.1 催化理论的形成与发展

1781 年，帕明梯尔（Parmentler）以酸为催化剂使淀粉水解。1812 年，基尔霍夫（Kirchhoff）发现：如果有酸类物质存在，蔗糖的水解作用会进行得很快，反之则很缓慢。而在整个水解过程中，酸类并无什么变化。同时，基尔霍夫还观测到，淀粉在稀硫酸溶液中可以转变为葡萄糖。1817 年，戴维（Davy）在实验中发现铂能促使醇蒸气在空气中氧化。1838 年，德拉托（Drattoria）和施万（Shivon）分别发现糖之所以能发酵为酒精和二氧化碳，是通过一种微生物的作用。1862 年，圣·吉尔（de Saint-Gilles L P）和贝特罗（Berthelot）研究了乙醇和醋酸的酯化反应及其逆反应过程，结果发现：如果按照分子比将醋酸乙酯与水混合，经过几星期之后再进行观测，醋酸乙酯已部分水解为乙醇和醋酸，且反应速度随时间延长呈现为递减的趋势；再将乙醇与醋酸混合反应生成醋酸乙酯，反应速度同样很慢。最关键的是，当反应达到平衡后，正逆反应中的物质组成完全相同。但是，当有无机酸存在时，乙醇和醋酸的酯化反应及其逆反应则可在几小时内完成。这证明了无机酸是一种可以同时加快正逆反应速率的催化剂。

随着人们对催化剂和催化作用的认识不断深入，关于催化反应的理论也逐步得以发展。催化剂为什么能够改变化学反应的速度，而它本身在反应后又不发生化学变化呢？为了解释这一问题，早在19世纪初期，就已经有研究者提出关于催化剂在反应中生成中间化合物的假说，认为催化剂之所以有“催化能力”，是由于生成了中间化合物的结果。如1806年，德索尔姆（Desormes）和克雷蒙（Clement）在研究NO对SO_2经氧化反应制备H_2SO_4的催化作用时，推想NO先与大气中的氧反应生成某种中间化合物。这一中间化合物再与SO_2相互作用，把氧转移给后者，自身又变为NO。该NO均相催化反应过程，是一个交错地进行氧化还原反应的过程。但令人遗憾的是，他们没有提出具体的反应过程。1835年，贝采里乌斯（Berzelius）提出与克雷蒙和德索尔姆的假设最为类似的反应过程，他认为该催化反应过程由下列两个过程交替进行：

$$2NO + O = N_2O_3 \tag{1-1}$$

$$SO_2 + N_2O_3 + H_2O = H_2SO_4 + 2NO \tag{1-2}$$

可以看出，在贝采里乌斯所提出的NO对SO_2氧化的催化作用过程中，N_2O_3就是相当于克雷蒙和德索尔姆所推想的把空气中的氧转交给SO_2的活性中间物质。1930年，邢歇伍德（Hinshelwood）等以碘蒸气为催化剂，进行了乙醛蒸气的加热分解反应研究，发现在该反应中，作为催化剂的碘蒸气的浓度始终不变，邢歇伍德认为，这是由于催化剂K先与某一反应物A或B相互作用，生成了中间化合物X，X再进一步转化为产品C并使催化剂再生。从此，中间化合物这一概念得到确立，并在以后得到广泛应用。

1836年，贝采里乌斯（Berzelius）首次对催化作用进行了总结分析。为了对分解和转化过程中发生的各种催化作用进行解释，他引入了“催化”这一名词，并假设催化剂是一种具有“催化力”的外加物质，具有影响化学物质亲和力的特殊能力，在该作用力影响下进行的反应即为催化反应。这是最早关于催化反应的理论。

1850年，威廉米（Wilhelmy）在研究酸对蔗糖水解的催化作用规律时，通过微分方程，第一次提出了一个能表达简单类型化学反应速度的普遍公式。从此，人们才开始对化学动力学进行定量研究。1884年，奥斯特瓦尔德（Ostward）等对各种酸对酯的水解以及蔗糖转化等催化作用现象的解释进行了综合比较分析，最终提出了他所认为的催化剂现象的本质：某些物质具有一种特别强烈的使速度很慢的反应加速的特殊能力。1895年，奥斯特瓦尔德对催化进行了重新定义，具体如下：催化剂是一种物质，其能改变某一反应的反应速率而不能改变该反应的能量因素。他认为，任何物质，如果只是改变反应的速度，但并不参加到化学反应的最终产物中去，即可称为催化剂。另外，他通过总结大量实验结果和依据热力学第二定律，提出了催化剂不能改变平衡常数。1905年，勒·罗西诺（Le Rosignol）和哈伯（Haber）等人根据化学热力学原理研究计算了H_2、N_2和NH_3在各种温度和压力状态下的平衡情况后，利用各种催化剂的帮助，成功设计出从空气中的N_2合成NH_3的实验方法。

随着更多催化实验现象的发现及相关研究的不断深入，人们发现催化作用不全是均相地进行，更多的是在多相中进行。多相催化为催化剂自成一相的催化反应，是气态或液态反应物与固态催化剂在两相界面上进行的催化反应。并且，处于相界面上的反应物的浓度最大。这种现象即为“吸附作用”。根据吸附剂表面与被吸附物之间作用力的不同，吸附可分为物理吸附与化学吸附。物理吸附是被吸附的流体分子与固体表面分子间的作用力为分子间吸引力，即范德华力（Vanderwaals）。因此，物理吸附又称范德华吸附，它是一种可逆过程。另一种是吸附的同时形成化学键，称为化学吸附。化学吸附是固体表面与被吸附物间的化学键力起作用的结果。化学吸附需要一定的活化能，故又称“活化吸附”。

1824年，意大利人珀兰尼（Polanyi）首次就催化反应提出了吸附理论。他认为：吸附作用是由于电力而产生的分子吸引力。由于吸附作用使物质的质点相互接近，因而它们之间容易发生反应。1834年，法拉第（Faraday）则提出了与上者不同的吸附理论，他认为催化反应不是电力使然，而是靠物质相互吸收所产生的气体张力。如果催化剂表面极为干净，气体就会附于其上并凝结，当其中的一部分反应分子彼此接近到一定程度时，促使化学亲和力发生作用，抵消排斥力，而使反应容易进行。1916年，朗缪尔（Langmuir）根据大量实验事实，从动力学观点出发，提出了固体对气体的吸附理论，即单分子层吸附理论。特别值得注意的是，在这一时期，研究者通过对催化剂吸附和其在催化过程中会失去其催化活性的研究，得出了对多相催化理论有着根本意义的结论：即催化反应是在催化剂表面直接相连的单分子层中进行。1925年，泰勒（Taylor）基于该结论，提出了活性中心理论，其出发点即催化剂失去活性这一实验事实。他认为催化剂的表面是不均匀的，位于催化剂表面微型晶体的棱和顶角处的原子具有不饱和的键，因而形成了活性中心，催化反应只在活性中心发生。泰勒的理论很好地解释了催化剂制备对活性的影响以及毒物对活性的作用。

泰勒之后，苏联的两位科学家对活性中心理论进行了进一步的完善和发展。1929年，巴兰金提出了多位催化理论，认为催化剂活性中心的结构应当与反应物分子在催化反应过程中发生变化的那部分结构对应。这一理论把催化活化看作反应物中的多位体的反应过程，并且这个作用会引起反应物中价键的变形，并使反应物分子活化，促成新价键的形成。1939年，另一位苏联人柯巴捷夫提出了活性集团理论，与泰勒提出的活性中心理论不同，他认为催化剂的活性中心是催化剂表面上几个未形成结晶的原子组成的集团。

20世纪50年代以后，随着固体物理的发展，催化的电子理论应运而生。借助电子理论，科学家们得到了丰富的实验成果，他们将金属催化性质与基电子行为和能级联系起来。20世纪70年代，科学工作者根据催化剂表面的原子结构、络合物中金属原子簇的结构和性质，利用量子化学理论，对多相催化过程中高分散金属催化剂的活性集团产生催化活性的根源展开了广泛而深入的研究。在科学突飞猛进的今天，催化作用的实质以及催化剂发生作用的秘密正逐渐为人们所认知。

迄今为止，催化剂已经在化学工业中成功使用了100多年，如硫酸合成、氨转化为硝酸和催化加氢过程等。随着新型具有高选择性优势的多组分金属氧化物和金属、沸石和均相过渡金属配合物等催化剂引进化学工业。催化剂在工业上的应用，对开发新型高效技术用于催化剂合成及阐明均相或非均相催化机理都是巨大的补充。

1.2 催化作用的定义与特征

催化剂是一种能够改变一个化学反应的反应速度，却不改变化学反应热力学平衡位置，本身在化学反应中不被明显地消耗的化学物质。催化作用是指催化剂对化学反应所产生的效应。催化作用具有以下4个特征：

(1) 催化剂只能加速热力学上可以进行的反应，而不能加速热力学上无法进行的反应。在开发一种新的催化剂时，首先要对该反应体系进行热力学分析，以判断在给定的条件下是否属于热力学上可行的反应。

(2) 催化剂只能加速反应趋于平衡，不能改变平衡的位置（平衡常数）。化学平衡由热力学决定：

$$\Delta G^{\ominus} = -RT\ln K_a \tag{1-3}$$

式中，K_a为反应的平衡常数，$\Delta G^{\ominus}$是产物与反应物的标准自由焓之差，是状态函数，只决定于过程的始终态，而与过程无关，催化剂的存在不影响$\Delta G^{\ominus}$值，它只能加速达到平衡所需的时间，而不能移动平衡点。由于：

$$K_a = k_{正}/k_{逆} \tag{1-4}$$

因此，催化剂使正反应速率常数和逆反应速率常数以相同倍数增加。对于可逆反应，能催化正方向反应的催化剂，就能催化逆方向的反应。例如，脱氢反应的催化剂同时也是加氢反应的催化剂，水合反应的催化剂同时也是脱水反应的催化剂。这条规则对选择催化剂很有用。

然而，实际工业上催化正反应、逆反应时往往选用不同的催化剂。这可能是因为以下两个原因：正逆反应的操作条件（温度、压力、进料组成）往往会有很大差别，这对催化剂可能会产生一些影响；对正反应或逆反应在进行中所引起的副反应同样需要引起注意，因为这些副反应会引起催化剂性能变化。

(3) 催化剂对反应具有选择性。通过热力学计算发现某一反应可能生成不止一种产物时，使用催化剂来加速某一目标产物的反应，即为催化剂对该反应的选择性。工业上利用催化剂具有选择性的特点，使原料转化为所需要的目标产品。

(4) 催化剂具有寿命。催化剂能改变化学反应的速度，其自身不进入反应的产物，在理想的情况下不为反应所改变。然而，在实际反应过程中，催化剂并不能无限期地使用，在长期受热和化学作用下，会发生不可逆的物理和化学变化，如晶相变化、晶粒分散度的变化、组分的流失等，导致催化剂的失活。

1.3 催化剂性能评价参数

1.3.1 催化活性

用于判断一种催化剂是否适合于一个工业生产过程的性能指标，主要包括活性、选择性、稳定性（失活）。催化剂活性的高低对应于其对反应催化加速作用的强弱，用于衡量催化活性的参数主要有转换频率（TOF，Turn Over Frequency）、转换数（TON，Turn Over

Number)、转化率、反应速率常数和活化能等。

(1) 转换频率(TOF):即单位时间内单个活性位点的转化数,TOF 值衡量的是一个催化剂催化反应的速率,表示的是催化剂的本征活性。1966 年,Michel Boudart 为了评价酶催化化学反应的速率以及转化效率,引入了 TOF 这一概念。在酶催化中,由于催化位点都是孤立的活性中心,因此只要定量分析反应物和产物即可计算 TOF。TOF 在均相催化中的应用与酶催化类似,一般而言,只要已知一个均相催化剂分子中的催化活性位点个数(加入均相催化剂的摩尔数),即可计算均相催化的 TOF 值。但计算多相催化过程的 TOF 时,传统催化理论认为配位不饱和的台阶(terrace)、扭点(kink)、边(edge)、角(corner)是催化活性位点,但由于多相催化剂在催化过程中可能发生活性位点的转变(团聚或再分散),即使确定了活性催化位点,每个活性位点所处的化学环境不同。因此,催化活性位点之间可能存在明显差异。

反应物和产物有多种分析手段来定量,难点主要在于催化剂的“活性位点”数量的准确确定。尽管在多相催化体系中很难准确计算 TOF 值,但是对于同一个模型反应,可比较不同催化剂的本征催化活性。下面以 $Pt/\gamma\text{-}Al_2O_3$催化 CO 转化为例来计算 TOF。

例 1-1 以 $Pt/\gamma\text{-}Al_2O_3$为催化剂进行 CO 选择性氧化实验研究,催化剂用量为 0.1g,Pt 的负载量为 1%,分散度 30%,20min 内的 CO 转化率为 8%,CO 气体的初始浓度为 1%,气体总流量为 50mL/min。

解:根据气态方程,可以计算得到 20min 内转化的 CO 的摩尔量 n:

$$n = 50 \times 20 \times 1\% \times 8\% = 0.08\text{mL}$$

根据气体状态方程可计算得到 $n = 3.27 \times 10^{-6}\text{mol}$

活性位点 Pt 的数量,即表面 Pt 原子数目 m 的计算如下:

$$m = \frac{0.1 \times 1\% \times 30\%}{197} = 1.52 \times 10^{-6}\text{mol}$$

n 和 m 都获得以后,即可以计算 TOF:

$$\text{TOF} = \frac{n}{m \times 20} = \frac{3.27 \times 10^{-6}}{1.52 \times 10^{-6} \times 20} = 0.11/\text{min}$$

(2) 转换数(TON):指催化剂使用至失活时单位催化活性中心所转化反应的次数。TON 与 TOF 的关系如下:

$$\text{TON} = \text{TOF}[\text{时间}^{-1}] \times \text{催化剂寿命}[\text{时间}] \tag{1-5}$$

工业生产中的 TON 值一般为 $10^6 \sim 10^7$。

(3) 转化率 x:用于表示反应进行程度的指标,可通过某一反应物 A 反应后转化的物质的量与反应前的物质的量比值来计算得到。x 计算如下:

$$x = \frac{\text{反应物(A)的转化量}}{\text{反应物(A)的起始量}} \tag{1-6}$$

通过转化率比较催化活性时,必须要求温度、压力、浓度和时间等反应参数条件相同,通常比较的是关键组分的转化率。但由于一级反应的转化率与反应物浓度无关,因而比较该类反应的催化活性时就不需要反应物的浓度相同。通过转化率比较催化活性时,必须保证是通过同一反应物计算得到的转化率。

(4) 反应速率常数:又称速率常数,是化学反应速率的量化表示方式。对于反应物

A 和反应物 B 反应成生成物 C 的化学反应：

$$A + B \rightarrow C \tag{1-7}$$

反应速率可表示成：

$$r = \frac{d[C]}{dt} = k(T)[A]^m[B]^n \tag{1-8}$$

式中，$k(T)$ 称为反应速率常数，在数值上相当于参加反应的物质都处于单位浓度时的反应速率，它会随温度而改变；指数 m 和 n 称为反应级数，取决于反应机理。

用 $k(T)$ 比较催化活性时，除要求反应温度相同，必须注意在不同催化剂上进行同一反应时，仅当反应速率方程在所测试的不同催化剂上具有相同形式时，用 $k(T)$ 来比较不同催化剂的催化活性大小才有意义。

（5）活化能：又称阈能。由阿伦尼乌斯在 1889 年引入，用于定义一个化学反应发生所需要克服的能量障碍，即一个化学反应发生所需要的最小能量。反应的活化能通常表示为 Ea，单位是 kJ/mol。一般而言，当一个反应在某催化剂上进行时，Ea 值越高，则表明该催化剂的活性越弱；反之，Ea 值越低，表示催化剂的活性越高，通常使用总包反应的表观活化能做比较。用 Ea 比较催化活性时，要求反应物的初始浓度相同。

阿伦尼乌斯可表示为下式，其提供了反应进行中 $k(T)$ 和 Ea 之间关系的定量基础：

$$k(T) = Ae^{\frac{-Ea}{RT}} \tag{1-9}$$

将式（1-9）进行对数化处理后，可表示成：

$$\ln k(T) = \ln A - \frac{Ea}{RT} \tag{1-10}$$

式中，A 为指前因子或频率因子；R 为气体常数；T 为温度。

1.3.2 催化选择性

催化选择性是催化剂性能的重要参数之一，其代表的是所消耗的原料中转化成目的产物的分率。选择性一般采用选择性因子（σ）来进行度量，即沿目的产物的生成途径与沿其他产物的生成途径的反应速率常数之比，可用于说明主副反应进行程度的相对大小。催化选择性主要包括反应选择性、扩散选择性和热力学选择性。反应选择性包括以下三种选择性。

（1）第一种选择性：反应物和催化剂均为一种物质，但在同一催化剂上有不同的反应方向，如图 1-1 所示。

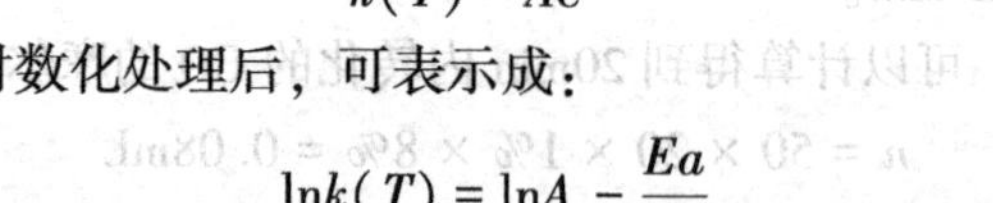

图 1-1 C_2H_5OH 同时作为反应物和催化剂的选择性

假设两个反应方向都遵循一级反应，则：

$$\frac{dB}{dt} = k_1[A] \tag{1-11}$$

$$\frac{dC}{dt}=k_2[A] \tag{1-12}$$

$$\frac{dB}{dC}=\frac{k_1}{k_2}=\frac{\frac{B}{A_0}}{\frac{C}{A_0}}=\frac{q_1}{q_2}=\sigma \tag{1-13}$$

$$[q_1]=\frac{[B]}{[A_0]}=\frac{k_1}{k_1+k_2}[1-e^{-(k_1+k_2)t}] \tag{1-14}$$

$$[q_2]=\frac{[C]}{[A_0]}=\frac{k_2}{k_1+k_2}[1-e^{-(k_1+k_2)t}] \tag{1-15}$$

$$S=\frac{q_1}{q_1+q_2}=\frac{\sigma}{1+\sigma},\ q_1+q_2\leqslant 1 \tag{1-16}$$

式中，q_1和q_2分别为产物 B 和 C 的收率，选择性因子（σ）越大，主产物越多，选择性越好。

（2）第二种选择性：反应原料为两种物质A_1和A_2组成的混合物，同时经由同一催化剂分别生成产物B_1和B_2，如图 1-2 所示。

$$A_1 \xrightarrow{k_1} B_1 \quad A_2 \xrightarrow{k_2} B_2$$

图 1-2　两种反应物在同一催化剂作用下的选择性

假设两个反应方向都遵循一级反应，则：

$$\frac{dB_1}{dt}=k_1[A_1] \tag{1-17}$$

$$\frac{dB_2}{dt}=k_2[A_2] \tag{1-18}$$

$$\frac{dB_1}{dB_2}=\frac{k_1}{k_2}=\frac{\frac{B_1}{A_{10}}}{\frac{B_2}{A_{20}}}=\frac{q_1}{q_2}=\sigma \tag{1-19}$$

$$[B_1]=A_{10}[1-e^{-k_1t}],\ [B_2]=A_{20}[1-e^{-k_2t}] \tag{1-20}$$

$$[q_1]=\frac{[B_1]}{[A_{10}]}=1-e^{-k_1t},\ [q_2]=1-e^{-k_2t} \tag{1-21}$$

$$q_1=1-(1-q_2)^{\sigma},\ S=\frac{q_1}{q_1+q_2}=\frac{\sigma}{1+\sigma},\ q_1+q_2\leqslant 2 \tag{1-22}$$

式中，q_1和q_2分别为产物A_1和A_2的收率，σ 越大，并不意味着［B_1］相对选择性就一定好，一定要控制好反应时间。

（3）第三种选择性：反应原料在催化剂上发生连串反应，如图 1-3 所示。

$$A \xrightarrow{k_1} B_1 \xrightarrow{k_2} B_2$$

图 1-3　反应原料在催化剂上发生连串反应时的选择性

假设连串反应都遵循一级反应，则：

$$\frac{dA}{dt}=k_1[A],\quad A=A_0e^{-(k_1+k_2)t} \tag{1-23}$$

$$\frac{dB_1}{dt}=k_1[A]-k_2[B_1] \tag{1-24}$$

$$\frac{dB_2}{dt}=k_2[B_1],\ B_1=\frac{k_1[A_0]}{k_2-k_1}[e^{-k_1t}-e^{-k_2t}] \tag{1-25}$$

$$[q_1]=\frac{[B_1]}{[A_0]}=\frac{\sigma}{\sigma-1}(1-q_A)[(1-q_A)^{\frac{1-\sigma}{\sigma}}-1] \tag{1-26}$$

当$\frac{dB_1}{dt}=0$时，B_1有极大值B_{1m}。同时意味着q_1有极大值q_{1m}，与之相对应时间为t_m，

$$\frac{dB_1}{dt}=\frac{k_1[A_0]}{k_2-k_1}[-k_1e^{-k_1t}+k_2e^{-k_2t}]=0 \tag{1-27}$$

$$t_m=\frac{\ln k_2-\ln k_1}{k_2-k_1} \tag{1-28}$$

$$B_{1m}=A_0\left(\frac{k_1}{k_2}\right)^{\frac{k_2}{k_2-k_1}} \tag{1-29}$$

$$q_{1m}=\left(\frac{k_1}{k_2}\right)^{\frac{k_2}{k_2-k_1}} \tag{1-30}$$

催化选择性出现的原因：

（1）由于反应机理不同导致选择性。不同催化剂对特定的反应体系有选择性，称为反应机理选择性。如环己烯在不同催化剂上生成不同的产物见表 1-1。

表 1-1 环己烯在不同催化剂上生成不同的产物

原料	催化剂	反应温度	产物
环己烯	无	800℃	$C_4H_6+C_2H_4$
	Pd	>300℃	$C_6H_6+H_2$
	Pd	≪300℃	$C_6H_6+C_6H_{12}$
	O_2，Pd	≪300℃	$C_6H_6+H_2O$
	O_2	400℃	裂解氧化物混合产物

（2）热力学的原因导致的选择性差异，称为热力学选择性。如：乙烯与乙炔分别进行选择性加氢反应时，乙烯的加氢速度大于乙炔。然而，当乙烯与乙炔共同存在时，乙烯的加氢速度慢于乙炔，这主要是由于乙炔在活性中心的吸附作用在热力学上要优于乙烯，使乙烯在反应条件下完全不能吸附，从而实现了对乙炔较好的底物选择性。

（3）催化剂结构不同而导致的选择性差异，称为扩散选择性。当反应物在催化剂孔内扩散过程为速率控制步骤时，可实现择形选择性，常见于晶态多孔材料（CPMs），包括分子筛（如 SAPO-34（CHA）、A 型沸石、Y 型沸石）、金属-有机框架材料（MOFs）、

共价有机骨架（COFs）、多孔有机笼（POCs）、多孔芳香骨架（PAFs）、共轭微孔聚合物（CMP）等多孔催化剂。上述晶态多孔材料的空间结构，如图 1-4 所示。

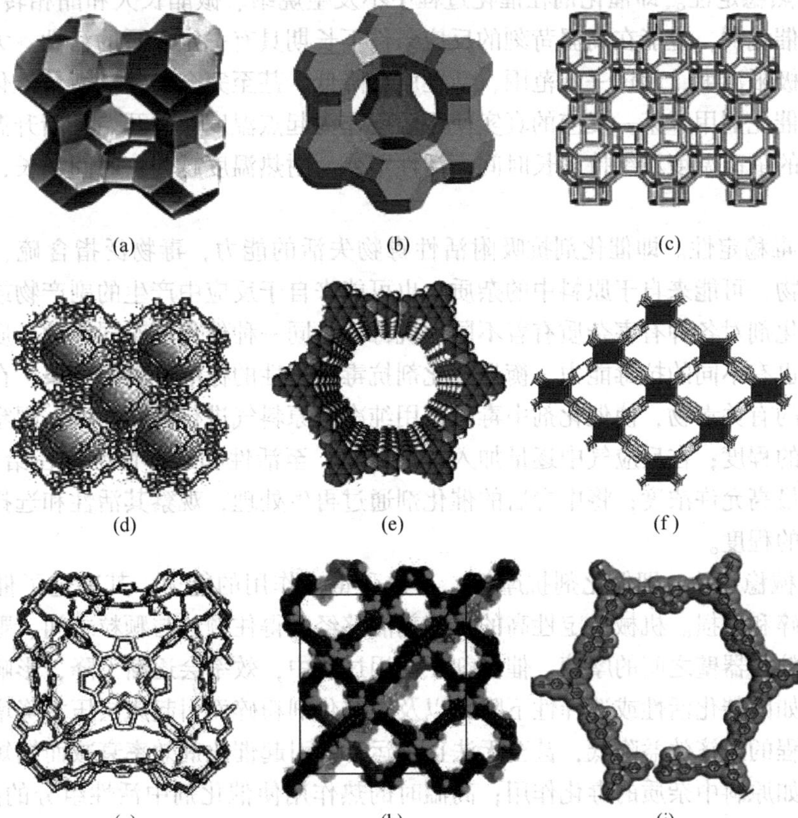

图 1-4　分子筛、MOFs、COF 和 CMP 的空间结构示意图
(a) A 型沸石；(b) Y 型沸石；(c) SAPO-34 (CHA)；(d) MOFs；
(e) COFs；(f) HOFs；(g) POCs；(h) PAFs；(i) CMPs

1.3.3　催化稳定性

按照催化剂的定义，催化剂不会在化学反应过程中被消耗掉，其在反应前后仍能维持原来的化学状态，且能继续起到催化作用。然而，在实际反应过程中，催化剂并不能无限次的使用，其经过多次使用后会失活，这是因为催化剂在一定温度、压力和化学反应作用下会发生一系列的物理和化学变化，如催化剂破碎、晶格形变、孔结构和比表面积变化、活性组分流失、活性位被覆盖以及反应产物在表面上结焦或积炭等。因此，催化剂在使用条件下只能保证在一定周期下具有稳定活性，即催化剂的稳定性。

催化稳定性是指催化剂的活性和选择性随时间变化的情况，可用于衡量催化剂保持活性和选择性的能力，常以使用寿命、循环次数、热分解温度、耐酸碱性和机械强度等参数进行衡量。其中，使用寿命是指在使用条件下，维持一定活性水平的时间（单程寿命）或每次活性下降后经再生而又恢复到要求的活性水平的累计时间（总寿命）。催化剂的稳定性主要包括：

(1) 化学稳定性。即催化剂的化学组成与化学状态在催化过程中稳定，活性组分与助剂不发生反应或流失。在特定的催化环境下，要求催化剂能够耐酸碱或强氧化性等。

(2) 耐热稳定性。即催化剂在催化过程中不发生烧结、微晶长大和晶相转变等变化。一种良好的催化剂，应能在高温苛刻的反应条件下长期具有一定水平的活性。大多数催化剂都有使用极限温度，超过一定范围，活性就会降低，甚至完全失活。衡量催化剂的热稳定性，是以催化剂用于某一反应的真实使用温度作为起点温度，并开始逐渐升温，记录催化剂能承受的最高温度和维持多长时间而活性不变。耐热温度越高、时间越长，则催化剂的寿命越长。

(3) 抗毒稳定性。即催化剂抗吸附活性毒物失活的能力，毒物泛指含硫、磷、卤素和砷等化合物，可能来自于原料中的杂质，也可能来自于反应中产生的副产物或中间化合物；各种催化剂对各种有害杂质有着不同的抗毒性，同一种催化剂对同一种杂质在不同的反应条件下也有不同的抗毒能力。衡量催化剂抗毒稳定性的标准有以下几条：在反应气中加入一定量的有关毒物，使催化剂中毒，再用纯净的原料气进行性能测试，观察其活性和选择性保留的程度；在反应气中逐量加入有关毒物，至活性和选择性维持在给定的水平，观察毒物的最高允许浓度；将中毒后的催化剂通过再生处理，观察其活性和选择性能否恢复及其恢复的程度。

(4) 机械稳定性。即催化剂抗摩擦、冲击和重力作用的能力，其决定了催化剂使用过程中的破碎和磨损。机械稳定性高的催化剂能够经受得住颗粒与颗粒之间、颗粒与流体之间以及颗粒与器壁之间的摩擦。催化剂在使用过程中，效率会逐渐下降，影响催化过程的进行。例如因催化活性或选择性下降，以及因催化剂粉碎而引起床层压力降增加等，均导致生产过程的经济效益降低，甚至无法正常运行。引起催化剂效率衰减而缩短其寿命的原因很多：如原料中杂质的毒化作用；高温时的热作用使催化剂中活性组分的晶粒增大，从而导致比表面积减小，或者引起催化剂变质；反应原料中的尘埃或反应过程中生成的炭沉积物覆盖了催化剂表面；催化剂中的有效成分在反应过程中流失；强烈的热冲击或压力起伏使催化剂颗粒破碎；反应物流体的冲刷使催化剂粉化吹失等。

催化反应过程中，因上述多种原因可使催化剂的活性和选择性下降，若采取适当措施则可以保持催化剂的稳定性，使其有足够长的寿命。如在催化剂中加入某些助剂可以提高活性结构的稳定性和催化剂的导热性；纯化反应物料以避免催化剂中毒；提高催化剂的机械强度以减少催化剂的磨损、破碎以及合理的再生等措施。

1.4 催化反应的类型

按催化反应中的作用方式，可分为生物催化（酶催化）与非生物催化（化学催化）。

按催化体系，可分为均相催化和非均相催化。均相催化反应：催化剂和反应物同处于气态或液态，包括液相和气相均相催化。在均相催化过程中，催化剂先与一种反应物分子或离子结合形成不稳定的中间物（活化络合物）；然后，活化络合物又与另一反应物分子或离子迅速作用生成最终产物，并再生出催化剂。活化络合物形成过程的活化能比较低，因而反应速率快。例如：液态酸碱催化剂，可溶性过渡金属化合物催化剂和碘、一氧化氮等气态分子催化剂的催化过程。

其中，均相催化又可分为气相反应、液相反应和固相反应。

气相反应：$$SO_2 + O_2 = SO_3(\text{催化剂：}NO) \quad (1\text{-}31)$$

液相反应：$$C_{12}H_{22}O_{11} + H_2O = 2C_6H_{12}O_6(\text{催化剂：}H^+) \quad (1\text{-}32)$$

固相反应：$$2KClO_3 = KCl + 3O_2(\text{催化剂：}MnO_2) \quad (1\text{-}33)$$

如果催化剂与反应物处于不同相，催化剂为固态物质，反应物是气态或液态物质，催化反应在界面进行，即为非均相催化。在非均相催化过程中，固体催化剂的表面存在一些能吸附反应物分子的特别活跃中心（活性中心），反应物可在活性中心形成不稳定的中间化合物，从而改变反应的途径以降低原反应的活化能，使反应能迅速进行。催化剂表面积越大，其催化活性越高。因此催化剂通常被制备成细颗粒状或将其附载在多孔载体上。许多工业生产中都使用了非均相催化剂，如在石油裂化，合成氨等反应过程中使用金属氧化物固体催化剂。

其中，非均相催化又可分为气固相反应、液固相反应、气液固相反应。

气固相反应：$$SO_2 + O_2 = SO_3(\text{催化剂：}V_2O_5) \quad (1\text{-}34)$$

液固相反应：$$H_2O_2(l) = H_2O + 1/2O_2(\text{催化剂：}Au) \quad (1\text{-}35)$$

气液固相反应：$$C_6H_5NO_2 + 2H_2(g) = C_6H_5NH_2 + H_2O(\text{催化剂：}Pd) \quad (1\text{-}36)$$

按反应机理中反应物被活化的方式，可分为酸碱催化反应、氧化还原催化反应和配位催化反应。

酸碱催化反应：由酸碱催化剂催化的反应，反应物分子与催化剂之间发生电子对的转移而使反应物分子中化学键进行非均裂，从而形成了活性物种，如：异构化、环化、水合、脱水、烷基化反应等。酸催化反应如图 1-5 所示。

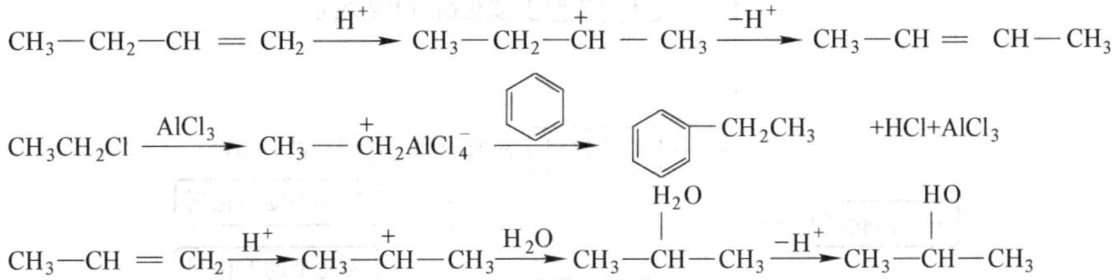

图 1-5 酸催化反应

氧化还原催化反应：反应物分子与催化剂之间发生单电子的转移而使反应物分子中化学键进行均裂，从而形成了活性物种。如：加氢反应、氧化还原。

$$CH_2=CH_2 + H_2 \xrightarrow{Ni} CH_3—CH_3 \quad (1\text{-}37)$$

配合（位）催化反应：反应物分子与催化剂之间形成配位键而使反应物分子活化。如：乙烯聚合。配合（位）催化反应，如图 1-6 所示。

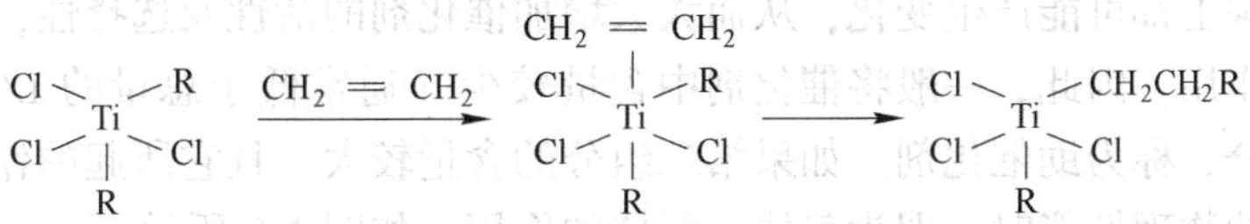

图 1-6 配合（位）催化反应

乙烯与金属络合物催化剂形成σ—π键，相当于乙烯分子中成键轨道的电子部分转移到反键轨道，从而削弱了分子的双键，使π键得到活化。

1.5 催化剂分类和作用模式

催化剂可以根据不同的标准进行分类：聚合状态、反应体系的相态、反应类型或作用大小。按状态可分为液体催化剂和固体催化剂；按反应体系的相态分为均相催化剂和多相催化剂。均相催化剂有酸、碱、可溶性过渡金属化合物和过氧化物催化剂；多相催化剂有固体酸催化剂、有机碱催化剂、金属催化剂、金属氧化物催化剂、配合物催化剂、稀土催化剂、分子筛催化剂、生物催化剂、纳米催化剂等；按照反应类型又分为聚合、缩聚、酯化、缩醛化、加氢、脱氢、氧化、还原、烷基化、异构化等催化剂；按照作用大小还可分为主催化剂和助催化剂。

按状态可分为液体催化剂和固体催化剂，固体催化剂是现代催化技术发展的一个方向，其中最有代表性的当属固体酸、固体碱的工业化应用。固体催化剂一般由活性组分、助催化剂和载体三部分组成，但部分固体催化剂只有活性组分及载体两部分。活性组分对催化剂的活性及选择性起着决定性作用，是制备催化剂首先要考虑的问题。活性组分确定以后，选择载体则是需要考虑的另一个重要问题。固体催化剂组分与功能关系，如图1-7所示。

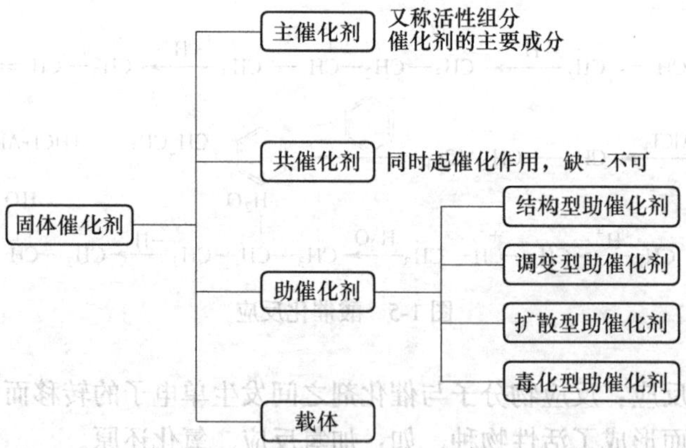

图1-7 催化剂组分与功能关系

助催化剂与载体的作用有时不太好区分。研究发现，在活性组分中加入少量其他物质（助催化剂）后，催化剂在化学组成、晶体结构、离子价态、酸碱性质、比表面大小、机械强度及孔结构上都可能产生变化，从而大大增加催化剂的活性及选择性，而载体有时候也能起到这种作用。因此，一般将催化剂中含量较少（通常低于总量的1/10）且又是关键性的第二组分，称为助催化剂。如果第二组分的含量较大，且它所起的作用主要是改进所制备催化剂的物理性能时，即为载体。载体的作用，如图1-8所示。

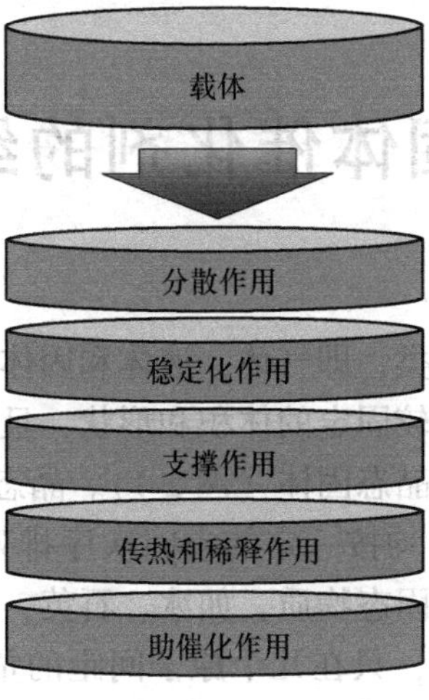

图 1-8　载体的作用

习　题

1-1　工业上生产环氧乙烷是用空气氧化乙烯来实现，通常使用的催化剂为 Ag/α-Al_2O_3。请你说明催化剂 Ag/α-Al_2O_3中各组分所起的作用，以及选择的理由。若此催化反应是在固定床上进行，在乙烯累积进样量为500mol后，累计获得了325mol环氧乙烷，25mol二氧化碳，残余乙烯为60mol。请计算乙烯的转化率和环氧乙烷的选择性。

1-2　8.16g 25%双氧水与4.1g环己烯发生环氧化反应，使用0.5mmol的金属锰配合物作为催化剂，假设反应3h后，双氧水转化了90%，可生成3.675g环氧环己烷（$C_6H_{10}O$）、0.49g环己烯醇（$C_6H_{10}O$）和0.12g环己烯酮（C_6H_8O）三种氧化产物。在忽略环己烯聚合和挥发损失的情况下，试计算反应后残余的环己烯量，环己烯的摩尔转化率，催化剂基于环己烯的转化频率（单位，h^{-1}）、环氧环己烷的选择性和双氧水的有效利用率（设生成一分子环氧环己烷或环己烯醇均消耗一分子双氧水；而生成一分子环己烯酮消耗二分子双氧水）？

1-3　催化剂失活的主要因素有哪些？

1-4　什么元素或基团可使过渡金属催化剂中毒，中毒机理是什么？

1-5　助剂在催化剂中的作用有哪些？

1-6　乙烯热分解反应 $CH_2CH_2(g) \rightarrow C_2H_2(g) + H_2(g)$ 为一级反应，在1073K时经10h有50%乙烯分解，已知该反应的活化能是250.8kJ/mol，求反应在1573K下进行，乙烯分解80%需多少时间？

1-7　已知 $CO(CH_2COOH)_2$ 在水溶液中反应时，在333.15K和283.15K时的速率常数分别为 $5.484\times10^{-2}s^{-1}$ 和 $1.080\times10^{-4}s^{-1}$，求反应的活化能。

2 固体催化剂的结构基础

物质按存在状态主要分为三类，即气体、液体和固体，其中液体和固体称为凝聚态物质。相比于液体和气体，固体有较固定的体积和形状，且质地较坚硬。按照固体中原子排列的有序程度，可分为晶态和非晶态固体（图 2-1）。晶态固体具有长程有序的点阵结构，组成该类固体的原子（或基元）均按一定的空间次序排列。晶体是具有整齐规则的集合外形、固定的熔点和各向异性的固态物质，如冰、石英、食盐、明矾、萘、各种金属；非晶态固体内部微粒的排列无规则，只在几个原子间距的量程范围内（或原子在短程）处于有序状态，结构类似液体。非晶体没有规则的外形和特定的晶面，如玻璃、沥青、石蜡、橡胶等。

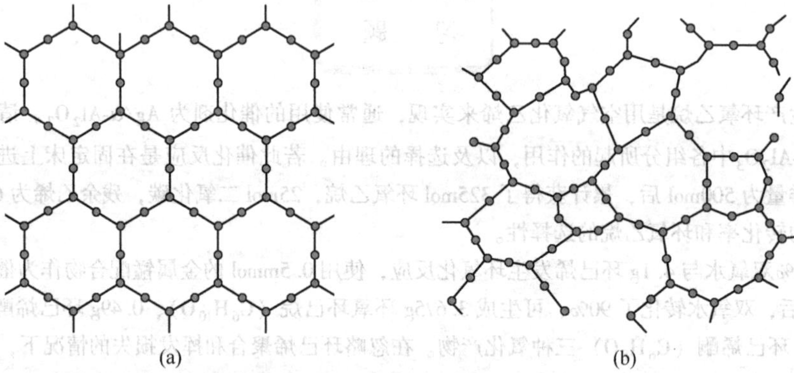

图 2-1　晶态和非晶态固体
(a) 石英-晶体；(b) 石英玻璃-非晶体

当原子（离子或分子）聚集为晶体时，由于原子（离子或分子）之间距离很短，因而原子（离子或分子）之间产生较强的相互作用，这种作用既可从物理角度上理解为结合力，又可从化学角度上理解为结合键。原子、分子的结合问题曾是化学家的主要研究内容，而物质的三态（气态、液态和固态）变化又往往认为仅是物理问题。然而，结合力和化学键本质统一，都是电子在核（或基团）之间共享引起的作用。在原子结合成固体的过程中，原子内部满壳层的电子基本保持稳定，只是价电子在实空间的几率分布会随着晶体中原子之间的相互作用重新分布。从化学角度描述，即为原子之间形成了化学键。不同的固体由于原子之间的相互作用不同，导致对它们内部的原子价电子几率分布的影响不同，从而具有不同的化学键。如 NaCl 晶体比游离 Na 和 Cl 原子的集合更稳定，这表明存在一个使 Na 和 Cl 原子相互吸引的作用力，从而将原子固定在一起。这同时也表明晶体的能量低于自由原子的能量，且这二者的差值即为将晶体分离成一组自由原子所需的能量，称为晶体的内聚能。不同固体的内聚能大小为单个原子 1~10eV 不等。

通过化学键理论或者晶体键合理论可探索成键原理。化学键的性质一方面决定于自由原子的电子位形，即自由原子的价电子数、电子波函数的对称性；另一方面决定于晶格中原子的周围环境，即近邻原子类型、数目和几何位形。根据静电相互作用的起因和方式的差异，化学键可分为共价键、离子键、金属键、范德瓦尔斯键和氢键等五种。可简单分为两大类：一类是结合力强的结合键，统称为化学键，包括离子键、共价键和金属键；另一类是结合力弱的结合键，统称为物理键（或称为分子键），包括范德华键和氢键。不同的键合方式，将导致固体结构形式的差异。需要引起注意的是，在真实材料中，原子（离子或分子）之间靠单一类型键合力结合在一起的情况极少，通常是通过多种化学键的混合作用，甚至有时还存在物理键的作用。如 W、Ta、Pb 等一些金属原子凝聚成固体时，即为金属键和共价键的混合键合方式；氧化物陶瓷材料除存在离子键作用外，同时还存在相当数量的共价键作用。

2.1 晶型固体中键合结构类型

每种晶型固体的结构单元之间都有一种结合力将其联系在一起，并控制着晶型固体整体的性质。按作用力性质不同，可将晶型固体分为以下类型：离子晶体、原子晶体、金属晶体、分子晶体、氢键晶体。上述晶体的特征参数见表 2-1。

表 2-1 五种类型晶体的特征参数

晶体	组成粒子	粒子间作用力	物理性质			实例
			熔、沸点	硬度	熔融导电性	
离子晶体	离子	离子键	高	大	好	NaCl
原子晶体	原子	共价键	高	大	差	金刚石
分子晶体	分子	分子间力	低	小	差	CO_2，I_2，Ne
金属晶体	金属原子（正离子）	金属键	高(低)	大(小)	好	W，Ag，Ca，Cu
氢键晶体	原子	氢键	低	小	不导电	冰

晶体具有以下共同特性：均匀性、各向异性、自发形成多面体外形、有固定熔点、有特定的对称性、使 X 射线产生衍射。

2.1.1 离子晶体

离子晶体是由阳离子和阴离子通过静电作用结合而成的固体。以氯化钠为例，在晶体状态下，每个 Na 原子失去其单价电子给相邻的 Cl 原子，产生填充电子壳层的 Na^+和 Cl^-，形成一种离子晶体。化学上把熔点高、硬度大、难挥发、固体不导电但水溶液或熔融状态能导电等作为判别依据。离子晶体的结构特点：晶格结点上交替排列着阳离子和阴离子；晶格上质点间作用力是离子键，比较牢固；晶体里一般只含有阴、阳离子，但可能含有分子如 $CuSO_4 \cdot 5H_2O$。晶体中并不存在单个分子，化学式只是晶体中的组成的反映。离子晶体中的各个离子可以近似地视为带电的圆球，电荷在球面上的分布均匀。异性离子可以从任何方向相互靠拢并结合。因此，决定离子晶体结构的因素包括正、负离子的电荷数，半径大小和离子间的最密堆积原则。晶格能 U 可以衡量离子晶体中离子键的强弱，其定义如下：标准状态下，拆开单位物质的量的离子晶体，使其变为无限远离的气态离子时，体系所吸收的能量。AB 型离子晶体最常见的基本结构有 CsCl 型、NaCl 型、ZnS 型，如图 2-2 所示。

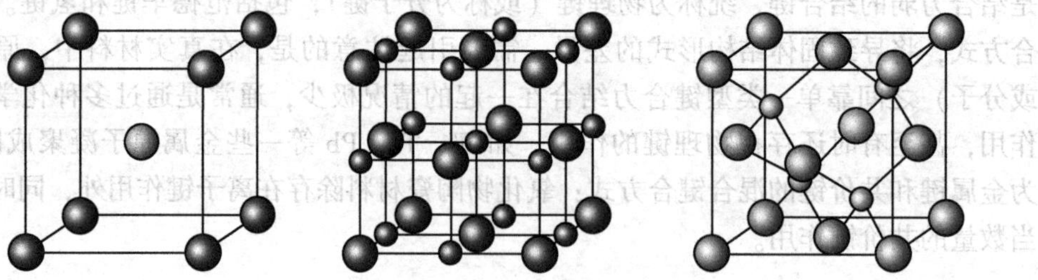

CsCl　　NaCl　　ZnS

图 2-2　离子晶体结构示例

（1）CsCl 型：简单立方晶格，每个晶胞中所含分子的个数为 1，正、负离子的配位数为 8，如 TiCl、CsBr、CsI 等；

（2）NaCl 型：面心立方晶格，每个晶胞中所含分子的个数为 4，正、负离子的配位数为 6，如 NaF、MgO、NaBr、KI 等；

（3）ZnS 型：每个离子均处于 4 个异号离子四面体包围之中，每个晶胞中所含分子的个数为 4，正、负离子的配位数为 4，如 BeO、ZnSe 等。

在离子晶体中，阳离子是失去最外层电子的原子，阴离子是获得电子的原子，两者的外层电子云均呈球形对称，通过库仑静电力相结合而形成离子键。由于离子键的球形对称性，可把离子晶体视为是由不等径的球堆积而成，进而通过密堆积来了解其结构特性。通常，阴离子球的半径要比阳离子球的半径大，因而可认为由阴离子球形成密堆积，而阳离子处在阴离子形成的八面体或四面体空隙里。由于阴离子的体积一般比阳离子大很多，故阴离子的堆积形式对离子晶体的结构起主导作用。为了定量地表示原子排列的紧密程度，通常使用配位数（CN，Coordination number）和致密度 K 这两个参数。CN：晶体结构中任一原子周围最近且等距离的原子数。K 为堆积比率或空间最大利用率，是指晶胞中原子本身所占的体积分数，即晶胞中所包含的原子体积与晶胞体积的比值。一般把原子当作刚性球来看待，再根据一个晶胞中的原子数、原子半径和晶格常数之间的关系，即可计算出 K。计算公式如下：

$$K = nv/V \tag{2-1}$$

式中，n 为晶胞中的原子数；v 为一个原子的体积；V 为晶胞的体积（棱长 a 的三次方）。

为使堆积紧密，较小的阳离子常处在阴离子堆积的空隙之中。为了降低晶体体系的能量，应尽量使阳离子具有较大的配位数并使异号离子充分接触，同号离子尽可能不接触，因此一个阳离子周围配位的阴离子数（配位数）将受到阴阳离子半径比的限制。阴阳离子的半径比对离子晶体结构（配位数）的影响叫做几何因素（或半径比规则）。以最常见的 AB 型理想 6∶6 配体晶体构型（即阴阳离子和阴阴离子恰好完全接触的情形）为例，说明离子晶体半径比和配位数以及晶体构型的关系（表 2-2）。

表 2-2 AB 型离子晶体半径比和配位数以及晶体构型的关系

半径比 r_+/r_-	配位数	晶体构型	实例
0.225~0.414	4	ZnS 型	ZnS，ZnO，CuCl
0.414~0.732	6	NaCl 型	NaCl，KCl，NaBr
0.732~1.000	8	CsCl 型	CsCl，CsBr，TiCl

应该注意的是，并非所有的离子晶体化合物都严格遵守半径比规则。当半径比接近极限值时，要考虑晶体有可能同时存在着两种晶体构型。如 GeO_2 中离子半径比值为$r_+/r_- = 53/132 = 0.40$。此数值与 ZnS 型（配位数为4）转变成 NaCl 型（配位数为6）时的转变值 0.414 非常相近，事实上 GeO_2 确实存在两种构型的晶体。

2.1.2 金属晶体

在固体材料中，由纯元素构成的固体 2/3 以上都属于金属晶体。金属晶体的结合力是价电子与金属正离子间的静电引力。同时，价电子和金属正离子之间还存在着排斥作用，当吸引与排斥作用达到平衡时，形成稳定的晶体。这种结合的特点是对原子排列没有特殊要求，原则上是一种体积效应，原子排列愈紧密，体系愈稳定，所以金属一般都排成配位数较高的密积结构。金属晶体的特点是具有高导电性，这意味着金属中的大量电子不再束缚在原子上，可以在整个晶体内自由运动形成所谓“传导”电子，而带正电的金属正离子则排列在晶格结点上，晶格结点间以金属键相结合。金属键的主要特征是金属中价电子的能量比自由原子的能量低。金属晶体的特点：熔、沸点高、硬度大，有延展性，可导电。由于金属具有极好的导电、导热性能和优良的力学性能，因而是一种非常重要的实用材料。

2.1.3 共价晶体

原子之间靠共价键（covalent bond）结合而形成的晶体，称为共价晶体。共价键是一种重要的化学键，存在于许多固体中。共价键是原子间通过共用电子对（电子云重叠）而形成的相互作用，形成重叠电子云的电子在所有成键的原子周围运动。一个原子有几个未成对电子，便可以和几个自旋方向相反的电子配对成键，主要特征是“饱和性和方向性”。共价键饱和性的产生是由于电子云重叠（电子配对）时仍然遵循泡利不相容原理。电子云重叠只能在一定的方向上发生，而不能随意发生。共价键方向性的产生是由于形成共价键时，电子云重叠的区域越大，形成的共价键越稳定。因此，总是沿着电子云重叠程度最大的方向形成共价键（即最大重叠原理）。

在共价晶体结构中，原子不能形成球体最紧密堆垛。晶体结构中的一个原子与其相邻原子如果形成数个共价键时，这些共价键的电子对应当有固定的取向方位，各个共价键之间有一定的交角（键角），且共价键有一定的长度（键长）。两个原子之间的共价键通常由每个原子中的一个电子参与形成，成键的电子只存在于由共价键连接的两个原子之间的区域。共价键的作用力很强，共价晶体具有熔点高、硬度大、晶格能高的特点。然而，由于价电子定域在共价键上，导电性很弱，共价晶体一般属于绝缘体或半导体。如金刚石、硅和锗。

2.1.4 分子晶体

分子与分子之间存在着一种比化学键弱得多的相互作用力，即范德华力（包括取向力、诱导力和色散力等），靠这种分子间作用力凝聚成的固体，即为分子晶体。因为这些力较之离子键力或者金属键力的相互作用要弱很多，故分子固体总是以低熔点为其特征。惰性元素以及 H_2、O_2、CH_4等气体在低温下形成的晶体均属于分子晶体。晶体中的原子或分子靠范德华力相结合，这种力的存在不依赖于两个原子的电子云发生任何交叠，是一种弱相互作用。在结合成分子晶体时，原子基本上保持原来的电子结构，而在离子晶体、共价晶体以及金属中的原子的价电子状态都发生了根本性的变化。在分子晶体中，晶格结点上排列着分子，晶格结点以微弱的分子间力结合。分子晶体的特点：熔点低、硬度小、易挥发。

2.1.5 氢键晶体

当氢原子与电负性很大而半径很小的原子（如 F）形成共价氢化物时，由于原子间共有电子对的强烈偏移氢原子几乎呈质子状态，这个氢原子还可以和另一个电负性大且含有孤对电子的原子产生静电吸引作用，这种引力称为氢键，通过氢键结合的晶体称为氢键晶体。氢键的特征如下：氢与电负性非常强的原子结合，使氢呈现明显的正电；与氢结合的元素不仅呈现出明显的负电，还必须具有一个或一个以上活跃的未共享电子对。两者共同决定了氢键作用的大小。氢键的强度约为共价键平均强度的 1/10，氢键在液态的水中会持续地断开和重新形成。水通常以配位键的方式结合正离子，以氢键的方式结合负离子。

2.2 晶 体 结 构

英文 crystal（晶体）起源于希腊文“Krystallos”，原意是“洁净的水”。在中世纪，人们在研究了许多矿物晶体后，形成一个初步的概念：晶体是具有规则的几何多面体外形的固体。随着人们对晶体结构的认识和发展，晶体的概念得到不断的深化和完善。

1784 年，法国 Hauy 提出晶体是由多面体外形的单位在三维空间无间隙堆积而成，奠立了晶体结构理论的基础；1812 年，Hauy 发现把方解石晶体打碎，能形成无数立方体外形的小晶体。他据此提出了构造理论：晶体是由具有多面体外形的分子构成，奠定了现代晶格理论的基础；1839 年，英国 Miller 创立了表示晶面空间位置的米勒指数；1842 年，德国 Frankenheim 提出晶体的点阵结构理论；1848 年，法国 Bravais 修正 Frankenheim 的结果，使用数学方法推导出 14 种空间格子，奠立了近代晶体结构理论；1889 年，俄国费多罗夫推导出晶体的 230 种空间群，成为现代结晶学的奠基人；1912 年，德国 Laue 第一次成功地进行 X 射线通过晶体发生衍射的实验，验证了晶体的点阵结构理论，并确定了著名的晶体衍射劳埃方程式，从而形成了一门新的学科——X 射线衍射（XRD，X-Ray Diffraction）晶体学；1913 年，英国 Bragg 推导出 X 射线晶体结构分析的基本公式，即著名的布拉格公式，并测定了 NaCl 的晶体结构。随着 X 射线晶体结构分析工作的发展，对晶体的研究不再限于化学组成，而是深入晶体结构内部。

2.2.1 点阵、晶格及其标记

晶体是由原子（离子或分子）按某种规律在空间排列时，在一定的方向上相隔一定的距离重复地排列而构成的固体物质，具有周期性的特征。周期性的结构常称为晶格。一般用来描述周期性结构的主要因素有两个：一是结构周期性重复的内容，即周期性结构中的基本重复单位，称为“结构基元”；二是结构周期性重复的方式，即重复周期的大小和方向，用点阵向量即“平移矢量”来表示。结构基元的选取有一定的任意性，但必须满足以下4个条件：化学组成、空间结构、排列取向和周围环境相同。选取结构基元时常遵循的主要有以下两个原则：一是选取最小的重复单元，即原胞，使晶胞中包含的原子最少。原胞中只包含一个原子的晶格称为简单晶格，包含两个或两个以上原子的晶格称为复式晶格；二是选取能够最大限度反映晶格对称性质的最小重复单元，即晶胞，其各个边的实际长度称为晶格常数。

为了更好的研究周期性结构的普遍规律，在确定结构基元后，如不需要考虑结构基元的具体内容和结构，可把其抽象成一个几何点，一般称为阵点。阵点可以是结构基元中的某个原子的中心、某个化学键的中心或其他任何指定的点。这些阵点按照周期性重复的方式进行排列，就构成了点阵。在平移的对称操作下（连结点阵中任意两点的向量，此向量平移），所有点都能复原。由此可见，点阵必然是一组无限的点，每个点阵必然有完全相同的环境，或每个阵点周围的环境必然完全相同。因此，就存在两种可用以研究周期性结构的数学工具：一是反映结构周期性的几何形式——点阵；二是反映结构周期性的代数形式——平移群。点阵包括直线点阵、平面点阵、空间点阵。

2.2.1.1 一维周期性结构及其直线点阵——晶棱（列）

各点按统一的间隔排列在同一直线上的点阵，是一无限的等距离点列，称作直线点阵。在直线点阵中，连接相邻两阵点的矢量 $\boldsymbol{a}$，是直线点阵的单位矢量（素向量），$2\boldsymbol{a}$、$3\boldsymbol{a}$ 等代表复向量。素向量 $\boldsymbol{a}$ 的长度 $|a|$，称为点阵参数，如图 2-3 所示。

图 2-3 直线点阵的素向量

在不改变向量大小和方向的前提下按照任何一个向量移动阵点，此即为平移操作，多个平移操作就构成一个平移群。以任何一个阵点为原点，所有点都落在向量的端点上。平移群是点阵的代数形式。直线点阵的平移群可表示如下：

$$\boldsymbol{T}_m = m\boldsymbol{a} \quad (m = 0,\ \pm 1,\ \pm 2,\ \cdots) \tag{2-2}$$

式中，$\boldsymbol{T}_m$ 是一组向量的组合。称 $\boldsymbol{T}_m$ 为该直线点阵的平移群，是因为这些向量的集合满足群的定义，构成了一个群，群的乘法规则是向量加法。

2.2.1.2 二维周期性结构及其平面点阵——晶面（层）

将晶体结构中某一平面上的周期性重复排列的结构基元抽象成点，可得平面点阵。最简单的情况是等径圆球密置层，将每个球抽取为一个点，这些点即构成平面点阵。具体如下：选择任意一个阵点为原点，连接两个最相邻的阵点作为素向量 $\boldsymbol{a}$，再在其他某个方向上找到最相邻的一个点，作为素向量 $\boldsymbol{b}$，且选择的两个单位向量 $\boldsymbol{a}$ 和 $\boldsymbol{b}$ 不相平行，即可将

平面点阵划分成并置的平行四边形单位。向量 $\boldsymbol{a}$ 和 $\boldsymbol{b}$ 的长度 $a=|a|$，$b=|b|$ 及二者的夹角 γ，称为平面点阵参数。平面点阵的平移群可表示如下：

$$\boldsymbol{T}_{m,n}=m\boldsymbol{a}+n\boldsymbol{b}\quad(m,\ n=0,\ \pm1,\ \pm2,\ \cdots)\tag{2-3}$$

根据所选择的素向量 $\boldsymbol{a}$ 和 $\boldsymbol{b}$ 和用两组互不平行的平行线组（过点阵点，等间距），把平面点阵划分为一个个并置堆砌的平行四边形，可得到平面格子，如图 2-4 所示。所谓并置堆砌，是指平行四边形之间没有空隙，每个顶点被相邻的 4 个平行四边形共用。每个平行四边形称为一个单位。

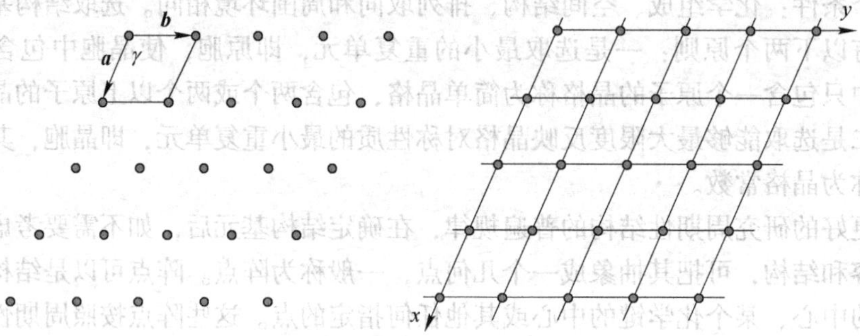

图 2-4　平面点阵和平面格子

二维周期性结构实例：层状石墨分子，其结构基元由 2 个 C 原子组成（相邻的 2 个 C 原子的周围环境不同），如图 2-5 所示。

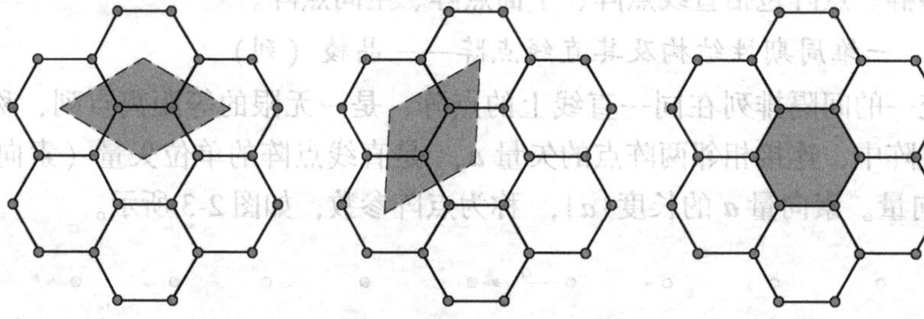

图 2-5　二维结构基元（层状石墨分子）

结构基元可以有不同的选法，但其中的原子种类和数目应保持不变。图 2-5 中通过阴影部分标出了 3 种结构基元的选法，但每种选法中的结构基元均含有 2 个 C 原子。如在第三种选法中，由于六边形的每个角上只有 1/3 的 C 原子位于六边形之内，因而一个六边形中平均有 2 个 C 原子。

2.2.1.3　三维周期性结构及其空间点阵——晶格（体）

在点阵中取出一个具有代表性的基本单元（最小平行六面体）作为点阵的组成单元，称为晶胞。将晶胞作三维堆砌就构成了空间点阵，如图 2-6 所示。

平行六面体晶胞中，表示 3 个维度的 3 个边长，称为 3 个晶轴，长度分别用 a、b、c 表示；3 个晶轴之间的夹角分别用 α、β、γ 表示。a、b 的夹角为 γ；a、c 的夹角为 β；b、c 的夹角为 α。空间点阵中各点阵点都位于平行六面体的顶点上。向量 $\boldsymbol{a}$ 和 $\boldsymbol{b}$、$\boldsymbol{c}$ 的长度 $a=|a|$、$b=|b|$、$c=|c|$ 及其夹角 α、β、γ，称为空间点阵参数。空间点阵的平移群可

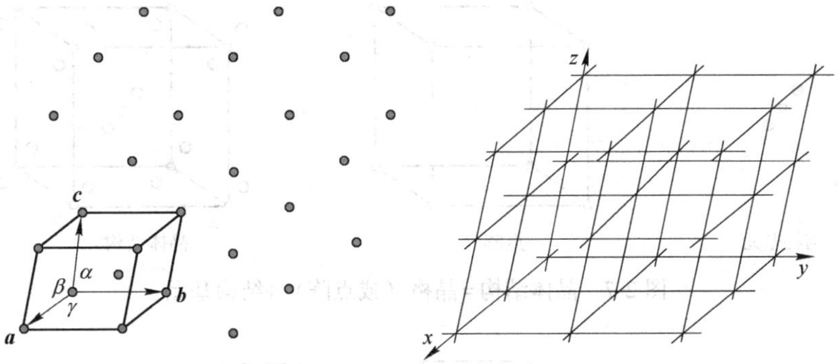

图 2-6 空间点阵、晶胞和空间格子

表示如下：

$$T_{m,n,p} = m\boldsymbol{a} + n\boldsymbol{b} + p\boldsymbol{c} \quad (m,\ n = 0,\ \pm 1,\ \pm 2,\ \cdots) \tag{2-4}$$

平移 $\boldsymbol{a}$、$\boldsymbol{b}$、$\boldsymbol{c}$ 矢量将点阵点相互连结起来，可将空间点阵划分为空间格子（平行六面体），空间格子将晶体结构截成无数大小、形状相等，包含等同内容的基本单位，这个基本单位即为晶胞。晶胞的选取原则：选取的平行六面体应与宏观晶体具有同样的对称性；平行六面体内的棱和角相等的数目应最多；当平行六面体的棱角存在直角时，直角的数目应最多；在满足以上条件时，晶胞应具有最小的体积。

晶胞既包含结构基元的信息，也包含结构基元在晶体中排列的信息，即包含晶体结构的全部信息。整个晶体就是按照晶胞共用顶点并置排列，共面堆砌而成。晶胞具有“化学上等同”“几何上等同”和“无隙并置”的特点。“化学上等同”指晶胞里原子的数目和种类完全等同；“几何上等同”既指所有晶胞的形状、取向、大小等同，而且指晶胞里原子的排列（包括空间取向）完全等同。“无隙并置”是指平行六面体之间没有任何空隙，即一个晶胞与它的相邻晶胞完全共顶角、共面和共棱，取向一致，无间隙。从一个晶胞到另一个晶胞只需平移，不需转动。进行或不进行平移操作，整个晶体的微观结构不可区别。然而，单位平行六面体与晶胞存在差异：单位平行六面体由几何点构成，而晶胞则由具体且具有物理化学属性的物质点组成。

晶胞有素晶胞和复晶胞之分。素晶胞，符号 P，其中的原子集合相当于晶体微观空间中的原子作周期性平移的最小集合，称为结构基元。复晶胞：素晶胞的多倍体，含有 2 个或 2 个以上结构基元，分为三种：面心晶胞（4 倍体），符号 F；体心晶胞（2 倍体），符号 I；底心晶胞（2 倍体），符号 C。由于结构基元代表了晶体的基本重复单位，而点阵反映了结构的周期性规律。如果在晶体点阵中各点阵点位置上，按同一种方式安置结构基元，即可得到整个晶体的结构。因此，可简单地将晶体结构示意表示为晶体结构（晶格）= 点阵+结构基元（图 2-7）。

在晶体学中，常根据晶胞外形即棱边长度之间的关系和晶轴之间的夹角情况对晶体进行分类。如分类时只考虑 a、b、c 是否相等，α、β、γ 是否相等及它们是否呈直角等因素，而不涉及晶胞中原子的具体排列情况，这样可将所有晶体分成七种类型（或称七个晶系）：立方晶系（也称等轴晶系）、四方晶系、三方晶系、六方晶系、正交晶系（也称斜方晶系）、单斜晶系、三斜晶系（图 2-8）。它们的特征参数见表 2-3。

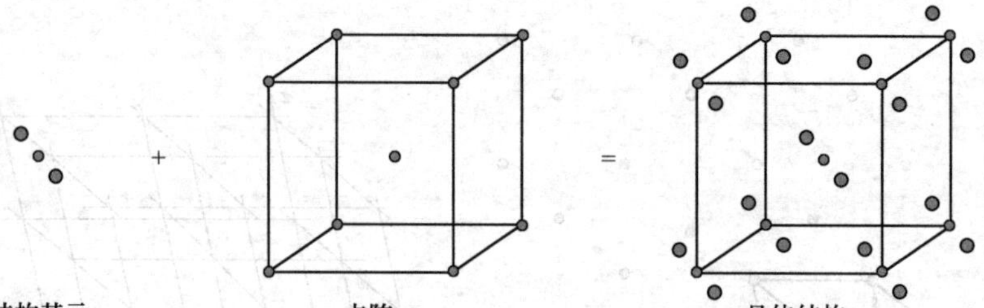

图 2-7 晶体结构=晶格（或点阵）+结构基元

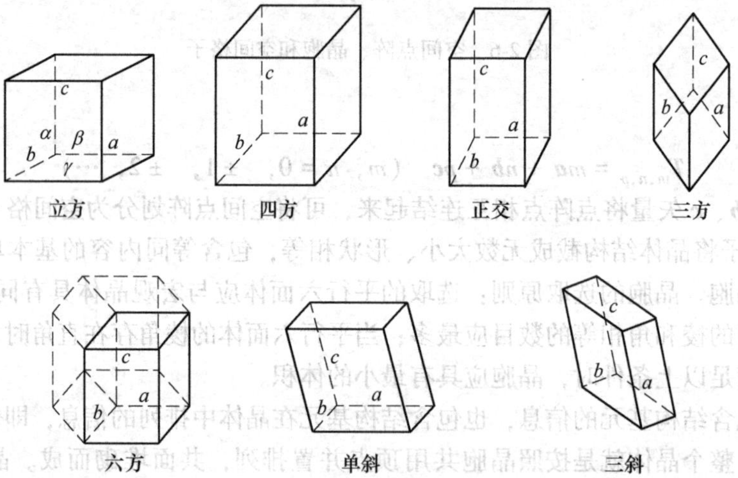

图 2-8 7 个晶系

表 2-3 7 个晶系及特征参数

晶系	特征对称元素	晶胞特点	空间点阵型式
立方	4 个按立方体对角线取向的 3 重旋转轴	$a=b=c$ $\alpha=\beta=\gamma=90°$	简单立方
			体心立方
			面心立方
六方	6 重对称轴	$a=b\neq c$ $\alpha=\beta=90°$，$\gamma=120°$	简单六方
四方	4 重对称轴	$a=b\neq c$ $\alpha=\beta=\gamma=90°$	简单四方
			体心四方
三方	3 重对称轴	$a=b=c$ $\alpha=\beta=\gamma\neq 90°$	简单六方
			R 心六方（菱心立方）
正交	2 个互相垂直的对称面或 3 个互相垂直的 2 重对称轴	$a\neq b\neq c$ $\alpha=\beta=\gamma=90°$	简单正交
			C 心正交（底心正交）
			体心正交
			面心正交

续表 2-3

晶系	特征对称元素	晶胞特点	空间点阵型式
单斜	2 重对称轴或对称面	$a \neq b \neq c$ $\alpha = \beta = 90° \neq \gamma$	简单单斜
			C 心单斜（底心单斜）
三斜	无	$a \neq b \neq c$ $\alpha \neq \beta \neq \gamma \neq 90°$	简单三斜

布拉菲根据“每个阵点的周围环境相同”的要求，用数学分析法证明晶体中的空间点阵只有 14 种，并称之为布拉菲点阵。它们归属于 7 个晶系（图 2-9）。

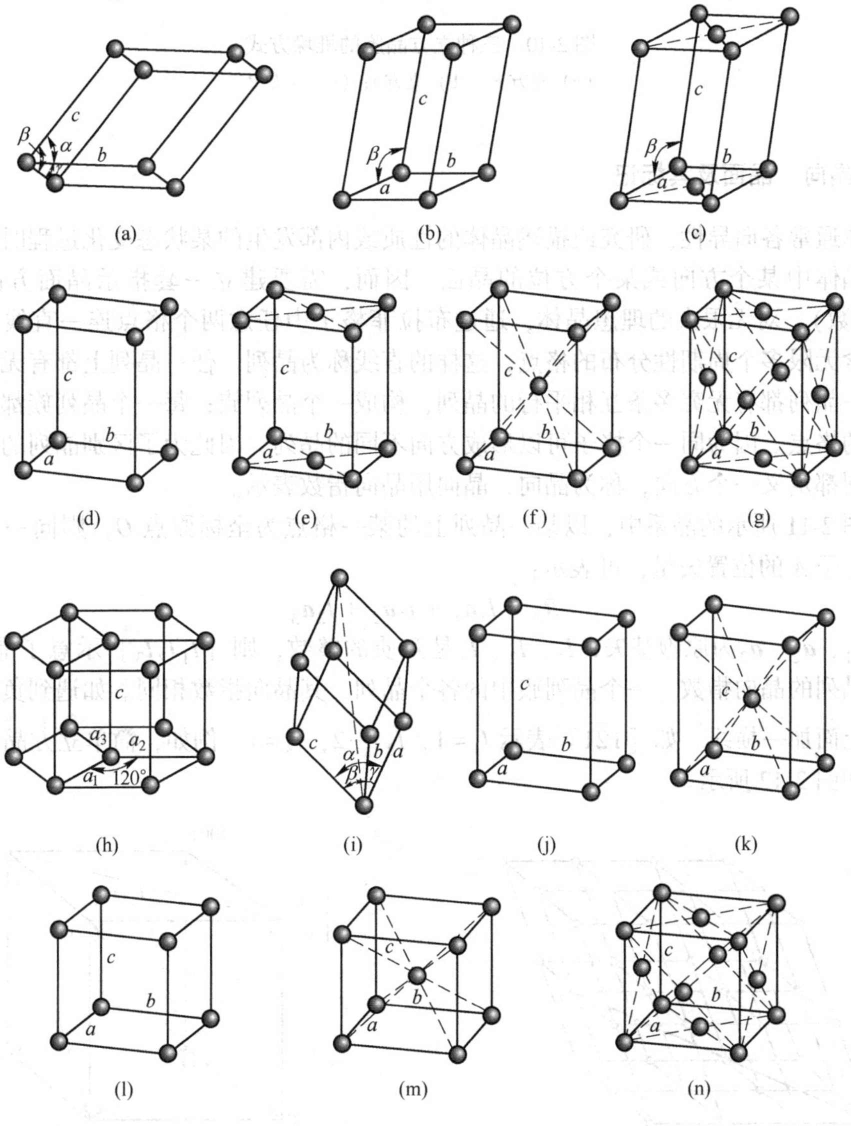

图 2-9　布拉菲点阵

（a）简单三斜；（b）简单单斜；（c）底心单斜；（d）简单正交；（e）底心正交；（f）体心正交；（g）面心正交；（h）简单六方；（i）简单菱方；（j）简单四方；（k）体心四方；（l）简单立方；（m）体心立方；（n）面心立方

其中，结构最简单的是立方点阵。面心（立方 F）、体心（立方 I）和简单（立方 P）的配位数分别为 6、8 和 12，质点数分别为 1、2 和 4。三种立方点阵的堆垛方式，如图 2-10 所示。

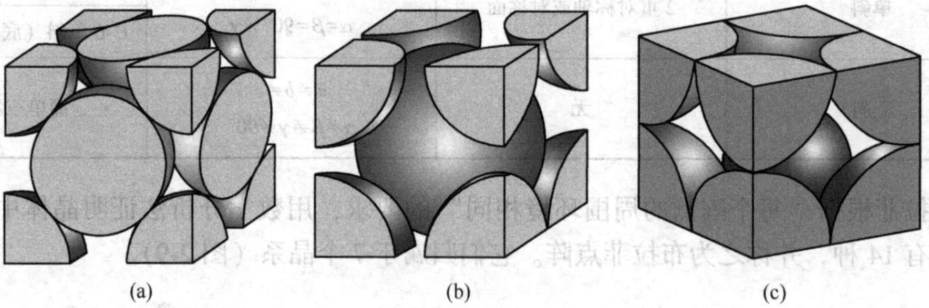

图 2-10　三种立方晶胞的堆垛方式

（a）立方 F；（b）立方 I；（c）立方 P

2.2.2　晶向、晶面及其标记

晶体通常各向异性，研究或描述晶体的性质或内部发生的某状态变化过程时，通常需要指明晶体中某个方向或某个方位的晶面。因而，需要建立一套指示晶面方向的参量（晶向指数）。对无限大的理想晶体，通过布拉菲格子中任意两个格点连一直线，这一直线将包含无限多个周期性分布的格点，这样的直线称为晶列。任一晶列上都有无穷多个格点；任一晶列都有无穷多条互相平行的晶列，构成一个晶列族；每一个晶列族都包含晶体中所有的格点。因为同一个格子可以形成方向不同的晶列，因此为了区别晶列的方向，每一个晶列都定义一个方向，称为晶向，晶向用晶向指数表示。

如图 2-11 所示的晶系中，以某一晶列上的某一格点为坐标原点 O，则同一晶列上的另一个原子 A 的位置矢量，可表示：

$$\boldsymbol{R}_A = I_1\boldsymbol{a}_1 + I_2\boldsymbol{a}_2 + I_3\boldsymbol{a}_3 \tag{2-5}$$

式中，$\boldsymbol{a}_1$、$\boldsymbol{a}_2$、$\boldsymbol{a}_3$为原胞基矢；I_1、I_2、I_3是互质的整数，则 $[I_1I_2I_3]$ 示意了晶列方向，即为该晶列的晶向指数。一个晶列族中的各个晶列，其晶向指数相同。如遇到负数，在该指数的上面加一横线。如 $[1\bar{2}1]$ 表示 $I_1=1$，$I_2=-2$，$I_3=1$。例如，简单立方晶格的晶向标志，如图 2-12 所示。

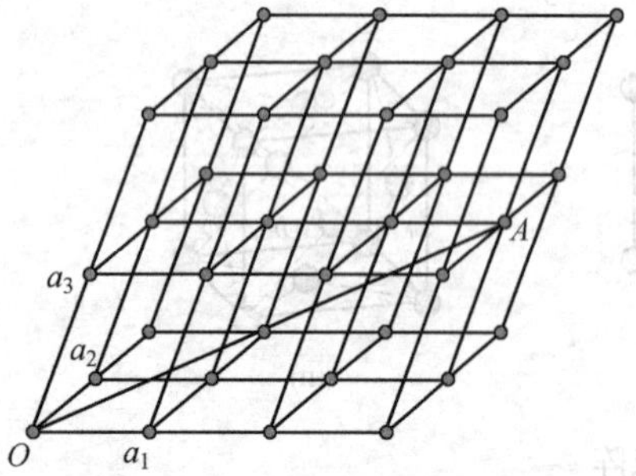

图 2-11　晶列、晶向及其指数

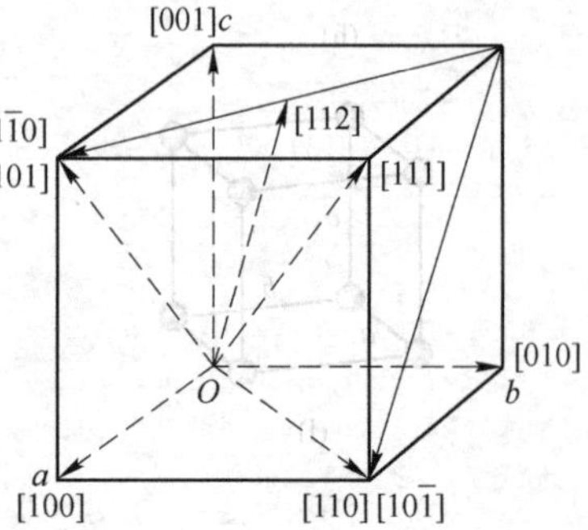

图 2-12　简单立方晶格的晶向标志

由图 2-12 可知：立方边 Oa 的晶向为［100］，共有 6 个不同的晶向，［100］，［$\bar{1}00$］，［010］，［$0\bar{1}0$］，［001］，［$00\bar{1}$］；面对角线 Ob 的晶向为［110］，共有 12 个不同的晶向；体对角线 Oc 的晶向为［111］，共有 8 个不同的晶向。由于立方晶格的对称性，以上 3 组晶向等效，等效晶向组成等效晶向族，通常用尖括号表示为<100>，<111>，<110>等。

在晶格中，通过任意 3 个不在同一直线上的格点作一平面，称为晶面。可以从不同的方向，在一个空间点阵中划分出一组组互相平行且等距的平面点阵组。各组平面点阵对应于实际晶体中不同方向的晶面，可使用“密勒指数”来描述同一晶体内不同方向的晶面。密勒指数的标定方法：对晶胞作晶轴 X、Y、Z，以晶胞的边长作为晶轴上的单位长度。在一组相互平行的晶面中任选一个晶面，量出它在 3 个坐标轴上的截数分别为 r，s，t（以点阵周期 a，b，c 为单位的截距数目）。截数之比即可反映出平面点阵的方向。但直接由截数之比 $r:s:t$ 表示时，当平面点阵和某一坐标轴平行，截数将会出现∞。为避免出现∞，规定用截数的倒数之比，即 $1/r:1/s:1/t$ 作为平面点阵的指标，且这个比值一定可化成互质的整数之比 $1/r:1/s:1/t=h:k:l$，将（hkl）放在圆括号中，就称为该晶面的密勒指数（hkl）。如果有负数，负号标在该数的上面，与晶向指数中的表示相同。

例 2-1　计算如图 2-13 所示的晶面的指标。

截距 r、s、t 分别为 3，3，5；$1/r:1/s:1/t=1/3:1/3:1/5$；最小公倍数为 15；于是，$1/r$，$1/s$，$1/t$ 分别乘 15 得到 5，5，3。

因此，晶面指标为（553）。

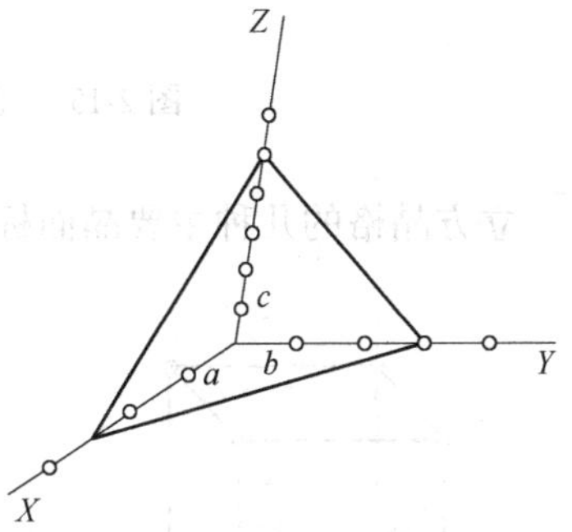

图 2-13　晶面指标示例

晶面的两种特殊情况：

（1）当晶面和晶轴平行时，则可认为该晶面与晶轴在无穷远处相交，截距∞，$1/\infty=0$，因此晶面在这个晶轴上的密勒指数为 0。（110）表示与 Z 轴平行的晶面，（100）表示平行于 YZ 平面的晶面，（001）表示平行于 XY 平面的晶面。

（2）如果晶面与某一晶轴的负方向相交，则相应的指数上面加以负号，如（111），（$\bar{1}\bar{1}\bar{1}$）表示一个晶面族，晶面族内的各个晶面彼此等同，这是由于晶体结构上对称性决定。

当对晶体外形的晶面进行指标化时，通常将坐标原点放在晶体的中心，晶体中两个平行的晶面一个为（hkl），另一个为（$\bar{h}\ \bar{k}\ \bar{l}$）（图 2-14）。

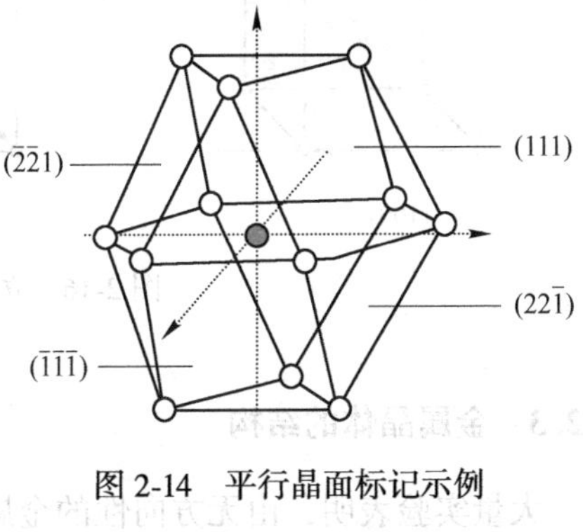

图 2-14　平行晶面标记示例

（hkl）代表一组相互平行的晶面，任意两个相邻的晶面的面间距都相等，相邻两个平面间的垂直距离用 $d_{(hkl)}$ 表示，$d_{(hkl)}$ 又称晶面间距，它与晶胞参数和晶面指标有关。正交晶系、立方晶系和六方晶系的 $d_{(hkl)}$ 可分别计算为：

正交晶系
$$d_{(hkl)} = \left[\left(\frac{h}{a} \right)^2 + \left(\frac{k}{b} \right)^2 + \left(\frac{l}{c} \right)^2 \right]^{-\frac{1}{2}} \tag{2-6}$$

立方晶系
$$d_{(hkl)} = a\,(h^2 + k^2 + l^2)^{-\frac{1}{2}} \tag{2-7}$$

六方晶系
$$d_{(hkl)} = \left[4\left(\frac{h^2 + hk + k^2}{3a^2} \right)^2 + \left(\frac{l}{c} \right)^2 \right]^{-\frac{1}{2}} \tag{2-8}$$

平行的晶面组成晶面族，晶面族包含所有格点。晶面上格点分布具有周期性；同一晶面族中的每一晶面上，格点分布（情况）相同；同一晶面族中相邻晶面间距相等。同一晶面族中的各个晶面，晶面指数相同。晶面指数反映了一组晶面间的距离大小和阵点的疏密程度。晶面指数越大，晶面间距越小，晶面所对应的平面点阵上的阵点密度越小（图2-15）。

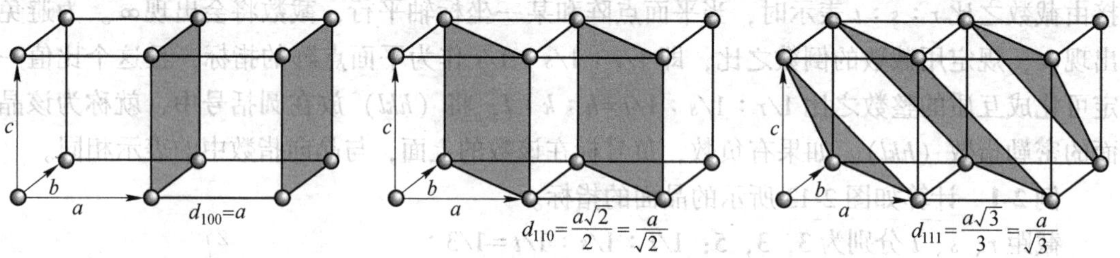

图 2-15　(100)、(110) 和 (111) 在点阵中的取向

立方晶格的几种主要晶面标记，如图 2-16 所示。

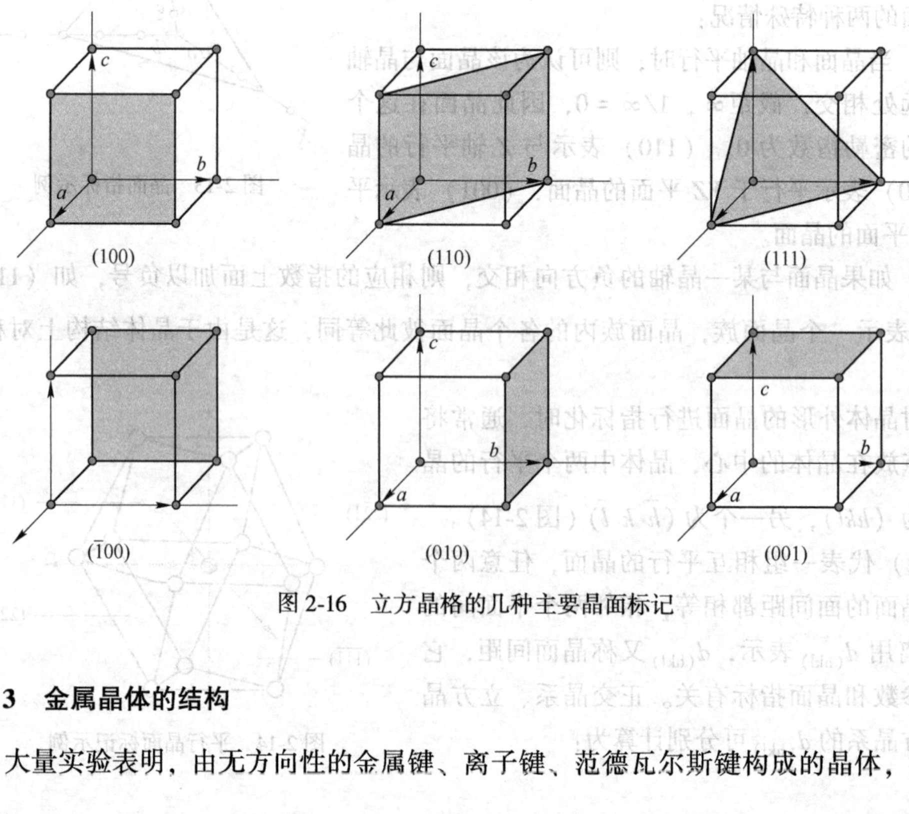

图 2-16　立方晶格的几种主要晶面标记

2.2.3　金属晶体的结构

大量实验表明，由无方向性的金属键、离子键、范德瓦尔斯键构成的晶体，其原子、

离子或分子都堆得十分紧密。尤其是对于电子云分布呈球形对称以及无方向性的质点，如离子晶体和金属晶体，它们的紧密结合可以视为是刚性球体的堆积。如果将等径圆球在一平面上排列，有两种排布方式，如按图 2-17（a）方式排列，剩余的空隙较大，称为非密置层。按图 2-17（b）方式排列，圆球周围剩余空隙最小，称为密置层。

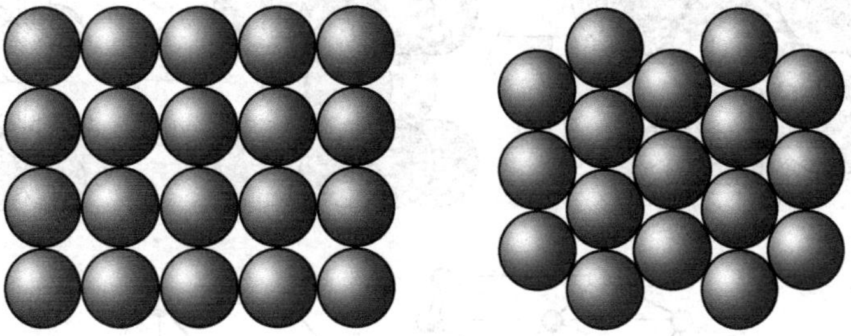

(a)　　　　　　　　(b)

图 2-17　等径圆球在平面上的排布方式

（a）非密置层；（b）密置层

金属原子堆积在一起，形成金属晶体。金属原子最外层价电子脱离核的束缚，在晶体中自由运动，形成“自由电子”，留下的金属正离子都是满壳层电子结构，电子云呈球状分布，所以在金属结构模型中，可把金属正离子近似为等径圆球。等径圆球的堆积分为最密堆积和密堆积两种，常见的最密堆积的结构有两种：面心立方最密堆积（cubic closet packing，ccp），又称为 A1 型堆积（图 2-18）；六方最密堆积（hexagonal closet packing，hcp），又称为 A3 型堆积（图 2-19）。

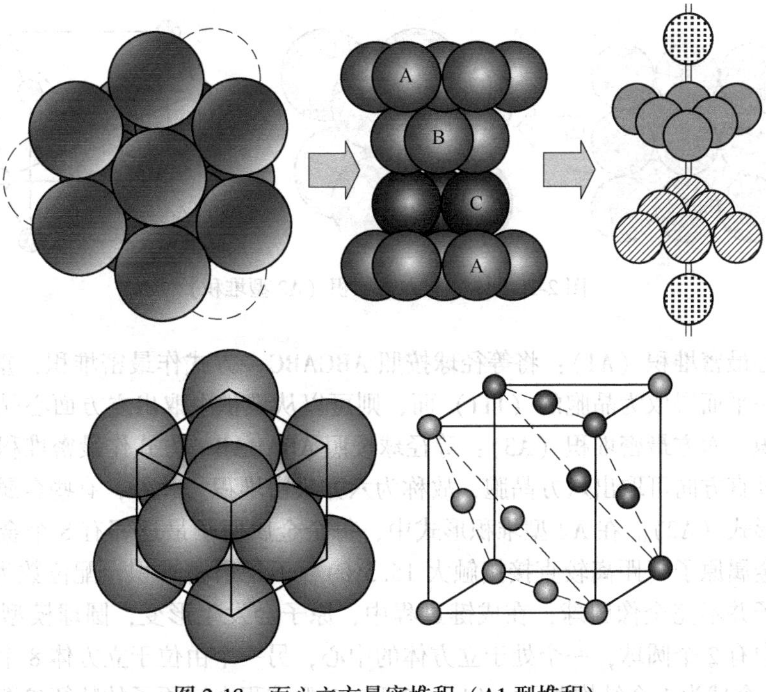

图 2-18　面心立方最密堆积（A1 型堆积）

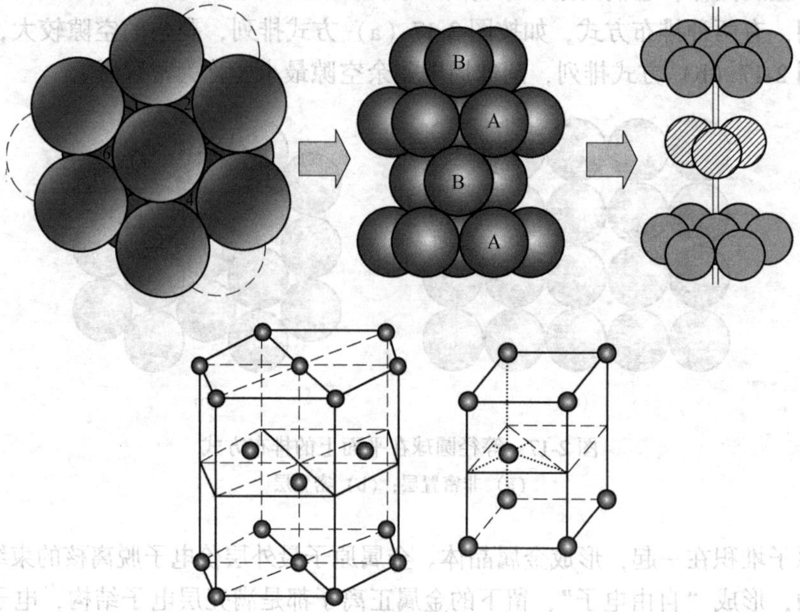

图 2-19　六方最密堆积（A3 型堆积）

另一种重要的密堆积是体心立方密堆积（body cubic packing，bcp），又称为 A2 型堆积（图 2-20）。

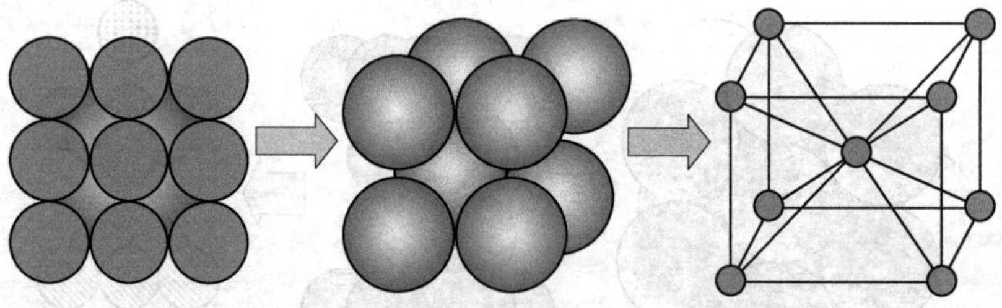

图 2-20　体心立方密堆积（A2 型堆积）

立方面心最密堆积（A1）：将等径球按照 ABCABC…方式作最密堆积，重复周期为 3 层。若将某一平面层取为晶胞的（111）面，则可以从堆积中取出立方面心晶胞，故称为立方最密堆积。六方最密堆积（A3）：等径球按照 ABABAB…方式作最密堆积，重复周期为 2 层。按垂直方向可取出六方晶胞，故称为六方最密堆积。此外，有些金属单质采取体心立方密堆形式（A2）。在 A2 型堆积形式中，每个金属原子最近邻有 8 个金属原子，次近邻有 6 个金属原子（距离较直接接触大 15.5%），不是最密堆积，配位数为 8。该现象表明金属离子并不完全像圆球，在成键过程中，原子会发生形变，圆球模型只是一种近似。该晶胞中有 2 个圆球，一个处于立方体的中心，另一个由位于立方体 8 个顶点上的圆球所形成，1 个球为 1 个结构基元。A1、A2 和 A3 型堆积金属原子的特征参数见表 2-4。

表 2-4　A1、A2 和 A3 型堆积金属原子的特征参数

结构特征	晶体结构类型		
	面心立方（A1）	体心立方（A2）	密排六方（A3）
点阵常数	a	a	a，c（$c/a=1.633$）
原子半径 R	$\frac{\sqrt{2}}{4}a$	$\frac{\sqrt{3}}{4}a$	$\frac{a}{2}\left(\frac{1}{2}\sqrt{\frac{a^2}{3}+\frac{c^2}{4}}\right)$
晶胞内原子数	4	2	6
配位数	12	8	12
致密度	0.74	0.68	0.74
四面体间隙数量大小	8 （0.225R）	12 （0.291R）	12 （0.225R）
八面体间隙数量大小	4 （0.414R）	6 （0.154R<100>） （0.633R<110>）	6 （0.414R）

由于球体之间是刚性点接触堆积，最紧密堆积中仍然有空隙存在。从形状上看，空隙有两种：一种是四面体空隙，由 4 个球体构成，球心连线构成一个四面体；另一种是八面体空隙，由 6 个球体构成，球心连线形成一个八面体。显然，由同种球组成的四面体空隙小于八面体空隙。以 A1 型堆积中的正四面体空隙和正八面体空隙为例，如图 2-21 所示。

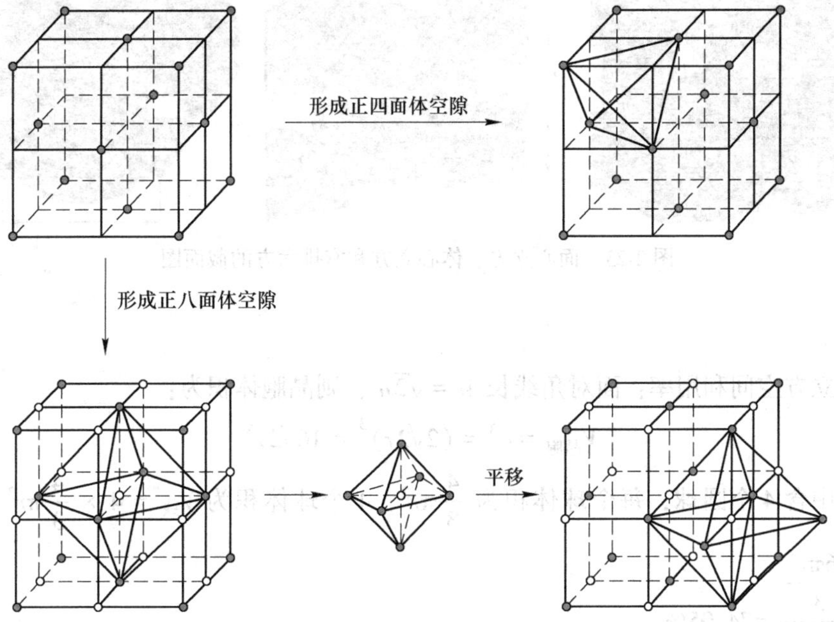

图 2-21　正四面体空隙和正八面体空隙（A1 型堆积）

对最密堆积 A1 和 A3 而言，球数：四面体空隙数：八面体空隙数 = 1：2：1。即意味

着 n 个等径球形成的最密堆积，系统的四面体空隙数为 $2n$，八面体空隙数为 n。第三层等径球的最密堆积方式有两种：第三层球的位置分别落在密置双层的正四面体空隙（A3 最密堆积）和正八面体空隙之上（A1 最密堆积）。A1 和 A3 两种最密堆积的配位情况，如图 2-22 所示。

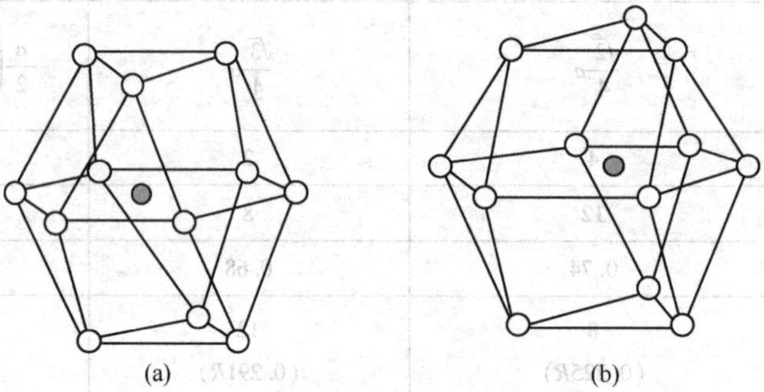

图 2-22　两种最密堆积的配位情况

（a）A1 ccp；（b）A3 hcp

由图 2-22 可知：每个球在同一层与 6 个球相切，上下层各与 3 个球接触，配位数均为 12。为表达最密堆积中的总空隙大小，通常采用空间利用率（也称为原子堆积系数）来表征。其定义为：晶胞中原子体积与晶胞体积的比值。

例 2-2　计算面心立方、体心立方和密排六方的空间利用率，如图 2-23 所示。

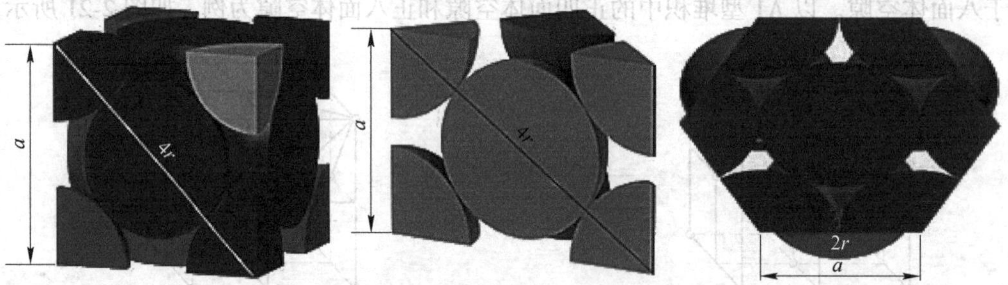

图 2-23　面心立方、体心立方和密排六方的截面图

解：

面心立方空间利用率：面对角线长 $4r=\sqrt{2}a$，则晶胞体积为：

$$V_{晶胞}=a^3=(2\sqrt{2}r)^3=16\sqrt{2}r^3$$

晶胞中含 4 个圆球，每个球体积为 $\frac{4}{3}\pi r^3$，4 个球体积为 $V_{球}=4\times\frac{4}{3}\pi r^3=\frac{16}{3}\pi r^3$，

$\frac{V_{球}}{V_{晶胞}}=\frac{\frac{16\pi r^3}{3}}{16\sqrt{2}r^3}=74.05\%$。

体心立方空间利用率：体心对角线长 $4r=\sqrt{3}a$，$a=\frac{4}{\sqrt{3}}r$，则晶胞体积：$V_{晶胞}=a^3=$

$\left(\frac{4}{\sqrt{3}}r\right)^3=\frac{64}{3\sqrt{3}}r^3$，体心立方晶胞中含 2 个圆球，每个球体积为 $\frac{4}{3}\pi r^3$，2 个球体积为 $V_{球}=2\times\frac{4}{3}\pi r^3=\frac{8}{3}\pi r^3$，$\frac{V_{球}}{V_{晶胞}}=\frac{\frac{8\pi r^3}{3}}{\frac{64r^3}{3\sqrt{3}}}=68.02\%$。

密排六方的空间利用率：底边长为 a，高为 c，底面正六边形对角线长度为 $2a$（2 个原子，4 个原子半径 r 长），有：$4r=2a$，$r=1/2a$，从侧面观察有：

$$(2r)^2-\left(\frac{2}{3}\times\frac{\sqrt{3}}{2}a\right)^2=\left(\frac{c}{2}\right)^2,\quad \frac{c}{a}=1.633$$

密排六方晶胞内有 6 个圆球，每个球体积为 $\frac{4}{3}\pi r^3$，6 个球体积为：

$$V_{球}=6\times\frac{4}{3}\pi\left(\frac{a}{2}\right)^3=\pi a^3$$

$$\frac{V_{球}}{V_{晶胞}}=\frac{\pi a^3}{6\times\left(\frac{\sqrt{3}}{4}a^2\right)\times c}=0.74$$

由上述计算结果可知：A1 和 A3 两种堆积结构的致密度均为 0.74，是纯金属中最密集的结构。

2.2.4 体相和表相结构的不完整性

在实际晶体中，由于原子（离子、分子）的热运动，以及晶体的形成条件、冷热加工过程和其他辐射、杂质等因素的影响，实际晶体中的原子排列不可能完全按照空间点阵规则排列的那样规则、完整，而是或多或少地存在着偏离理想结构的区域，出现了不完整性，即晶体缺陷。晶体的缺陷按几何形式划分为点缺陷、线缺陷、面缺陷和体缺陷等。

2.2.4.1 点缺陷

指以一个点为中心，在它的周围造成原子排列的不规则，产生晶格畸变和内应力。特点：在空间三维方向上的尺寸都很小，约为几个原子间距，又称零维缺陷。主要包括间隙原子，置换原子，晶格空位三种（图 2-24）。

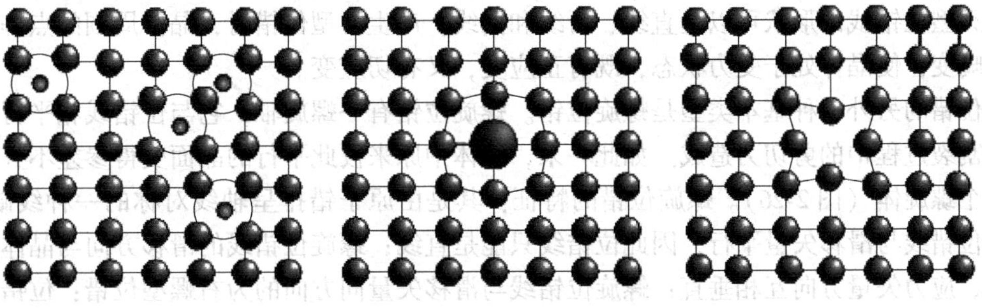

(a) (b) (c)

图 2-24 点缺陷示意图

（a）间隙原子；（b）置换原子；（c）晶格空位

晶体中，位于点阵结点上的原子并非静止，而是以其平衡位置为中心作热振动。当某一原子具有足够大的振动能而使振幅增大到一定限度时，就可能克服周围原子对它的制约作用，跳离其原来的位置，使点阵中形成空结点，称为空位。离开平衡位置的原子有3个去处：迁移到晶体表面或内表面的正常结点位置上，而使晶体内部留下空位，称为肖脱基（Schottky）空位；挤入点阵的间隙位置，而在晶体中同时形成数目相等的空位和自间隙原子，则称为弗兰克尔（Frankel）缺陷；跑到其他空位中，使空位消失或使空位移位。另外，在一定条件下，晶体表面上的原子也可能跑到晶体内部的间隙位置形成间隙原子。

2.2.4.2 线缺陷

指在一维方向上偏离理想晶体中的周期性、规则性排列所产生的缺陷，即缺陷尺寸在一维方向较长，另外二维方向上很短。主要是指各种形式的“位错”，又称一维缺陷。线缺陷的产生及运动与材料的韧性、脆性密切相关。线缺陷（位错）分为：刃型位错、螺旋位错、混合位错。其中，最简单直观的一种称为刃型位错（图2-25）。

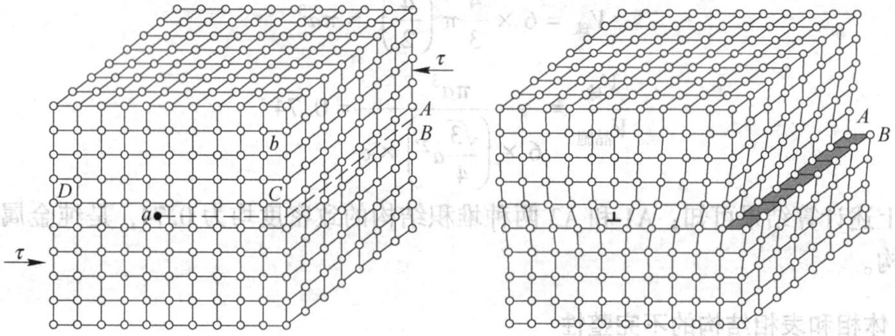

(a) (b)

图2-25 简单立方晶体中的刃型位错模型

（a）理想晶体；（b）刃型位错

刃型位错的形成原因：力作用在晶体右上角，使右上角的上半部晶体沿滑移面向左作局部移动，使原子列移动了一个原子间距，从而形成一个刃型位错。由于它像一个刀刃的切入，故称刃型位错。特征：是由一个多余半原子面所组成的线缺陷；位错滑移矢量（柏氏向量）垂直于位错线，而且滑移面是位错线和滑移矢量所构成的唯一平面；位错的滑移运动，是通过滑移面上方的原子面相对于下方的原子面移动一个滑移矢量而得以实现；刃型位错线的形状可以是直线、折线和曲线；产生刃型位错时，晶体周围的点阵发生弹性畸变，使晶体处于受力状态，既有正应变，又有切应变。

位错的另外一种基本类型是螺旋位错。螺旋位错有一螺旋轴，它与位错线相平行，由晶体割裂过程中的剪切力造成。如此一来，晶体中原来彼此平行的晶面变得参差不齐，好像一个螺旋体（图2-26）。螺旋位错的特征：其是由原子错排呈轴线对称的一种线缺陷；螺旋位错线与滑移矢量平行，因此位错线只能是直线；螺旋位错线的滑移方向与晶体滑移方向、应力矢量方向互相垂直；螺旋位错线与滑移矢量同方向的为右螺型位错；位错线与滑移矢量异向的为左螺型位错。

然而，实际晶体中存在的位错往往是混合型位错（图2-27），即兼具刃型和螺型位错

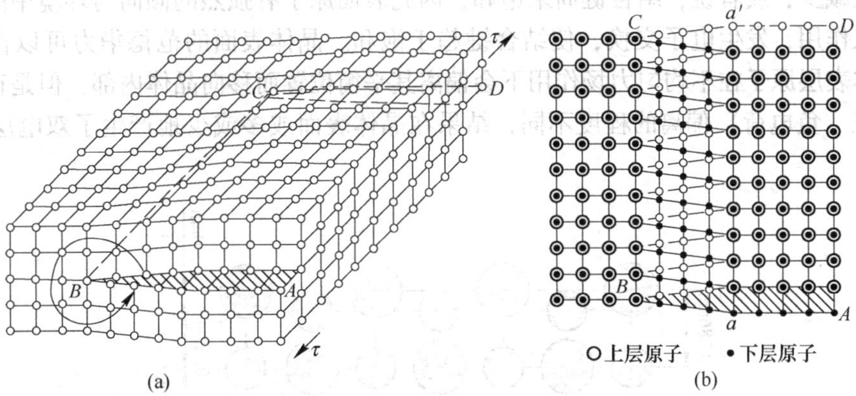

图 2-26　螺旋位错形成示意图

(a) 晶体的局部滑移；(b) 螺旋位错的原子组态

的特征。混合位错中，半原子面的边缘线与螺旋原子面的螺旋轴线相重合，该线定义为混合位错线。位错线上任意一点，经矢量分解后，可分解为刃型和螺型位错分量。晶体中位错线的形状可以任意，但位错线上各点的柏氏矢量相同，只是各点的刃型和螺型分量不同。

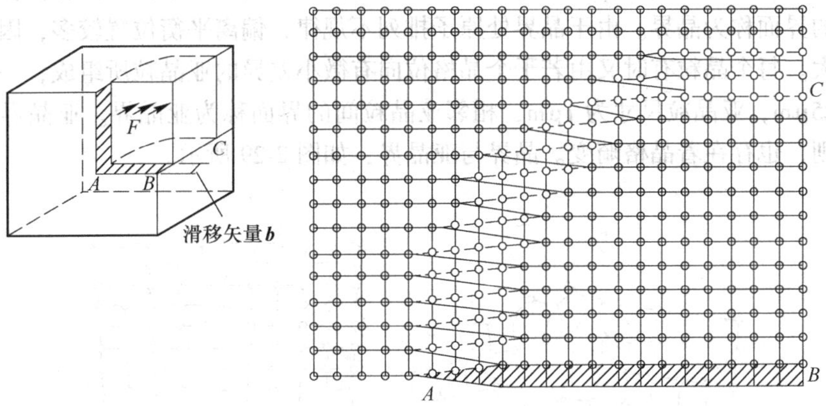

图 2-27　混合位错

2.2.4.3　面缺陷

晶体内偏离周期性点阵结构的二维缺陷，称为面缺陷，其是由于受到其两侧的不同晶格位向的晶粒或亚晶粒的影响而使原子呈不规则排列。面缺陷将材料分成若干区域的边界，每个区域内具有相同的晶体结构，区域之间有不同的取向。金属中常见的面缺陷有表面、晶界、亚晶界、孪晶界、相界、层错。

A　表面

表面：固体材料与气体或液体的分界面。晶体内部的原子处于其他原子的包围中，处于均匀的力场中，总合力为零，处于能量最低的状态。而表面原子却不同，它与气相（或液相）接触，处于不均匀的力场之中，其能量较高，高出的能量称为表面自由能。不论是金属晶体、离子晶体或者是共价晶体，由于表面原子的近邻原子数减少，其相应的结合键数也减少，或者说，结合键尚未饱和，因此表面原子有强烈的倾向与环境中的原子或分子相互作用，发生电子交换，使结合键趋于饱和。晶体表面的范德华力可以作如下理解：晶体表层原子在不均匀力场作用下会偏离其平衡位置而移向晶体内部，但是正、负离子（或正、负电荷）偏离的程度不同，结果在晶体表面或多或少地产生了双电层（图 2-28）。

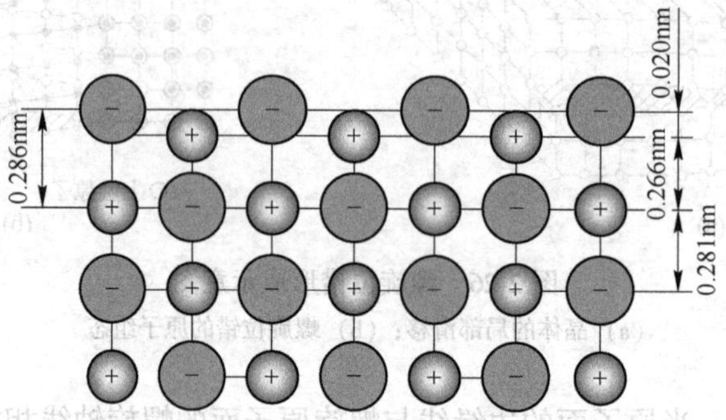

图 2-28　离子晶体表面的双电层

B　晶界

实际金属一般为多晶体，即由许多位向不同的晶粒组成。属于同一固相但位向不同的晶粒之间的界面称为晶界。由于晶界处原子排列不规律，偏离平衡位置较多，因此晶格畸变程度较大。每个晶粒有时又由若干个晶格位向有微小差异的亚晶粒所组成，一般晶粒尺寸为 15~25μm，亚晶粒尺寸为 1μm，相邻亚晶粒间的界面称为亚晶界。亚晶界处的原子排列不规则，也存在着晶格畸变。晶界与亚晶界，如图 2-29 所示。

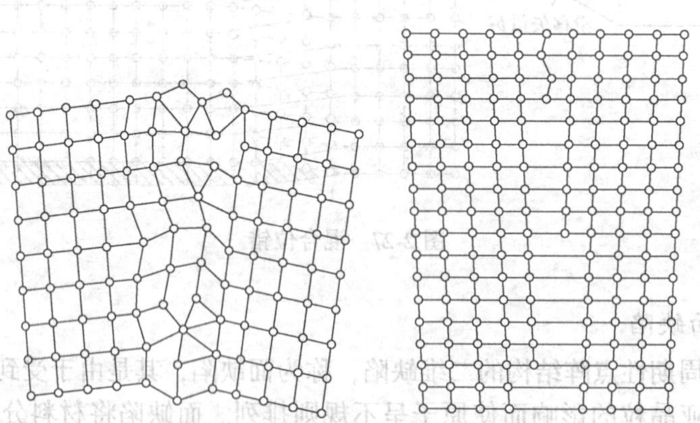

图 2-29　晶界与亚晶界示意图

（a）晶界；（b）亚晶界

根据晶界两侧晶粒位向差 θ 角的不同，可分为小角度晶界和大角度晶界。相邻晶粒的位向差大于 10°的晶界称为大角度晶界，多晶体中 90%以上的晶界属于此类。大角度晶界的结构较复杂，原子排列很不规则，由不规则的台阶组成。此外，相邻晶粒位向差小于

2°时，该小角度晶界被称为亚晶界，这种相邻的晶粒结构被称为亚结构或亚晶粒。大角度晶界与小角度晶界，如图 2-30 所示。

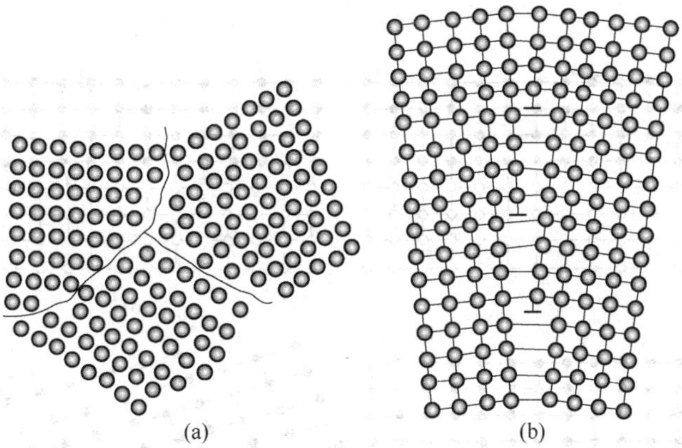

图 2-30　大角度晶界与小角度晶界示意图

（a）大角度晶界；（b）小角度晶界

C　孪晶界

孪晶界：相邻两晶粒的原子，相对一定晶面呈镜面对称排列，这两晶粒间的界面称孪晶界。孪晶分为共格孪晶界和非共格孪晶界（图 2-31）。共格孪晶界就是孪晶面，在孪晶面上的原子同时位于两个晶体点阵的结点上，为两个晶体所共有，是无畸变的完全共格晶面。因此，它的界面能很低，很稳定，在显微镜下呈直线，该类孪晶界较为常见。如果孪晶界相对于孪晶面旋转一个角度，就可以得到非共格孪晶界。此时孪晶界上只有部分原子为两部分晶体所共有，因而原子错排较严重，这种孪晶界的能量较高。

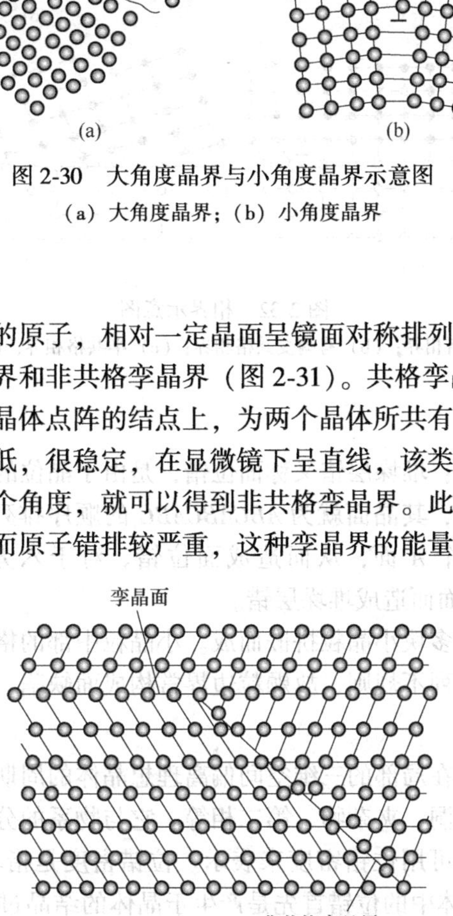

图 2-31　共格孪晶界和非共格孪晶界示意图

D　相界

相界：合金的组织往往由多个相组成，不同的相具有不同的晶体结构和化学成分，具有不同结构的两相之间的分界面称为相界。按相界面上原子间匹配程度分为：共格界面、半共格界面、非共格界面三种类型（图 2-32）。共格界面：界面上的原子同时位于两相晶格的结点上，即两相的晶格是彼此衔接的，界面上的原子为两者共有；半共格界面：沿相界面每隔一定距离产生一个刃型位错，除刃型位错线上的原子外，其余原子都共格，所以半共格界面是由共格区和非共格区相间组成；非共格界面：原子不规则排列的薄层为两相的过渡层。

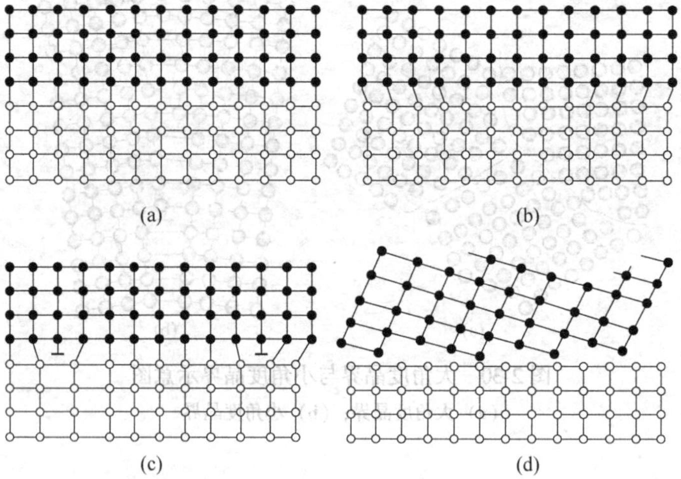

图 2-32　相界示意图

（a）无畸变共格相界；（b）有畸变共格相界；（c）半共格相界；（d）非共格相界

E　层错

堆垛层错与颗粒边界：堆垛层错又称面位错，是由于晶位的错配和误位所造成。对于一个面心立方的理想晶格，其晶面就为 *ABCABCABC* 的顺序排列。如果其中少一个 *A* 面，或多一个 *A* 面，或多半个 *A* 面，从而造成面位错。对于六方密堆晶格，理想排列为 *ABABAB* 顺序，可能因缺面而造成堆垛层错。

任何实际晶体，常由多块小晶粒拼嵌而成。小晶粒中部的格子是完整的，而界区则是非规则的。边缘区原子排列不规则，故颗粒边界常构成面缺陷。

2.2.4.4　体缺陷

又称为三维缺陷，指在局部的三维空间偏离理想晶体的周期性、规则性排列而产生的缺陷。主要有包裹体、空洞、夹杂物、第二相等。它与物系的分相、偏聚等过程有关。

晶格中的位错多少，可用位错密度来表示。位错密度是指单位体积内位错的错线长度，量纲为（cm^{-2}）。晶体中的位错首先是产生于晶体的结晶过程。晶体材料的内部的位错在相应的条件下，可以产生滑移，增值，交割，缠结，攀移等行为。这对金属的强度、塑性等力学性能有重要影响。

2.3　分子表面化学

物质表面层的分子与内部分子的环境不同，内部分子所受四周邻近分子的作用力是对称的，各个方向的力彼此抵消。表面分子处于体相的终止面上，既受到来自本相内分子的作用，又受到不同相中分子的作用，因此表面的性质与内部不同。故对固体结构的研究，近二、三十年来的一个重要趋势是“表面化”，即向表面结构扩展。

晶体表面是原子排列面，有一侧无固体原子的键合，形成了附加的表面能。为使表面原子趋于能量最低的稳定状态，一是自行调整而使原子排列情况与材料内部明显不同；二是依靠表面的成分偏析和表面对外来原子或分子的吸附以及这两者的相互作用，使表面组分与材料内部不同。晶体表面一般大约要经过4个至6个原子层之后才与体内基本相似，所以晶体表面实际上只有几个原子层范围。另外，晶体表面的最外一层也不是一个原子级的平整表面，因为这样的熵值较小，尽管原子排列作了调整，但是自由能仍较高，所以清洁表面必然存在各种类型的表面缺陷。

2.3.1 洁净固体表面的集合结构特征

洁净固体表面是指不存在任何吸附、催化反应、杂质扩散等物理-化学效应的表面。这种表面的组成与体内相同，但周期性结构可以不同于体内，理想表面结构如图2-33所示。

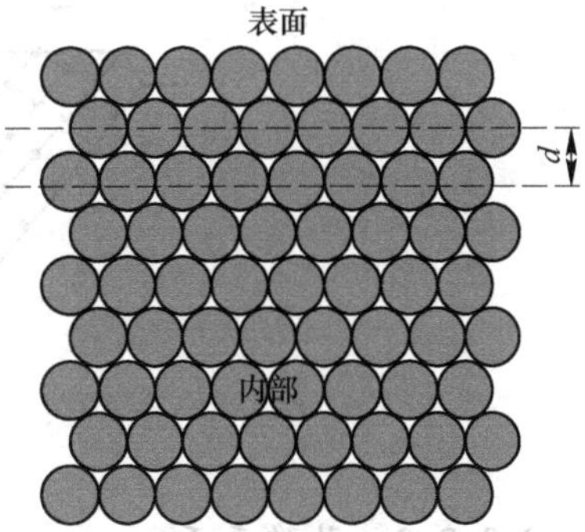

图2-33 理想表面结构示意图

理论上结构完整的二维点阵平面的前提：不考虑晶体内部周期性势场在晶体表面中断的影响；不考虑表面原子的热运动、热扩散、热缺陷等；不考虑外界对表面的物理-化学作用等；认为体内原子的位置与结构是无限周期性的，则表面原子的位置与结构是半无限的，与体内完全一样。

测试技术研究表明，洁净的不含杂质的固体表面在原子水平上是很不均匀的。在平面上存在台阶、梯步、拐折以及空位、吸附质等。吸附的原子或分子可以是单个、成对或多个成岛状（图2-34）。

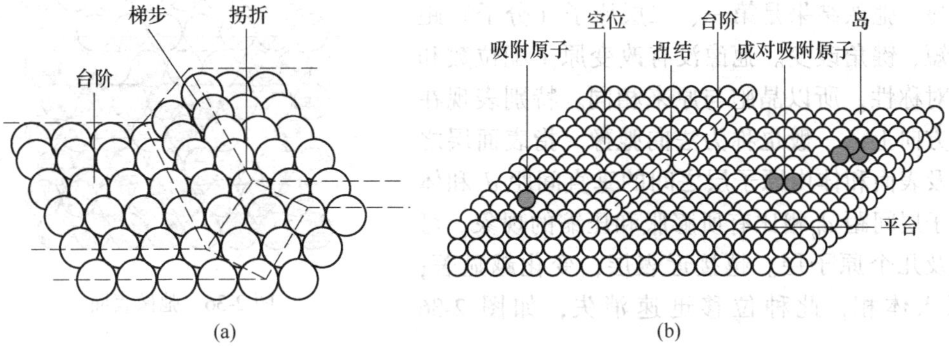

图2-34 洁净固体表面

（a）单晶表面的TSK模型台阶-梯步-拐折模型；（b）结构特征示意图

由于表面在原子水平上的不均匀性，所以就存在着各种不同类型的表面位，可以是拐折、梯步、空穴（点缺陷）、表面吸附原子等。由于表面有多种类型的位，且这些位都比较活泼，所以原子在表面上的扩散迁移所需的活化能较之在体相中迁移的要低得多，故相应的速率要快得多。物质表面层分子与内部分子的环境不同；原子、分子可以在表面上迁移和扩散。

2.3.2 洁净固体表面的弛豫与重构

清洁表面可分为三种：台阶表面、弛豫表面、重构表面。

2.3.2.1 台阶表面

台阶表面不是一个平面，它是由规则或不规则台阶组成（表面的化学组成与体内相同，但结构可以不同于体内），如图 2-35 所示。

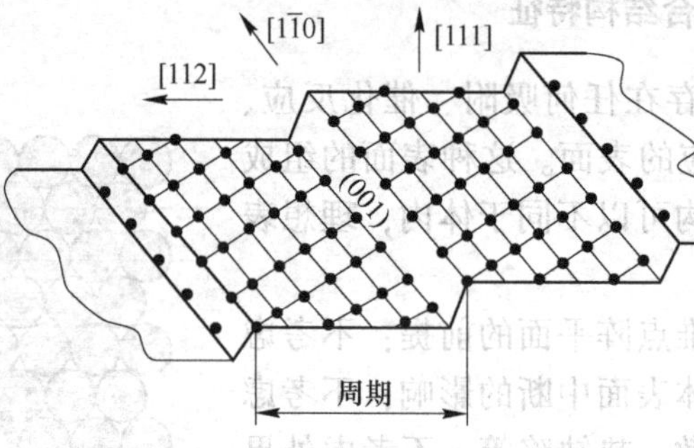

图 2-35 台阶表面

2.3.2.2 弛豫表面

对于多原子固体，表面晶体结构与体相基本相同，但点阵参数略有差异，当吸附外来物质后，表面组成计量关系会发生变化，诱导表面原子间的弛豫。即在一定的物理化学环境下，表面上的原子或分子相对于正常位置的上、下位移来降低体系能量，以寻求新的平衡位置。尤其是表面第一层原子与第二层之间位移（压缩或膨胀，导致两层原子间距收缩或膨胀）最明显。弛豫结果是第一、二层原子（分子）距离缩短、键角改变。弛豫没有改变原子配位数和自旋对称性，所以晶胞与原来相同。特别表现在垂直方向上，一般也称为法向弛豫。指表面层之间以及表面和体内原子层之间的垂直间距 d_s 和体内原子层间距 d_0 相比有所膨胀和压缩的现象。可能涉及几个原子层。越接近表层，变化越显著；越深入体相，此种位移迅速消失，如图 2-36 所示。

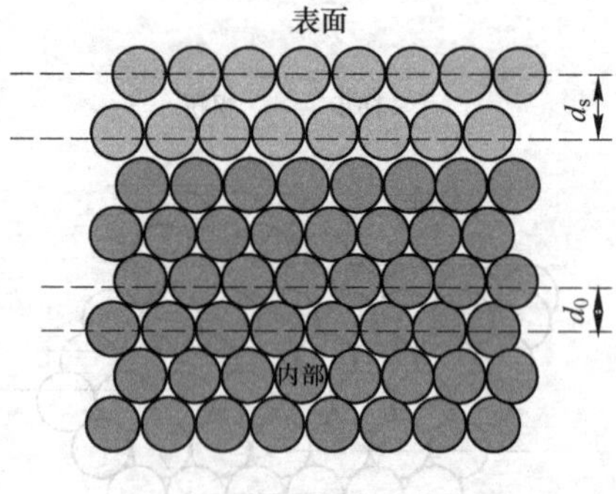

图 2-36 弛豫表面

2.3.2.3 重构表面

重构是指表面原子层在水平方向上的周期性不同于体内，但垂直方向的层间距离 d_0 与体相相同（图 2-37）。重构是表面原子寻求新的平衡位置的另一种结构变化现象，它不仅改变原子间的键角，而且旋转对称性和配位数也发生变化。固体表面吸附外来物质后，弛豫与重构可能同时发生。

吸附表面有时也称界面。它是指在清洁表面上有来自体内扩散到表面的杂质和来自表面周围空间吸附在表面上的质点所构成的表面，根据原子在基底上的吸附位置，一般可分为四种吸附情况，即顶吸附、桥吸附、填充吸附和中心吸附等（图 2-38）。外来原子（超高真空条件下主要是气体）吸附于表面，并以化学键键合。表面原子水平方向的周期性不同体内，垂直方向的层间距与体内相同。

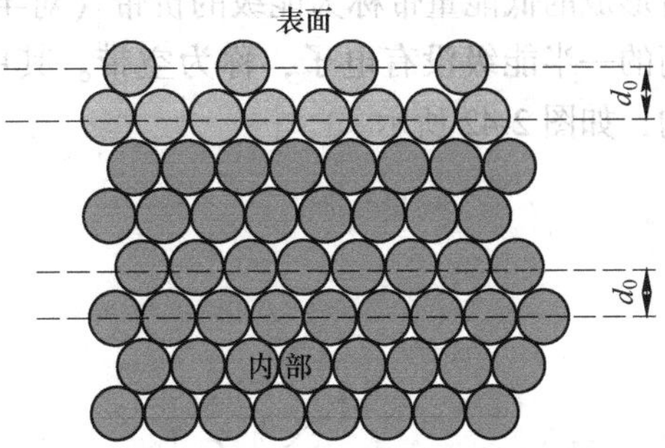

图 2-37　重构表面

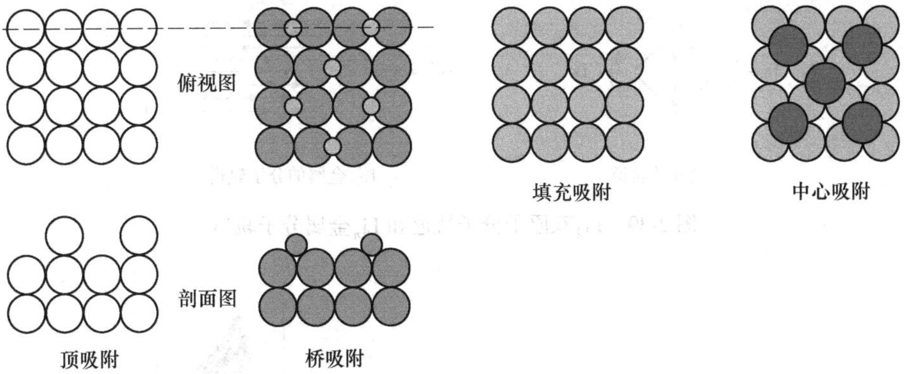

图 2-38　吸附表面

2.4　固体能带结构简介

在固体中，原子众多，相邻原子排列紧密，因此各能级壳层有不同程度的重叠，而最外层的能级壳层重叠部分最多。此时，每个电子同时受到自身和其他离子实电场的作用，电子不再束缚于一定的原子，将可以在整个固体中运动，这种现象称为电子的共有化。量子力学计算表明，固体中若有 N 个原子，由于各原子间的相互作用，对应于可用一根线来表示的原来孤立原子的每一个能级，变成了 N 条靠得很近的能级，这些能级组成一个能带。以 Li_2双原子分子轨道和 Li_n 金属分子轨道为例（图 2-39）。

能带的宽度记作 ΔE(eV)，若 N 为 10^{23}，则能带中两相邻能级的间距约为 10^{-23} eV（图 2-40）。能带的宽度与电子的共有运动程度有关。一般规律：越是外层电子，能带越宽，ΔE 越大；点阵间距越小，能带越宽，ΔE 越大；能带之间有禁带；不同能带之间可能有重叠（图 2-41）。

由于晶体中原子的内、外层电子轨道的重叠程度差别很大，内层轨道电子共有化程度弱，分裂产生的能带窄；外层轨道电子共有化程度强，分裂产生的能带宽；两个能带之间的区域，不存在电子能级，称为禁带（E_g）。一般只有最外层或次外层电子存在显著的共有化特征，而内层电子的状态同它们在单个原子中没有什么明显的区别。因此，电子占用能级时，遵从能量最低原则和 Pauli 原则（即电子配对占用）。故在绝对零度下，电子成对从最低能级开始一直向上填充，只有一半的能级有电子，由已充满电子的原子轨道能级所形成的低能量带称为能级的价带（对半导体，价带通常是满带），用符号E_v表示；能级高的一半能级没有电子，称为空带。其中最低的空带或未满带称为导带（E_c）。能带结构，如图2-42所示。

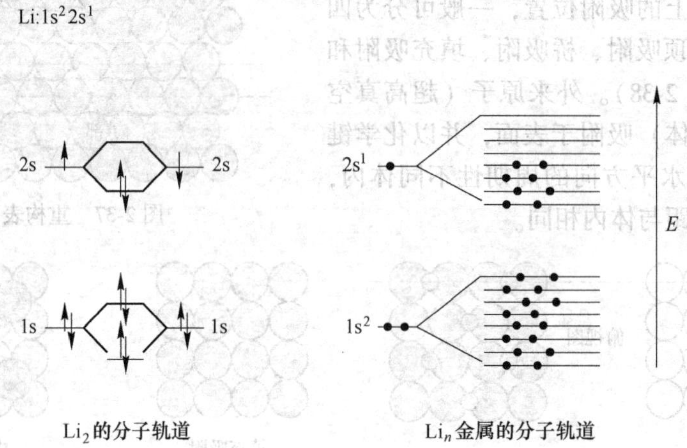

图2-39　Li_2双原子分子轨道和Li_n金属分子轨道

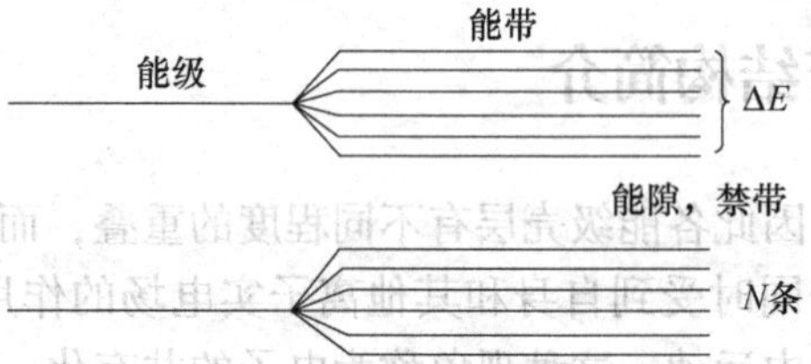

图2-40　能带宽度及能级差

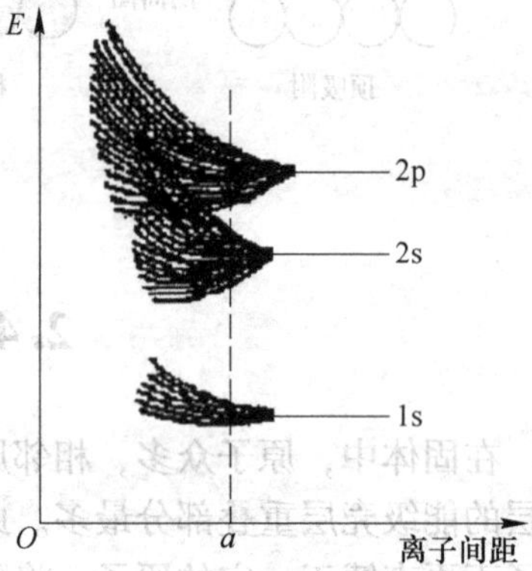

图2-41　能带重叠

图2-42　晶体的能带结构

在满带中，不论有无电场作用，其电子迁移的总效果与没有电子转移一样；电子交换能态并不改变能量状态，所以满带不导电。在导带（包括未填满的带、与价带相邻的空带）中，一部分电子在外场作用下，进入高能级，形成电流；在空带中，若有电子在电场作用下进入空带，则原空带即成为导带，同样可形成电流。满带、价带、空带及其导电特性，如图 2-43 所示。

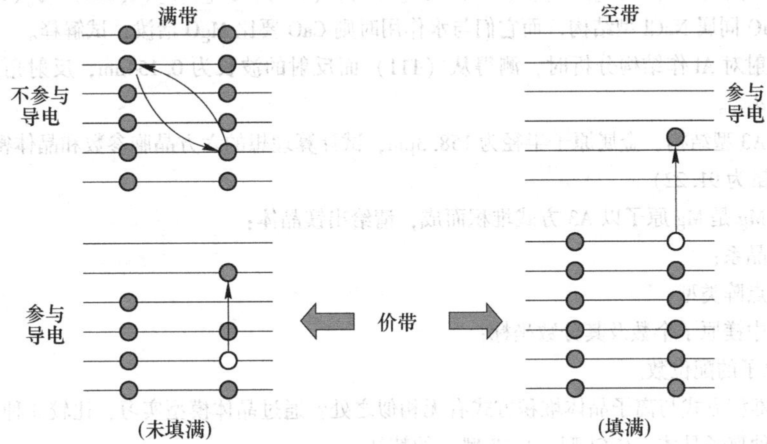

图 2-43 满带、价带、空带及其导电特性

能带模型认为：金属中原子间的相互结合能来源于正电荷的离子（核）和价电子之间的相互作用。原子中内壳层的电子处于定域状态。当过渡金属原子形成固体时，原子最外层的 s 轨道、p 轨道和 d 轨道分别组合形成 s 能带、p 能带和 d 能带。s 能带、p 能带和 d 能带分别由 N 个、$3N$ 个和 $5N$ 个能级所组成。由于能带中的能级之间的能量差存在差异，因而在单位能量间隔内的能级数目存在差异，此即为能级密度。能带的宽度主要由原子轨道的重叠大小和相互作用强弱决定，而与 N 无关。从量子力学计算，能带的宽度是 $s>p>d$。因此，d 能带中的能级密度最大。s 能带一般为 6~20eV，d 能带为 3~4eV。即 s 能带的能级密度比 d 能带的能级密度小。d 能带和 s 能带的能级密度特征，如图 2-44 所示。这是示意图，实际上，各层电子能带可能重叠，如 s 带和 d 带之间可能部分重叠。

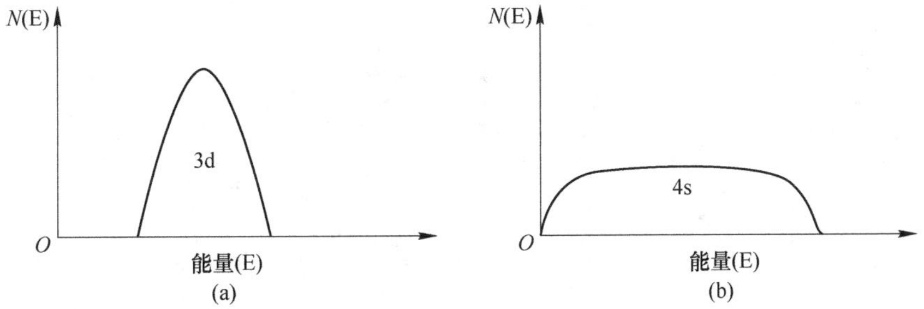

图 2-44 d 能带和 s 能带的能级密度特征

（a）3d 能带；（b）4s 能带

习 题

2-1 分别计算 A1(ccp)、A2(bcp) 堆积结构的填充分数 X_i。

2-2 什么是晶胞，若晶面和晶胞的三条相邻边分别相交于 $a/2$，$b/3$，$2c/3$，则该晶面的指标是什么？

2-3 晶体的缺陷按几何形式划分为哪几种形式？

2-4 判定等轴晶系和斜方晶系晶体中，晶面与晶面，晶面与晶棱，晶棱与晶棱之间的空间关系（平行、垂直或斜交）：(001) 与 [001]，(010) 与 [010]，(111) 与 [111]，(110) 与 (010)。

2-5 MgO 和 CaO 同属 NaCl 型结构，而它们与水作用时则 CaO 要比 MgO 活泼，试解释。

2-6 用 X 光衍射对 Al 作结构分析时，测得从（111）面反射的波长为 0.154nm，反射角为 $\theta = 19.20°$，求面间距 d_{111}。

2-7 金属锆为 A3 型结构，金属原子半径为 158.3pm，试计算理想的六方晶胞参数和晶体密度。（锆的相对原子质量为 91.22）

2-8 已知金属 Mg 是 Mg 原子以 A3 方式堆积而成，请给出镁晶体：

(1) 所属晶系；

(2) 所属点阵类型；

(3) 晶胞中镁原子个数及其分数坐标；

(4) Mg 原子的配位数。

2-9 金属原子堆积方式与离子晶体堆积方式有无相似之处？通过晶体模型实习，比较 3 种基本金属晶体特征和两种离子晶体（CsCl 型、NaCl 型）的特征。

2-10 一个面心立方紧密堆积的金属晶体，其相对原子质量为 M，密度是 8.94g/cm^3。试计算其晶格常数和原子间距。

2-11 试根据原子半径 R 计算面心立方晶胞、六方晶胞、体心立方晶胞的体积。

2-12 MgO 具有 NaCl 结构。根据 O^{2-} 半径为 0.140nm 和 Mg^{2+} 半径为 0.072nm，计算球状离子所占据的体积分数和计算 MgO 的密度。并说明为什么其体积分数小于 74.05%？

2-13 有一立方晶系 AB 型离子晶体，A 离子半径为 66pm，B 离子半径为 211pm，按不等径圆球堆积的观点，请给出：

(1) B 的堆积方式；

(2) A 占据 B 的什么空隙；

(3) A 占据该种空隙的分数；

(4) 该晶体所属点阵类型。

3 吸附与催化

3.1 物理和化学吸附

固体由于受表面层分子受力不均匀和表面分子几乎不可移动的限制，因而其无法通过收缩表面的形式来降低表面自由能，只能通过捕集气相或液相中的分子来减小界面分子受力不均匀的程度，从而降低其表面自由能。在固体与气体的界面（极薄接触面）中发生的捕集作用，即为吸附。气体分子运动论指出：气体碰撞固体表面的频率很高，常温常压下空气在固体表面上的碰撞总次数 $Z=3\times10^{25}\text{cm}^2/\text{s}$。只有那些能很快散失能量并转变为基质晶格热振动的碰撞分子才能被固体吸附。发生吸附作用后的气体，其在相界面和体相中的浓度会存在差异。当气体在固体表面被吸附时，气体和固体分别称为吸附质和吸附剂。因此，吸附剂即为能有效地从气体或液体中吸附其中某些成分的固体物质，常制成高比表面的多孔固体，常用的吸附剂包括硅胶、分子筛、活性炭等。吸附质即为吸附过程中的吸附目标物。

按吸附作用力的差异，可分为物理吸附和化学吸附。在物理吸附中被吸附的流体（吸附质）分子与固体（吸附剂）表面分子间的作用力为分子间吸引力，即范德华力（瞬时偶极、诱导偶极、四极矩等分子间作用力），可等同为凝聚。由于物理吸附过程中的作用力与固相、气相和液相分子间的内聚力一样，均属于静电性的范德华力。因此，吸附质和吸附剂的电子密度分布保持不变。物理吸附的吸附焓很低，与分子质量和所涉及物种的极性密切相关，通常为 5~40kJ/mol。此外，物理吸附是一种快速、可逆、非解离过程，具有多层吸附物积聚的可能性。在第一层的形成过程中，吸附热几乎等于冷凝热。相反，对于第二层及之后几层的形成，吸附热代表液化热。因此，物理吸附发生在吸附剂凝结点附近或以下的温度范围内。如果物理吸附发生在高于凝结点的温度下，由于第二层不可能凝结到第一层上，那么它将被限制在单层中。被吸附的气体分子既可作二维运动，也可解吸重回气相，物理吸附的气体分子在固体表面上的停留时间约为 10^{-8}s。

化学吸附过程则可以视为相界面上发生的化学反应，相互作用的成分间会发生电子的重新分配，并形成化学键。在化学吸附中，吸附质与吸附剂之间形成的结合方式实际上是化学键，一种物质通过离子键或共价键的断裂/形成而吸附到表面上，结果是电子密度排列被显著改变。这是物理吸附和化学吸附的根本区别，实际上该本质区别的根源在于引起吸附发生的相互作用力的不同。化学吸附一般发生在具有未成对电子的边缘碳原子这样的活性位（active sites）上，存在固定的吸附位，而且被吸附分子不能沿表面移动。与物理吸附不同，化学吸附过程通常需要活化，通常将需要较大活化激活能的化学吸附称为活化吸附，而所需激活能小或趋于零的称之为非活化吸附。此外，化学吸附仅限于形成单分子层，是一个不可逆过程，可能发生解离，也可能不发生解离。吸附焓很高，通常在 40~

800kJ/mol 的广泛范围内，取决于所形成的化学键的强度。Lennard-Jones 把体系的位能表示为被吸附分子与固体表面间距离的函数，可直观地说明物理吸附与化学吸附的联系。以 H_2分子在金属 Ni 上吸附的位能曲线为例（图 3-1），说明物理吸附与化学吸附的本质。

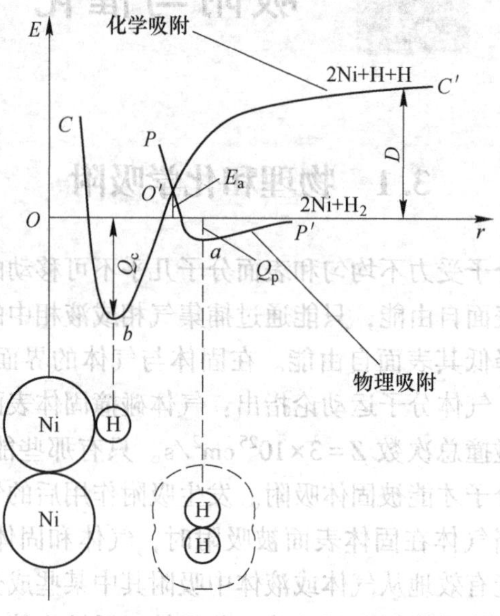

图 3-1 H_2分子在金属 Ni 上吸附的位能曲线

由图 3-1 可知，图中水平线代表零位能线，尚未被 Ni 吸附的 H_2分子就位于该线上。由该水平线往上需要外界供给能量，往下则向外界放出能量。曲线 P 表示物理吸附过程，此过程不需活化能，随着 H_2分子向 Ni 表面靠近，相互作用位能下降。到达 a 点，位能最低，是物理吸附的稳定状态。此时，H_2没有解离，两原子核间距等于 Ni 和 H 的原子半径加上两者的范德华半径。放出的能量 E_a 等于物理吸附状态的吸附热 Q_p，该数值很小（相当于氢气的液化热）。如果 H_2分子通过 a 点进一步靠近 Ni 表面，由于核间的排斥作用，使位能沿 aC 线升高。曲线 C 表示化学吸附过程，它代表过程：$2Ni+2H \rightarrow 2NiH$。H_2分子获得解离能 D_{H-H}（434kJ/mol），解离成 H 原子，处于 C'的位置。随着 H 原子向 Ni 表面靠近，位能不断下降，到达 b 点，因为形成了化学吸附键而稳定下来，是化学吸附的稳定状态。Ni 和 H 之间的距离等于两者的原子半径之和，放出的能量 E_b 等于化学吸附状态的吸附热 Q_c，相当于二者生成化学键的键能。随着 H 原子进一步向 Ni 表面靠近，由于核间斥力，位能沿 bC 线迅速上升。曲线 P 和 C 组合起来构成了一条解释 H_2分子在 Ni 表面上发生物理吸附和离解、化学吸附过程的曲线。由此可知：物理吸附对于化学吸附有重要意义。如果不存在物理吸附，则化学吸附的活化能 E_a 将等于 H_2的解离能 D_{H-H}，但若先发生物理吸附，则将沿着能量低得多的途径接近固体表面。然后，在曲线 PP'和曲线 CC'的交叉点 O'上，由物理吸附转为化学吸附。交叉点 O'的高度即为化学吸附的活化能 E_a，显然 E_a 值比 D_{H-H}小很多。即 H_2分子先在 Ni 表面上进行物理吸附，然后经过一个从物理吸附向化学吸附过渡的过渡态，要达到这一过渡态所需的最少能量是化学吸附活化能 E_a，最后形成化学吸附键。因此，物理吸附是化学吸附的前奏。物理和化学吸附的差异取决于物质如何与吸附剂表面相互作用（表 3-1）。

表 3-1 物理吸附和化学吸附过程的最重要特征

项目	物理吸附	化学吸附
键的特征	范德华力（电子转移）	化学键力（静电力或共价键力，电子转移或电子共享）
吸附动力学	快速	多变
吸附态	可逆，整个分子吸附	不可逆，常为解离吸附（解离为离子或自由基）
吸附量	随温度升高而减少	比较复杂，P 一定，T 升高，出现最小、最大值
吸附焓	低（5~40kJ/mol）	高（40~800kJ/mol）
吸附质	处于临界温度以下的所有气体	化学活性蒸气
吸附速率	不需要活化，受扩散控制，速率快	需经活化克服能垒速率慢
活化能	≈凝聚热	≥化学吸附热
温度	接近气体沸点（低温）	高于气体沸点
吸附层数	多层或单层（以分子密集排列方式遮盖）	单层
可逆性	可逆	可逆或不可逆
吸附态光谱	吸附峰地强度变化或波数位移	出现新的特征吸收峰
选择性	无选择性，只要温度适宜，任何气体可在任何吸附剂上吸附	有选择性，与吸附质和吸附剂的特性有关

3.2 吸附热力学和吸附曲线

3.2.1 吸附热力学

在吸附过程中的热效应称为吸附热。物理吸附过程的热效应相当于气体凝聚热，很小；化学吸附过程的热效应相当于化学键能，比较大。根据热力学的基本原理，固体在等温、等压下吸附气体是一个自发过程（吉布斯自由能 $\Delta G<0$），气体从三维运动变成吸附态的二维运动，熵减少，$\Delta S<0$。因此，基于下式可知：$\Delta H<0$。吸附是一个放热过程，但习惯把吸附热都取成正值。

$$\Delta H = \Delta G + T\Delta S \tag{3-1}$$

3.2.1.1 吸附热的分类

积分吸附热：等温条件下，一定量的固体吸附一定量的气体所放出的热，用 Q 表示。积分吸附热实际上是各种不同覆盖度下吸附热的平均值。显然覆盖度低时的吸附热大。

$$q_{积} = \frac{\Delta Q}{\Delta n} \tag{3-2}$$

微分吸附热：在吸附剂表面吸附一定量气体 q 后，再吸附少量气体 $\mathrm{d}q$ 时放出的热 $\mathrm{d}Q$，用公式表示吸附量为 q 时的微分吸附热

$$q_{微} = \frac{\mathrm{d}Q}{\mathrm{d}n} \tag{3-3}$$

3.2.1.2 吸附热的测定

（1）直接用实验测定。在高真空体系中，首先使吸附剂脱附干净，然后让其吸附一定量的气体，并通过量热计测量该吸附过程放出的热量，测得的即为积分吸附热。

（2）从吸附等量线求算。通过克劳修斯-克莱贝龙（Clausius-Clapeyron）方程计算等量吸附热

$$Q = \frac{RT_1 T_2 \ln\left(\frac{P_2}{P_1}\right)}{T_2 - T_1} \tag{3-4}$$

式中，Q 为等量吸附热；R 为气体常数；T 为吸附温度；P 为吸附压力。

通过两条不同温度下的吸附等温线，选择与同一吸附量相对应的两个吸附压力值，即可求得该吸附量下的等量吸附热，测得的可近似为微分吸附热。

（3）气相色谱测定吸附热。测定时，首先测量得到不同温度下的 V_g 值（被测气体的保留体积），再进行如下求算：

$$\ln V_g = -\Delta H_m/RT + C \tag{3-5}$$

以 $\ln V_g$-$1/T$ 作图，得一直线，由斜率即可求 ΔH_m（吸附热）。

吸附热随表面覆盖度的变化，常用作表达吸附位在表面上的能量分布状况，或者吸附分子与吸附位之间相互作用的能量关系。因此，可通过吸附热随覆盖度的变化研究表面的均匀性：吸附热不随覆盖度变化，则认为催化剂表面均匀；如果吸附热随覆盖度呈线性变化，则吸附中心的数目按吸附热的大小呈线性分布；如果吸附热随覆盖度呈对数式变化，则吸附中心的数目按吸附热的大小呈指数分布。此外，可从吸附热衡量催化剂的优劣。吸附热的大小反映了吸附强弱的程度。一种好的催化剂必须要吸附反应物，使它活化，因而吸附不能太弱，否则达不到活化的效果。但吸附也不能太强，否则反应物不易解吸，占领了活性位就变成毒物而使催化剂很快失去活性。好的催化剂，吸附的强度应恰到好处，太强太弱都不好，并且吸附和解吸的速率都应该比较快。

3.2.2 吸附曲线

3.2.2.1 吸附平衡与吸附量

吸附量 q（m^3/g），即达到吸附平衡时，单位质量的吸附剂所吸附气体的物质的量（n），可计算如下：

$$q = n/m \tag{3-6}$$

或换算成气体在标准状态（即 101325Pa、273.15K 和 1mol 气体的体积为 22.4dm^3）下所占的体积 V，可计算如下：

$$q = V/m \tag{3-7}$$

式中，m 为吸附剂的质量。

吸附量的测定方法分为动态法和静态法。动态法包括常压流动法和色谱法等，静态法包括容量法和重量法等。

吸附平衡是一种动态平衡。气相中的气体分子可吸附到固体表面上，已吸附的气体分子也可以脱附（或称为解吸）回到气相。在温度和吸附质的分压恒定的条件下，当吸附

速率与脱附速率相等时，即单位时间内被吸附到固体表面上的气体分子量与脱附回到气相的量相等时，达到吸附平衡。此时，固体表面上的吸附量不再随时间改变。固-气界面吸附的影响因素如下：

（1）吸附过程的温度和被吸组分的分压力。当被吸组分的分压力（或者浓度）相同时，由于气体吸附为放热过程，吸附量随温度升高而减少。引起物理吸附的温度比较低，一般在气体的沸点温度附近。化学吸附为表面化学反应，温度影响吸附量、吸附速率、吸附类型。在相同温度下，无论化学吸附或物理吸附，吸附量和吸附速率都随被吸组分的分压力（或浓度）增加而增加。但当分压力增加到一定程度以后，吸附量就基本上与分压力无关。由此可知，应尽量降低吸附过程的温度而提高吸附效果。

（2）气体（或液体）的流速。流速越高，吸附效果越差。动吸附容量降低是因为气体（或液体）与吸附剂的接触时间短。流速低一些则吸附效果较好。但流速设计得太低，所需吸附器的体积就需要很大。因此，要选定一个比较合适的流速值。

（3）吸附剂和吸附质的性质。极性吸附剂易于吸附极性吸附质，非极性吸附剂易于吸附非极性吸附质。无论极性或非极性吸附剂，吸附质分子的结构越复杂，沸点越高，被吸附的能力越强。酸性吸附剂易于吸附碱性吸附质，反之亦然。吸附剂的孔隙大小，影响吸附量和吸附速率。

（4）吸附剂的再生完善程度。再生解吸越彻底，吸附容量就越大，反之越小。再生完善程度与再生温度（或压力）、再生气体中被吸组分浓度有关。

3.2.2.2 吸附曲线（Adsorption Curve）

对于一定的吸附剂与吸附质的体系，达到吸附平衡时，吸附量 q 是温度 T 和吸附平衡分压 p 的函数，即：$q=f(T, p)$。由此可得到反映 q 与 T 和 p 三者之间关系的曲线，即为吸附曲线。通常固定一个变量，求出另外两个变量之间的关系，可分为以下三类。

（1）吸附等温线（adsorption isotherm）：即保持 T 恒定，以 q 对 p 作图，就可以得到吸附等温线。一般，是在一定温度 T 下，将吸附剂置于吸附质气体中，达到吸附平衡后，测定 p 和 q。分别测出不同 p 和对应的 q，就可得到吸附等温线。

（2）吸附等压线（adsorption isobar）：即保持 p 恒定，以 q 对 T 作图，就可以得到吸附等压线。吸附等压线通常不是通过实验直接测量得到，而是以实验测定的吸附等温线为基础得到。在实验测定的一组吸附等温线上，选定 p/p^0 为 0.1，作垂线与各等温线相交。根据交点处 q 和 T 的值，作出一条 q-T 曲线，即为 p/p^0 为 0.1 时的吸附等压线。用相同的方法，选定不同的比压，可以画出一组吸附等压线（图 3-2）。从该图可见，保持比压 p/p^0 不变，吸附量随着温度的升高而下降。

（3）吸附等量线（adsorption isostere）：即保持 q 恒定，以 p 对 T 作图，就可以得到吸附等量线，主要用于计算吸附热。吸附等量线也不是通过实验直接测量得到，同样是以实验测定的吸附等温线为基础得到。在实验测定的一组吸附等温线上，选定吸附量 q_1，作水平线与各等温线相交。根据交点处 p 和 T 的值，作出一条 p-T 线，即为吸附量为 q_1 时的吸附等量线。用相同的方法，选定不同的吸附量，可以画出一组吸附等量线（图 3-3）。从该图可见，当保持 q 不变，p 随 T 升高亦相应增大。

上述三种吸附曲线彼此相互关联，通过其中任何一种曲线都可以描述吸附作用规律，但一般最常用的是吸附等温线。

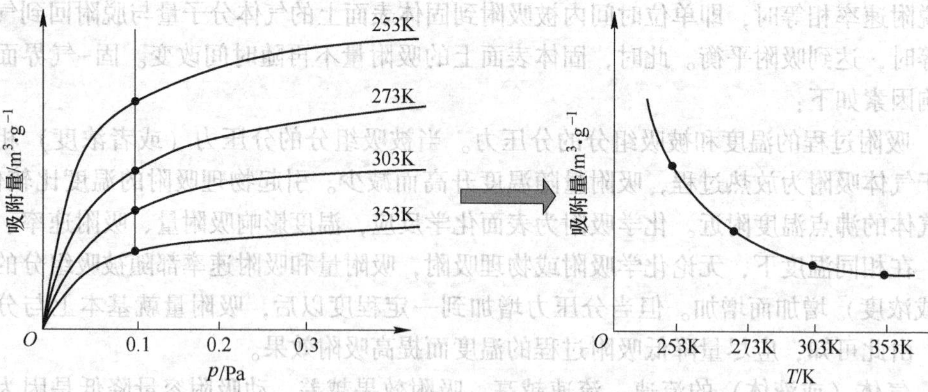

图 3-2 由吸附等温线获得吸附等压线

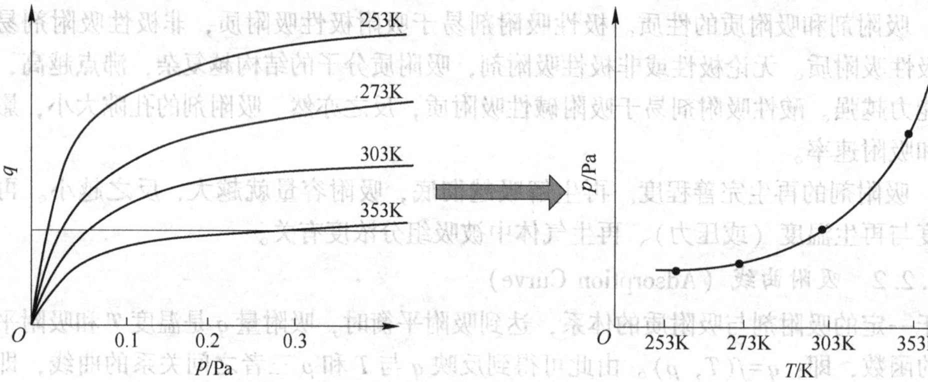

图 3-3 由吸附等温线获得吸附等量线

3.3 吸附等温式和吸附等温曲线

当吸附与脱附速度相等时，固体表面上吸附的气体量维持不变，这种状态即为吸附平衡。当吸附达平衡时，单位质量吸附剂所吸附的气体的物质的量或标准状况下的体积称为平衡吸附量。对于给定的物系，在温度恒定和达到平衡的条件下，气体在固体表面上的吸附量与平衡压力间的关系称为吸附等温式或吸附平衡式，绘制的曲线称为吸附等温线。吸附等温线的测定以及吸附等温式的建立，以定量的形式提供了气体的吸附量和吸附强度，为多相催化反应动力学的表达式提供了基础，也为固体表面积的测定提供了有效的方法。

3.3.1 Langmuir 吸附等温式

Langmuir 吸附等温式是最常用的吸附等温线方程之一，由物理化学家朗缪尔在 1916 年根据分子运动理论提出，适用于理想条件下的气体或液体的单分子物理吸附。因此，它在吸附理论中，具有类似于理想气体方程的重要性。其他等温线源自朗缪尔等温线。在等温吸附时，Langmuir 单层分子吸附模型的 4 个主要假设如下：

（1）单层分子吸附。每个吸附中心只能被一个吸附分子占据（气体分子只有碰撞到固体的空白表面上才能被吸附），形成不移动的吸附层。

（2）局部吸附。吸附剂固体的表面有一定数量的吸附中心，形成局部吸附；各吸附中心互相独立，吸附或解吸与周围相邻的吸附中心是否为其他分子所占据无关。

（3）理想的均匀表面。各个吸附中心都具有相等的吸附能，并在各中心均匀分布。

（4）吸附和脱附呈动态平衡，是一个与吸附量或覆盖率无关的理想模型。

基于上述假设，可推导出 Langmuir 吸附等温式：

$$A_{(气体)} + M_{(金属)} \rightleftharpoons AM_{(表面)} \tag{3-8}$$

式中，$A_{(气体)}$为被吸附的气体；$M_{(金属)}$为吸附剂。

假设表面由 n_S个可用等效表面位点（如金属原子）组成，如果气体 A 与该表面处于平衡接触状态，当一定数量的 A 被吸附在表面位点上（记为 n_A），则表面仍有（n_S-n_A）个空置位点。A 在表面的吸附速率 r_{ad}为：

$$r_{ad} = k_{ad} \times p_A \times (n_S - n_A) \tag{3-9}$$

填充位点的解吸速率 r_{de}：

$$r_{de} = k_{de} \times n_A \tag{3-10}$$

式中，k_{ad}和 k_{de}分别为吸附和解吸速率常数。

平衡时，$r_{ad}=r_{de}$，依此类推：

$$k_{ad} \times p_A \times (n_S - n_A) = k_{de} \times n_A \tag{3-11}$$

将 n_A/n_S替换为 θ_A（A 在表面的覆盖度），可得到：

$$k_{ad} \times p_A \times (1 - \theta_A) = k_{de} \times \theta_A \tag{3-12}$$

将 $K=k_{ad}/k_{de}$代入式（3-12），则可得到：

$$\theta_A = Kp_A/(1 + Kp_A) \tag{3-13}$$

式（3-13）即 Langmuir 吸附等温式。式中，θ 为覆盖率；p 为压力；K 为吸附系数或吸附平衡常数（K 的值与吸附剂、吸附质和 T 有关）。K 的大小代表了固体表面吸附气体能力的强弱程度，吸附能力随 K 值增大而提高。基于式（3-13），通过 θ-p 作图研究这二者的联系（图 3-4）。

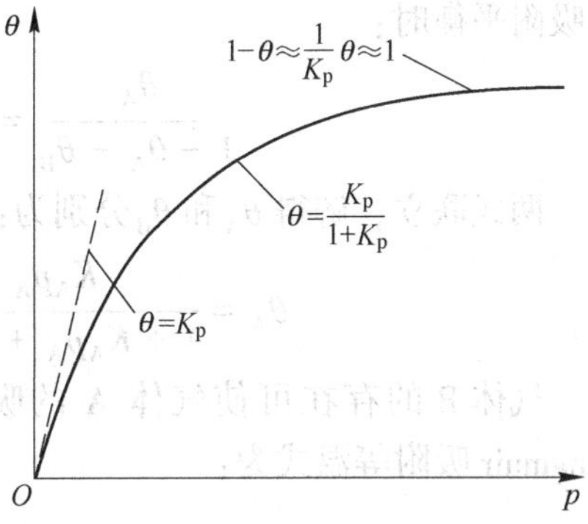

图 3-4 Langmuir 吸附等温式示意

由图 3-4 可知：当 p 值很小或吸附很弱时，$K_p \ll 1, \theta=K_p$，θ 与 p 呈线性关系；当 p 值很大或吸附很强时，$K_p \gg 1$，$\theta=1$，θ 与 p 无关，吸附已铺满单分子层；当压力适中，$\theta \propto p^m$，m 介于 0 与 1 之间。

由于

$$\theta = \frac{V}{V_m} = \frac{K_p}{1 + K_p} \tag{3-14}$$

重排后可得

$$\frac{p}{V} = \frac{1}{V_m K} + \frac{p}{V_m} \tag{3-15}$$

这是 Langmuir 吸附公式的又一表示形式，该式可以验证某一吸附体系是否遵循 Langmuir 方程。使用实验数据，以 p/V-p 作图得一直线，可从斜率和截距分别求出 K 和单分子层形成的饱和吸附量 V_m。进而，从吸附质分子的截面积 A_m，可计算吸附剂的总表面

积 S 和比表面 A。

$$S = A_m L n \tag{3-16}$$

$$A = S/m \tag{3-17}$$

式中，S 为吸附剂的总表面积；L 为阿伏加德罗常数；n 为吸附质分子数，$n = V_m/(22.4\text{dm}^3/\text{mol})$（STP）；$A$ 为比表面；m 为吸附剂质量。

吸附时分子在表面发生解离，如 H_2 在许多金属上的吸附都伴随着解离，每个原子 H 占据一个吸附位。解离吸附可表示为：

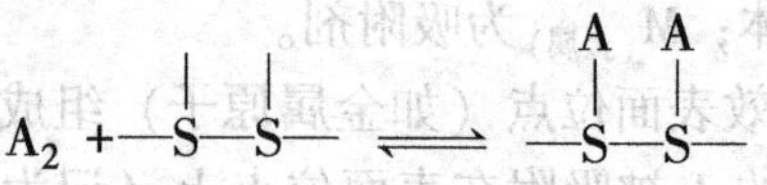

(3-18)

此时的吸附等温式为：

$$\theta = \frac{\sqrt{K_p}}{1 + \sqrt{K_p}} \tag{3-19}$$

当 p 较低时，$1+K_p^{1/2} \approx 1$，得：

$$\theta = \sqrt{K_p} \tag{3-20}$$

即 p 较低时，解离吸附分子在表面上的覆盖率与分压的平方根成正比。该式可以验证是否为解离吸附。

当 A 和 B 两种粒子都在同一吸附位上吸附时称为竞争吸附。A 和 B 分子的吸附与解吸速率分别为：

$$r_a = k_1 p_A(1 - \theta_A - \theta_B),\ r_d = k_{-1}\theta_A \tag{3-21}$$

$$r_{a'} = k'_1 p_B(1 - \theta_A - \theta_B),\ r_{d'} = k'_{-1}\theta_B \tag{3-22}$$

达吸附平衡时：

$$r_a = r_d,\ r_{a'} = r_{d'} \tag{3-23}$$

$$\frac{\theta_A}{1 - \theta_A - \theta_B} = K_A p_A,\quad \frac{\theta_B}{1 - \theta_A - \theta_B} = K_B p_B \tag{3-24}$$

两式联立，解得 θ_A 和 θ_B 分别为：

$$\theta_A = \frac{K_A p_A}{1 + K_A p_A + K_B p_B},\quad \theta_B = \frac{K_B p_B}{1 + K_A p_A + K_B p_B} \tag{3-25}$$

气体 B 的存在可使气体 A 的吸附受到阻抑，反之亦然。对多种气体混合吸附的 Langmuir 吸附等温式为：

$$\theta_i = \frac{K_i p_i}{1 + \sum K_i p_i} \tag{3-26}$$

Langmuir 吸附等温式的缺点：假设吸附是单分子层，与事实不符；假设固体表面均匀，然而大部分固体表面并不均匀；当 θ 值较大时，Langmuir 吸附等温式不适用。

3.3.2 Henry 和 Freundlich 吸附等温式

气体在液体中的溶解度与气体的分压成正比（一定温度下），这就是亨利定律。在吸附过程中，吸附量 q 与压力 p（或浓度）成正比。这和气体在溶液中的溶解相同，故称为亨利吸附式，表达式如下：

$$q = kp \tag{3-27}$$

式中，k 是 Henry 常数。

任何等温线在低压时都接近直线，都近似符合 Henry 吸附式。只限于吸附量占形成单分子层吸附量的 10%以下，即吸附剂表面最多只有 10%的表面被吸附物质的分子所覆盖，才能适用该公式。作为吸附等温线的近似公式，常用于化工单元操作中的吸附操作计算。

Freundlich 型吸附模型是基于吸附物质在多个表面上吸附而建立的经验吸附平衡模型，表达式如下：

$$q = kp^{\frac{1}{n}} \quad (n > 1) \tag{3-28}$$

式中，q 是单位质量固体上吸附的气体质量；p 是气体的平衡压力；k 和 n 为经验常数；k 与温度、吸附剂种类和表面积有关；n 是温度和吸附物系的函数，反映了吸附作用的强度，n 一般取 2 ~ 3，但当温度升高时，n 接近 1，此时 Freundlich 吸附等温式就成为 Henry 式。

Freundlich 吸附等温式适用的范围比 Langmuir 吸附等温式要大一些；与 Langmuir 吸附等温式一样，既适用于物理吸附又适用于化学吸附；Freundlich 吸附等温式对 q 的适用范围比 Langmuir 公式要宽，常用于I型等温线；可较好地用于单分子层吸附，特别是中压范围内；常用于低浓度气体，对高浓度气体有较大偏差。Freundlich 吸附式形式简单，计算方便，应用广泛。然而，Freundlich 吸附等温式中的常数 k、n 没有明确的物理意义，不能说明吸附作用的机理。

3.3.3 Brunauer-Emmett-Teller 吸附等温式

Langmuir 吸附等温线只能用来描述单分子层吸收，并且是在该模型假设所描述的理想条件下。例如，根据 Langmuir 等温线，所有结合位点在高压时饱和。然而，这在很多情况下并不真实。为了解决更多的实验问题，1938 年，Brunauer（布诺尔）、Emmett（埃米特）和 Teller（特勒）三人在朗缪尔单分子层吸附理论基础上，提出多分子层吸附理论，简称 BET 理论。他们接受了 Langmuir 理论中关于固体表面是均匀的观点，但他们认为吸附为多分子层。BET 理论主要基于以下两个假设：

（1）物理吸附为分子间力，被吸附的分子与气相分子之间仍有此种力，故可发生多层吸附，但第一层吸附与以后多层吸附不同，多层吸附与气体的凝聚相似。

（2）吸附达到平衡时，每个吸附层上的蒸发速度等于凝聚速度，故能对每层写出相应的吸附平衡式。BET 模型的表达式如下：

$$\frac{V}{V_m} = \frac{c\left(\frac{p}{p^{\ominus}}\right)}{1 - \left(\frac{p}{p^{\ominus}}\right)\left[1 - (1 - c)\left(\frac{p}{p^{\ominus}}\right)\right]} \tag{3-29}$$

线性化方程对于获得单层体积（V_{mon}）和模型参数 c 很有用：

$$\frac{p}{V(p^{\ominus} - p)} = \frac{1}{V_m c} + \frac{c - 1}{V_m}\frac{p}{p^{\ominus}} \tag{3-30}$$

式中，p 为吸附平衡时的压力；V 为吸附量；$p^{\ominus}$ 为吸附气体在给定温度下的饱和蒸气压；V_m 为表面形成单分子层的饱和吸附量；c 为与吸附热有关的常数，可计算如下：

$$c = e^{\frac{\Delta_{des}H^{\ominus} - \Delta_{vap}H^{\ominus}}{RT}} \tag{3-31}$$

当单层的脱附焓（$\Delta_{des}H^{\ominus}$）相对于液体吸附剂的蒸发焓（$\Delta_{vap}H^{\ominus}$）较高时，常数 c 的数值较大。当 c 值较大时，蒸汽分子与表面的相互作用大于分子间的相互作用。因此，至少在低压下，对于大的 c 值，可以获得朗缪尔型吸附，多层吸附始于较高的压力。当 c 值较小时，分子更倾向于与自身结合。因此，第一层单分子层只在较小的 c 值下或者相对较高的压力下形成，当它形成后，下一层分子更容易吸附。通过实测 3~5 组被测样品在不同氮气分压下多层吸附量，以 $p/p^{\ominus}$ 为 X 轴，$p/V(p^{\ominus}-p)$ 为 Y 轴，由式（3-30）作图进行线性拟合，得到直线的斜率和截距，从而求得 V_m 值，进而通过式（3-16）和式（3-17）计算出被测样品的比表面积。理论和实践表明，当 $p/p^{\ominus}$ 取点在 0.05~0.35 范围内时，BET 方程与实际吸附过程相吻合，图形线性也很好，因此实际测试过程中选点在此范围内。

当 $c \gg 1$ 时，BET 等温线可采用更简单的形式：

$$\frac{V}{V_m} = \frac{1}{1 - \left(\frac{p}{p^{\ominus}}\right)} \tag{3-32}$$

该表达式适用于极性表面上的不反应气体，对其 $c \approx 10^2$，因为 $\Delta_{des}H^{\ominus}$ 显著大于 $\Delta_{vap}H^{\ominus}$。BET 等温线在有限的压力范围内较好地拟合了实验观测结果，但它通常低估了低压下的吸附程度，而高估了高压下的吸附程度。

固体颗粒的表面对其许多物理化学性质有重要影响。在表征固体表面的物理量中，比表面是重要的一个参数。比表面有两种，重量比表面和体积比表面。重量比表面是指单位质量固体所具有的表面积，简称比表面（m^2/g）。体积比表面是指单位体积固体所具有的表面积。按照测量比表面所利用的原理，测量方法可分为热传导法、消光法、浸润热法、溶液吸附法、流体透过法和气体吸附法。其中，气体吸附法是测定固体比表面最广泛使用的技术，其出发点是确定吸附等温线，即气体的吸附体积与相对压力的比值。气体吸附法测定固体比表面的基本思路：首先，测出在单位质量固体（吸附剂）表面上，气体（吸附质）分子铺满一个单分子层所需的分子数；然后，根据每个气体分子在固体表面所占的面积，计算出该固体的比表面。因此，气体吸附法测定固体的比表面，实质上是测定气体的单分子层饱和吸附量。在确定气体分子在固体样品表面的单分子层吸附量时，最常采用的是 BET 吸附等温式，该类气体吸附法即称为 BET 法。其中，氮吸附 BET 法一般被认为是测定固体比表面的标准方法。这是因为氮气的化学性质不活泼，在低温时不会发生化学吸附，而且它的分子截面积小，能深入到狭窄的细孔中，固体样品的绝大部分表面（包括内表面）都能够吸附氮分子。

BET 仪器通常用于实验室或工业中测定材料的表面积。其需要在没有任何样品的情况下用已知体积的纯氮进行校准，然后开始分析。为了在 BET 仪器中通过表面分子和气体分子之间适当的相互作用获得可测量的吸附量，必须保持低温。图 3-5 所示为通过容量法测量材料比表面积的装置原理图。

测量过程如下：以氮气为吸附气，以氦气为载气，两种气体按一定比例混合，使氮气达到指定的相对压力，流经样品颗粒表面。当样品管置于杜瓦瓶中的液氮环境下时，粉体

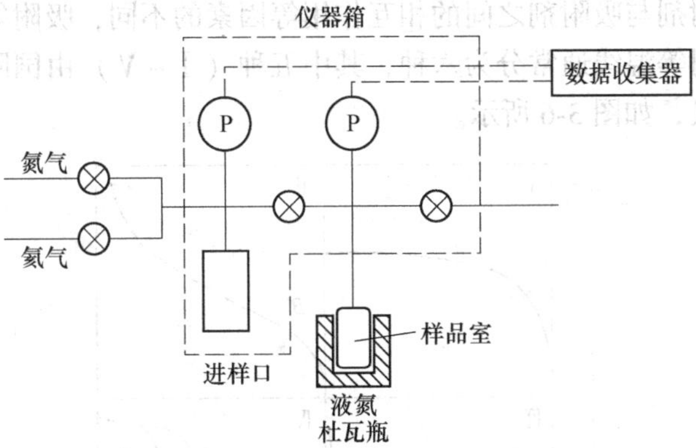

图 3-5 容量法测量比表面积装置原理图

材料对混合气中的氮气发生物理吸附，而氦气不会被吸附，造成混合气体成分比例变化，从而导致热导系数变化，这时就能从热导检测器中检测到信号电压，即出现吸附峰。吸附饱和后让样品重新回到室温，被吸附的氮气就会脱附出来，形成与吸附峰相反的脱附峰。吸附峰或脱附峰的面积大小正比于样品表面吸附的氮气量的多少，可通过定量气体来标定峰面积所代表的氮气量。通过测定一系列氮气分压 $p/p^{\ominus}$ 下样品吸附氮气量，可绘制出氮等温吸附或脱附曲线，进而求出比表面积。通常利用脱附峰来计算比表面积。应定期使用表面积已知的适当参考物质，如 α-氧化铝，以验证仪器的正确功能。

易液化的蒸气，不仅可以在多孔性吸附剂表面上发生多分子层吸附，而且还可以在吸附剂的毛细孔隙中凝结为液体，称为毛细管结现象。因此，使用 BET 仪器不仅可以测量比表面积，孔隙体积、孔隙大小及其分布以及表面能也可以被确定。通过气体吸附法测量孔径分布情况，利用的是毛细凝聚现象和体积等效代换的原理，即以被测孔中充满的液氮量等效为孔的体积。吸附理论假设气孔是开放的圆柱形，气孔之间没有相互作用，从而建立毛细凝聚模型。由毛细凝聚理论可知，在不同的 $p/p^{\ominus}$ 下，能够发生毛细凝聚的孔径范围不一样，随着 $p/p^{\ominus}$ 值增大，能够发生凝聚的孔半径也随之增大。对应于一定的 $p/p^{\ominus}$ 值，存在一临界孔半径 r_k，只有半径小于 r_k 的所有孔才会发生毛细凝聚，液氮在其中填充。r_k 可由凯尔文方程给出：

$$\ln \frac{p}{p^{\ominus}} = -\frac{2\gamma V_m}{r_k RT} \tag{3-33}$$

式中，r_k 是吸附在孔隙中且已发生凝聚的气体的曲率半径，nm；γ 是液态凝聚物的表面张力（0.0088760N/m）；V_m 是液态凝聚物的摩尔体积（0.034752L/mol）；R 是气体常数（8.314J/(mol·K)）；T 为分析温度（77.35K）；p 和 $p^{\ominus}$ 分别是氮气的吸附平衡压力和液氮温度下氮气的饱和蒸气压（式中 p 和 $p^{\ominus}$ 的取值单位不限，但 p 和 $p^{\ominus}$ 的单位需要保持一致）。

通过测定出样品在不同 $p/p^{\ominus}$ 下的凝聚氮气量，可绘制出等温吸脱附曲线。进而，通过不同的理论方法可得出其孔容积和孔径分布曲线。最常用的计算方法是利用 BJH 理论，通常称之为 BJH 孔容积和孔径分布。

3.3.4 吸附等温线及其分类

吸附等温线是评价某种物质在固体催化剂上吸附的最常用工具。根据物理化学条件、固体多孔结构、吸附剂与吸附剂之间的相互作用等因素的不同，吸附等温线曲线可以有不同的形状。气体吸附等温线通常分为六种，其中五种（Ⅰ~Ⅴ）由国际纯粹与应用化学联合会（IUPAC）定义，如图3-6所示。

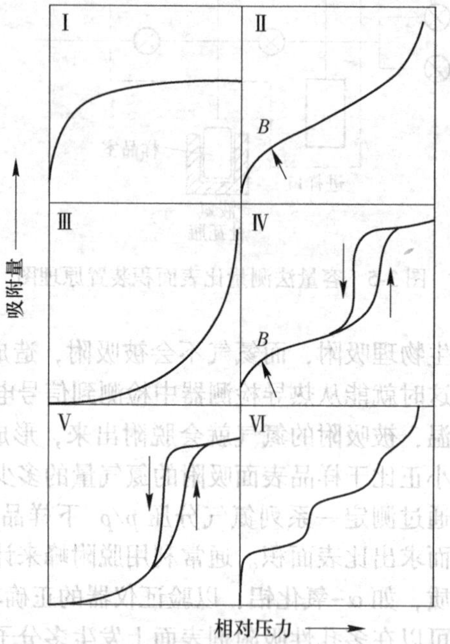

图3-6 IUPAC吸附等温线的分类（Ⅰ~Ⅵ型）
（B点代表第一个单分子吸附层的完成和多层吸附的开始，向上和向下的箭头分别代表吸附和解吸路径）

3.3.4.1 Ⅰ型等温线

Ⅰ型等温线，又称为Langmuir等温线，吸附发生在非常低的相对压力（$p/p^{\ominus}$大约为0.1）下，吸附量随相对压力的升高而快速增加。当吸附量在较低的相对压力下达到饱和后，在中压和高压区，吸附量随着压力增加保持不变。对于Ⅰ型等温线的经典解释是材料中存在微孔（尺寸为1~2nm），由于在狭窄的微孔中，吸附剂与吸附质之间的相互作用力增强，因而气体分子可以在吸附剂表面找到大量的自由结合位点，使微孔在较低的相对压力下被气体分子填充。由于发生了微孔填充过程，导致吸附等温线的吸附量随相对压力的变大而快速增加。随着压力的增加，对于外表面相对较小的微孔固体而言，在接近饱和压力时（$p/p^{\ominus}>0.99$），可能出现吸附质的凝聚，导致吸附曲线出现上扬现象。当达到吸附饱和平台后，多孔材料的小孔完全被凝聚充满。吸附量趋于饱和是由于受到吸附气体能进入的微孔体积的制约，而不是受限于内部表面积。Ⅰ型等温线表现出化学吸附的特征，但由于大多数多孔固体是使用非极性气体（N_2或Ar气）进行吸附研究，因而可认为化学吸附作用不会发生。活性炭、沸石和类沸石晶体都是微孔材料，均会表现出Ⅰ型吸附等温线的特征。

3.3.4.2 Ⅱ型等温线

Ⅱ型等温线表现出物理吸附的特征。与Ⅰ型等温线相比，Ⅱ型等温线的吸附量随相对压力$p/p^{\ominus}$增加表现为缓慢增加。在不同的相对压力范围，吸附量随相对压力增加的变化速率不同，对应于不同的吸附阶段，呈现S型。在Ⅱ型等温线中，当$p/p^{\ominus}$位于0~0.3范围时，吸附量随$p/p^{\ominus}$增加快速升高，对应于吸附质分子从开始吸附到表面形成单分子层的过程。当$p/p^{\ominus}$为0.3附近时，吸附量随$p/p^{\ominus}$的变化出现拐点（对应于图3-6中Ⅱ型等温线中的B点），此处的吸附量对应于单分子层的饱和吸附量，即此处完成了单分子层吸附。当$p/p^{\ominus}$高于0.3时，吸附量随$p/p^{\ominus}$增加而缓慢上升。在该范围内，吸附质进一步在吸附剂表面发生由第二层一直到第N层的多层吸附过程。当样品所处的压力接近饱和蒸气压（即$p/p^{\ominus}$接近1）时，吸附层数无限大，通常在固体样品表面发生凝聚现象。这种凝聚现象通常发生在$p/p^{\ominus}$为0.8以上的范围，在该范围吸附量再次出现随$p/p^{\ominus}$增加而快速升高的现象。出现Ⅱ型等温线的吸附剂通常是无孔或大孔的固体材料，气体分子通过物理吸附形成多层。

3.3.4.3 Ⅲ型等温线

相比于Ⅱ型吸附等温线出现向上凸起的拐点B，Ⅲ型吸附等温线出现了吸附量随相对压力升高非线性单调增加的现象。由于吸附质分子与固体吸附剂表面的相互作用较弱，Ⅲ型吸附等温线在吸附过程中没有出现单分子层吸附。由这类等温线无法得到材料的比表面积、孔径分布以及孔容积等现象，需要更换吸附质分子（如将N_2改为Ar）重新进行吸附实验。Ⅲ型吸附等温线是由于在憎液性表面发生多分子层吸附，或固体和吸附质的吸附相互作用小于吸附质之间的相互作用而引起，该类吸附等温线比较少见。如水蒸气在石墨表面上吸附或在进行过憎水处理的非多孔性金属氧化物上的吸附过程。

3.3.4.4 Ⅳ型等温线

在吸附过程中，与Ⅱ型吸附等温线类似，Ⅳ型吸附等温线在较低的$p/p^{\ominus}$范围的吸附曲线存在一个向上凸的拐点（即B点）。在较高的$p/p^{\ominus}$范围（0.3~0.8），吸附质因为发生多层吸附而引起吸附量缓慢上升。当在所有孔中完成了凝聚过程后，吸附只在远小于内表面积的外表面上发生，曲线在$p/p^{\ominus}$接近1时仍保持平坦；在更高的$p/p^{\ominus}$下，吸附剂的表面发生了毛细管凝聚现象，导致等温线迅速上升；当相对压力接近1时，吸附质在表面发生进一步的凝聚现象，造成曲线上升。由于吸附过程中在孔或者不规则的表面上发生了毛细管凝聚，因而这些发生毛细管凝聚的区域将在脱附阶段出现滞后现象。即在脱附时得到的等温线与吸附时得到的等温线不重合，脱附等温线在吸附等温线的上方，在等温线中产生了吸附滞后（adsorption hysteresis），出现滞后环。这种滞后现象与孔的形状及其大小有关，因此通过分析吸脱附等温线可以确定孔的尺寸及其分布。许多介孔吸附剂材料（如无机氧化物、介孔分子筛等多孔材料）的吸附等温线为Ⅳ型等温线。

3.3.4.5 Ⅴ型等温线

具有Ⅴ型等温线的吸附剂通常是介孔材料，气体分子通过物理吸附形成多层吸附。Ⅴ型等温线的特征是向相对压力轴凸起，并且存在一个滞后环。在较低的$p/p^{\ominus}$时，Ⅴ型吸附等温线形状与Ⅲ型吸附等温线形状非常相似。然而，与Ⅲ型吸附等温线不同，其在更高相对压力下存在一个拐点。Ⅴ型等温线主要来源于发生在微孔和介孔固体表面上的较弱的气-固相之间的相互作用。由于吸附能力弱，在较低的比压下，吸附过程非常缓慢。不能通过等温曲线的变化来确定单分子吸附的完成和多层吸附的开始。随着$p/p^{\ominus}$升高，多层吸附继续进行，毛细管缩聚开始。一旦中孔被填满，吸附在外表面继续。当所有的结合位点都被占据后，等温线饱和。在实际应用中，具有疏水表面的微孔材料对水蒸气吸附时出现的等温线的形状属于该类等温线。

3.3.4.6 Ⅵ型等温线

Ⅵ型吸附等温线的吸附过程的曲线呈现多个台阶的形状特征，这些台阶是由于高度均匀的非孔表面的依次多层吸附引起，即材料的一层吸附结束之后继续吸附下一层。每个台阶的高度对应于在相应的层中吸附的气体量，台阶的形状取决于吸附体系和温度。仅当样品表面含有不同类型的吸附位点，且具有不同的能量特征时才会出现。表现出这种等温线的吸附剂被发现具有较低的孔隙率和相当均匀的表面。液氮温度下的氮气吸附不能获得这种等温线的完整形式，而液氩下的氩吸附则可以实现。Ⅵ型等温线中最好的例子是石墨化炭黑在低温下的氩吸附或氪吸附。在实际应用中，经常会出现由以上几种等温线组成的复合型的吸附等温线。

3.3.5 吸附滞后

脱附曲线是剩余吸附量对压力的曲线，如果脱附完全，则吸脱附曲线完全重合，如果脱附不完全，即剩余的吸附量大于相同压力时的吸附量时，脱附曲线就会滞后于吸附曲线，一般当相对压力下降至0.4以下时，滞后现象消失，吸脱附曲线又重合到一起，因此形成所谓滞后环。滞后环产生的原因归结为孔的作用，如果吸附剂被吸附到孔中去时，阻力比较小，吸附过程容易进行，当压力下降时，脱附出来阻力较大，则脱附不完全，要到更低的压力下才能脱附出来，这就产生滞后环。根据 IUPAC 的分类，滞后环分为四类H1~H4（图3-7）。H1和H4是两种极端类型：前者的吸附和脱附分支，在宽压力范围内垂直于压力轴而且相互平行；后者的吸附和脱附分支，在宽压力范围内水平且相互平行。其他滞回类型：H2和H3，可认为是这两种极限形式之间的中间情况。

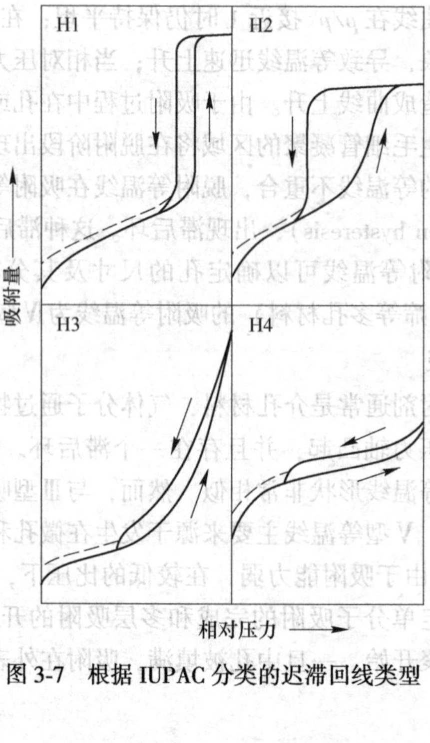

图3-7 根据 IUPAC 分类的迟滞回线类型

滞回线的形状通常与特定的孔隙形态有关。H1 型迟滞回线可在孔径分布相对较窄的介孔材料，以及尺寸较均匀的球形颗粒聚集体中观察到。滞后环的形状：在中间相对压力范围内的吸附线和脱附线都很陡。反映的孔结构包括圆筒孔和正多面柱孔硅胶等。H2 型迟滞回线可在具有复杂孔隙结构的材料（如孔“颈”相对较窄的墨水瓶形介孔材料）中观察到。滞后环的形状：吸附支平稳上升，脱附支很陡峭，主要是由于窄孔颈处的孔堵塞/渗透或者空穴效应（像蜂窝一样的中空物体所产生的不可检测到的一种效应）引发的挥发。H2 型滞后环常见于硅凝胶、多孔玻璃（如耐热耐蚀玻璃）以及一些有序介孔材料（如 SBA-16 和 KIT-5 二氧化硅）。H3 型滞后环是片状颗粒的非刚性聚集体的典型特征，滞后环的形状：吸附线在中间相对压力时上升很陡，脱附线则很平缓。反映的孔结构包括平板狭缝结构、裂缝和楔形结构等。这些孔网都是由大孔组成，并且它们没有被凝聚物完全填充，在较高相对压力区域没有表现出吸附饱和。H3 型滞后环常见于蒙脱土、石墨的氧化物等。H4 型迟滞回线可在含有狭窄的狭缝状孔隙的固体中观察到，滞后环的形状：吸附线平缓上升，只有接近压力 $p^{\ominus}$ 时才迅速上升，脱附线始终平缓下降。通常发现于介孔沸石分子筛和微介孔碳材料等含有狭窄裂隙孔的固体。固体材料的吸附等温线也可能显示低压迟滞回线（即使在相对较低的压力下，迟滞回线也不相邻），如图 3-7 所示中虚线所示。低压滞后可能是由于吸附过程中吸附剂的膨胀，或者伴随着物理吸附的化学吸附过程。

3.4 吸附动力学模型

拟一级动力学模型、拟二级动力学模型和颗粒内扩散模型是研究吸附动力学的经典模型，主要用于测定吸附过程中物质转移及物理化学反应的速率控制步骤。动力学常数 k 可用于判断吸附速率的快慢，吸附动力学常用到的拟合方程主要是一级反应动力学模型和二级反应动力学模型。

拟一级动力学模型：

$$\frac{dq}{dt} = k_1(q_e - q) \tag{3-34}$$

边界条件：$t=0$，$q=0$；$t=t$，$q=q$。

$$\ln(q_e - q) = \ln q_e - k_1 t \tag{3-35}$$

式中，q(mg/g) 和 q_e(mg/g) 分别表示时间 t 和吸附平衡时的吸附量；k_1为拟一级动力学模型的速率常数，而拟一级动力学是指反应速率与一种反应物浓度呈线性关系。

拟二级动力学模型：

$$\frac{dq}{dt} = k_2 (q_e - q)^2 \tag{3-36}$$

边界条件：$t=0$，$q=0$；$t=t$，$q=q$。

$$\frac{1}{q_e - q} = \frac{1}{q_e} + k_2 t \tag{3-37}$$

式中，k_2为拟二级动力学模型的速率常数，而拟二级动力学指反应速率与两种反应物浓度呈线性关系。

Elovich（伊洛维奇）动力学模型：

$$q_t = \frac{1}{\beta}\ln(1 + \alpha\beta t) \tag{3-38}$$

式中，α 为初始吸附速率常数；β 为与吸附剂表面覆盖程度及化学吸附活化能有关的参数。

Elovich 模型假设吸附能随固体表面覆盖率的增大而线性增大，吸附速率随固体表面吸附量增加而呈指数降低，这与动力学实验中吸附速率变化情况吻合。尽管 Elovich 动力学模型没有对吸附质与吸附剂之间做任何明确的机理假设，但此模型可描述化学吸附过程动力学。Elovich 动力学模型为经验式，描述的是包括一系列反应机制的过程，如溶质在溶液体相或界面处的扩散、表面的活化与去活化作用等，它非常适用于反应过程中活化能变化较大的过程。此外，Elovich 动力学模型还能够揭示其他动力学方程所忽视的数据的不规则性，其和双常数模型适用于复杂的非均匀扩散过程。

Boyd 模型（外扩散速率控制模型）：

$$F(t) = 1 - \left(\frac{6}{\pi^2}\right)\sum_{n=1}^{\infty}\left(\frac{1}{n^2}\right)\exp(-n^2B_t) \tag{3-39}$$

$F(t)$：达到平衡的比例，

$$F(t) = q/q_e \tag{3-40}$$

B_t：关于 $F(t)$ 的函数，当 $F(t) > 0.85$，

$$B_t = 0.4977 - \ln(1 - F(t)) \tag{3-41}$$

$$F(t) < 0.85,\ B_t = \left[\sqrt{\pi} - \sqrt{\pi - \left(\frac{\pi^2 F(t)}{3}\right)}\right]^2 \tag{3-42}$$

式中，B_t为时间常数。Boyd 模型包括液膜扩散模型和内扩散模型。当假设颗粒内扩散传质系数为常数，将 F 代入 Boyd 模型，可得到 B_t的值，如果 B_t对 t 的拟合曲线为一条过原点的直线，则吸附速率控制步骤是内扩散，否则受液膜扩散控制。

韦伯-莫里斯内扩散模型：

$$q_t = k_p t^{1/2} + C \tag{3-43}$$

式中，k_p(mg/(g·min$^{1/2}$)) 为颗粒内扩散模型的速率常数；C 为与边界层厚度有关的常数。

假设条件：液膜扩散阻力可以忽略或者是液膜扩散阻力只有在吸附的初始阶段的很短时间内起作用；扩散方向随机、吸附质浓度不随颗粒位置改变；内扩散系数为常数，不随吸附时间和吸附位置的变化而变化。k_p值越大，吸附质越易在吸附剂内部扩散，由 q_t对 $t^{1/2}$作图是直线且经过原点，说明内扩散是控制吸附过程的唯一步骤，通过线形图的斜率可得到 k_p。

3.5 金属对气体的化学吸附能力

金属催化剂的活性主要与以下三种因素有关：金属催化剂的吸附作用（能量因素）、金属的电子结构（电子因素）和金属表面几何因素。因此，需对金属催化剂的吸附性能和化学键特性进行深入研究。通常，金属的吸附能力取决于金属和气体分子的结构以及吸

附条件。吸附的强弱可以用摩尔吸附热来比较，即 1mol 物质由气态转变成化学吸附态所生成的焓变。气体在金属上的化学吸附的强弱与其化学活泼性顺序相一致：$O_2 > C_2H_2 > C_2H_4 > CO > H_2 > CO_2 > N_2$。

从吸附的角度考虑，如果吸附太强，则吸附物难以进一步反应，其实质等同于催化剂中毒或钝化；吸附太弱，则吸附的化学键不能松弛或不能断裂，而化学键的断裂是任何化学反应发生的必经步骤；中等强度吸附，则可使吸附物有一定的停留时间，以便于旧化学键断裂和新化学键形成。因此，反应物在催化剂表面上的吸附既不能太强，也不能太弱，只有中等强度的吸附才有利于催化反应。强吸附的都是过渡金属，其价层有未配对 d 电子或 d 空轨道；非过渡金属的吸附能力较弱。将双原子分子解离活化，是金属特别是过渡金属的重要功能之一。如：H_2的解离吸附通常为加氢反应的控制步骤，而ⅤB 和ⅥB 族过渡金属的 d 空穴太多，吸附太强；ⅠB 族金属则空穴太少，吸附太弱；Ⅶ族金属的 d 空穴适度；Ⅷ族金属对 H_2的吸附强度适中，活性最高。在 273K 时，各种金属对典型气体分子的吸附能力（表 3-2）。

表 3-2　金属对典型气体分子的化学吸附能力（273K）

分类	金　属	气体						
		O_2	C_2H_2	C_2H_4	CO	H_2	CO_2	N_2
A	Ti、Zr、Hf、V、Nb、Ta、Cr、Mo、W、Fe、Ru、Os	+	+	+	+	+	+	+
B	Ni、Co	+	+	+	+	+	+	−
C	Rh、Pd、Pt、Ir	+	+	+	+	+	−	−
D	Mn、Cu	+	+	+	±	−	−	−
E	Al	+	+	+	+	−	−	−
F	Li、Na、K	+	+	−	−	−	−	−
G	Mg、Ag、Zn、Cd、In、Si、Ge、Sn、Pb、As、Sb、Bi	+	−	−	−	−	−	−

注：+表示强化学吸附，±表示弱化学吸附，−表示不吸附。

由表 3-2 可知：A、B 和 C 类金属是具有 d 空轨道的过渡金属，对气体具有强化学吸附能力，吸附活化能（E_a）小，可吸附表中所列的大部分气体。可通过未结合 d 电子数来解释 A、B、C 三类金属的化学吸附特性，且未结合的 d 电子数可通过鲍林的原子价理论求得。如金属 Ni 原子的电子组态是 $3d^2 4s^2$，外层共有 10 个电子。当 Ni 原子结合成金属晶体时，每个 Ni 原子以 d^2sp^3 或 d^3sp^2 杂化轨道和周围的 6 个 Ni 原子形成金属键。因此，有 6 个电子参与金属成键，剩下的 4 个电子即为未结合 d 电子。具有未结合 d 电子的金属催化剂容易产生化学吸附，由于不同过渡金属元素的未结合 d 电子数不同，从而产生不同的化学吸附能力，最终使它们具有不同的催化活性；D 类金属，如 Mn($3d^5 4s^2$）和 Cu($3d^{10} 4s^1$)，分别具有 d^5 或 d^{10} 的电子结构，吸附能力弱；E、F 和 G 类金属，如 Al($3s^2 3p^1$)、Li($2s^1$)、Na($3s^1$）和 K($4s^1$)，是只具有 s、p 电子轨道的 s 区和 p 区元素，化学吸附能力小，只能吸附少数气体。综上可知：过渡金属的电子结构和 d 空轨道对气体的化学吸附起决定作用，对反应物没有吸附能力的金属不能用作催化剂的活性组分。

金属催化剂在化学吸附过程中，反应物粒子（分子、原子或基团）和催化剂表面催化中心（吸附中心）之间伴随有电子转移或共享，使二者形成化学键。化学键的性质取决于金属和反应物的本性，而化学吸附的状态与金属催化剂的逸出功及反应物气体的电离势有关。

（1）金属催化剂的电子逸出功（又称脱出功）。金属催化剂的电子逸出功，指将电子从金属催化剂中移到外界（通常在真空环境中）所需做的最小功，或者说电子脱离金属表面所需要的最低能量。在金属能带图中，表现为最高空能级与能带中最高填充电子能级的能量差，用 Φ 表示。Φ 值大小代表金属失去电子的难易程度，或者说电子脱离金属表面的难易。金属不同，Φ 值也不同。一些金属的逸出功见表 3-3。

表 3-3　一些金属的逸出功

金属元素	Φ/eV	金属元素	Φ/eV	金属元素	Φ/eV
Fe	4.48	Cu	4.10	Ag	4.80
Co	4.41	Mo	4.20	W	4.53
Ni	4.61	Rh	4.48	Re	5.1
Cr	4.60	Pd	4.55	Pt	5.32

（2）反应物分子的电离势。反应物分子的电离势是指将电子从反应物分子中转移到外界所需做的最小功，用 I 表示。它的大小代表反应物分子失去电子的难易程度。在无机化学中曾提到，当原子中的电子被激发到不受原子核束缚的能级时，电子就可以离核而去，成为自由原子。激发时所需的最小能量叫电离能，二者意义相同，都用 I 表示。不同的反应物有不同的 I 值。

（3）化学吸附键和吸附状态。根据 Φ 和 I 的大小，反应物分子在金属催化剂表面上进行化学吸附时，电子转移有以下三种情况，形成三种吸附状态，如图 3-8 所示。

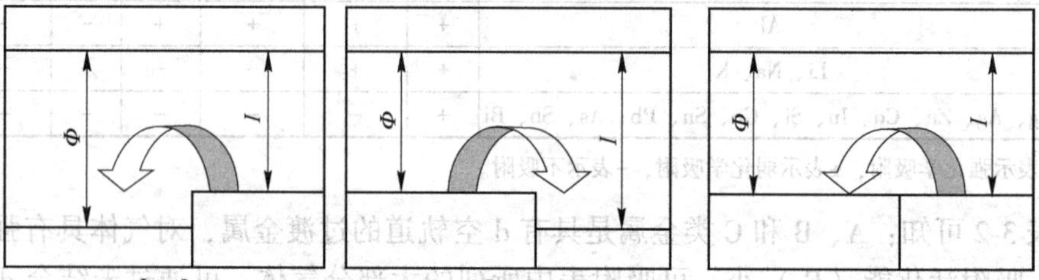

图 3-8　基于 Φ 和 I 的大小而产生的电子转移差异

1）当 $\Phi>I$ 时，电子将从反应物分子向金属催化剂表面转移，反应物分子变成吸附在金属催化剂表面上的正离子。反应物分子与催化剂活性中心吸附形成离子键，它的强弱程度决定于 Φ 和 I 的相对值，二者相差越大，离子键越强，这种正离子吸附层可以降低催化剂表面的电子逸出功。随着吸附量的增加，逐渐降低。

2）当 $\Phi<I$ 时，电子将从金属催化剂表面向反应物分子转移，使反应物分子变成吸附在金属催化剂表面上的负离子。反应物分子与催化剂活性中心吸附也形成离子键，它的强弱程度同样决定于 Φ 和 I 的相对值，二者相差越大，离子键越强。该类负离子吸附层可以增加金属催化剂的电子逸出功。

3）当 $\Phi\approx I$ 时，电子难以由催化剂向反应物分子转移，或由反应物分子向催化剂转移，常常是二者各自提供一个电子而形成共价键。该类吸附键通常吸附热较大，属于强吸附。实际上 I 和 Φ 不是绝对相等的，有时电子偏向于反应物分子，使其带负电，结果使金属催化剂的电子逸出功略有增加；相反，当电子偏向于催化剂时，反应物稍带正电荷，会引起金属催化剂的逸出功略有降低。如果反应物带有孤立的电子对，而金属催化剂上有接受电子对的部位，反应物分子就会将孤立的电子对给予金属催化剂，而形成配价键结合，此时产生了 L 酸中心。

反应物分子在金属催化剂表面上发生化学吸附后，金属的逸出功将发生变化。如 O_2、H_2、N_2和饱和烃被金属吸附后，金属将电子给予被吸附的反应物分子，将在金属表面形成负电子层，如 Ni^+N^-、Pt^+H^-、W^+O^-等，使电子逸出困难，逸出功提高；然而，含有 π 键的 C_2H_4、C_2H_2、CO，以及含有 O、C、N 元素的有机物被金属吸附后，其会把电子给予金属，在金属表面形成正电层，使逸出功降低。

3.5.1 金属表面上的化学吸附

化学吸附态，指分子或原子在固体催化剂表面进行化学吸附时的化学状态、电子结构及几何构型。化学吸附态及化学吸附物种的确定是多相催化研究的主要内容。红外光谱（IR）、俄歇电子能谱（AES）、低能电子衍射（LEED）、高分辨电子能量损失谱（HREELS）、X 射线光电子能谱（XPS）、紫外光电子能谱（UPS）等能谱技术是用来研究化学吸附态的方法，将在后面的第 6 章催化剂表征技术中进行介绍。

当对金属表面上的化学吸附进行研究时，用于研究的金属表面，应该是已知化学组成，清洁或易于清洁，至少清楚表面上杂质的性质和浓度。用于金属化学吸附研究的试样主要有以下四类：金属丝，用电热处理易于使其表面清洁；金属薄膜，在高真空下将金属丝加热至其熔点，用冷凝蒸发出的金属原子制成；金属箔片，采用离子轰击使其洁净；金属单晶，将金属单晶切开，仅暴露某一特定的晶面，特别适于化学吸附层结构的基础性研究。

分子吸附在催化剂表面上，与表面原子形成吸附键，构成分子的吸附态。吸附键的类型可以是共价键、配位键或离子键。吸附态的形式有以下几种：某些分子在吸附之前必须解离，成为有自由价的基团后才能直接与金属的“表面自由价”成键，如饱和烃分子、分子氢等非解离吸附；具有孤对电子或 π 电子的分子，可以非解离地化学吸附在催化剂表面上，通过相关的分子轨道的再杂化进行非解离吸附，如乙烯、乙炔和 CO 等。乙烯通过 π 电子分子轨道的再杂化进行化学吸附，吸附前碳原子的化合态为 sp^2杂化态，吸附后变成 sp^3杂化态；乙炔的化学吸附和乙烯相似；苯的化学吸附通过 π 电子分子轨道实现，吸附前苯分子的 6 个 π 电子通过吸附与金属原子形成配位键（图 3-9）。

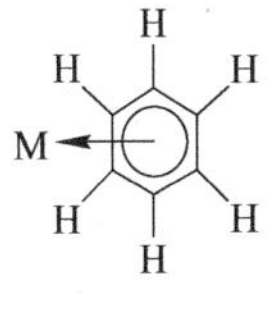

图 3-9 苯与金属的化学吸附

CO 分子的化学吸附，既有 π 电子参加，又有孤对电子参加，所以它可以有多种吸附态；可以线形吸附在金属表面，也可以桥式与表面上的两个金属原子桥联，在足够高的温度下，还可以解离成碳原子和氧原子吸附（图 3-10）。

由于化学反应的控制步骤常常与化学吸附态有关，若反应控制步骤是生成负离子吸附态时，则要求金属表面容易给出电子，即 Φ 值要小，才有利于形成该类吸附态。如一些氧化反应，常以 O_2、O^{2-}和 O^-等吸附态为控制步骤，催化剂的 Φ 越小，氧化反应的活化能越小。反应控制步骤是生成正离子吸附态时，则要求金属催化剂表面容易得到电子，催化剂的 Φ 越大，反应的活化能越小。若反应控制步骤为形成共价吸附时，则要求金属催

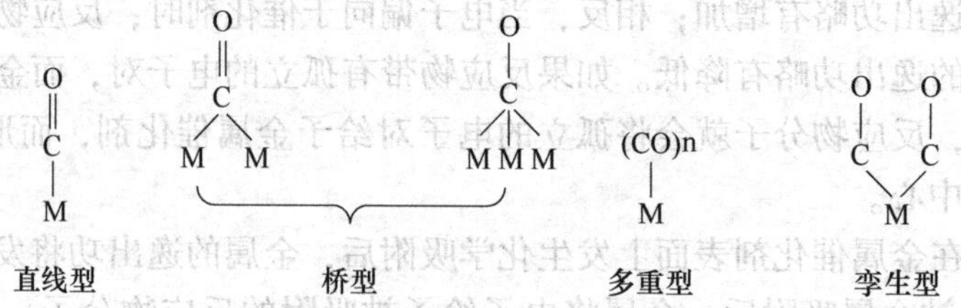

图 3-10 CO 分子的化学吸附

化剂的 $\Phi=I$。在制备催化剂时，常采用添加助剂的方式来调变催化剂的 Φ 值，使其形成与反应适宜的化学吸附态，从而达到提高催化剂的活性和选择性的目的。

以不同金属催化 HCOOH 分解生成 CO_2 和 H_2O 为例，说明化学吸附对催化剂活性的影响。通过 IR 分析发现该反应过程有金属甲酸盐中间物生成，由此可推断其反应过程如下：HCOOH+金属→金属甲酸盐→金属+H_2+CO_2。因此，可知催化活性与金属甲酸盐的稳定性有关，而稳定性与生成热有关。生成热越大，稳定性越高（吸附越强）。通过 HCOOH 在不同金属上的分解活性和相应金属甲酸盐的生成热得到了火山曲线图，图中横坐标代表金属甲酸盐的生成热，它表示甲酸与金属相互作用的强弱；纵坐标代表反应转化率为 50% 时所需的温度（图 3-11）。

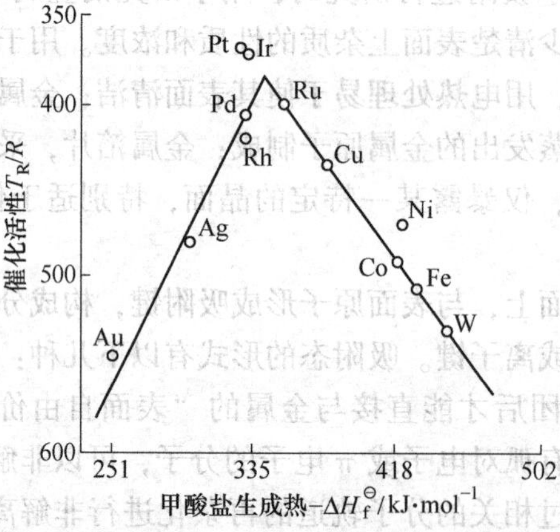

图 3-11 金属甲酸盐生成热与甲酸分解活性的关系

（T_R 为转化率达 50% 所需温度）

由图 3-11 可知：以处于火山曲线右边的金属（如 Fe、Co、Ni）为催化剂的反应速率慢。这是由于形成的相应金属甲酸盐的生成热大，从而表明中间物种的稳定性好（不易分解），金属表面几乎被稳定的甲酸盐所覆盖，而不能继续进行化学吸附。因此，金属甲酸盐的分解速率将决定总的反应速率；以处于火山曲线左边的金属（如 Au、Ag）为催化剂的反应速率也慢，这是因为形成的相应金属甲酸盐的生成热小，同时意味着生成金属甲酸盐的活化能垒高，因此，难以形成足够量的表面中间物种，从而导致表面中间物种的生成速率将决定总的反应速率；只有处于火山曲线顶端附近的金属（如 Pt、Ir、Pd、Ru），才具有高催化活性。这是因为上述金属甲酸盐具有中等的生成热，从而既可保证生成足够量的表面中间物种，又容易进行后继的分解反应。

3.5.2 气体在半导体上的化学吸附

金属氧化物（硫化物）催化剂的活性与反应物、催化剂表面局部原子形成的化学吸附键性质密切相关。化学吸附键的形成和吸附键的性质与气体性质和半导体的属性等多种因素有关，对半导体催化剂而言，其导电性是影响活性的主要因素之一。根据半导体能带理论，可将半导体表面吸附的反应物分子视为半导体的施主或受主。能接受 e 的受电子气体（如 O_2）即为受主分子，当其吸附于半导体表面时产生负电荷层，起受主杂质的作用；能给出 e 的施电子气体（如 H_2）则为施主分子，在 n 型和 p 型氧化物上以正离子（H^+）吸附态在表面吸附，并在表面形成正电荷层，起施主杂质的作用。因此，当它们吸附在半导体表面上，对半导体的影响就等同于掺杂。施电子气体（如 H_2）与受电子气体（如 O_2）在半导体表面上的吸附见表 3-4。

表 3-4 H_2或 O_2在半导体表面上的吸附

被吸附物	吸附剂	吸附位	吸附后发生的变化		
			被吸附物	吸附剂	对电导的影响
施电子气体（H_2）	n 型（ZnO）	晶格正离子	$H_2 \to H^+$	$Zn^{2+} \to Zn^+ Zn$（转至间隙位置）	n 型上升
	p 型（NiO）	正离子空位	$H_2 \to H^+$	$Ni^{3+} \to Ni^{2+}$（点阵上）	p 型下降
受电子气体（O_2）	n 型（V_2O_5）	负离子空位	$O_2 \to O^-$，O^{2-}	$V^{4+} \to V^{5+}$（点阵上）	n 型下降

p 型吸附剂吸附 O_2时：电子从氧化物表面转移到吸附质 O_2上，金属离子氧化数升高，表面形成氧离子覆盖层。n 型吸附剂吸附 O_2时：表面组成刚好满足化学计量关系（一般很少如此），不发生化学吸附 O_2；若不满足化学计量关系且缺 O^{2-}（一般如此），有较小程度的吸附，补偿 O^{2-}空位并将阳离子再氧化以达到化学计量关系。

p 型吸附剂和 n 型吸附剂吸附 H_2、CO 等还原性气体时：电子由吸附质向氧化物表面传递，金属离子还原。吸附很强，且多为不可逆。对半导体氧化物上的化学吸附研究，尚缺乏像金属化学吸附那样的定量结果。

由于半导体中有自由电子或自由空穴，易使吸附在表面上的反应物分子发生离子化作用。吸附物离子化的情况取决于半导体与气体两方面的性质。气体的电子亲和力大，易接受半导体给出的 e，则被吸附分子负离子化，被吸附分子为受主；气体的电子亲和力弱，则被吸附分子正离子化，被吸附分子为施主。不同气体分子化学吸附在半导体上的离子化情况见表 3-5。

表 3-5 不同气体分子化学吸附在半导体上的离子化情况

项目	O_2	CO	H_2	C_3H_6	C_3H_7OH	C_6H_6
V_2O_5(n)	–	+	+	+	+	+
ZnO(n)	–	弱	+	+	+	+
NiO(p)	–	+	弱	+	+	+
CuO(本征)	–	+	弱	+	+	+

注：–为被吸附分子负离子化；+为被吸附分子正离子化。

吸附过程会引起半导体性质（如电导率，逸出功）变化，并可由这些性质的变化来研究吸附性质和吸附位。如H_2在半导体上的吸附，对于n型半导体，H_2给e，导带e数增加→E_F升高→Φ降低→电导升高→活性上升；对于p型半导体，H_2给e，正空穴减少→E_F升高→Φ降低→电导降低→活性降低。因此，n型半导体可作为加氢催化剂。如O_2在半导体上的吸附，对于n型半导体，O_2接受e，导带e数减少→E_F降低→Φ升高→电导降低→活性降低；对于p型半导体，O_2接受e，正空穴增加→E_F降低→Φ升高→电导升高→活性升高。因此，p型半导体可作为氧化催化剂。

根据吸附键的性质，可分为三种类型的化学吸附。弱键吸附：被吸附的粒子保持电中性，粒子和固体催化剂表面无电子交换；n键吸附：也称受主键吸附，属强化学吸附，被吸附的粒子从催化剂表面俘获电子而形成吸附键；p键吸附：也称施主键吸附，也属强化学吸附，被吸附粒子从催化剂表面俘获自由空穴而形成吸附键。即由氧化性气体分子（如O_2）捕捉半导体的准自由电子，或由还原性气体分子（如H_2）捕捉半导体中的准自由空穴所达成的化学吸附，属强化学吸附。其特点是其吸附键属离子键或共价键，吸附强而吸附量低（载流子低）。若吸附气体分子与半导体表面吸附位之间电子亲和力较弱，吸附可能不利用准自由电子（空穴），这时载流子基本仍属于半导体表面，而吸附分子仍保持原来的自由价或处于中性。这种吸附键属弱化学吸附键。弱化学吸附有时可覆盖整个表面，其吸附量大。

不同气体分子的活化对半导体性质往往有不同要求，可把反应物分子的性质和催化剂的性质（电导率、Φ）联系起来。根据催化剂性质变化推测被吸附分子的状态，并把这些变化与催化性能相关联。在催化剂的设计与改进时，应把注意力首先集中于反应过程的速度控制步骤：如果速度控制步骤是施电子气体的吸附，应使半导体催化剂的能带尽量呈未充满态，以提供较低的空能级来接受电子（p型）。催化剂中若添加受主杂质（金属价数小于催化剂的离子），将起助催化作用；如果速度控制步骤是受电子气体的吸附，则应使半导体能带近于充满，以提供较高能量的电子（n型）。催化剂中若添加施主杂质（金属价数大于催化剂的离子），将起助催化作用。因此，要根据不同的反应（气体性质及反应机理）来选择半导体催化剂及其添加剂（施、受主杂质）。

以N_2O分解为例来说明半导体催化剂如何影响气体分子的活化，反应式如下：

$$N_2O \longrightarrow N_2 + \frac{1}{2}O_2 \tag{3-44}$$

当该反应在金属氧化物催化剂上进行时，由实验结果发现p型半导体氧化物（Cu_2O，CoO，NiO，CuO，CdO，Cr_2O_3，Fe_2O_3等）活性最高，其次是绝缘体（MgO，CaO，Al_2O_3），n型半导体氧化物（ZnO）最差。同时，还发现在p型半导体上进行分解反应时，催化剂的电导率增加，而在n型半导体上进行时电导率下降。据此可以推测：N_2O在半导体表面上吸附时是受主分子。

N_2O分解分两步进行，反应如下：

$$N_2O + e(\text{来自催化剂}) \longrightarrow N_2 + O^-(\text{吸附}) \tag{3-45}$$

$$2O^-(\text{吸附}) \longrightarrow O_2 + 2e(\text{给催化剂}) \tag{3-46}$$

当反应进行时，N_2O迅速从催化剂获得e→表面O^-的负电层，即N_2O为受主杂质→催化剂E_F↓，Φ↑，导带中e数↓，满带空穴↑→n型电导↓，p型电导↑，即p型活性↑；

催化剂获得 e，O^-为施主杂质→催化剂 E_F↑，Φ↑，导带中 e 数↑，满带空穴↓→n型电导↑，p 型电导↓。

N_2O 分解反应机理中的第一步是不可逆快反应，第二步是慢反应，是决定反应速度步骤。催化剂的电导率变化应该由第一步所引起，总的结果为 n 型半导体的电导下降，p 型半导体的电导上升。这与实验结果一致。反应速率由第二步控制，所以要加快反应速度，需要加快吸附 O^-的脱附速度，即提高催化剂接受电子的速率。显然，p 型半导体中有准自由空穴而比 n 型半导体更易接受 e→②式加速。随着反应①的进行，p 型半导体电导↑，空穴数↑→有利于 p 型半导体接受 e 而加速②式。最终，p 型半导体活性>n 型半导体活性。

适当加入一些杂质使费米能级下降，即加入一些受主杂质会有助于加速反应。但是反应的速度控制步骤会随条件而变化，当受主杂质加得太多，会严重影响到 N_2O 从催化剂获得电子的速率，这样反过来第一步会成为速度控制步骤。事实上，对 p 型半导体 NiO 加一些 Li_2O 已证实了上述推论，适当加入一些 Li_2O 可以增加空穴浓度，提高反应速率，但当 Li_2O 的量超过 0.1%时，反应速率反而降低。因为此时空穴浓度太高，使第一步产生吸附 O^-困难，所以添加 Li_2O 有一个最佳值。

3.6　多相催化的反应步骤

多相催化发生在两相的界面上，通常反应物为液体或气体，催化剂为多孔材料。在筛选催化剂时，需去除内扩散限制。当存在内扩散限制时，内扩散步骤成为速控步骤。由于反应物的有效扩散与催化剂颗粒孔结构关系更大，当催化剂颗粒大小及其他评价条件也相同时，评价结果只能反映孔道结构与催化剂化学性质的总效果，而不是完全的本征性质。这对于探讨多相催化剂的构效关系不利，有时甚至会产生误导，比如当内扩散限制存在时，过程对反应温度的敏感程度常远低于本征情况。进行催化剂活性评价时，没有必要做内外扩散试验，只有在进行动力学研究时才必须做内外扩散实验，以保证反应是表面反应控制。对于气-固相催化反应，反应包括五个连续的步骤（图 3-12）。

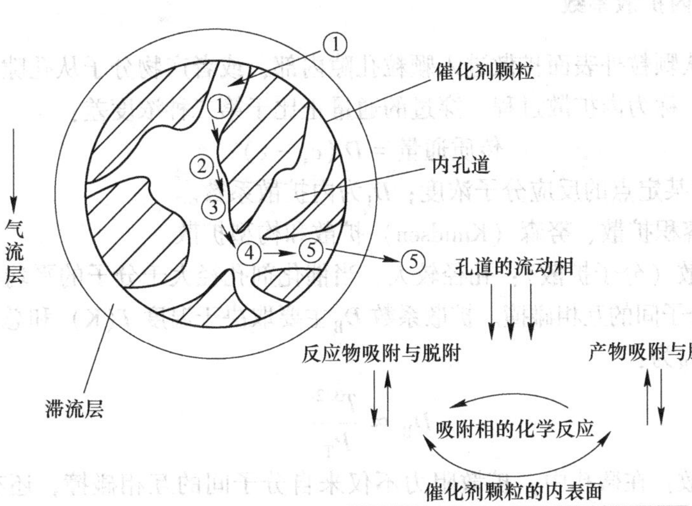

图 3-12　多相催化的反应步骤

多相催化的反应步骤如下：

（1）反应物分子从气流中向催化剂表面和孔内扩散。

（2）反应物分子在催化剂表面上吸附。

（3）被吸附的反应物分子在催化剂表面上相互作用或与气相分子作用进行化学反应。

（4）反应产物自催化剂表面脱附。

（5）反应产物离开催化剂表面向催化剂周围的介质扩散。

多相催化反应过程包括物理过程和化学过程两步。上述步骤中的第（1）和第（5）为反应物、产物的扩散过程，属于物理传质过程。第（2）、第（3）、第（4）步均属于在表面进行的化学过程，与催化剂的表面结构、性质和反应条件有关，也称为化学动力学过程。

3.6.1 外扩散与外扩散系数

反应物分子从流体体相通过吸附在气、固边界层的静止气膜（或液膜）达到颗粒外表面，或者产物分子从颗粒外表面通过静止层进入流体体相的过程，称为外扩散过程。符合 Fick 定律，反应分子穿过此层的通量正比于浓度梯度：

$$传质通量 = D_E(c_h - c_s) \tag{3-47}$$

式中，D_E为外扩散系数；c_h为均匀气流层中反应物浓度；c_s为反应物在催化剂颗粒外表面处的浓度。

流体与催化剂颗粒间的物质传递（传质），也可以用传质因子 j_D和传质系数 k_g表示。实际上最主要的是流体与催化剂颗粒之间的物质传递，用传质因子 j_D表示其传质速度，借助雷诺系数求算：

$$j_D = 1.66\,Re^{-0.51} \quad (Re < 190) \tag{3-48}$$

$$j_D = 0.98\,Re^{-0.41} \quad (Re > 190) \tag{3-49}$$

外扩散速率的大小及其施加的影响，与流体的流速、催化剂颗粒粒径以及传递介质的密度、黏度等有关。

3.6.2 内扩散与内扩散系数

反应物分子从颗粒外表面扩散进入颗粒孔隙内部，或者产物分子从孔隙内部扩散到颗粒外表面的过程，称为内扩散过程。穿过的通量正比于第二种浓度差：

$$传质通量 = D_I(c_s - c) \tag{3-50}$$

式中，c 为内孔中某定点的反应分子浓度；D_I为内扩散系数。

内扩散包括容积扩散、努森（Knudsen）扩散和构型扩散。

（1）容积扩散（分子扩散）：孔径较大，当催化剂孔径大于分子的平均自由程时，扩散阻力主要来自分子间的互相碰撞。扩散系数 D_B主要取决于温度 T(K) 和总压力 P_T(Pa)，而与孔径无关。D_B为：

$$D_B \propto \frac{T^{3/2}}{P_T} \tag{3-51}$$

（2）努森扩散：在微孔中，扩散阻力不仅来自分子间的互相碰撞，还有分子与孔壁的碰撞。当催化剂孔径小于分子的平均自由程时，后者起主导作用。扩散系数 D_K取决于

温度 T(K) 和孔半径 r_p(nm)。D_K为：

$$D_K \propto T^{1/2} r_p \tag{3-52}$$

(3) 构型扩散：当分子运动时的直径与孔径相当时，扩散系数受孔径的影响变化很大。孔径小于1.5nm的微孔中的扩散，如分子筛孔道内的扩散就属于此类型。分子在这种孔道中的相互作用非常复杂，还可能存在表面迁移作用。这种扩散对催化反应的速率和选择性影响较大，可利用构型扩散的特点来控制反应的选择性，属择形催化。

由于催化反应受者内、外扩散的限制，使得观测到的反应速率低于催化剂本征反应速率，效率因子为：

$$\eta = \frac{\text{观测到的反应速率}}{\text{本征反应速率}} < 1 \tag{3-53}$$

单位内表面积的催化效率低于外表面的。催化剂孔径愈细，内扩散阻力愈大，内表面的利用率愈低。

对于这种串联发生的5个步骤而言，如果其中的某一步骤的速度与其他各步的速度相比要慢得多，以致整个反应的速度就取决于这一步骤，那么该步骤就成为速控步骤。对于气-固非均相催化反应而言，其总过程的速控步骤可能存在以下三种情况：

(1) 外扩散控制：如果气流主体与催化剂外表面间的传质速度要明显慢于其他各步骤速度，则外扩散步骤就为速控步骤。若反应为外扩散控制，如需提高总过程的速度，只有加快外扩散速度才能奏效。外扩散阻力消除方法：提高空速。如增大催化剂的外表面积、改善气体流动性质或加大气流速度。

(2) 内扩散控制：如果气流主体在催化剂微孔内的扩散速度要明显慢于其他各步骤速度，则内扩散步骤就为速控步骤。内扩散阻力消除方法：减小催化剂颗粒大小，增大催化剂空隙直径。

(3) 反应控制：在气-固催化反应过程中，气流主体在催化剂活性位上发生的吸附和脱附均伴随有化学键的变化，属于化学反应过程。因此常把吸附、表面反应、脱附合在一起统称为化学反应过程。对于排除了内、外扩散控制的影响而得到的化学反应动力学方程式，称为本征动力学方程。在研究动力学时，必须设法消除内、外扩散的影响，才能真正确定反应的本征动力学方程。

习 题

3-1 称取催化剂样品2g，利用低温氮吸附法测定其比表面，将实验数据按BET公式以 $p/V(p_0-p)$ 对 p/p_0作图，所得直线的斜率和截距各为0.010/mL和0.005/mL，并已知该催化剂的孔容为0.30mL/g，骨架密度 ρ_s为2.5g/mL，N_2分子的截面积1.62nm²。试计算该催化剂的：

(1) 比表面积（m^2/g）；

(2) 平均孔径（nm）；

(3) 颗粒密度（g/mL）；

(4) 若蒸发焓 ΔH 为5.6kJ/mol，求单分子吸附层吸附热（假设各层 a 和 b 常数相同）。

3-2 简述多相催化反应的基本步骤，如何判断反应是动力学控制还是扩散控制，如何消除外扩散和内扩散的影响？

3-3 固体表面发生化学吸附的原因是什么，表面反应与化学吸附的关系是什么？

3-4 设 $CHCl_3(g)$ 在活性炭上的吸附服从 Langmuirl 吸附等温式。在 298K 时，当 $CHCl_3(g)$ 的压力为 5.2kPa 及 13.5kPa 时，平衡吸附量分别为 $0.0692m^3/kg$ 和 $0.0826m^3/kg$（已换算成标准状态）。求：

（1）$CHCl_3(g)$ 在活性炭上的吸附系数 a；

（2）活性炭的饱和吸附量 V_m；

（3）若 $CHCl_3(g)$ 分子的截面积为 $0.32nm^2$，求活性炭的比表面积。

3-5 在液氮温度时，$N_2(g)$ 在 $ZrSO_4(s)$ 上的吸附符合 BET 公式。今取 17.52g 样品进行吸附测定，$N_2(g)$在不同平衡压力下的被吸附体积见表 3-6（所有吸附体积已换算成标准状况），已知饱和压力 $p_s=101.325kPa$。试计算：

（1）形成单分子层所需的 $N_2(g)$ 的体积；

（2）每克样品的表面积，已知每个 $N_2(g)$ 分子的截面积为 $0.162nm^2$。

表 3-6 $N_2(g)$ 在不同平衡压力下的被吸附体积

p/kPa	1.39	2.77	10.13	14.93	21.01	25.37	34.13	52.16	62.82
$V/10^{-3}dm^3$	8.16	8.96	11.04	12.16	13.09	13.73	15.10	18.02	20.32

3-6 CO 分子的化学吸附都有哪几种可能的吸附态，为什么会存在多种吸附态？

3-7 固体表面发生化学吸附的原因是什么，表面反应与化学吸附的关系是什么？

3-8 金属表面上甲烷和氢分子的吸附，只能形成解离型化学吸附，为什么？

4 催化剂与催化作用

在化学工业中，可作为催化剂使用的材料种类繁多，约有2000种之多，且还在不断增加。为了研究、生产和使用上的方便，需要从不同角度对催化剂以及与其相关的催化反应过程加以分类。按反应体系的相态，可分为均相催化剂和多相催化剂。当催化剂和反应物形成均一相，在无相界存在的情况下进行催化反应，即为均相反应。均相催化剂即为能起均相催化作用的催化剂，包括液体酸、碱催化剂和可溶性过渡金属化合物（盐类和配合物）和过氧化物。催化剂和反应物均为气相，为气相均相反应，如由I_2催化N_2O的热分解反应；催化剂和反应物均为液体，为液体均相反应，如硫酸催化乙酸乙酯的水解反应。当催化剂和反应物分属不同物相，在两相界面上进行的反应即为多相反应。多相催化剂即为用于多相反应体系的催化剂，包括固体酸（碱）绝缘体氧化物，负载在适当载体上的过渡金属盐类及络合物，过渡金属和ⅠB族金属，半导体型过渡金属氧化物和金属硫化物，如铁触媒催化氮气和氢气合成氨。

4.1 酸、碱催化剂及其催化作用

4.1.1 酸、碱的定义

4.1.1.1 S. A. Arrhenius 酸碱电离理论

（1）在水溶液中电离生成的阳离子全部是H^+的物质为酸：如HCl、HNO_3、H_2SO_4。

（2）在水溶液中电离生成的阴离子全部是OH^-的物质为碱：如NaOH、KOH、$Ca(OH)_2$、$Mg(OH)_2$。

即H^+是酸的特征，OH^-是碱的特征。然而，该理论把酸碱理论局限在水溶液中，对气体酸碱及大量非水溶液中进行的化学反应无法解释；把酸和碱视为两种绝对不同的物质，忽视了酸碱在对立中的相互联系和统一。

4.1.1.2 J. N. Brönsted 酸碱质子理论（B酸碱）

（1）凡是能给出质子的物质称为酸（质子给予体）；

（2）凡是能接受质子的物质称为碱（质子接受体）。

即酸和碱不是彼此孤立的，而是统一在对质子的关系上（图4-1）。理论特点：扩大了酸碱及酸碱反应的范围，把电离、水解、中和等各类离子反应，均系统地归纳为质子传递的酸碱反应；不仅适用于水溶液，而且也适用非水溶液或无溶剂体系（如NH_3和HCl的气相反应）；应用范围广，能解决电离理论所不能解释的某些问题；然而，该理论只限于质子的传递，而把非质子物质SO_3，BF_3等排斥在外。

4.1.1.3 G. N. Lewis 酸碱电子理论（L酸碱）

（1）凡是能够接受电子对的物质称为酸；

（2）凡是能够给出电子对的物质称为碱。

即酸碱反应的本质：形成配位键，产物是酸碱加合物（图 4-2）。

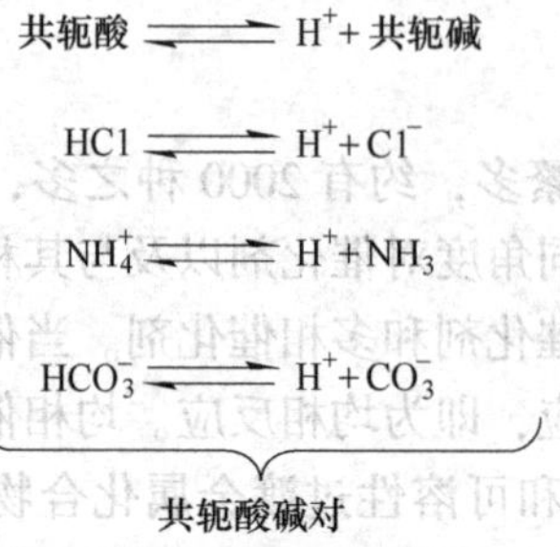

图 4-1 Brönsted 酸碱质子理论

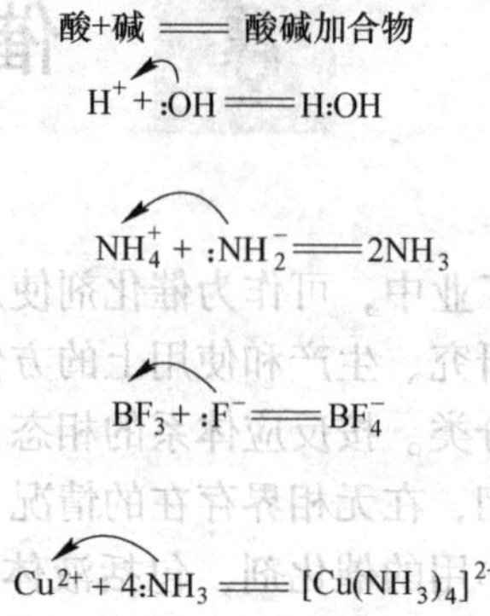

图 4-2 Lewis 酸碱电子理论

Lewis 酸碱电子理论以物质的普遍组分“电子”为基础，通过电子对的给出和接受来区分酸碱反应。相较于 Arrhenius 酸碱电离理论和 Brönsted 酸碱质子理论，Lewis 酸碱电子理论更能体现物质的本质属性。由于酸碱配合物无所不包，盐类、金属氧化物及大多数无机化合物都是酸碱配合物，因而应用范围广泛。然而，该理论缺乏有效及统一的标准来衡量酸碱强度。

4.1.2 固体表面酸碱性质

相较于传统液体酸碱催化剂，固体酸碱催化剂具有活性和选择性好、不腐蚀容器或反应器、易和反应物及产物分离、重复使用、易处理等优势。固体酸：固体表面的活性中心可给出质子（B 酸）或者能从反应物接受电子对（L 酸），常用于催化裂化、聚合、异构化、歧化、烷基化、水合、水解等反应过程。常用固体酸见表 4-1。

表 4-1 常用固体酸

类 型	示 例
天然黏土类	高岭土、膨润土、蒙脱土、天然沸石等
浸润类	H_2SO_4、H_3PO_4/SiO_2、Al_2O_3、硅藻土
阳离子交换树脂	Amberlyst15、HZSM-5
活性炭	经 573K 热处理
金属氧化物和硫化物	Al_2O_3、TiO_2、V_2O_5、CdS、ZnS 等
金属盐	$ZnSO_4$、$NiSO_4$、$AlPO_4$、TiC_{13} 等
复合氧化物	SiO_2-Al_2O_3、SiO_2-ZrO_2、Al_2O_3-MoO_3、Al_2O_3-Cr_2O_3、TiO_2-ZnO、TiO_2-V_2O_5、MoO_3-CoO-Al_2O_3、杂多酸、合成分子筛等

固体碱：固体表面的活性中心可从反应物接受质子（B 碱）或者能给出电子对（L 碱），常用于催化烯烃双键转移反应、酯交换反应、缩合反应。常用固体碱见表 4-2。

表 4-2 常用固体碱

类　型	示　例
浸润类	KOH、碱（碱土）金属、R_3N/SiO_2、Al_2O_3等
阴离子交换树脂	Amberlite IRA-400（OH）、Dowex-1（OH）
活性炭	经 1173K 热处理或用 Na_2O、NH_3活化
金属氧化物	MgO、ZnO、Na_2O、TiO_2、SnO_2等
金属盐	K_2CO_3、$CaCO_3$、$K_2WO_4 \cdot 2H_2O$、KCN 等
复合氧化物	SiO_2-MgO、ZrO_2-ZnO、TiO_2-MgO 等
合成分子筛	经碱金属离子或碱土金属离子处理、交换

4.1.2.1 酸位的类型及其鉴定

为掌握固体酸的催化作用机理，需要区分 B 酸位和 L 酸位。通过吡啶（或 NH_3）吸附在固体酸表面得到的红外光谱图，可区分 B 酸位和 L 酸位。

以吡啶为探针分子的红外光谱法，是广泛采用的 B 酸位和 L 酸位测定方法。吡啶吸附在 B 酸中心上形成吡啶离子（图 4-3），红外特征吸收峰出现在 $1540cm^{-1}$处；吸附在酸中心上形成配位络合物（图 4-4），红外特征吸收峰出现在 $1447 \sim 1460cm^{-1}$处。

相反，如吡啶和 L 酸配位，将得到一种配位化合物。此时，分别在波数为 $1450cm^{-1}$、$1490cm^{-1}$和 $1610cm^{-1}$处出现一个红外特征吸收峰。

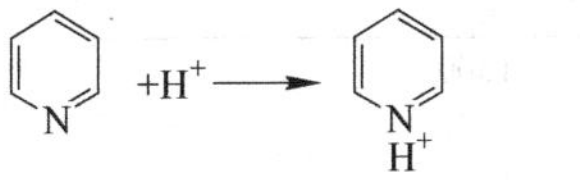

图 4-3 吡啶在 B 酸中心上的吸附

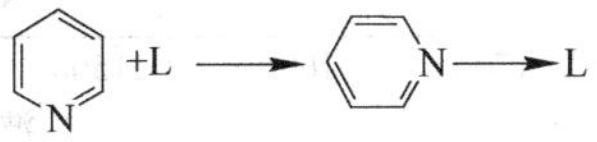

图 4-4 吡啶在 L 酸中心上的吸附

吡啶吸附在固体酸表面出现的 IR 谱带（$1400 \sim 1700cm^{-1}$）见表 4-3。

表 4-3 固体酸表面上吡啶的 IR 谱带（$1400 \sim 1700cm^{-1}$）　　（cm^{-1}）

氢键合的吡啶	配位键合的吡啶	吡啶正离子	氢键合的吡啶	配位键合的吡啶	吡啶正离子
1400~1447（VS）	1447~1450（VS）	1485~1500（VS）	1485~1490（W）	至 1580（V）	至 1620（S）
1485~1490（W）	1488~1503（V）	1540（S）	1580~1600（S）	1600~1633（S）	至 1640（S）

注：VS—极强；W—弱；S—强；V—可变。

通过吡啶吸附，对 SiO_2的表面酸性进行了研究，结果如图 4-5 所示；对 Al_2O_3的表面酸性进行了研究，结果如图 4-6 所示；对 SiO_2-Al_2O_3的表面酸性进行了研究，结果如图4-7所示。

由图 4-5 可观察到：SiO_2在室温吸附吡啶后，在 $1445cm^{-1}$和 $1590cm^{-1}$处各出现一个红外特征吸收峰。然而，150℃抽真空后，吡啶几乎全部脱附，由此表明 SiO_2没有酸性中心。由图 4-6 可知：200℃抽真空后，只出现了与 L 酸中心（$1450cm^{-1}$）相对应的红外特征吸收峰，由此表明 Al_2O_3表面只存在 L 酸中心（$1450cm^{-1}$），没有 B 酸中心。从图 4-7 可观察到：200℃抽真空后，在 $1600 \sim 1450cm^{-1}$范围内出现了分别与 B 酸中心

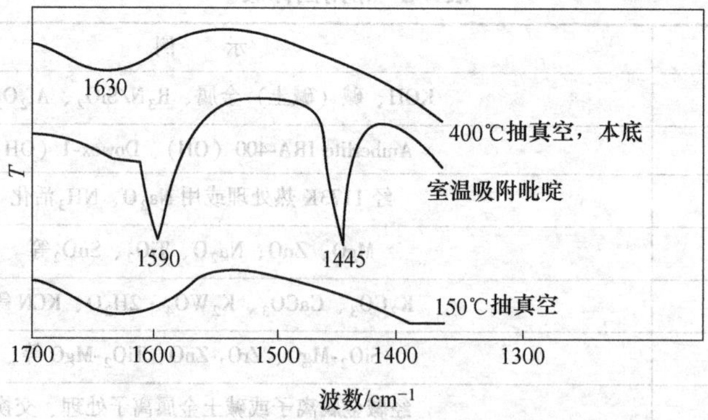

图 4-5　吡啶吸附在 SiO_2 上的红外谱图

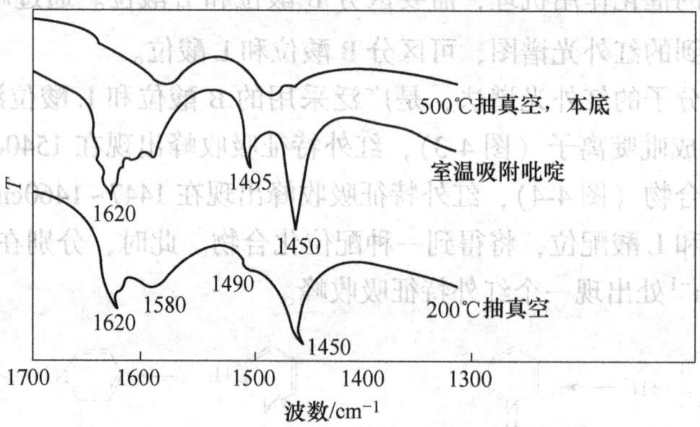

图 4-6　吡啶吸附在 Al_2O_3 上的红外谱图

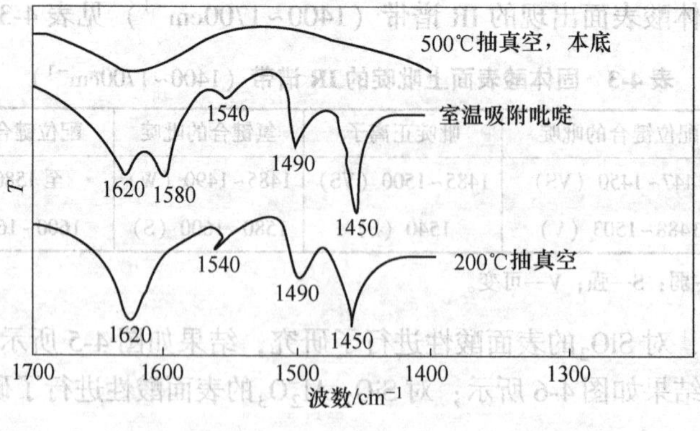

图 4-7　吡啶吸附在 SiO_2-Al_2O_3 上的红外谱图

（$1540cm^{-1}$）和 L 酸中心（$1450cm^{-1}$）相对应的红外特征吸收峰。

以 NH_3 为探针分子时，氮的孤对电子与 L 酸中心发生配位作用，类似于金属离子同 NH_3 形成配位络合物，红外特征吸收峰出现在 $3300cm^{-1}$ 及 $1640cm^{-1}$ 处，属于 H-N-H 变形振动谱带；B 酸中心接受质子形成 NH_4^+，红外特征吸收峰出现在 $3120cm^{-1}$ 及 $1450cm^{-1}$ 处，属于 H-N 的变形振动谱带。

4.1.2.2 固体酸的强度和酸量

固体酸强度是指其给出质子（B 酸强度）或接受电子对的能力（L 酸强度），用以表示酸与碱作用的强弱，是一个相对量。通过碱性气体从固体酸表面脱附的活化能和脱附温度，以及碱性指示剂与固体酸作用的颜色都可以表示固体酸的强度。由于固体表面上物种的活度系数未知，通常用酸强度函数 H_0 表示固体酸强度，H_0 也称为 Hammett 函数。

Hammett 函数推导过程：

$$[HA]_s + [B]_a \rightleftharpoons [A^-]_a + [BH^+]_a \tag{4-1}$$

对于共轭酸［BH^+］的解离反应（逆反应）：

$$K_a = \frac{a_{HA} \times a_B}{a_{A^-} \times a_{BH^+}} = \frac{a_{HA}\gamma_B \times [B]_a}{a_{A^-} \times \gamma_{BH^+} \times [BH^+]_a} \tag{4-2}$$

$$\lg K_a = \lg \frac{a_{HA} \times \gamma_B \times [B]_a}{a_{A^-} \times \gamma_{BH^+} \times [BH^+]_a} = \lg \frac{a_{HA} \times \gamma_B}{a_{A^-} \times \gamma_{BH^+}} + \lg \frac{[B]_a}{[BH^+]_a} \tag{4-3}$$

$$-\lg \frac{a_{HA} \times \gamma_B}{a_{A^-} \times \gamma_{BH^+}} = -\lg K_a + \lg \frac{[B]_a}{[BH^+]_a} \tag{4-4}$$

$$H_0 = -\lg \frac{a_{HA} \times \gamma_B}{a_{A^-} \times \gamma_{BH^+}} \tag{4-5}$$

$$pK_a = -\lg K_a \tag{4-6}$$

$$H_0 = pK_a + \lg \frac{[B]_a}{[BH^+]_a} \tag{4-7}$$

式中，a 为活度；γ 为活度系数；$[B]_a$ 和 $[BH^+]_a$ 分别为未解离的碱（碱指示剂）和共轭酸的浓度；pK_a 是共轭酸［BH^+］解离平衡常数的负对数，类似 pH 值。

当酸溶液浓度很稀时，有：

$$H_0 = -\lg[H^+] = pH \tag{4-8}$$

由式（4-7）可知，由于给定指示剂的 K_a 是一个常数，因而对 B 酸而言，H_0 越小，则 $[B]_a/[BH^+]_a$ 越小，即给出质子的能力越大。由此可知，H_0 越小，B 酸强度越强；H_0 越大，B 酸强度越弱。

固体酸表面的 L 酸能够吸附未解离的碱（指示剂），并将其转变为相应的共轭酸的配合物，且转变是借助于吸附碱的电子对移向固体酸表面，即：

$$[A]_s + [:B]_a \rightleftharpoons [A:B] \tag{4-9}$$

因此，对 L 酸，酸强度函数 H_0 可表示为：

$$H_0 = pK_a + \lg \frac{[:B]_a}{[A:B]_a} \tag{4-10}$$

式中，$[:B]_a$ 和 $[A:B]_a$ 分别为未解离的碱（碱指示剂）和共轭酸的配合物的浓度。固体酸强度的测定，使用指示剂的正丁胺滴定法和气态碱吸附、脱附法。

A 正丁胺指示剂滴定法

原理：某 pK_a 指示剂与固体酸作用时，若指示剂呈碱型色，则 $[B]_a > [BH^+]_a$，即固体酸强度 $H_0 > pK_a$；若指示剂呈过渡色，则 $[B]_a = [BH^+]_a$，即固体酸强度 $H_0 = pK_a$；若指示剂呈酸型色，则 $[B]_a < [BH^+]_a$，即固体酸强度 $H_0 < pK_a$。如，某固体酸能使蒽醌变黄色，则样品酸强度：$H_0 \leqslant -8.2$；某固体酸不能使蒽醌变色，却能使亚苄基乙酰苯变黄色，则样品酸强度：$-8.2 < H_0 \leqslant -5.6$。操作步骤（需隔绝水和水蒸气）：将待测样品充分研磨（<100 目）；称取 0.1g 样品于透明无色小试管中；加入 2mL 溶剂（环已烷、苯等）；加几滴某 pK_a 指示剂的环已烷/苯溶液（质量分数 0.1%）；摇匀；若指示剂呈酸型色，则用正丁胺滴定至恢复碱型色，正丁胺的滴定量即为酸量（$H_0 \leqslant pK_a$）；若指示剂呈碱型色，则按 pK_a 值由小到大的顺序继续试验下一种指示剂，直到能使其呈酸型色。该方法可测定总酸度和酸强度，但不能区分 B 酸位和 L 酸位的强度与酸量，且要求指示剂的酸型色必须比碱型色深和试样的颜色必须浅。碱性指示剂见表 4-4。

表 4-4 碱性指示剂

指示剂	碱型色	酸型色	pK_a	$[H_2SO_4]\%$
中性红	黄	红	+6.8	8×10^{-8}
甲基红	黄	红	+4.8	
苯偶氮萘胺	黄	红	+4.0	5×10^{-5}
二甲基黄	黄	红	+3.3	3×10^{-4}
2-氨基-5-偶氮甲苯	黄	红	+2.0	5×10^{-3}
苯偶氮二苯胺	黄	紫	+1.5	2×10^{-2}
结晶紫	蓝	黄	+0.8	0.1
对硝基二苯胺	橙	紫	+0.43	
二苯基壬四烯酮	橙黄	砖红	-3.0	4.8
亚苄基乙酰苯	无	黄	-5.6	71
蒽醌	无	黄	-8.2	90
对-硝基甲苯	无	黄	-11.35	与某 pK_a 相当的硫酸的质量分数
对-硝基氯苯	无	黄	-12.70	
2,4-二硝基氟苯	无	黄	-14.52	
1,3,5-三硝基甲苯	无	黄	-16.04	

B 气态碱程序升温脱附法（TPD 法）

用于吸附的气态碱包括 NH_3、吡啶、正丁胺、三乙胺等。目前，气态碱吸附法已发展为程序升温脱附法（TPD，temperature programmed desorption）。TPD 法就是把预先吸附了某种气态碱性分子的催化剂，在程序等速加热升温并通入稳定流速的载气（通常用惰性气体，如 He 气）条件下，使吸附在催化剂表面上的分子在一定温度下脱附出来，随着温度升高而脱附速度增大，经过一个最高值后而脱附完毕。对脱附出来的气体，可以通过吸附柱后的热导检测器（TCD，thermal conductivity detector）记录碱脱附速率随温度的变化趋势，即得 TPD 曲线。脱附出来的碱性气体用酸吸收，通过滴定的办法可以求得消耗的酸量，从而得到催化剂的总酸量。通过计算各脱附峰面积含量，可得到各种酸位的酸量。TPD 曲线的形状、峰面积大小及出现最高峰时的温度 T_m 值，均与固体酸的表面性质有关。5 种固体酸催化剂 γ-Al_2O_3、HZSM-5、$SnOPO_4$、$SnOPO_4:ZrOPO_4=1:1$（$SnZrOPO_4$）、SO_4^{2-}/ZrO_2 的 NH_3-TPD 曲线（图 4-8）。

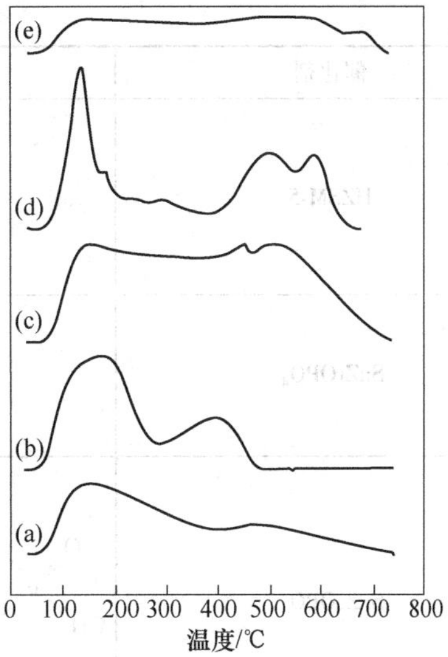

图 4-8 不同固体酸催化剂的 NH_3-TPD 曲线
(a) Al_2O_3；(b) HZSM-5；(c) $SnOPO_4$；(d) $SnZrOPO_4$；(e) SO_4^{2-}/ZrO_2

脱附峰的位置对应于催化剂的酸位强度。从图 4-8 可知，5 种催化剂在 100~250℃ 温度范围内均存在脱附峰，对应弱酸位；HZSM-5 在 300~450℃ 温度范围内存在脱附峰，对应中等强度酸位；$SnOPO_4$、$SnZrOPO_4$、SO_4^{2-}/ZrO_2 在 450~650℃ 温度范围内存在脱附峰，对应强酸位。

固体酸表面的酸量，通常表示为其单位重量或单位比表面积上所具有的酸位的毫摩尔数（mmol/g 或 $mmol/m^2$），可在测量酸强度的同时测出酸量。上述催化剂的酸量测定结果（表 4-5），以及各自的 B 酸中心和 L 酸中心的形成原因（表 4-6）。以 TPD 法表征催化剂的酸性，可得到催化剂酸中心的相对强度及不同酸位强度相对应的酸位密度，但不能区别 L 酸和 B 酸。因此，通过强碱性探针分子红外光谱法区分了上述催化剂的 L 酸中心和 B 酸中心，并得到了各自的 B 酸中心和 L 酸中心的酸量情况（表 4-7）。

表 4-5 固体酸催化剂的 NH_3-TPD 酸量测定结果

催化剂	酸位分布/$mmol\cdot g^{-1}$				酸位密度 /$mmol\cdot m^{-2}$
	总量	弱酸性位	中等强度酸性位	强酸性位	
γ-Al_2O_3	0.448	0.158	0.169	0.121	0.00182
HZSM-5	0.412	0.213	0.161	0.038	0.00108
$SnZrOPO_4$	0.716	0.106	0.195	0.416	0.00295
$SnZrOPO_4$	0.298	0.105	0.052	0.141	0.00292
SO_4^{2-}/ZrO_2	0.408	0.077	0.131	0.200	0.01200

表 4-6 固体酸催化剂的 B 酸中心和 L 酸中心

催化剂	B 酸中心	L 酸中心
γ-Al_2O_3	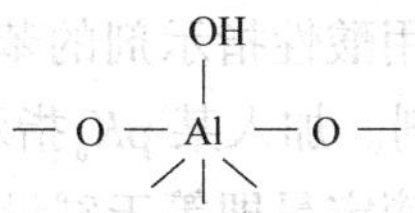	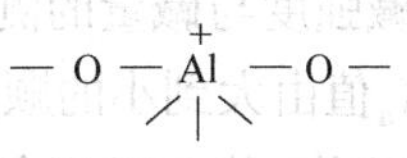

续表 4-6

催化剂	B 酸中心	L 酸中心
HZSM-5	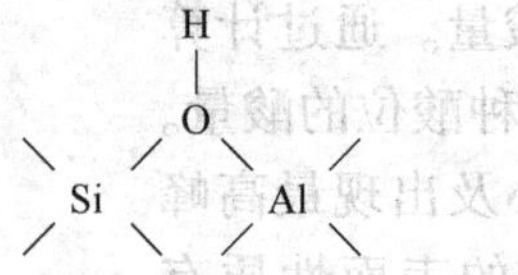	
$SnZrOPO_4$	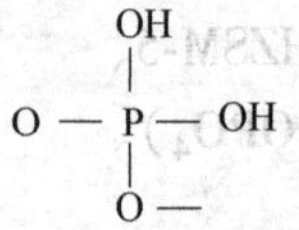	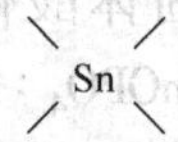
$SnZrOPO_4$	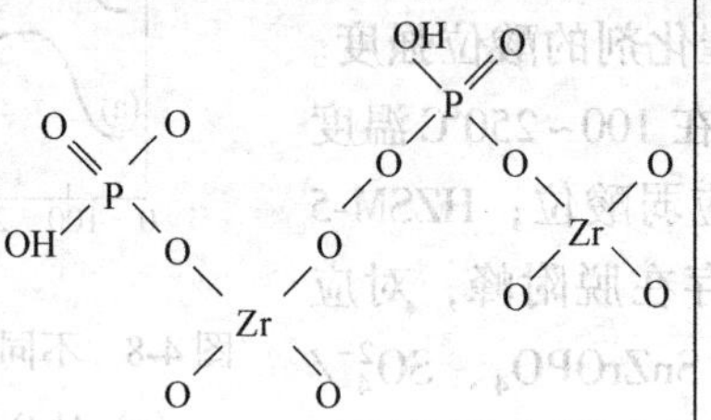	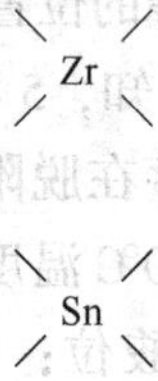
SO_4^{2-}/ZrO_2	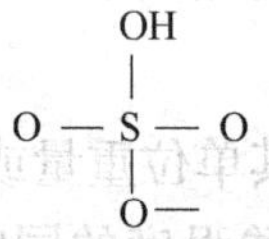	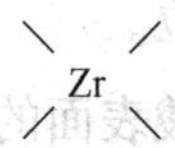

表 4-7 固体酸催化剂的 B 酸中心和 L 酸中心的酸量测定结果

催化剂	C_B/mmol · g^{-1}	C_L/mmol · g^{-1}	C_B/C_L
γ-Al_2O_3	0.005	0.067	0.07
HZSM-5	0.238	0.057	4.19
$SnZrOPO_4$	0.051	0.054	0.95
$SnZrOPO_4$	0.074	0.044	1.66
SO_4^{2-}/ZrO_2	0.007	0.010	0.68

固体碱的强度 H_-，可定义为固体碱表面将吸附在其表面的酸转变成为共轭碱的能力(即得到质子的能力)，也可定义为表面给出电子对的能力。碱量，也称作碱度，即碱中心的浓度，表示为单位重量或单位表面积上碱位的毫摩尔数（mmol/g 或 mmol/m^2）。固体碱强度可计算得到：

$$H_- = pK_a + \lg[A^-]/[HA] \tag{4-11}$$

式中，H_-为固体碱强度；［HA］和［A^-］分别表示酸式指示剂和共轭碱的浓度；pK_a为碱 B 解离平衡常数的负对数。

碱强度与碱量的测定方法：采用酸性指示剂的苯甲酸滴定法。苯甲酸滴定过程如下：按 pK_a值由大到小的顺序选用指示剂。加入某 pK_a指示剂后，若呈碱型色，则用苯甲酸滴定直至刚好恢复酸型色；苯甲酸的滴定量即等于碱量（$H_0 \geq pK_a$）。碱性指示剂见表 4-8。

表 4-8 酸性指示剂

指示剂	酸型色	碱型色	pK_a
溴里百酚兰	黄	绿	+7.2
2,4,6-三硝基苯胺	黄	红-橙	+12.2
2,4-二硝基苯胺	黄	紫	+15.0
4-氯-2-硝基苯胺	黄	橙	+17.2
4-硝基苯胺	黄	橙	+18.4
4-氯苯胺	无	桃红	+26.5

假设催化剂表面吸附层中有 50%被吸附的 AH 转化为 A^-时，则式（4-11）可化为

$$H_- = pK_a \qquad (4\text{-}12)$$

这意味着一种碱的最高碱强度可用它能够夺取质子的最弱的酸（指示剂）的 pK_a 值来描述。

4.1.3 酸、碱中心的形成与结构

4.1.3.1 金属氧化物

金属氧化物是由金属原子与碱位中心氧原子发生配位作用形成的二元化合物。单组分碱金属氧化物，目前已知可作为碱性催化剂使用的仅有 Rb_2O，其经高温处理后活性很高，常用来催化丁烯异构化。单组分碱土金属氧化物，可作为碱性催化剂使用的包括 MgO、CaO、BaO，可通过热分解上述氧化物的碳酸盐（或氢氧化物）制成。它们除具有 B 碱之外，由于在其表面吸附电中性探针分子可形成阴性自由基，由此表明其同时还具有很强的给予电子的能力（L 碱），但 L 碱的数量远少于 B 碱。通过吸附和催化行为研究得到了单组分碱土金属氧化物的碱性活性位分布情况，如图 4-9 所示。

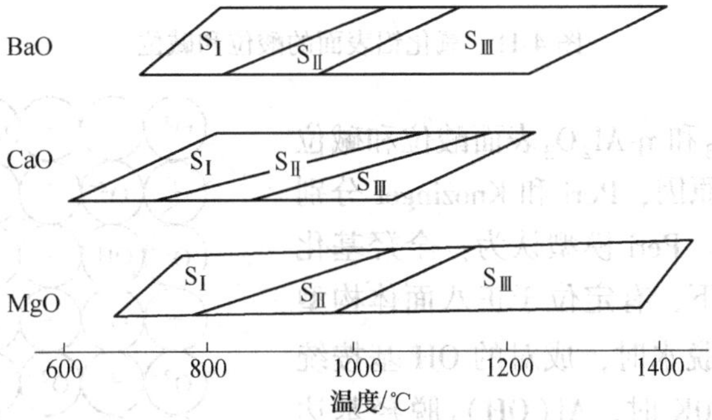

图 4-9 单组分碱土金属氧化物的碱性活性位

由图 4-9 可知，MgO、CaO、BaO 表面上存在四种强度不同的碱性活性位，即羟基和碱性活性位 Ⅰ($S_Ⅰ$)、Ⅱ($S_Ⅱ$)、Ⅲ($S_Ⅲ$)。通过结构分析和量化计算证明，上述碱强度的差异主要是因为与碱位中心氧原子发生配位作用的金属原子数不同。$S_Ⅰ$、$S_Ⅱ$、$S_Ⅲ$的催化功能不同：$S_Ⅰ$主要催化异构化反应；$S_Ⅱ$除能催化异构化外，还能催化 H-D 同位素交换反应；$S_Ⅲ$主要催化加氢。随预处理和焙烧温度逐渐升高，具有不同碱强度的活性位按羟基、

$S_Ⅰ$、$S_Ⅱ$、$S_Ⅲ$的顺序依次出现。

氧化铝是广泛应用的吸附剂和催化剂，常用作金属（如 Pt、Pd 等）和金属氧化物（Cr、Mo 等的氧化物）催化剂的载体。氧化铝有多种不同的晶型变体，如 γ、η、χ、θ、δ、κ、α 等，依制取所用的原料和热处理条件的不同，可出现前述的各种变体（图 4-10）。

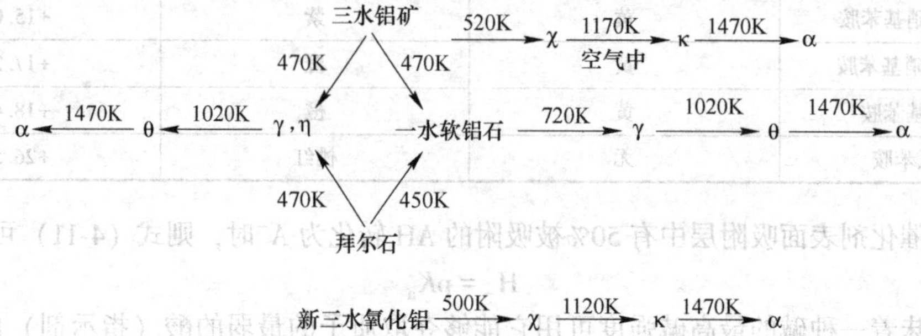

图 4-10　氧化铝的晶型变体

各种晶型变体中，最稳定的是 α-Al_2O_3。其结构中 O^{2-} 呈六方最紧密堆积，Al^{3+} 占据正八面体位的 2/3。在催化中，最重要的是 γ-Al_2O_3 和 η-Al_2O_3。二者都呈现为有缺陷的尖晶石结构，且表面同时具有酸位（属 L 酸）和碱位（属 B 碱），如图 4-11 所示。

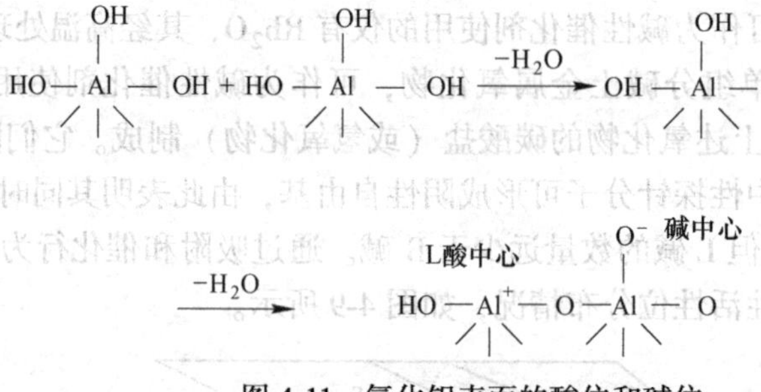

图 4-11　氧化铝表面的酸位和碱位

为了说明 γ-Al_2O_3 和 η-Al_2O_3 表面酸位和碱位的形成及强度分布的原因，Peri 和 Knozinger 分别提出了两种表面模型。Peri 模型认为：全羟基化 γ-Al_2O_3 的（100）面下，有定位于正八面体构型上的 Al^{3+}，表面受热脱水时，成对的 OH 基按统计规律随机脱除。770K 时，$Al(OH)_3$ 脱羟基达 67%，不产生 O^{2-} 缺位；当温度为 940K 时，$Al(OH)_3$ 脱出羟基达 90.4%，形成包括邻近的裸露 Al 原子和 O^{2-} 缺位。Peri 和 Knozinger 提出的模型分别如图 4-12 和图 4-13 所示。一般认为 Al^{3+} 为 L 酸中心，O^{2-} 为碱中心。OH 基邻近于 O^{2-} 或 Al^{3+} 的环境不同，可区分为五种不同的羟基位（A-E 位）。其中，A 位有 4 个 O^{2-} 邻近，因为 O^{2-} 诱导

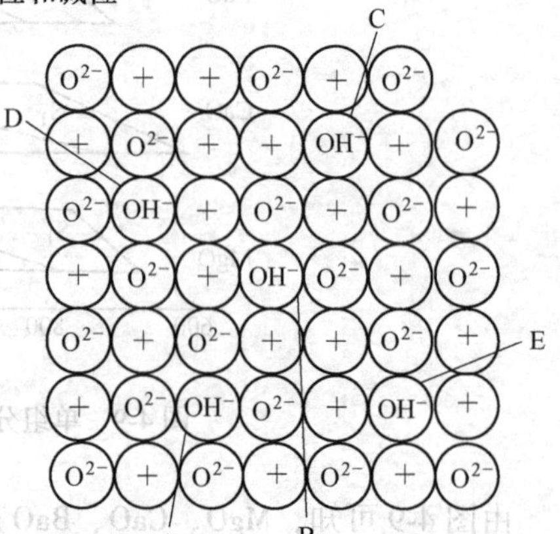

图 4-12　Peri 提出的 γ-Al_2O_3 模型

A—$3800cm^{-1}$；B—$3744cm^{-1}$；C—$3700cm^{-1}$；D—$3780cm^{-1}$；E—$3733cm^{-1}$

效应使该位碱性最强，有最高的 IR 谱波数；C 位无 O^{2-} 邻近，酸性最强。该模型能完整而充分地解释表面 OH 的五种 IR 谱带。从 A、E 位的羟基形成 B 碱和 B 酸的结构机理，可以推出其他羟基位的酸碱性及其强度情况。五种不同羟基位的酸性强弱顺序：A<B<C<D<E。Knozinger 模型除了考虑邻近 O^{2-} 对 OH 的诱导效应外，还考虑了（100）面以外的晶面对 OH 的影响。表面 OH 的 IR 谱波数差别，是由其净电荷决定，羟基的质子酸性随净电荷的变多而增强。净电荷取决于表面 OH 的不同配位或构型差异，可通过 Pauling 的静电价规则求出。γ-Al_2O_3 表面存在六种不同构型的羟基，包括与单个 Al^{3+} 相连的Ⅰa、Ⅰb 型，与两个 Al^{3+} 相连的Ⅱa、Ⅱb 型和与 3 个 Al^{3+} 相连的Ⅲa、Ⅲb 型。

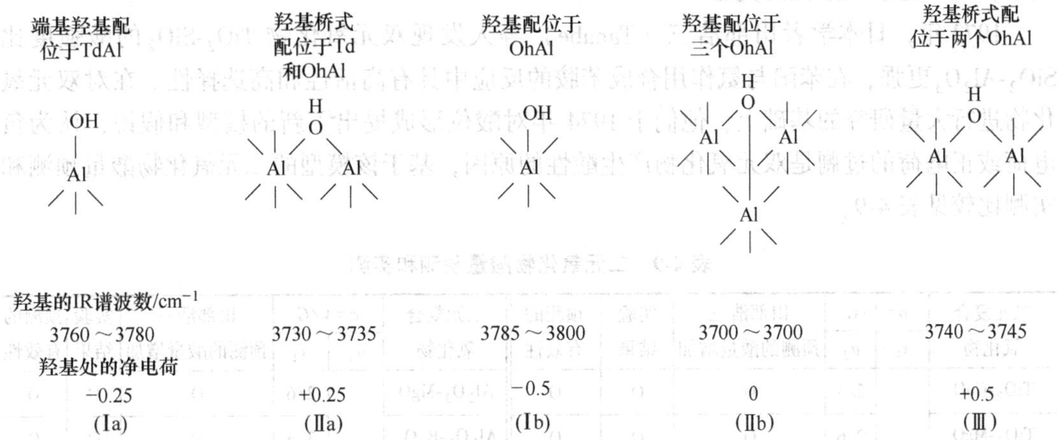

图 4-13 Knozinger 提出的 γ-Al_2O_3 模型

Td—正四面体构型；Oh—正八面体构型

复合金属氧化物，是由两种或两种以上金属氧化物复合而成的多元复杂氧化物，其常存在两种酸中心。1949 年，Thomas 总结出一条规律：在一种金属氧化物中加入价态或配位数不同的其他氧化物，就可产生酸中心。

（1）正离子的配位数相同而价态不同，如 SiO_2-Al_2O_3。Thomas 尝试解释了 SiO_2-Al_2O_3 双元氧化物中同时存在 L 酸位和 B 酸位的可能原因。Si 和 Al 分别为 4 价和 3 价，配位数均为 4。当氧化硅晶格中的 Si 原子被 Al 原子取代后，Al 原子附近的晶体场可使 Al 原子具有强烈吸收电子的能力，从而能够络合具有孤对电子的碱分子（或碱离子）形成 L 酸位；当 Al 原子以四配位的方式与其周围的 O 原子结合而构成铝氧四面体时，由于平均带一个负电荷，因而四面体周围可吸收 1 个质子（H^+）形成 B 酸位，如图 4-14 所示。

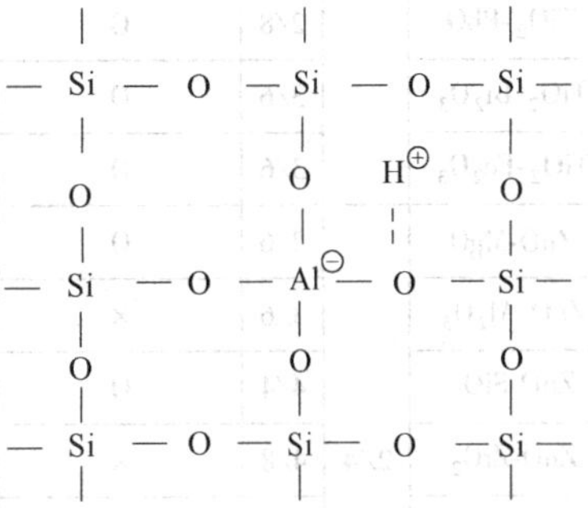

图 4-14 SiO_2-Al_2O_3 双元氧化物中的 L 酸位和 B 酸位形成模型

（2）正离子的价态相同，但配位数不同，如：B_2O_3-Al_2O_3。Al 和 B 均为 3 价，配位数分别是 6 和 4，该二元金属氧化物中的酸位类型，如图 4-15 所示。

两种酸位可以互相转化，例如 L 酸位可以水合转变为 B 酸位，反之亦然。SiO_2-MgO，

TiO_2-B_2O_3，SiO_2-ZrO_2，Al_2O_3-B_2O_3等混合物均存在该类现象。因此，根据 Thomas 规则就可理解为什么 α-Al_2O_3 不具有酸性，而 γ-Al_2O_3 或 η-Al_2O_3 都具有酸性。这是因为在 α-Al_2O_3 中只有配位数为 6 的 Al 原子，而 γ-Al_2O_3或 η-Al_2O_3 中同时存在 6 配位和 4 配位的 Al 原子，因而可将 γ-Al_2O_3或 η-Al_2O_3 视为由两种具有相同价数而配位数不同的金属氧化物构成的双元金属氧化物，故产生酸位结构。然而，Thomas 规则毕竟是一个经验规则，在判断中往往会发生偏差。例如，遇到价数和配位数都不一致时就难以判断，且不能预测酸位的类型。

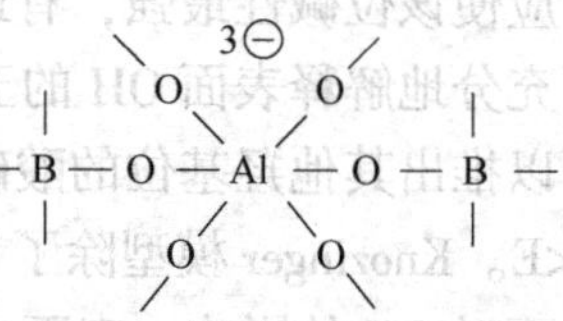

图 4-15 B_2O_3-Al_2O_3双元氧化物中的 L 酸位形成模型

1973 年，日本学者田部浩三（Tanabe）等人发现双元氧化物 TiO_2-SiO_2 的酸强度比 SiO_2-Al_2O_3更强，在苯酚与氨作用合成苯胺的反应中具有高活性和高选择性。在对双元氧化物进行大量研究的基础上，他们于 1974 年对酸位形成提出了新的模型和假说，认为负电荷或正电荷的过剩是双元氧化物产生酸性的原因，基于该模型的二元氧化物酸量预测和实测比较见表 4-9。

表 4-9 二元氧化物酸量预测和实测

二元复合氧化物	$a=V/C$		田部浩三预测的酸量增加	实验结果	预测的有效性	二元复合氧化物	$a=V/C$		田部浩三预测的酸量增加	实验结果	预测的有效性
	a_1	a_2					a_1	a_2			
TiO_2-CuO	4/6	2/4	0	0	0	Al_2O_3-MgO	3/6	2/6	0	0	0
TiO_2-MgO		2/6	0	0	0	Al_2O_3-B_2O_3		3/3	0	0	0
TiO_2-ZnO		2/4	0	0	0	Al_2O_3-ZrO_2		4/8	×	0	×
TiO_2-CdO		2/6	0	0	0	Al_2O_3-Sb_2O_3		3/6	×	×	0
TiO_2-Al_2O_3		3/6	0	0	0	Al_2O_3-Bi_2O_3		3/6	×	×	0
TiO_2-SiO_2		4/4	0	0	0	SiO_2-BeO	4/4	2/4	0	0	0
TiO_2-ZrO_2		4/8	0	0	0	SiO_2-MgO		2/6	0	0	0
TiO_2-PbO		2/8	0	0	0	SiO_2-CaO		2/6	0	0	0
TiO_2-Bi_2O_3		3/6	0	0	0	SiO_2-SrO		2/6	0	?	?
TiO_2-Fe_2O_3		3/6	0	0	0	SiO_2-BaO		2/6	0	?	?
ZnO-MgO	2/4	2/6	0	0	0	SiO_2-Ga_2O_3	3/4	3/6	0	0	0
ZnO-Al_2O_3		3/6	×	0	×	SiO_2-Al_2O_3		3/6	0	0	0
ZnO-SiO_2		4/4	0	0	0	SiO_2-La_2O_3		3/6	0	0	0
ZnO-ZrO_2		4/8	×	×	0	SiO_2-ZrO_2		4/8	0	0	0
ZnO-PbO		2/8	0	×	×	SiO_2-Y_2O_3		3/6	0	0	0
ZnO-Sb_2O_3		3/6	×	×	0	SiO_2-Fe_2O_3		3/6	0	0	0
ZnO-Bi_2O_3		3/6	×	×	0	SiO_2-CdO		2/6	0	0	0

注：1. V—正电元素的价态；C—正电元素的配位数；0—预测结果与实测结果一致；×—预测结果与实测结果不一致；?—未确定。

2. 田部浩三假定的正确性：29/31=91%。

该模型遵循以下两个规则：

（1）当两种氧化物形成复合物时，两种正电荷元素的配位数维持不变。

（2）主要成分氧化物（含量多）的负电荷元素（氧）的配位电荷数（指氧的键合数）决定了二元氧化物中所有氧元素的配位电荷数。

分别以 TiO_2(如图 4-16(a)）或 SiO_2为主成分（图 4-16(b)）的二元氧化物为例，说明主成分的差异对二元氧化物酸型的影响。

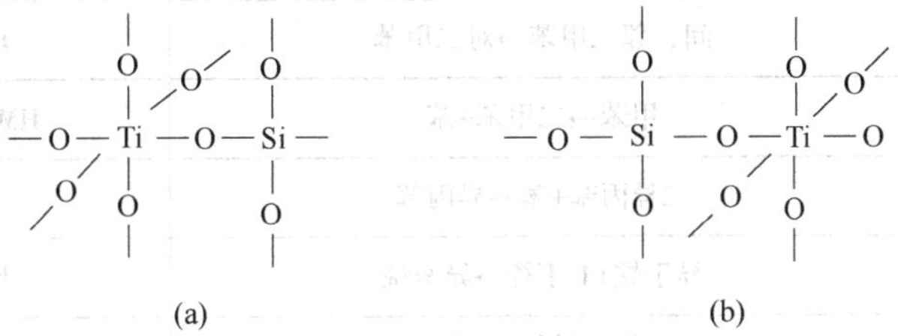

图 4-16 主成分的差异对二元氧化物酸型的影响

(a) TiO_2为主成分；(b) SiO_2为主成分

配位情况：钛原子在前后、左右、上下 6 个方向上都与氧原子成键，而硅原子只是在上下、左右 4 个方向与氧原子键合，钛原子通过氧原子与硅原子连接。根据 Tanabe 规则一，Ti 的电荷数为+4，Si 的电荷数为+4。当 TiO_2为主成分时，根据 Tanabe 规则二，氧的配位电荷$=-4/6=-2/3$（6 个氧原子与正四价 Ti^{4+}配位成电中性）；因此，SiO_2中的氧也是$-2/3$，与硅配位的负电荷为 $4\times(-2/3)=-8/3$；整个 Si 原子上净电荷数为 $4-8/3=+4/3$，二元氧化物的正电荷过剩，故 TiO_2-SiO_2显 L 酸性。当 SiO_2为主成分时，根据 Tanabe 规则第二条，氧的配位电荷$=-4/4=-1$（4 个氧原子与正四价 Si^{4+}配位成电中性）；所以，TiO_2中的氧的配位电荷也是-1，与 Ti 配位的负电荷为 $6\times(-1)=-6$；整个 Ti 原子上净电荷数为 $4-6=-2$，二元氧化物的负电荷过剩，故 TiO_2-SiO_2显 B 酸性。

应用 Tanabe 假说时，必须注意：该假说只适用于化学混合的二元复合物，不适用于机械混合的氧化物；可用于预测周期表中各种元素形成的氧化物如何组合可产生酸性，以及什么样的组成情况下能出现 B 酸性或 L 酸性，但不能预测酸位强度。表 4-9 中所列出的二元氧化物，都是由共沉淀法合成的氢氧化物混合物经高温（770K）焙烧后得到。通过 X 射线衍射分析发现：大部分二元复合氧化物为无定形结构，不同于单组分氧化物的结构。

影响复合氧化物酸碱位产生的因素：

（1）二元氧化物的组成。如：SiO_2-MoO_3的酸中心极大值在 SiO_2组分为 90%时出现，而 Al_2O_3-ZnO 复合物的酸中心极大值在 Al_2O_3组分为 50%时出现。

（2）制备方法。二元复合氧化物的制备方法有浸渍法、共沉淀法和溶胶-凝胶法。其中，以共沉淀法应用较广，而溶胶-凝胶法能使两组分有更好的接触。

（3）预处理温度。预处理温度对酸中心的生成起决定性作用，对脱 H_2O、脱 NH_3、改变配位数和晶型结构都有影响。

4.1.3.2 固体酸的催化作用

典型固体酸催化剂在不同反应中的应用见表4-10。

表4-10 固体酸催化剂的应用

反应类型	主要反应	典型催化剂
催化裂化	重油馏分→汽油+柴油+液化气+干气	稀土超稳Y分子筛
烷烃异构化	C_5/C_6正构烷烃→C_5/C_6异构烷烃	卤化铂/氧化铝
芳烃异构化	间、邻二甲苯→对二甲苯	HZSM-5/Al_2O_3
甲苯歧化	甲苯→二甲苯+苯	HM沸石或HZSM-5
烷基转移	二异丙苯+苯→异丙苯	Hβ沸石
烷基化	异丁烷+1-丁烯→异辛烷	HF，浓H_2SO_4
芳烃烷基化	苯+乙烯→乙苯	$AlCl_3$或HZSM-5
	苯+丙烯→异丙苯	固体磷酸（SPA）或Hβ沸石
择形催化烷基化	乙苯+乙烯→对二乙苯	改性ZSM-5
柴油临氢降凝	柴油中直链烷烃→小分子烃	Ni/HZSM-5（双功能催化剂）
烃类芳构化	C_4~C_5烷、烯烃→芳烃	GaZSM-5
乙烯水合	乙烯+水→乙醇	固体磷酸
酯化反应	RCOOH+R'OH→RCOOR'	H_2SO_4、H_3PO_4或离子交换树脂
醚化反应	$2CH_3OH$→CH_3OCH_3	HZSM-5

大多数酸催化与B酸位有关，如：烃的骨架异构化；一些反应需L酸位，如：有机物的乙酰化反应；一些反应需要L酸和B酸同时存在而且有协同效应才能发生，如：重油加氢裂化使用Co-MoO_3/Al_2O_3或Ni-MoO_3/Al_2O_3为催化剂。在酸强度一定的范围内，催化活性和选择性与酸量之间呈线性或非线性关系。特定的反应要求一定的酸强范围。如，三聚甲醛在各种不同的二元氧化物酸催化剂上的解聚，在催化剂酸强度 $H_0 \leqslant -3$ 的条件下，催化活性与酸量呈线性关系（图4-17）。

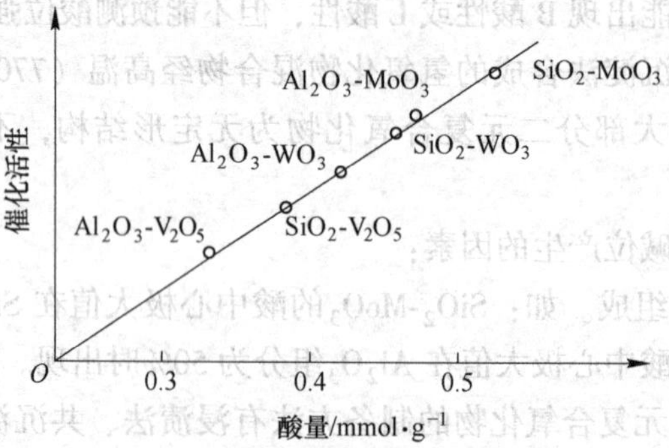

图4-17 二元氧化物酸催化剂的酸量对三聚甲醛解聚活性的影响

酸催化的反应与酸强度有密切关系，不同酸强度的部位可能具有不同的催化活性，所以不同的反应要求的酸强度范围也不相同。如，乙烯水合制乙醇：$-8.2<H_0\leqslant-3$；丙烯水合制异丙醇：$-3<H_0\leqslant1.5$。固体酸催化剂表面上常存在着一种以上的活性酸位，既有强酸位，也有弱酸位，这是固体酸催化剂具有选择性的根本原因之一。酸强度与选择性的关系：强酸位催化C—C断裂反应，如，催化裂化、骨架异构化、烷基转移和歧化反应等；弱酸位催化C—H断裂反应，如，氢转移、水合、环化、烷基化等反应。二元氧化物的最大酸强度、酸类型和催化反应类型见表4-11。

表4-11 二元氧化物的最大酸强度、酸类型和催化反应类型

二元氧化物	最大酸强度 H_0（不大于）	酸类型	催化反应示例
SiO_2-Al_2O_3	-8.2	B	丙烯聚合，邻二甲苯异构化
SiO_2-TiO_2	-8.2	B	1-丁烯异构化
SiO_2-MoO_3（10%）	-3.0	B	三聚甲醛解聚
SiO_2-ZnO（70%）	-3.0	L	丁烯异构化
SiO_2-ZrO_2	-8.2	B	三聚甲醛解聚
WO_3-ZrO_2	-14.5	B	正丁烷骨架异构化
Al_2O_3-Cr_2O_3（17.5%）	-5.2	L	加氢异构化

影响酸强度的因素：酸强度主要取决于酸位上的阳离子的性质，它与酸中心离子的电负性大小密切相关，酸中心的电负性越大，则酸强度越强。对离子型的L酸而言，其催化活性与其电负性之间存在近似的直线关系。

4.1.3.3 超强酸及其催化作用

超强酸，又称超酸，指酸强度超过100%硫酸的酸。100%硫酸的酸强度用Hammett函数表示时 $H_0=-11.9$，故超强酸的酸强度 $H_0\leqslant-11.9$。

液体超强酸，由两种或两种以上的含氟化合物组成的溶液。如：

（1）HF-SbF_5（物质的量比1∶1），为无水硫酸的10^{19}倍，最强酸；

（2）HSO_3F-SbF_5（物质的量比1∶0.3），为无水硫酸的约1亿倍；

（3）HSO_3F-SbF_5（物质的量比1∶1），为无水硫酸的约10亿倍。

固体酸强度超过100%硫酸（$H_0\leqslant-11.9$），即为超强酸。主要有SO_4^{2-}促进系列，如SO_4^{2-}/ZrO_2；锆系、钛系和铁系双金属超强酸，如WO_3/Fe_3O_4、WO_3/SnO_2、WO_3/TiO_2、MoO_3/ZrO_2和B_2O_3/ZrO_2等。固体超强酸可应用于异构、裂解、酯化等各种催化反应，替代传统的H_2SO_4和氟磺酸，可克服工艺过程中的环保、设备腐蚀和分离困难等问题，是“绿色”催化剂，具有广阔的应用前景。

制备方法：以SO_4^{2-}促进系列为例，用硫酸或硫酸铵浸渍负载，500~600℃以上煅烧。测定方法：Hammett指示剂滴定法和正丁烷骨架异构化成异丁烷反应试之（已知用100%硫酸无法催化该异构化反应，故能使之异构化的固体催化剂即为超强酸）。常用固体超强酸类型见表4-12。

表 4-12 常用固体超强酸

酸	载 体
SbF_5	SiO_2-Al_2O_3、SiO_2-TiO_2、SiO_2-ZrO_2
SbF_5	Al_2O_3-B_2O_3、SiO_2、HF-Al_2O_3
SbF_5，TaF_5	Al_2O_3、MoO_3、ThO_2、Cr_2O_3
SbF_5，BF_3	石墨、Pt-石墨
BF_3，$AlCl_3$	离子交换树脂、硫酸盐、氯化物
SbF_5-HF	Pt、Pt-Au、Ni-Mo、PE、活性炭
SbF_5-CF_3SO_3H	F-Al_2O_3、$AlPO_4$、骨炭
Nafion（全氟酸树脂）	
TiO_2-SO_4^{2-}	
H-ZSM-5	

固体超强酸形成过程为：

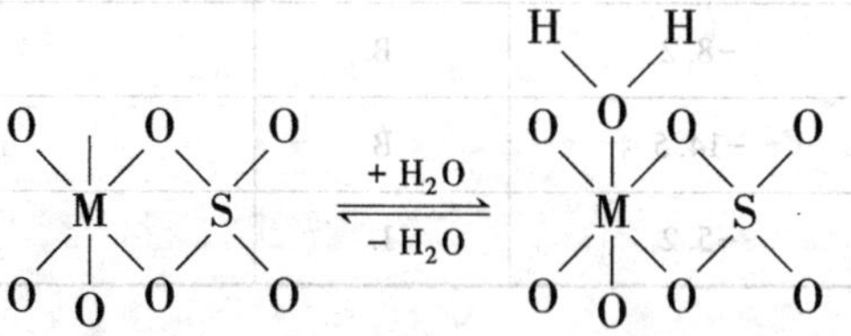

(4-13)

A 固体超强酸失活

（1）表面上的促进剂 SO_4^{2-} 的流失；如：酯化、脱水、醚化等反应过程中，水或水蒸气的存在会造成超强酸表面上的 SO_4^{2-} 流失。

（2）反应体系中，反应物、中间物和产物在催化剂表面吸附、脱附及表面反应或积炭，造成超强酸催化剂的活性下降或失活。

（3）反应体系中，由于毒物的存在，使固体超强酸中毒。

（4）促进剂 SO_4^{2-} 被还原，S 从+6 价降至+4 价，使 S 与金属结合的电负性显著下降，配位方式发生变化，导致酸强度减小而失活。

B 固体超强酸改性

（1）添加其他金属 M 配位改性（图 4-18）。

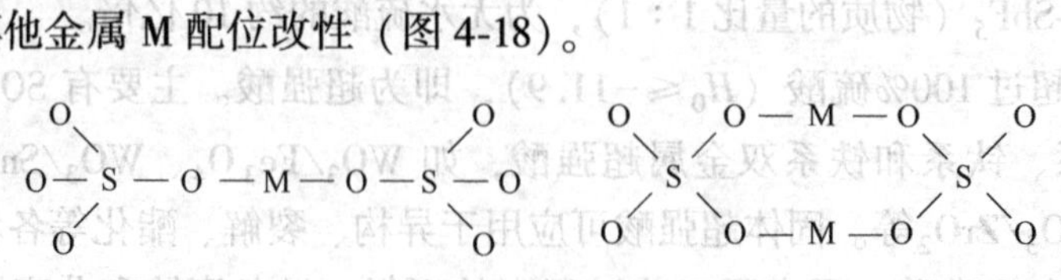

图 4-18 添加金属进行配位改性

以配位形式吸附在 M_xO_y 表面上的 SO_4^{2-} 的 S ═ O 双键具有强吸电子作用，使 M-O 上的电子云密度严重偏移，金属离子处于缺电子状态，形成超强 L 酸位。如，在 ZrO_2 中引入 Fe^{3+}、Cr^{3+}、Mn^{4+} 和 V^{5+} 等金属离子，由于上述金属离子能进入 ZrO_2 的晶格，且它们的电负性均比 Zr^{4+} 大，相当于在 Zr^{4+} 周围放置了一些使 Zr^{4+} 上的正电荷增加的吸电子源，而增强了其L酸性。

(2) 引入其他氧化物。如使用稀土元素氧化物 Dy_2O_3 改性 SO_4^{2-}/Fe_2O_3，可使表面 SO_4^{2-} 不易流失，提高催化剂在合成反应中的稳定性。

(3) 纳米技术改性。以具有高表面原子密度和大比表面积的纳米氧化物为载体，显示出独特的性质。

(4) 分子筛改性。将超强酸负载在分子筛上，如含锆分子筛 SO_4^{2-}/Zr-ZSM-5、SO_4^{2-}/Zr-ZSM-11、中孔 SO_4^{2-}/Zr-HMS。

目前，研究主要集中在以下两方面：

(1) SO_4^{2-} 促进系列（SO_4^{2-}/M_xO_y）。如 SO_4^{2-}/ZrO_2、SO_4^{2-}/TiO_2、SO_4^{2-}/Fe_2O_3。

(2) 金属氧化物促进系列。如 WO_3/ZrO_2、WO_3/TiO_2、WO_3/Fe_2O_3、WO_3/SnO_2、MoO_3/ZrO_2、B_2O_3/ZrO_2。

4.1.3.4　超强碱及其催化作用

超强碱，碱强度函数 pH 值≥26 的碱性物质。固体碱大致可分为三大类：有机固体碱、无机固体碱和有机无机复合固体碱。

A　有机固体碱

端基为叔胺或叔膦基团的碱性树脂，如端基为三苯基膦的苯乙烯和对苯乙烯共聚物。该类碱的碱强度均一，但热稳定性差。

B　无机固体碱

经特殊处理的碱金属和碱土金属氧化物（如 MgO-Na），以及分子筛型超强碱（如将10%~20%的 KNO_3 负载在 KL 沸石上并经 873K 活化后，可得到 pH 值为 27.0 的固体超强碱）见表 4-13。该类碱制备简单、碱强度分布范围宽且可调，热稳定性好。

表 4-13　无机固体碱

无机固体超碱	原材料及制备方法	预处理温度/K	pH 值
CaO	$CaCO_3$ 热分解	1173	26.5
SrO	$Sr(OH)_2$ 热分解	1123	26.5
MgO-NaOH	NaOH 浸渍	823	26.5
MgO-Na	Na 蒸发处理	923	35
Al_2O_3-Na	Na 蒸发处理	823	35
Al_2O_3-NaOH-Na	NaOH、Na 浸渍	723	37

C　有机与无机复合固体碱

指负载有机胺和季铵碱的分子筛，前者是由能提供孤对电子的氮原子形成的碱位，后者是由氢氧根离子形成的碱位。活性位通过化学键与分子筛相接合，活性组分不易流失，碱强度也均匀，但不能用于高温反应。

氧化物固体超强碱：将碱金属或其盐加入到某些氧化物中，可导致形成超强的碱中心。如：用金属钾的液氨溶液浸渍 Al_2O_3，可得到碱强度 H_- 大于 37 的固体超强碱 $K(NH_3)/Al_2O_3$，其催化能力很强，只需 6min 就可使 180mmol 的正戊烯异构化为 2-戊烯，或在 10min 内使 40%的二甲基-1-丁烯转化为二甲基-2-丁烯，活性远高于 Na/Al_2O_3。KF/Al_2O_3同时具有超强碱性和亲核性，在丁烯异构化和 Michael 加成等有机合成反应中的活性超过 KOH/Al_2O_3。将 KF 负载在 ZrO_2上，可制得 KF/ZrO_2超强碱。在 0℃时对丁烯异构化反应的活性也很高。分子筛型固体超强碱：如：将 10%~20%的 KNO_3负载在 KL 沸石上并经 873K 活化后，可得到碱强度 H_-为 27.0 的固体超强碱。该超强碱可在 273K 下催化顺式-2-丁烯的异构化反应，并在 1h 内转化约 3.5mmol/g 的顺式-2-丁烯，活性超过 $KF/AlPO_4$-5 约 30 倍。

4.1.4 固体酸（碱）催化机理-碳正（负）离子机理

4.1.4.1 固体酸催化机理-碳正（负）离子机理

A 碳正离子的形成（反应分子在酸位上的活化）

（1）L 酸位与烷烃、环烷烃、烯烃、烷基芳烃作用：由 L 酸中心夺取烃上的氢负离子而使烃上形成碳正离子（图 4-19）。

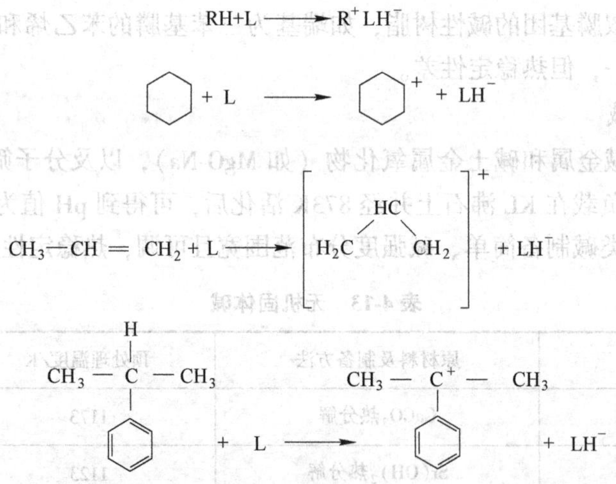

图 4-19 L 酸位与烷烃、环烷烃、烯烃、烷基芳烃作用

（2）B 酸位与烯烃、芳烃的双键作用：质子与烯烃双键或苯环加成形成碳正离子（图 4-20）。

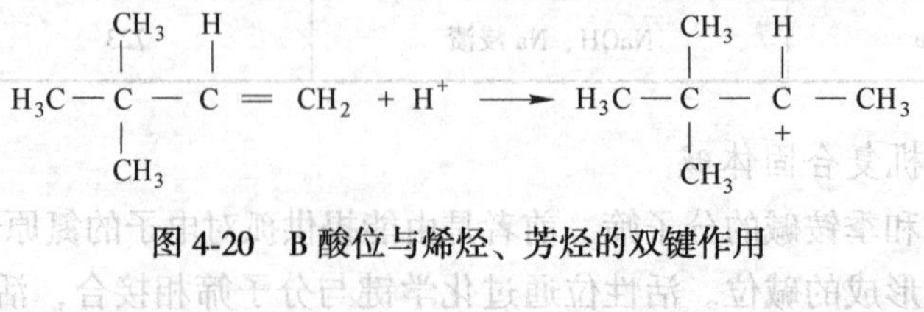

图 4-20 B 酸位与烯烃、芳烃的双键作用

（3）烷烃、环烷烃、烯烃、烷基芳烃与 R^+的氢转移，产生新的碳正离子。

$$RH + R'^{\oplus} \longrightarrow R^{\oplus} + R'H \tag{4-14}$$

B 碳正离子反应类型及特点

(1) 碳正离子进攻烯烃，生成更大分子的烯烃。

$$\mathrm{C{-}\underset{\displaystyle C}{\overset{\oplus}{C}} + C{=}C{-}C \longrightarrow C{-}\underset{\displaystyle C}{C}{-}C{-}\underset{\oplus}{C}{-}C \longrightarrow C{-}\underset{\displaystyle C}{C}{-}C{=}C{-}C} \tag{4-15}$$

(2) 碳正离子把 H^+ 给予一种碱性分子或烯烃分子，本身变为烯烃。

$$\mathrm{CH_3{-}\overset{\oplus}{C}H{-}CH_3 + C_4H_8 \longrightarrow CH_2{=}CH{-}CH_3 + C_4H_9^+} \tag{4-16}$$

(3) 如果碳正离子足够大，则易进行 β 位断裂，变成烯烃及更小的正碳离子。

$$\mathrm{CH_3{-}\overset{\oplus}{C}H{-}CH_2{-}CH_2{-}CH_2{-}CH_2{-}CH_3 \longrightarrow CH_2{=}CH{-}CH_3 + C_4H_9^+} \tag{4-17}$$

C B 酸和 L 酸的催化反应特点

B 酸和 L 酸对反应物活化方式的不同，对烯烃的顺反异构也会有影响（图 4-21）。如：丁烯在 B 酸和 L 酸位上的变化。

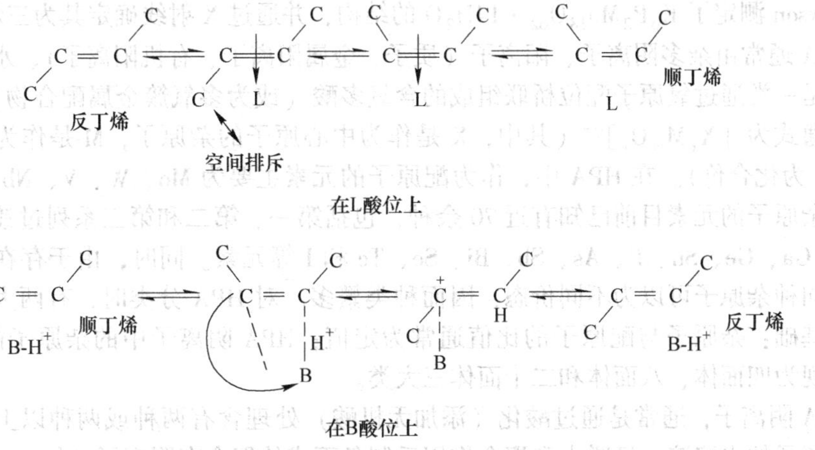

图 4-21 B 酸和 L 酸对烯烃的顺反异构的影响

4.1.4.2 固体碱催化机理-碳负离子机理

L 碱中心能够供给电子对，把 C-H 中的 H^+ 脱去，形成碳负离子。以 MgO 使 1-丁烯异构化为 2-丁烯为例（图 4-22）。

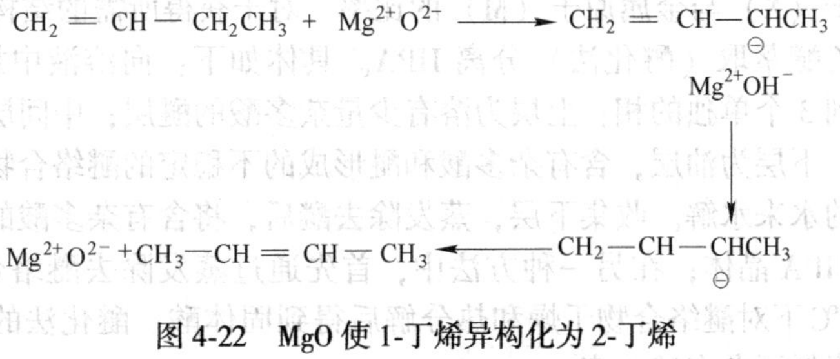

图 4-22 MgO 使 1-丁烯异构化为 2-丁烯

4.2 杂多酸及其催化作用

杂多酸（Heteropoly acid，HPA），也可称为金属氧簇（Polyoxometalates，POMs），是无机化学学科中一个十分重要的研究领域。HPA，其通常是以作为配原子的多原子 M（过渡金属 Mo、W、Nb、Ta 等）与氧元素形成的 MO_x（x 一般为 6）为高对称结构单元，通过共角、共边或者共面的氧联结方式聚合而成的一类化合物。典型 HPA 包括 $H_3PW_{12}O_{40}(PW_{12})$、$H_3PMo_{12}O_{40}(PMo_{12})$、$H_4SiW_{12}O_{40}(SiW_{12})$等。

HPA 的研究历史悠久。1826 年，Berzerius 成功合成第一个杂多酸（NH_4）$_3PMo_{40}$ · nH_2O；1864 年，Marignac 等人成功合成 $H_4SiW_{12}O_{40}\cdot nH_2O$ 及各种相应的硅钨酸盐，并首次用化学分析法确定了其组分 SiO_2 与 WO_3 的比率为 1∶12；1872 年，Scheibler 首次合成了 12-磷钨酸，但其组分直到 1910 年才被 Gibbs 和 Sprenger 确定；1929 年，Pauling 提出了多酸"花篮"式结构设想，即 1∶12 系列的多酸三维立体模式，该结构设想使 HPA 的研究进入了一个崭新的时代；1933 年，Keggin 通过对 $H_3PW_{12}O_{40}\cdot 5H_2O$ 的 X 射线图谱分析，提出了 Keggin 结构模型，该模型在杂多酸发展历程中起到了划时代的意义；1953 年，Dawson 测定了 $K_6P_2Mo_{18}O_{62}\cdot 14H_2O$ 的结构，并通过 X 射线确定其为三斜晶系。

HPA 通常由杂多阴离子、阳离子（质子、金属阳离子、有机阳离子）、水和有机分子组成，是一类通过氧原子配位桥联组成的含氧多酸（或为多氧簇金属配合物）。杂多酸阴离子的通式为 $[X_xM_mO_y]^{q-}$（其中，X 是作为中心原子的杂原子，M 是作为配原子的多原子，q 为化合价）。在 HPA 中，作为配原子的元素主要为 Mo、W、V、Nb、Ta。然而，可作为杂原子的元素目前已知有近 70 余种，包括第一、第二和第三系列过渡元素，以及 B、Al、Ga、Ge、Sn、P、As、Sb、Bi、Se、Tc 和 I 等元素。同时，由于存在于杂多阴离子中的同种杂原子可以为不同价态，因而种类繁多。对 HPA 分类时，有两大特点可作为分类的基础：杂原子与配原子的比值通常为定值；HPA 阴离子中的杂原子的结构类型，主要呈现为四面体、八面体和二十面体三大类。

HPA 阴离子，通常是通过酸化（添加无机酸）处理含有两种或两种以上不同的含氧酸根阴离子的水溶液，经脱水和聚合作用后制备而成的聚合态阴离子。如：

$$12WO_4^{2-} + HPO_4^{2-} + 23H^+ \longrightarrow (PW_{12}O_{40})^{3-} + 12H_2O \quad (4\text{-}18)$$

相应地，如果由同种含氧酸根阴离子通过酸化而缩合成的聚合态阴离子，则称为同多阴离子。如：

$$6MO_4^{2-}(aq) + 10H_3O^+(aq) \longrightarrow [M_6O_{19}]^{2-}(aq) + 15H_2O \quad (M = Mo,\ W) \quad (4\text{-}19)$$

通过控制制备条件，如温度、pH 值和反阳离子种类，可制备具有不同结构的杂多酸。此外，控制杂原子（X）与金属原子（M）的比率，对于获得所需的结构至关重要。反应结束后，可使用乙醚萃取（醚化法）分离 HPA。具体如下：向溶液中加入乙醚并酸化，经共摇萃取后得到 3 个单独的相：上层为溶有少量杂多酸的醚层；中间层主要是含有简单无机酸盐的水层；下层为油层，含有杂多酸和醚形成的不稳定的醚络合物。该络合物可以通过添加一定量的水来水解。收集下层，蒸发除去醚后，将含有杂多酸的浓缩水溶液蒸发至结晶，分离出 HPA 晶体；在另一种方法中，首先通过蒸发除去醚络合物中过量的醚；然后，在 80~100℃下对醚络合物干燥和热分解后得到固体酸。醚化法的缺点是浪费了大量的产物，从而降低了杂多酸收率。

4.2.1 杂多酸的典型结构

在众多杂多化合物中，Keggin（$[XM_{12}O_{40}]^{3-}$，X = P，Si，Ge，As 等，M = Mo，W，V，Nb）结构的杂多金属氧簇是最为稳定的结构，该类结构是合成最多、研究最充分、应用最为广泛的一类杂多化合物。因而，以 Keggin 结构的杂多酸为例说明杂多酸的结构组成（图 4-23）。

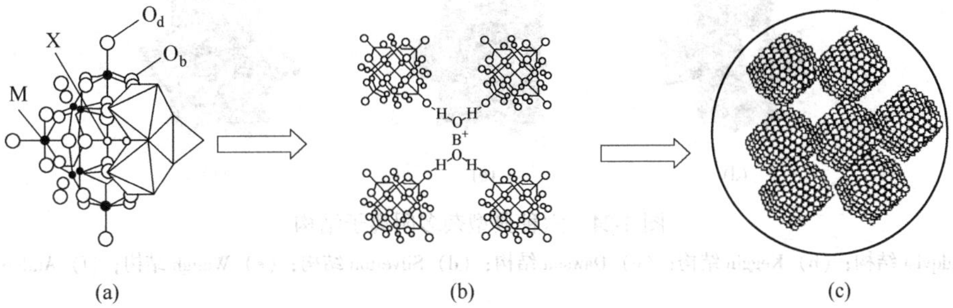

图 4-23 Keggin 结构的杂多化合物中的一级、二级和三级结构

（a）一级结构（Keggin 结构，$XM_{12}O_{40}$）；（b）二级结构（$H_3PW_{12}O_{40}\cdot 6H_2O$）；（c）三级结构（$Cs_{2.5}H_{0.5}PW_{12}O_{40}$，立方体结构）

由图 4-23 可知：Keggin 型结构杂多酸的微观结构主要由 3 个层级结构所组成。一级结构由杂多阴离子（由中心原子和围绕中心原子的 12 个配位原子、40 个氧原子组成正八面体）组成，结构比较稳定，其作为杂多化合物的中心结构，对反应物分子具有特殊的配位能力，是影响杂多化合物催化活性和选择性的重要因素；二级结构是由杂多阴离子、反荷离子和结晶水结合而成的晶体结构，结构的稳定性差，易受外界条件的影响或随着反荷离子的变化而发生变化，可以据此来调节杂多化合物的催化活性和选择性；三级结构是由杂多阴离子、反荷离子及结晶水在三维空间上按一定顺序排布成内含孔道的结构，具有柔软易变的结构特性。类似于沸石结构，非极性分子仅能在其表面反应，而极性分子还可扩散到晶格体相中进行反应。在 Keggin 结构的杂多阴离子中，共存在四种不同位置的氧：O_a（四面体氧 X-O_a）、O_b（桥氧 M-O_b-M，不同三金属簇间角顶共用氧）、O_c（M-O_c-M，同一金属簇内共用氧）和 O_d（端氧 M=O_d）。

典型的杂多阴离子有 1∶12 型 Keggin 结构（分子简式 $[XM_{12}O_{40}]^{n-}$）、2∶18 型 Dawon 结构（分子简式 $[X_2M_{18}O_{62}]^{n-}$）、1∶6 型 Anderson 结构（分子简式 $[XM_6O_{24}]^{n-}$）、1∶12 型 Silverton 结构（分子简式 $[XM_{12}O_{42}]^{n-}$）、1∶9 型 Waugh（分子简式 $[XM_9O_{32}]^{n-}$）结构和 M_6O_{19}结构的 Lindqvist 结构（分子简式 $[XM_6O_{19}]^{n-}$）等六种基本结构，如图 4-24 所示。

4.2.1.1 Keggin 结构

Keggin 杂多阴离子的通式为 $[XM_{12}O_{40}]^{n-}$，M 一般为 Mo^{6+}或 W^{6+}，也可以是 V^{5+}、Co^{2+}、Zn^{2+}等金属离子。Keggin 阴离子的直径约为 1.2nm，中心原子 X 以 XO_4四面体居中，外面是 4 个共角相连的 M_3O_{13}三金属簇，与中心 XO_4四面体共角相连：每个 M_3O_{13}三

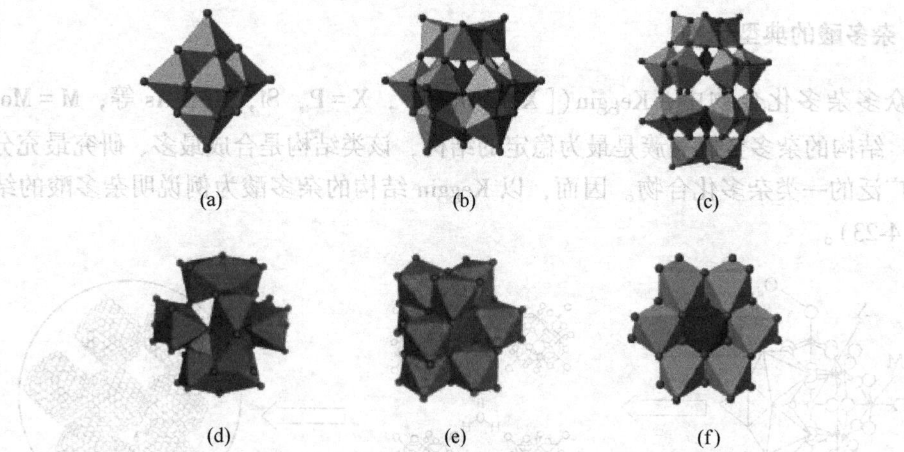

图 4-24 六种典型杂多阴离子结构

（a）Lindqvist 结构；（b）Keggin 结构；（c）Dawson 结构；（d）Silverton 结构；（e）Waugh 结构；（f）Anderson 结构

金属簇由 3 个 MO_6八面体共边组成。具有 Keggin 结构的多酸阴离子去掉 1 个或 3 个 MO_6八面体，可得到 1∶11 或 1∶9 系列缺位型 Keggin 阴离子。

4.2.1.2 Dawson 结构

Dawson 结构通式为 $[X_2M_{18}O_{62}]^{n-}$，可视为 Keggin 结构的衍生物。在该类杂多阴离子中，两个四面体 XO_4以角氧相连，并位于分子结构的中心。其余 18 个八面体 MO_6相互共用顶角、边，并分布在两个 XO_4四面体的周围。此时，M_3O_{13}三金属簇有“极位”和“赤道位”之分。Dawson 结构的阴离子如果去掉一个 MO_6八面体，则形成 1∶17 系列缺位型 Dawson 结构。

4.2.1.3 Anderson 结构

Anderson 型多金属氧酸盐的结构通式为 $[XM_6O_{24}]^{n-}$（X=I，Te，Al；M=Mo，W），属于八面体杂原子类型，其结构是由 6 个共边相连的 MO_6八面体围绕着中心 XO_6八面体构成，共有 7 个共边八面体，整个结构具有 D_{3h}对称性。Anderson 型阴离子结构存在 a、b 两种异构体。a 型异构体是比较常见的平面型结构，即为通常所指的 Anderson 型结构；b 型异构体属于非平面的弯曲结构，如 $[Mo_7O_{24}]^{6-}$和 $[W_7O_{24}]^{6-}$属于该类构型，其杂原子 X 和配原子 M 是同种元素。目前，仅发现一例杂原子和配原子为不同种元素、具有弯曲平面结构的 B 型异构体 $[SbMo_6O_{24}]^{7-}$。根据与杂原子 X 配位的 6 个氧原子是否质子化，又可将 a 型 Anderson 结构分为 A、B 两个系列。A 系列组成可用通式 $[XO_6M_6O_{18}]^{n-}$来表示，与杂原子配位的 6 个氧原子无质子化现象，如 $[IO_6Mo_6O_{18}]^{5-}$，其中的杂原子通常具有较高氧化态；然而，在 B 系列中，与杂原子配位的 6 个氧原子发生了质子化，可用通式 $[X(OH)_6M_6O_{18}]^{n-}$来表示，杂原子通常为具有较低氧化态的金属离子，如 Ni^{4+}、Cr^{3+}、Co^{3+}等，每个杂原子与 6 个—OH 基团形成八面体配合物。如 $[Ni(OH)_6Mo_6O_{18}]^{4-}$和 $[Cr(OH)_6Mo_6O_{18}]^{3-}$阴离子。

4.2.1.4 Silverton 结构

Silverton 结构的通式为 $[XM_{12}O_{42}]^{n-}$，其中 M 是钼（Ⅵ），X 是铈（Ⅳ）、铀（Ⅳ）

或钍（Ⅳ）。2个MO_6八面体共面相连形成M_2O_9单元，6个M_2O_9单元共角相连围成一个XO_{12}二十面体，便构成Silverton结构。

4.2.1.5 Waugh结构

Waugh结构的通式为［XM_9O_{32}］$^{n-}$，将Anderson结构物种去掉3个交替的MO_6八面体，并将两组M_3O_{13}三金属簇分别置于平面上下两侧，即为Waugh结构。如$(NH_4)_6[XMo_9O_{32}]$（$X=Ni^{4+}$、Mn^{4+}）属于此类结构。

4.2.1.6 Lindqvist结构

Lindqvist结构（M_6O_{19}六聚物），每一个金属原子的周围都有6个配位氧原子，将相邻的氧原子连接起来即形成一个MO_6八面体。6个MO_6八面体通过共边、共角相联，并共用一个中心而构成六聚结构。

4.2.2 杂多酸的性质和应用

由于多金属氧酸盐有着众多的异构体和衍生物，形式复杂多样。复杂的结构同时也影响着化合物的性质和性能，其性质主要包括热稳定性、酸性、氧化还原性等方面，它们的作用相辅相成、密不可分。如多金属氧酸盐在结构上是分子体积较大的多核聚合物，具有笼状结构，这也决定了其许多物理化学性质，如强酸性、氧化还原催化性和准液相等。

4.2.2.1 酸性

杂多酸阴离子的体积大，对称性好，电荷密度低，因而表现出比传统无机含氧酸（H_2SO_4、H_3PO_4等）更强的B酸性。其酸性的调变可以通过改变中心原子、配位金属原子和抗衡离子的种类，形成不同金属离子盐或分散负载在载体上来实现。$H_3PW_{12}O_{40}>H_4PW_{11}VO_{40}>H_3PMo_{12}O_{40}\sim H_4SiW_{12}O_{40}>H_4PMo_{11}O_{40}\sim H_4SiMo_{12}O_{40}>>HCl$，$HNO_3$。

4.2.2.2 氧化还原性

杂多酸及其盐的一级结构中的配原子为易传递电子的过渡金属元素，当过渡金属元素处于最高价态时，非常容易得到多个电子而被还原成还原态。因此，杂多酸及其盐具有很强的氧化性。值得注意的是，杂多酸及其盐的氧化态极易再生，即氧化还原过程可逆。因此，杂多化合物具有独特的氧化还原双功能催化性能。与酸性的影响因素类似，杂多酸及其盐的氧化性与其中心原子和配原子的组成密切关联。中心原子的氧化态越高，则杂多阴离子中的负电荷越多，导致得电子能力下降而降低氧化性。当中心原子固定时，杂多阴离子的氧化性随配原子V、Mo、W的顺序减弱。抗衡离子对杂多酸氧化性的影响也不能忽视，随着抗衡离子氧化性增强，杂多酸及其盐的氧化性也会随着增强。此外，杂多酸的结构稳定性对其氧化性也有一定影响。当杂多酸的笼状骨架被破坏，金属与氧组成的桥氧键或端氧键断裂，从而导致晶格氧析出时，原本对称的杂多阴离子结构就变成了带缺陷的结构，氧化性随之增强。与其他氧化性催化剂比较，杂多化合物具有再生速度快、催化活性好等优点。

4.2.2.3 准液相

杂多酸的阴离子之间存在一定的空隙，可以吸收一定大小的极性分子（如C_2H_5OH和NH_3）。杂多阴离子之间的空隙和反荷离子的存在使得二级结构不如一级结构稳定，呈现出类似于浓溶液的柔软结构特征。与此同时含 N 的碱性分子、水分子和其他反应分子都可以容易地进入杂多酸的空隙结构，此时结构内小分子的扩散、阴离子的重排使得反应过程就像在溶液中进行，因此“准液相”的特征被提出。“准液相”行为的存在，使催化反应不仅能发生在催化剂的表面，而且能发生在整个催化剂的体相，因而使杂多酸对某些反应具有更高的活性和选择性。但是，并非所有杂多酸都表现出“准液相”的特征，比如 Cs^+、NH_4^+等半径较大的反荷离子取代 H^+形成的二级结构较为稳定坚硬，因此就难以具有“准液相”的特征。

由于杂多酸具有特殊的结构和性质，使其在催化领域内具有十分重要的应用价值。杂多酸兼有酸和氧化催化作用，具有以下特点：能溶解在极性溶剂中，可用于均相或多相，是一种环境友好的催化剂；可在不改变结构的情况下调整组成元素改进催化性能；在多相中，极性基质能进入催化剂体相，在晶格中形成假液相反应场；结构确定，兼具一般配合物和金属氧化物的结构特征；热稳定性较好，且在低温下不存在较高活性；能与金属配合物或烷基胺复合，扩大催化功能。杂多酸催化剂有三种形式：纯杂多酸、杂多酸盐（酸式盐）、负载型杂多酸（盐）。

作为固体酸催化剂，杂多酸最重要的性质在于它独特的酸性。其独特之处在于它是酸强度较为均一的纯质子型酸，且其酸性比 SiO_2-Al_2O_3、H_3PO_4/SiO_2分子筛（HX、HY）等固体酸催化剂更强。杂多酸比表面积虽低（$<10m^2/g$），但由于具有“准液相”特性，极性分子可进入其体相，催化反应不仅能在其表面上进行，而且还能在其体相内进行，因此催化活性很高；若仅发生表面型反应，则反应活性与杂多酸比表面积直接相关。杂多酸催化反应有三种类型，如图 4-25 所示。

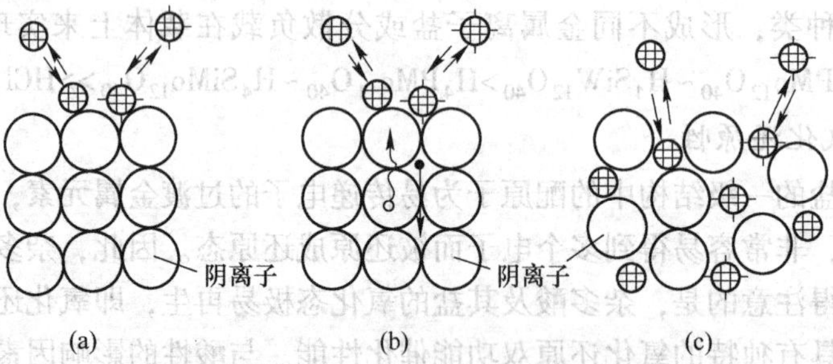

图 4-25　杂多酸催化反应的三种类型

(a) 表面型；(b) 体相型(Ⅱ)；(c) 体相型(Ⅰ)

由图 4-25 可知：第一种反应属于表面型，即催化反应在杂多酸颗粒表面上进行。该类反应为三类反应中最常规的一种，影响其反应速率的关键因素为催化剂的比表面积，如芳烃与烯烃的烷基化反应便属于此类反应；第二种反应（体相型Ⅱ）较为特殊，反应物分子是通过结合杂多酸表面的氧化还原载体（e^-和 H^+）后，进入杂多酸体相中进行反应，而反应物本身无法进入其中，如环己烯氧化合成己二酸反应便为此类反应。第三种反应（体相型Ⅰ）属于“准液相”反应，这是由于杂多阴离子间存在孔隙而使其二级结构易发生变化，再因受抗衡离子的作用而使其结构趋于像溶液般柔软，从而更有利于其他分子进入其中进行反应。该类反应的场所属于三维结构区域，反应速率受杂多酸体积影响明显，也对反应物分子颗粒大小有一定的要求，如醇的低温脱水反应便为此类反应；在有极性溶剂参加的液相反应中，杂多酸与硫酸的活性比较（表 4-14）。

表 4-14 杂多酸与硫酸在液相反应中的活性比较

反应	反应温度 /℃	催化剂浓度 /mol · L^{-1}	相对活性			
			PW_{12}	SiW_{12}	PMo_{12}	H_2SO_4
$i\text{-}C_4H_8+H_2O \rightarrow i\text{-}BuOH$	39	0.1~1.0	1.0	0.88	1.0	0.49
$PhC\equiv CH+H_2O \rightarrow PhCOCH_3$	60	0.1~0.5	1.0	0.47	1.0	0.03
AcOEt+BuOH→EtOH+AcOBu	49	1.5×10^{-3}	1.0	0.94	0.78	0.21
$AcOEt+EtCO_2H \rightarrow EtCO_2Et+AcOH$	71	1.2×10^{-2}	1.0	1.1	0.79	0.04

由表 4-14 可知，杂多酸表现出比硫酸更高的催化活性。至今，共有八种工业过程使用杂多酸作为催化剂，分别为甲基丙烯醛（MAL）氧化制甲基丙烯酸（MAA）过程、丙烯水合过程、双酚 A（BPA）和双酚 S（BPS）合成过程、正丁醇水合过程、糖苷合成过程、异丁烯水合过程、四氢呋喃聚合过程。

杂多酸盐，指由杂多酸形成的盐。杂多酸盐催化剂可通过杂多酸与可溶性金属碳酸盐加热反应，或者是杂多酸与离子交换树脂通过离子交换而制得。杂多酸盐根据其水溶性和比表面积的大小可分为 A 组盐和 B 组盐。A 组盐包括 Na^+、Cu^+等半径较小的阳离子所形成的杂多酸盐，其性质与杂多酸接近，比表面积小，且溶于水。B 组盐包括 NH_4^+、K^+、Rb^+、Cs^+等半径较大的阳离子所形成的杂多酸盐。B 组盐的比表面积（50~200m^2/g）和孔体积（0.3~0.5mL/g）较大，酸强度高（H_0小于-8.2），且不溶于水。显然，B 组盐为更理想的固体酸催化材料。大多数 B 组杂多酸盐为超细粒子，质子能均匀分布在催化剂的表面，因而具有较多的表面酸中心。杂多阴离子对反应还可能具有协同作用。在杂多酸盐中，对磷钨酸铯盐的研究最深入。通过调节磷钨酸和碳酸铯的摩尔比进行反应，可制得 x 在 0~3 范围变化的 $Cs_xH_{3-x}PW_{12}O_{40}$酸式盐。$Cs_xH_{3-x}PW_{12}O_{40}$的性质随 x 变化，在 $x=2.5$ 时（即 $Cs_{2.5}H_{0.5}PW_{12}O_{40}$），表面酸性最强，$H_0$可达-13.16，是一种与纯 $H_3PW_{12}O_{40}$具有相近酸强度的超强酸。此外，$Cs_xH_{3-x}PW_{12}O_{40}$具有微孔结构，其孔径同样与 x 相关。通过精准调节 x 的值，可制得具有择形作用的固体超强酸催化剂。

负载型杂多酸（盐）催化剂，催化性能与载体的种类、负载量和处理温度有关。杂多酸的比表面积较小（1~10m^2/g），在实际应用中，需要将杂多酸负载在合适的载体上，以提高比表面积。负载常使用浸渍法，用来负载杂多酸的主要是中性和酸性载体，包括 SiO_2、活性炭、TiO_2、离子交换树脂、大孔 MCM-41 分子筛。其中，最常被用作载体的是 SiO_2和活性炭。在非极性反应体系中，SiO_2负载杂多酸催化剂的活性最高；而在极性反应体系中，活性炭能最牢固地负载杂多酸。负载杂多酸催化剂用于烯烃水合反应的活性比较见表 4-15。

表 4-15 负载杂多酸与硫酸在液相反应中的活性比较

水合反应	反应条件				产量/g · (g · h)$^{-1}$		
	温度 /℃	压强 /kPa	n(水)：n(烯烃)	气体空速 /g · (min · cm^3)$^{-1}$	H_3PO_4/SiO_2	SiW/SiO_2	PW/SiO_2
乙烯制乙醇	240	6895	0.3	0.02	71.5	102.9	86.2

续表 4-15

水合反应	反应条件				产量/g·(g·h)$^{-1}$		
	温度/℃	压强/kPa	n(水)：n(烯烃)	气体空速/g·(min·cm^3)$^{-1}$	H_3PO_4/SiO_2	SiW/SiO_2	PW/SiO_2
丙烯制异丙醇	200	3895.7	0.32	0.054	179.5	190.0	204.1
丁烯制仲丁醇	200	3895.7	0.32	0.054	0.016	0.16	0.1

由表 4-15 可知：将杂多酸负载化不仅可解决设备腐蚀和催化剂难以回收等问题，而且可提高杂多酸的催化活性。此外，杂多酸催化剂的重要特征之一是既可以显示酸性功能，也可以显示氧化功能；故杂多酸在催化氧化领域也有着重要的应用前景。如，在甲基丙烯醛的催化氧化反应中，杂多酸催化剂的酸性功能和氧化性功能协同作用，使反应易于进行，且转化率和选择性都较好，实现了工业化生产。

4.3 离子交换树脂催化剂及其催化作用

离子交换树脂是最早出现的功能高分子材料。1935 年，Adamas 和 Holmes 发表了利用苯酚-甲醛缩合物合成有机离子交换树脂的研究报告。离子交换树脂绝大多数以苯乙烯-二乙烯苯共聚体、丙烯酸（或其衍生物）-二乙烯苯共聚体为基体（二乙烯苯起交联剂作用），通过磺化或胺化等反应引入功能基团后得到。含有 H^+结构，能交换各种阳离子的树脂称为阳离子交换树脂；含有 OH^-结构，能交换各种阴离子的树脂称为阴离子交换树脂，苯乙烯系离子交换树脂如图 4-26 所示。

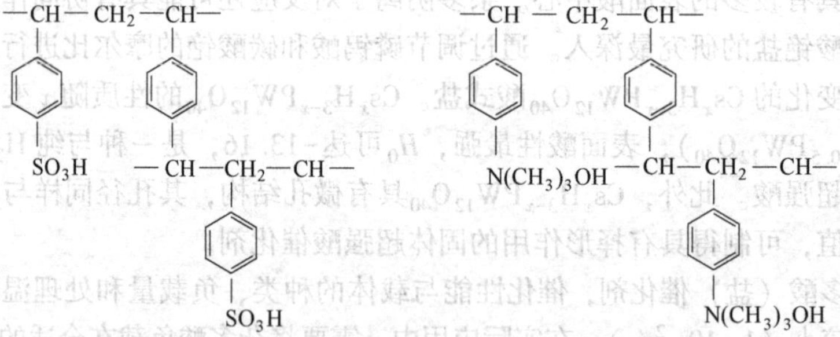

图 4-26 苯乙烯系离子交换树脂

（a）磺酸型阳离子交换树脂；（b）季铵型阴离子交换树脂

离子交换树脂，是一类首先由苯乙烯（丙烯酸、丙烯酯）通过聚合反应生成具有三维空间立体网络结构的高分子骨架，然后在骨架上导入不同类型的化学活性基团后形成的多孔固体高分子化合物，常制成颗粒状。离子交换树脂骨架上的化学基团由两种带有相反电荷的离子组成：一种是以化学键的形式结合在主链上的固定离子；另一种是以离子键的形式与固定离子相结合的反离子，可离解为能自由移动的离子，并在一定条件下与周围的其他同类型离子进行交换。

4.3.1 离子交换树脂的种类

离子交换树脂种类繁多，可按照其结构单元组成，从三个角度进行分类。

4.3.1.1 按骨架材料分类

按照骨架材料不同，可分为聚苯乙烯型、酚醛型、环氧型、丙烯酸型、乙烯吡啶型等。

4.3.1.2 按骨架的孔结构分类

按照骨架的孔结构不同，分为凝胶型和大孔型树脂。凝胶型树脂，在制备过程中不添加致孔剂。吸水时润胀，在大分子链节间形成平均孔径为2~4nm的孔隙。其一旦无法溶胀，便失去离子交换能力。因此，其不能在憎水溶剂和干燥空气中使用。大孔型树脂，在制备过程中添加致孔剂，形成多孔海绵状构造的骨架，内部有大量不随树脂的干/湿、胀/缩状态而改变的永久性微孔（平均孔径达100~500nm），可在制备时控制孔大小和数量。相比于凝胶型树脂，大孔型树脂孔道的比表面积可超过1000m^2/g，从而为离子交换提供了良好的接触条件，有效缩短了离子扩散的路程而更有利于离子的迁移扩散，具有交换速度快、工作效率高的优点。然而，大孔型树脂也存在交换容量较低，需频繁再生的缺点。

4.3.1.3 按固定基团性质分类

根据GB 1631—1979《离子交换树脂分类、命名与型号》规定，将离子交换树脂分为强酸、弱酸、强碱、弱碱、螯合、两性、氧化还原七类，见表4-16。

表4-16 基于固定基团分类的离子交换树脂

分类名称	功能基团
强酸	磺酸基（$—SO_3H$）
弱酸	羧酸基（—COOH）、磷酸基（$—PO_3H_2$）等
强碱	季铵基（$—N^+(CH_3)_3OH^-$）等
弱碱	伯、仲、叔胺基（$—NH_2$、—NHR、$—NR_2$）等
螯合	胺酸基（$—CH_2—N(CH_2COOH)_2$、$—CH_2N(CH_3)(C_6H_8(OH)_5)$）
两性	强碱-弱酸（$—N—(CH_3)_3$、—COOH）、弱碱-弱酸（$—NH_2$、—COOH）
氧化还原	硫醇基（$—CH_2SH$）、对苯二酚基（$HO—C_6H_3—OH$）等

我国对离子交换树脂的命名做了如下规定：离子交换树脂的全名由分类名称、骨架（或基团）名称、基本名称排列组成。离子交换树脂的基本名称为离子交换树脂。凡分类中属酸性的，在基本名称前加一“阳”字；凡分类中属碱性的，在基本名称前加一“阴”字。为了区别不同种类离子交换树脂，在全名前需有型号。我国化工部规定（HG2-884—1976），离子交换树脂的型号由三位阿拉伯数字组成。第一位数字代表产品的分类，第二位数字代表骨架结构的差异（表4-17），第三位数字为顺序号，用以区别基团、交联剂等的差异。大孔树脂在型号前加“D”，凝胶型树脂的交联度值可在型号后用“×”号连接阿拉伯数字表示。如：D011×7，表示大孔强酸性苯乙烯系阳离子交换树脂，其交联度为7。

表 4-17 离子交换树脂产品分类

代号	0	1	2	3	4	5	6
分类名称	强酸性	弱酸性	强碱性	弱碱性	螯合性	两性	氧化还原性
骨架名称	苯乙烯系	丙烯酸系	醋酸系	环氧系	乙烯吡啶系	脲醛系	氯乙烯系

4.3.2 离子交换树脂的主要性能

在实际使用过程中，需要根据工艺需求对离子交换树脂的多个性能参数进行分析，一般包括以下几个方面。

4.3.2.1 交换容量

交换容量（exchange capacity）是指离子交换树脂中可用于发生离子交换的功能基团数量，是树脂交换能力的一种量度，常以质量单位（mmol/g）或体积单位（mmol/mL）进行表示。交换容量取决于树脂上功能基团的总量，理论上与树脂的外观和离子类型无关。根据测量方式和使用情况的差异，交换容量又可分为全交换容量、表观交换容量和操作交换容量等。

4.3.2.2 选择性

选择性（Selectivity）是指某种离子交换树脂与不同离子表现出的不同亲和能力，它与离子交换树脂本身的骨架结构、功能基团类型、交联度有关，也与待交换离子的浓度、价态有关。选择性系数需要实验测定，且随具体条件、测定方法有很大的差别。树脂对不同离子的选择性可以用选择性系数（K_B^A）表示，其表达式为

$$K_B^A = \frac{C_A \cdot R_B}{C_B \cdot R_A} \tag{4-20}$$

式中，K_B^A 为相对于 A 离子，树脂对 B 离子的选择性系数；C_A、C_B为溶液中 A、B 离子的平衡浓度；R_A、R_B为树脂上 A、B 离子的平衡浓度。

4.3.2.3 交联度

交联度（cross linking）是指合成过程中交联剂二乙烯苯（DVB）的用量。例如，交联度为 8 的树脂，即表示制备时加入了质量分数为 8%的 DVB。已有的树脂交联度可从 0.5%到 20%。它是一个间接、近似的表示树脂内部桥连结构 DVB 数目的指标，与树脂的强度、密度、溶胀性、含水量等有着密切的联系。一般随着交联度的增加，树脂结构越紧密，其交换容量、扩散速度和溶胀性会有所下降，但是其选择性、机械强度和密度则会提高。

4.3.2.4 溶胀性

离子交换树脂内部的功能基团具有强烈的极性，将树脂放于水中，会造成颗粒内外存在离子的浓度存在差异，而产生渗透压。渗透压驱使水分进入树脂孔道内部，从而造成树脂膨胀。而树脂的惰性骨架交联不溶，具有一定的柔韧性和伸缩弹性。当树脂膨胀到一定程度时，骨架产生的应力会抵消渗透压而达到平衡，表现出溶胀的现象。溶胀的程度取决于以下因素：

(1) 交换量：交换容量越大，功能基团越多，溶胀性越强。

(2) 交联度：交联度越高，溶胀性越差。在一些低交联度树脂中，溶胀可以达到

近800%。

(3) 可交换离子：可交换离子价数越高，溶胀性越差；同价离子水合能力越强，溶胀性越强。

(4) 溶液浓度：溶液中离子浓度越高，颗粒内外渗透压越低，则溶胀性越差。

4.3.2.5 稳定性

在实际工业过程中，离子交换树脂需要再生和重复利用，因而需要良好的稳定性以确保使用寿命。稳定性包括物理和化学稳定性，前者是指耐磨损、耐压力负荷、机械强度等，用以维持树脂外观形状完整，避免颗粒破碎引起的操作压力升高等问题；后者是指耐酸碱性、耐氧化性、耐还原性、热稳定性等，用于维持功能基团的活性，避免树脂失去交换能力。

4.3.3 离子交换树脂的催化作用

树脂均可用于提取、分离或纯化不同种类的物质，而强酸性阳离子和强碱性阴离子树脂则主要用作催化剂。阳离子交换树脂可用作固体酸催化剂；阴离子交换树脂可用作固体碱催化剂。离子交换树脂用作固体酸/碱催化剂的优势：催化活性高、对设备腐蚀小、副反应少、后续分离操作简单、可重复使用。劣势：热稳定性差、耐磨性不太好、价格较高。离子交换树脂的酸碱功能，如图4-27所示。

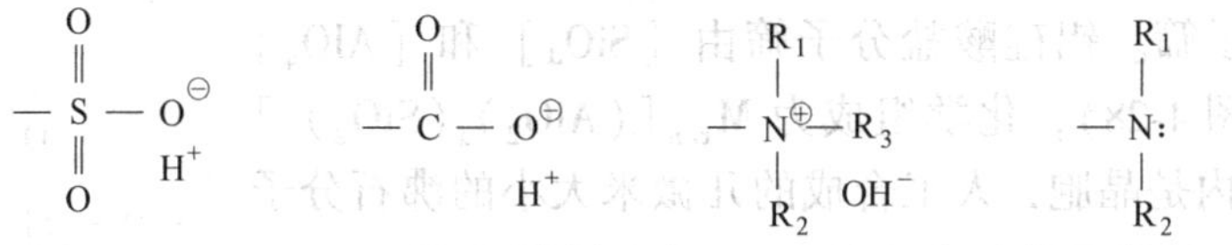

图4-27 离子交换树脂的酸碱功能

由图4-27可知：强酸树脂含有大量的强酸性基团，如磺酸基—SO_3H，容易在溶液中离解出H^+，故呈强酸性。树脂离解后，本体所含的负电基团，如SO_3^-，能吸附结合溶液中的其他阳离子。通过上述两个反应而使树脂中的H^+与溶液中的阳离子发生了互相交换，与均相硫酸催化剂的作用方式相同；弱酸树脂含弱酸性基团，如羧基—COOH，能在水中离解出H^+而呈酸性。树脂离解后余下的负电基团，如R—COO^-（R为碳氢基团），能与溶液中的其他阳离子吸附结合，从而产生阳离子交换作用。这种树脂的酸性即离解性较弱，在低pH值下难以离解和进行离子交换，只能在碱性、中性或微酸性溶液中（如pH值为5~14）起作用；强碱树脂含有强碱性基团，如季胺基—$N^+(CH_3)_3OH^-$，能在水中离解出OH^-而呈强碱性。树脂离解后，本体所含的正电基团，如—$N^+(CH_3)_3$，能与溶液中的阴离子吸附结合，从而产生阴离子交换作用。该类树脂的离解性很强，在不同pH值下都能正常工作；弱碱树脂含有胺官能团，如伯胺基—NH_2、仲胺基—NHR、或叔胺基—NR_2，其中的氮元素具有可作为游离碱基团的孤对电子，可将溶液中的其他酸分子完整配位吸附，只能在中性或酸性条件（如pH值为1~9）下工作。

4.3.3.1 酸性离子交换树脂催化剂

目前，强酸离子交换树脂，如Amberlyst15、Dower-M32等大孔磺酸树脂，主要应用于工业上由低分子量的醇（一般为甲醇）与C_4～C_5的叔碳烯烃（一般为异丁烯）反应生成高辛烷值的汽油添加剂甲基叔丁基醚（MTBE）；催化羧酸与醇、烯类化合物与羧酸的酯化反应生成酯。另外，磺酸树脂对醚的裂解反应、烯烃水合生成醇和苯酚与丙酮缩合合成双酚A也有良好的催化作用。

4.3.3.2 碱性离子交换树脂催化剂

近年来，碱性离子交换树脂作为催化剂发展非常迅速，可作为相转移催化剂合成腈和醚、催化烷基化、醇醛缩合、脱卤化氢、水合、酯化、酯水解、酯交换反应等。

随着离子交换树脂在催化领域应用的不断发展，实际工业生产过程对其的性能提出了更高的要求，如需要克服树脂骨架易溶胀，树脂功能基团受热易解离失活等缺陷，使树脂具有更高的热和化学稳定性。随着研究工作的深入，树脂的催化性能不断提升，应用范围不断扩大，我国离子交换树脂行业的应用发展和市场前景也将越来越广阔。

4.4 分子筛催化剂及其催化作用

分子筛，狭义上是结晶态的硅酸盐或硅铝酸盐，具有均匀的空隙结构。通常，自然界天然存在的称为沸石（晶体中含有大量结晶水，加热汽化，产生类似沸腾的现象），人工合成的称为分子筛。铝硅酸盐分子筛由［SiO_4］和［AlO_4］四面体构成（图4-28），化学组成为$M_{x/n}[(AlO_2)_x(SiO_2)_y]\cdot zH_2O$，［ ］内是晶胞，人工合成的几微米大小的沸石分子筛晶体是上千个单元晶胞的集合体；M是金属阳离子（Na^+、K^+、Ca^{2+}等，人工合成时通常为Na^+），n是M的价数。由于［AlO_4］带负电荷，M的存在可使分子筛保持电中性；x、y和z分别是AlO_2、SiO_2和H_2O的分子数。

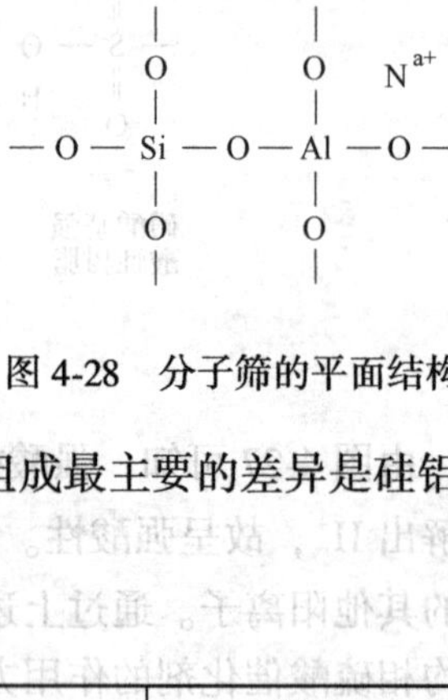

图4-28 分子筛的平面结构

不同种类沸石分子筛具有不同的化学组成和结构，而化学组成最主要的差异是硅铝比不同。各种沸石分子筛的化学组成见表4-18。

表4-18 各种沸石分子筛的化学组成

型号	化学组成	Si/Al比	孔径/nm
3A	$K_{64}Na_{32}[(AlO_2)_{96}(SiO_2)_{96}]\cdot 216H_2O$	1	约0.3
4A	$Na_{96}[(AlO_2)_{96}(SiO_2)_{96}]\cdot 216H_2O$	1	约0.4
5A	$Ca_{34}Na_{28}[(AlO_2)_{96}(SiO_2)_{96}]\cdot 216H_2O$	1	约0.5
13X	$Na_{86}[(AlO_2)_{86}(SiO_2)_{106}]\cdot 264H_2O$	1.23	0.9～0.1
10X	$Ca_{35}Na_{16}[(AlO_2)_{86}(SiO_2)_{106}]\cdot 264H_2O$	1.23	0.8～0.9
Y	$Na_{56}[(AlO_2)_{56}(SiO_2)_{136}]\cdot 264H_2O$	2.46	0.9～0.1
ZSM-5	$Na_3[(AlO_2)_3(SiO_2)_{93}]\cdot 13H_2O$	31.0	0.5

4.4.1 分子筛的结构

X 射线衍射分析发现天然及人工合成沸石分子筛均为结晶体，表明固体内部的原子是按照一定的规律进行周期性的三维排列。为了形象地了解沸石的结构，常把沸石结构视为由结构单元逐级堆砌而成。由一级结构单元（primary building units）构成二级结构单元（secondary building units），由二级结构单元构成结构基体（building blocks），即三级结构单元（tertiary building units），再由结构基体构成单元晶胞的骨架（图 4-29）。

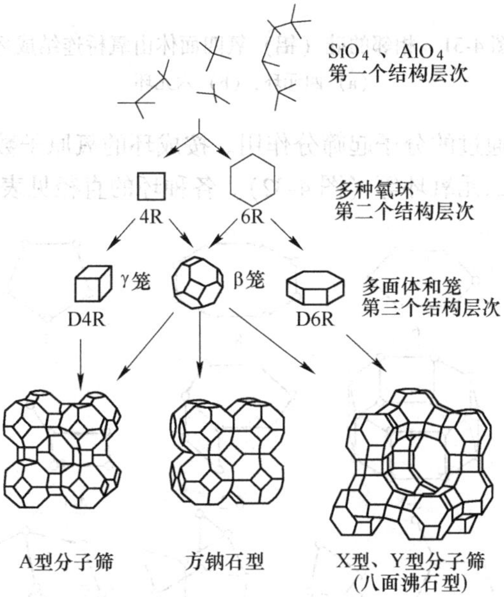

图 4-29 沸石分子筛的结构

硅铝酸盐分子筛的结构特征可以从三种不同的结构层次进行表述。第一结构层次是 Si、Al 原子通过 sp^3 杂化轨道与氧原子相联形成的硅氧四面体［SiO_4］和铝氧四面体［AlO_4］，Si 或 Al 处于四面体中心，O 处于四面体的 4 个顶点。它们构成分子筛的骨架，是最基本的结构单元（图 4-30）。

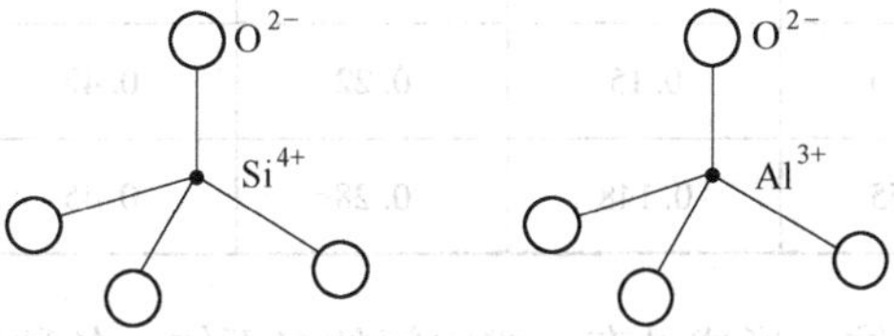

图 4-30 分子筛结构的第一个层次（四面体）

环是分子筛结构的第二个层次。环上每一个顶点表示一个硅（铝）氧四面体：硅（铝）原子在顶点，氧原子在棱上。环的特征：位于硅（铝）氧四面体顶角的氧原子，由于共价键未饱和，易为其他四面体所共用；相邻的四面体由氧桥连接成环结构，且只能共用一个氧原子；两个铝氧四面体不能直接相联。以相邻的硅（铝）氧四面体由氧桥连结成四元环和六元环为例，如图 4-31 所示。

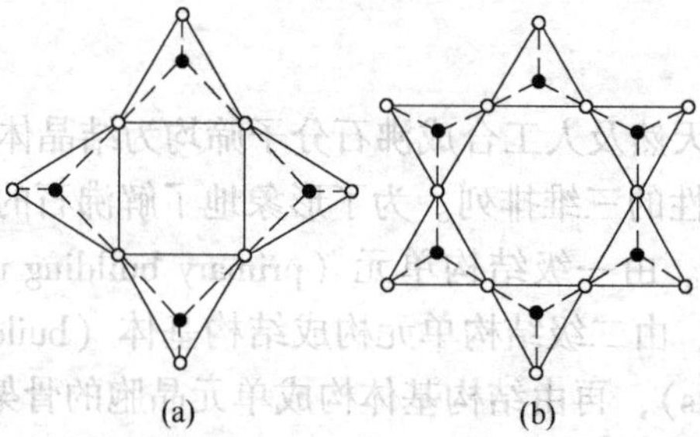

图 4-31 相邻的硅（铝）氧四面体由氧桥连结成环

(a) 四元环；(b) 六元环

环是通道孔口，对通过的分子起筛分作用。按成环的氧原子数划分，有四元氧环、六元氧环、八元氧环和十二元氧环等（图 4-32）。各种环的直径见表 4-19。

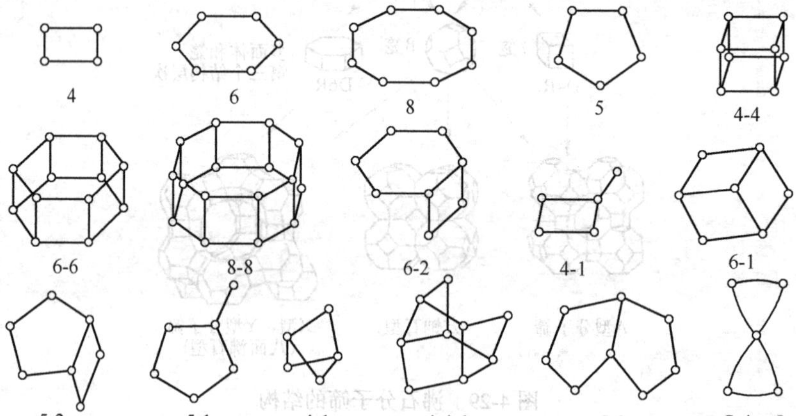

图 4-32 分子筛中的各种环

表 4-19 各种环的直径

环	四元环	五元环	六元环	八元环	十元环	十二元环
有效直径/nm	约 0. 1	0. 15	0. 22	0. 42	0. 63	0. 8~0. 9
最大直径/nm	0. 155	0. 148	0. 28	0. 45	0. 63	0. 8~0. 9

氧环通过氧桥相互联结，形成具有三维空间的多面体。各种各样的多面体构成中空的笼，笼进一步相互联接形成分子筛。笼是分子筛结构的第三个层次，是构成沸石分子筛的主要结构单元，包括 α 笼、β 笼、γ 笼（立方体笼）、六方柱笼和八面沸石笼等（图 4-33）。

（1）α 笼。A 型分子筛骨架结构的主要孔穴，由 12 个四元环，8 个六元环及 6 个八元环组成的二十六面体，有 48 个顶角。笼的平均孔径为 1. 14nm，空腔体积为 0.76nm^3，最大窗口孔为八元环，孔径为 0. 41nm。

（2）β 笼。形似一个正八面体在离其每个顶角 1/3 处削去 6 个角而留下的几何体，在

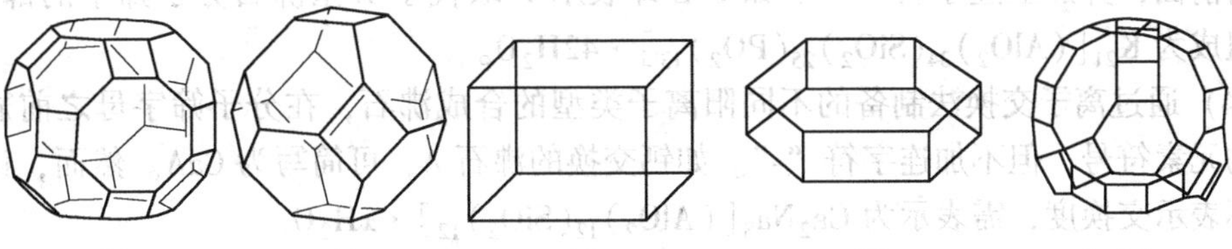

图 4-33 分子筛结构的第三个层次（笼）
（a）α 笼；（b）β 笼；（c）γ 笼；（d）六方柱笼；（e）八面沸石笼

削去顶角的地方形成 6 个正方形（四元环），原来 8 个三角面变成正六边形（六元环），有 24 个顶点（即 24 个硅铝原子）。笼的窗口孔径约 0.66nm，空腔体积为 0.16nm^3，最大窗口孔为六元环，孔径为 0.28nm，可构成 A 型、X 型、Y 型分子筛。α 笼和 β 笼只允许尺寸较小的分子如 NH_3、H_2O 等进入。

（3）γ 笼（立方体笼）。笼由两个相邻的截角八面体通过四元环由氧桥相互连接形成，呈现为立方体形状，因而又称为立方体笼。由于它是由 6 个四元环形成，有 8 个顶角。因此，它的体积很小，一般分子进不到笼里。

（4）六方柱笼。笼由 2 个六元环和 6 个四元环组成，它的体积很小，一般分子进不到笼里。

（5）八面沸石笼（超笼）。笼由 4 个十二元环、4 个六元环和 18 个四元环组成二十六面体，有 48 个顶角。笼的平均直径为 1.25nm，空腔体积 0.85nm^3，最大窗口孔为十二元环，孔径为 0.8~0.9nm，是 X 型、Y 型分子筛的主晶穴（孔穴）。

沸石分子筛的各种笼被称为晶穴，有效体积最大的为主晶穴。晶穴与外部或与其他晶穴相通的区域被称作晶孔，也称为孔、孔口、窗口、晶窗等。在沸石结构中，多面体通过所有的面与外部或其他多面体相连结，因此组成晶穴的每一个多元环都可以视为晶孔。其中，开孔直径最大的晶孔为主晶孔，其决定各种分子能否进入分子筛孔道。理论上，只有动力学直径小于主晶孔的分子才能进入。例如：A 型沸石的主晶孔是八元环、Y 型沸石的主晶孔是十二元环。晶穴按一定规则堆积而成分子筛晶体骨架，相邻的晶穴之间由晶孔互相沟通，这种由晶穴和晶孔所形成的无数通道，就称为孔道，也称通道。分子筛的主晶穴与主晶孔构成的孔道，称为该分子筛的主孔道。由主孔道所连通的空间，即为分子筛的孔道空间体系。

当前，已发现 40 多种天然沸石，人工合成的沸石分子筛已达 200 多种。天然沸石的矿物名称多与发现地和发现者有关，而人工合成沸石分子筛常用发现者工作单位来命名。合成分子筛的命名大多沿用历史习惯，有几条比较公认的命名规则，具体如下：

（1）字母命名。用一个或几个字母来命名，如沸石 A、沸石 K-G、沸石 ZK-5 等，取决于研究人员采用何种字母（一个或几个）对首次合成的某种分子筛进行命名。

（2）用相应矿物的名字命名。如方沸石型、丝光沸石型等，表明合成的沸石与这些矿物具有相同的结构，但由于阳离子的类型和位置、硅和铝的分布以及硅铝比等对沸石的性能都有影响，而使二者的性能并不完全一样。

（3）使用 P、Ca、Ge 等原子取代四面体中的 Si 或 Al 时，则一般就把该原子放在合成沸石前面，并加上连字符“-”。如P-L即表示P取代了L型沸石分子筛中的部分Si，化学组成为$K_{21}[(AlO_2)_{34}(SiO_2)_{25}(PO_2)_{13}]\cdot 42H_2O$。

（4）通过离子交换法制备的不同阳离子类型的合成沸石，在分子筛字母之前冠以该离子的元素符号，但不加连字符“-”。如钙交换的沸石A，可简写为CaA。然而，该命名法并不表示交换度，需表示为$Ca_2Na_8[(AlO_2)_{12}(SiO_2)_{12}]\cdot xH_2O$。

（5）国际沸石学会IZA根据IUPAC命名原则，给每个确定的骨架结构赋予一个由3个大写英文字母组成的代码。天然沸石的结构代码往往是其英文名称的前3个字母，合成沸石、分子筛的结构代码的规律性不强。如：方钠型沸石类的A型分子筛（LTA）；八面型沸石类的X型和Y型分子筛（FAU）；丝光型沸石（MOR）；高硅型沸石类的ZSM-5（MFI）。

几种常见分子筛的结构信息如下：

（1）A型沸石：晶体骨架可视为由截角八面体的6个四元环通过氧桥互相连接而成。如从8个β笼中心连接直线，即成立方体结构，所以此结构属于立方晶系。8个β笼和12个γ笼联结形成一个α笼（主晶穴），共有6个八元环、8个六元环和12个四元环，是1个二十六面体，又称截角立方八面体。晶孔由八元环组成，α笼之间通过八元环沿3个晶轴方向互相贯通，形成三维孔道（图4-34）。A型沸石的理想单胞组成为$Na_{96}[Al_{96}Si_{96}O_{384}]\cdot 216H_2O$。在12个钠离子中，有8个分布在8个六元环上，其余4个分布在八元环上。分布在八元环上的Na^+，挡住了部分孔道，使其孔径约为0.4nm；如Ca^{2+}交换Na^+后，使八元环的孔径增至0.5nm。反之，如用K^+交换Na^+，由于K^+的离子半径（0.133nm）比Na^+的离子半径（0.098nm）大，且K^+还优先占据八元环上的位置而挡住了孔道，使孔径变为0.3nm左右。

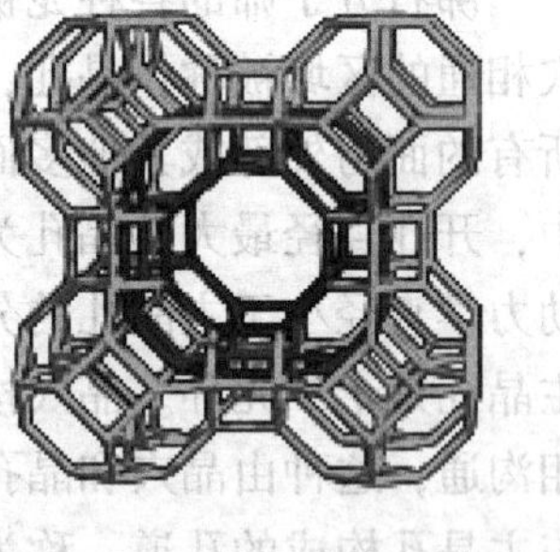

图4-34 A型分子筛的空间结构

（2）八面沸石（X型和Y型分子筛）：名称来自于天然矿物，人工合成的X和Y型分子筛的晶体结构与八面沸石的结构相同。八面沸石实际上是一个截角（也称削角）或平切八面体，共有24个顶角的十四面体。而截面八面体中有6个四元环、8个六元环。相邻的β笼间，由β笼中的4个六元环通过氧桥相互连接。骨架除了β笼外，还有两种新笼：一种是β笼间的连接处形成的六方柱笼；另一种是由7个β笼和9个六方柱笼围成的一个八面沸石笼，大笼自由直径约为1.25nm，容积可达$850nm^3$。其中，十二元环孔径约为0.8~0.9nm，是通向相邻晶穴必经的孔道。X和Y型分子筛的区别主要是硅铝比不同，通常SiO_2/Al_2O_3摩尔比为2.2~3.0的称为X型分子筛；SiO_2/Al_2O_3摩尔比大于3.0的称为Y型分子筛。X型和Y型分子筛的化学组成可分别表示为$Na_{86}[Al_{86}Si_{106}O_{384}]\cdot 264H_2O$和$Na_{56}[Al_{56}Si_{136}O_{384}]\cdot 264H_2O$。$Na^+$在八面沸石型分子筛的晶胞结构中，有三种优先占驻的位置，即位于六方柱笼体中心的S_{I}，每个晶胞有16个位置；位于β笼六元环中心的S_{II}，有32个位置；位于八面沸石中靠近β笼连接的四元环上的S_{III}，每个晶胞有48个位置。八面沸石的空间结构，如图4-35所示。

（3）丝光沸石：丝光沸石的单胞结构是由大量的成对的五元环（双五元环）通过氧桥连接而成，用xy面表示晶体结构中的某一层（图4-36）。丝光沸石在z轴方向上的排列，基本上是 xy 面结构的平行重复，排成平行于 z 轴的大量筒形孔道。孔口由十二环组成（椭圆形），由于十二元环有一定程度的扭曲，其长轴直径为 0.7nm，短轴直径为 0.58nm，平均直径为 0.66nm。由十二元环组成的孔道是丝光沸石的主孔道。由于 Na^+ 的阻碍或晶格在 z 轴上的重复不是很规则，致使孔径降到 0.4nm 左右。孔口是由八元环组成的孔道，因八元环的排列不规则，孔径更小（约 0.28nm）。因此，吸附的分子主要由主孔道出入。由于双晶等原因，主孔道容易堵塞。丝光沸石中的 SiO_2/Al_2O_3 约为 10，理想的单胞组成为 $Na_8[Al_8Si_{40}O_{96}]\cdot 24H_2O$，8 个 Na^+ 中的 4 个位于主孔道周围由八元环组成的孔道中，另外 4 个 Na^+ 位置不固定。

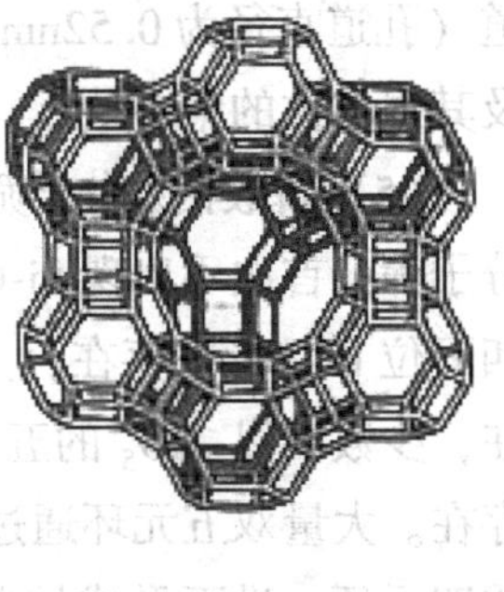

图 4-35 八面沸石（X 型和 Y 型分子筛）的空间结构

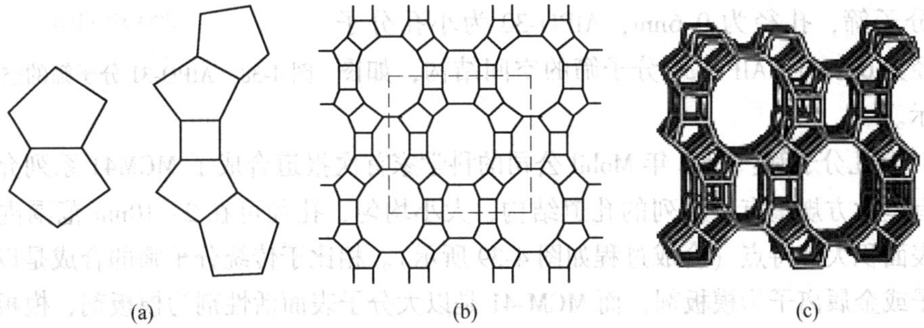

图 4-36 丝光沸石的单元结构及空间结构

（a）双五元环；（b）晶体结构中的 xy 面；（c）空间结构

（4）ZSM 分子筛：骨架的结构单元与丝光沸石相似，由成对的五元环组成，无笼和晶穴（孔穴），只有通道。其中，高硅铝比 ZSM 分子筛具有特殊的表面性质，即亲油憎水性。ZSM 分子筛的空间结构，如图 4-37 所示。

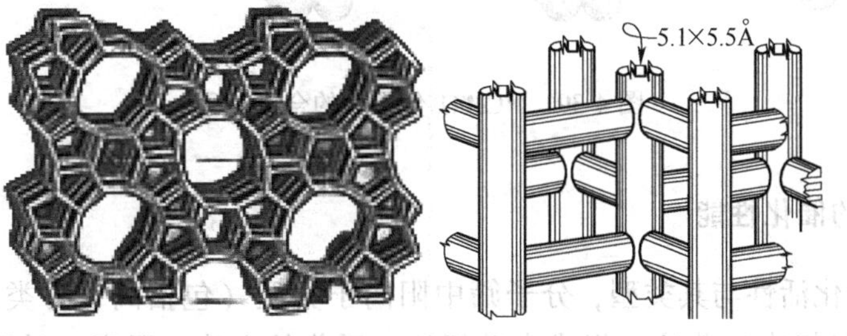

图 4-37 ZSM 分子筛的空间结构

根据硅铝比不同，有下列产品：ZSM-5、ZSM-8、ZSM-11、ZSM-21、ZSM-35、ZSM-48 等，广泛应用的是 ZSM-5。ZSM-5 单胞的化学组成可表示为 $Na_n[Al_nSi_{96-n}O_{192}]\cdot 16H_2O$，式中 n 是晶胞中铝的原子数，可为 0~27，典型为 3，硅铝物质的量比可以较大范围内改变，但硅铝总原子数为 96 个。晶胞参数为 $a=2.017$nm，$b=1.996$nm，$c=1.343$nm，属正交晶系，空间群 $Pnma$。ZSM-5 常称为高硅型分子筛，其硅铝比可高达 50 以上。孔道结构由截面呈椭圆形的直筒孔道（孔道直径为0.54nm×0.56nm）和截面近似为圆形的Z形孔道（孔道直径为0.52nm×0.58nm）交叉组成，两种通道的交叉处可能是ZSM-5催化活性及其强酸位的集中处。

（5）磷酸铝系分子筛：20世纪80年代，美国联合碳化物公司研究中心开发的$AlPO_4$-*n*分子筛，首次不出现Si-O四面体，骨架中P、Al通过氧桥严格交替排列，共顶点。P以四配位PO_4形式存在，大多数铝以AlO_4四配位形式存在，少数铝以AlO_5的五配位形式和AlO_6的六配位形式存在。大量双五元环通过氧桥相互连接，并在连接处形成四元环，进而形成层状结构，无笼和晶穴（孔穴），骨架呈电中性（无离子交换能力）。有下列产品：AlPO-5为大孔分子筛，孔径为0.7~0.8nm；AlPO-11为中孔分子筛，孔径为0.6nm；AlPO-30为小孔分子筛，孔径为0.4nm。AlPO-31分子筛的空间结构，如图4-38所示。

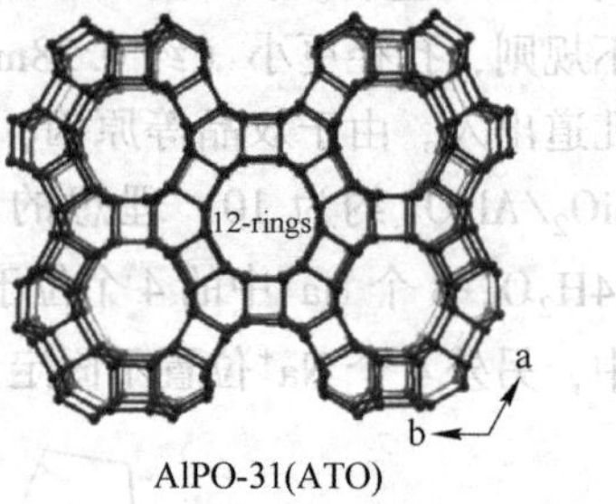

图4-38　AlPO-31分子筛的空间结构

（6）介孔分子筛：1992年Mobil公司的科学家首次报道合成了MCM41系列介孔分子筛，具有呈六方规整有序排列的孔道结构、大小均匀、孔径可在2~10nm范围内连续调节、比表面积大等特点（合成过程如图4-39所示）。相比于传统分子筛的合成是以单个有机小分子或金属离子为模板剂，而MCM-41是以大分子表面活性剂为模板剂，模板剂的烷基链一般多于10个碳原子。与其他沸石材料相比，MCM-41的骨架铝物种热稳定性相对较差，在焙烧过程中，骨架铝物种由骨架脱落成为非骨架铝物种。纯MCM-41本身酸性很弱，直接用作催化剂活性较低。

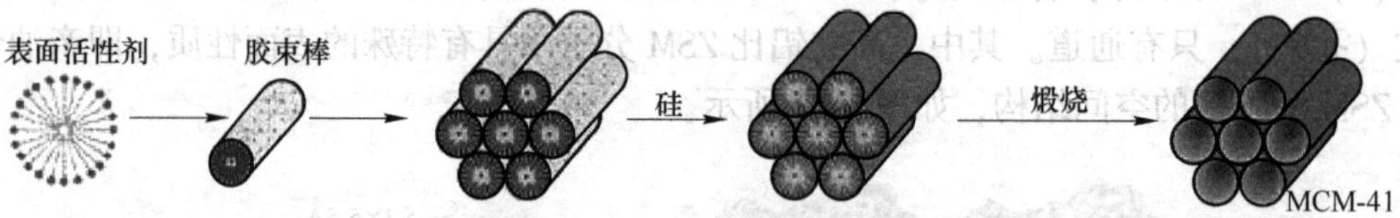

图4-39　MCM41分子筛的合成过程

4.4.2　分子筛的催化性能

分子筛的催化活性与其类型，分子筛中阳离子类型（包括离子种类，离子大小及电荷），阳离子在晶格中的落位，组成中硅铝比，活化的方法、温度、时间、气氛等有关。分子筛由于结构中Si和Al的价数不一，造成的电荷不平衡必须由金属阳离子来平衡。人工合成分子筛时，多以Na^+来平衡三维阴离子骨架的负电荷，然而Na型分子筛无酸性，使其催化性能不好。由于Na^+很容易被其他金属离子交换下来，可通过离子交换的方式来提高其催化性能。离子交换度（简称交换度）：指交换下来的钠离子占沸石分子筛中原有钠离子的百分数。由于金属离子在沸石分子筛骨架中占据不同的位置，产生的催化性能也就不一样：

$$交换度(\%)=\frac{交换下来的 Na^+ 量}{原分子筛含有的 Na^+ 量}\times 100\% \tag{4-21}$$

通过离子交换，可以调节沸石分子筛晶体内的电场和表面酸度等参数。在制备催化剂时可以将金属离子直接交换到沸石分子筛上，也可以将交换上去的金属离子，还原为金属形态，可使获得的催化剂的分散度要远高于一般浸渍法所得的催化剂。因此，可利用沸石分子筛的离子交换特性制备性能优良的双功能催化剂：如把 Ni^{2+}，Pt^{2+}，Pd^{2+}等离子交换到分子筛上并还原为金属，金属将处于高度分散状态而形成双功能催化剂。分子筛主要应用于酸催化反应，按正碳离子机理进行。

4.4.2.1 分子筛 NH_4Y 上的酸位中心

Na 型分子筛不显酸性，因 Na^+很稳定，经 NH_4^+ 交换，加热到 600~650K 时，除去 NH_3，即成为 H 型分子筛，这时的 H^+容易解离而显酸性，在更高温度 770~820K 时失去 H_2O，可产生 L 酸中心（图 4-40）。

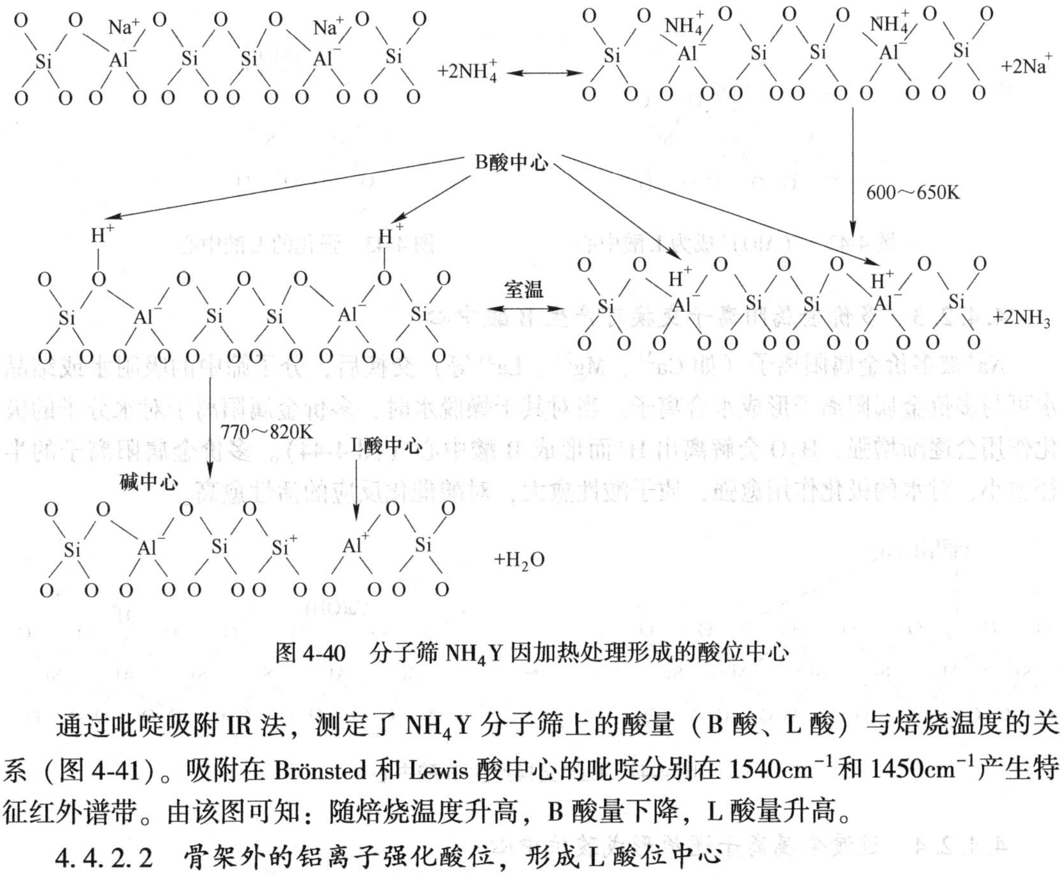

图 4-40 分子筛 NH_4Y 因加热处理形成的酸位中心

通过吡啶吸附 IR 法，测定了 NH_4Y 分子筛上的酸量（B 酸、L 酸）与焙烧温度的关系（图 4-41）。吸附在 Brönsted 和 Lewis 酸中心的吡啶分别在 $1540cm^{-1}$ 和 $1450cm^{-1}$ 产生特征红外谱带。由该图可知：随焙烧温度升高，B 酸量下降，L 酸量升高。

4.4.2.2 骨架外的铝离子强化酸位，形成 L 酸位中心

分子筛骨架中三配位的 Al^{3+}易从分子筛骨架上脱出，以 $(AlO)^+$或 $(AlO)_p^+$形式存在于孔隙中，成为 L 酸中心（图 4-42）。

当 $(AlO)_p^+$与 OH 基酸位中心相互作用时，可使 L 酸位中心得到强化。这种强化的 L 酸中心，如图 4-43 所示。

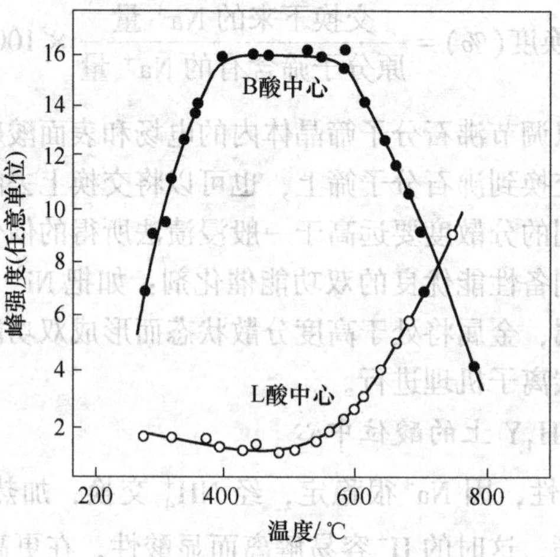

图 4-41 分子筛 NH_4Y 上的酸量与焙烧温度的关系

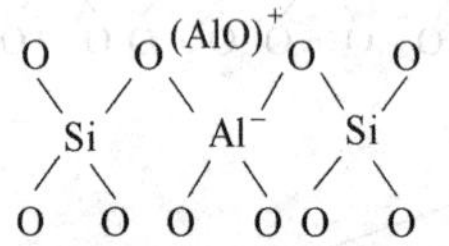

图 4-42 $(AlO)^+$成为 L 酸中心

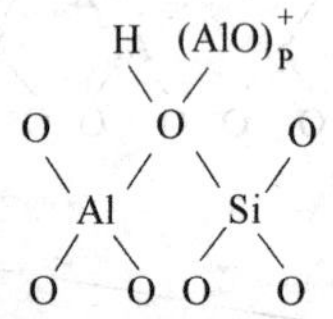

图 4-43 强化的 L 酸中心

4.4.2.3 多价金属阳离子交换可产生 B 酸中心

Na^+被多价金属阳离子（如 Ca^{2+}、Mg^{2+}、La^{3+}等）交换后，分子筛中的吸附水或结晶水可与多价金属阳离子形成水合离子。当对其干燥脱水时，多价金属阳离子对水分子的极化作用会逐渐增强，H_2O 会解离出 H^+而形成 B 酸中心（图 4-44）。多价金属阳离子的半径愈小，对水的极化作用愈强，质子酸性愈大，对酸催化反应的活性愈高。

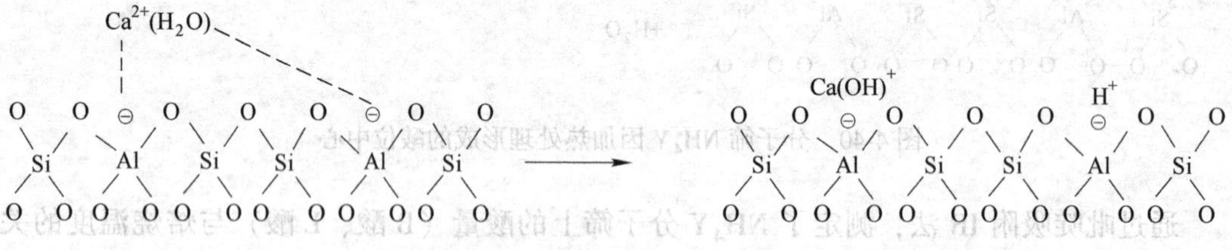

图 4-44 Ca^{2+}交换产生 B 酸中心

4.4.2.4 过渡金属离子还原形成酸位中心

$$Cu^{2+} + H_2 \longrightarrow Cu + 2H^+ \tag{4-22}$$

$$Ag^+ + \frac{1}{2}H_2 \longrightarrow Ag + H^+ \tag{4-23}$$

$$Ni^{2+} + H_2 \longrightarrow Ni + 2H^+ \tag{4-24}$$

AgY 分子筛的催化活性，由于 H_2 的存在而强化，高于 HY 分子筛。研究发现：过渡金属簇状物（如 Ag_n），在临氢条件下，可促使分子 H_2 与质子（H^+）之间的相互转化。

$$2(Ag_n)^+ + H_2 \rightleftharpoons 2(Ag_n) + 2H^+ \tag{4-25}$$

4.4.2.5 分子筛酸性的调变

前面所述的分子筛酸中心形成的机理，具有普适性。对于耐酸性更强的分子筛，如ZSM-5、丝光沸石等，可以提过稀盐酸直接交换将质子引入。其他分子筛均需先变成铵型后，再加热分解。OH 基酸位的比活性，因分子筛而异。通常 OH 基的比活性是分子筛中 Si/Al 的函数，Si/Al 越高，OH 基的比活性越高；此外，Si/Al 越高，Al 越少，B 酸位越少，负载后的 L 酸位点也会减少，从而影响酸性。

分子筛具有特定尺寸的孔道，通道或空腔，只允许有一定分子尺寸（线度）的反应物、产物进出和反应中间体（过渡态）在其中停留。由此可产生相对应于反应物、产物和反应中间物分子的形状的选择性。即择形催化。也就是，在分子筛均匀的内孔内，由于反应物和产物等的分子线度与晶内孔径相接近时，催化反应的选择性常数取决于分子与孔径的相应的大小。

（1）反应物的择形催化。反应混合物中某些能反应的分子，因尺寸太大不能扩散到催化剂孔腔内，只有那些直径小于内孔直径的分子才能进入内孔，在催化活性部位进行催化反应，从而实现对反应物的择形催化。如：丁醇的三种异构体（伯、仲、叔醇）的脱水反应。在非选择性催化剂 CaX 型分子筛上，正丁醇较其异构体更难于脱水，而在择形催化剂 CaA 型分子筛上，则只有正丁醇转化很快，而仲丁醇完全不能反应，叔丁醇脱水速率极低（图 4-45）。反应物的择形催化在炼油工业有多种应用：加氢裂化、油品的分子筛脱蜡等。

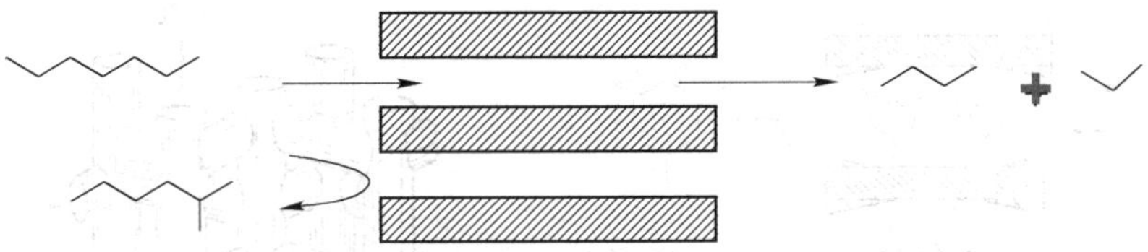

图 4-45 反应物的择形催化

（2）产物的择形催化。当产物混合物的某些分子尺寸太大，或者是异构成线度较大的产物，难于从分子筛催化剂的内孔窗口扩散出来，只能异构成具有较小的分子从窗口中逸出。或者裂解成较小的分子，乃至不断裂解、最终以炭的形式沉积在孔内和孔口，导致催化剂的失活，就形成了产物的择形催化。如：Mobil 公司开发的用于 C_8 芳烃异构化的非硅、铝骨架的新型磷酸盐系列分子筛（AlPO）催化剂，其窗口只允许对二甲苯（p-xylene，PX）逸出，因而此工艺保证了 PX 的极高选择性（图 4-46）。

（3）过渡态限制的择形催化。由催化反应过渡态空间限制所引起的有些反应，反应物分子和产物分子都不受催化剂窗口孔径扩散的限制，只是需要内孔和孔笼有较大的空间，才能形成相应的过渡态，否则就受到限制，使反应无法进行，这就构成了过渡状态的择形选择性。如二烷基苯分子通过酸催化的烷基转移反应，就属于过渡状态的择形催化的例子（图 4-47）。该反应涉及一种二芳基甲烷型的过渡状态，产物含一种单烷基苯和各种三烷基苯的异构体混合物，平衡时对称的 1,3,5-三烷基苯是各种异构体混合物的主要成

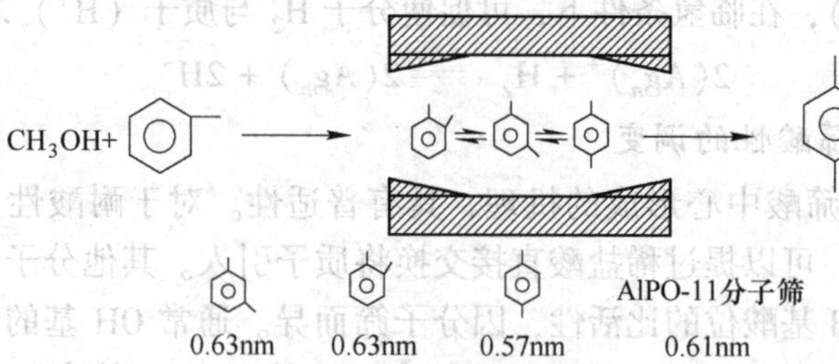

图 4-46　产物的择形催化

分。在非择形催化剂（HY 或 SiO_2-Al_2O_3）中，1,3,5-三烷基苯的相对含量接近于该非催化反应条件下的热力学平衡产量。而在择形催化剂 HM（丝光沸石）中，对称的三烷基苯的产量几乎为零。这种对称的异构体形成受阻，是因为 HM 的内孔无足够大的空间适应于大分子尺寸的过渡状态。ZSM-5 催化剂常用于这种过渡态选择性的催化反应。

（4）分子交通控制的择形催化。在具有两种不同形状和大小的孔道分子筛中，反应分子可以容易地通过一种孔道进入到催化剂活性部位反应，产物分子则从另一种孔道扩散出去，这样逆扩散最小，并增加了主反应的反应速率。该类分子交通轨道控制的催化反应称之为分子交通轨道控制择形催化。ZSM-5 具有两组交叉的通道，一种为直通道，窗口呈椭圆形（0.52nm×0.58nm）；另一种为“之”字形呈圆形通道（0.54nm×0.56nm）。反应物分子从“之”字形孔道进入分子筛，较大的产物分子则从椭圆形直孔道扩散出来（图 4-48）。

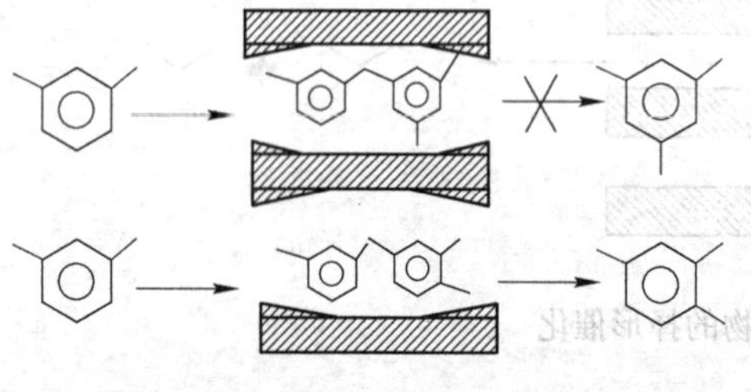

图 4-47　过渡态限制的择形催化

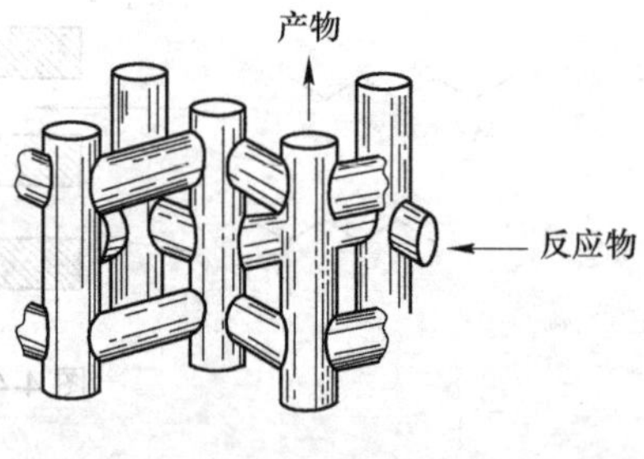

图 4-48　分子交通控制的择形催化

由于分子筛在各种不同反应中，能提供很高的活性和不同寻常的选择性，在炼油和石油化工中，分子筛催化剂占有重要地位。CaX 和 CaA 分子筛对正丁醇和异丁醇的脱水活性比较（表 4-20）。

表 4-20　CaX 和 CaA 对正丁醇和异丁醇的脱水活性

温度/K	脱水选择性（质量分数）/%			
	CaX		CaA	
	正丁醇	异丁醇	正丁醇	异丁醇
493	—	22	10	<2
503	9	46	18	<2

续表 4-20

温度/K	脱水选择性（质量分数）/%			
	CaX		CaA	
	正丁醇	异丁醇	正丁醇	异丁醇
513	22	63	28	<2
533	64	85	60	<2
563	—	—	—	5

由表 4-20 可知：在 503~533K 的温度范围内，正丁醇和异丁醇均能在 CaX 上迅速发生反应，且异丁醇表现出更高的转化率。然而，异丁醇却不能进入 CaA 晶体的空道内部，所以异丁醇在 CaA 上几乎不发生反应，除非大幅度地提高反应温度。CaX 和 CaA 对可自由出入其晶体孔道的正丁醇的催化活性仅有微小的差别。因为催化活性是由反应物的大小决定的，所以该类形状选择称为反应物选择性。

分别以 CaA、硅酸铝和 CaX 为己烷裂化的催化剂，产品中的异丁烷/正丁烷和异戊烷/正戊烷的比值比较（表 4-21）。

表 4-21　己烷裂化中异丁烷/正丁烷和异戊烷/正戊烷的比值

异构烷/正构烷	5A	SiO_2-Al_2O_3	10X
iso-C_4/n-C_4	<0.05	1.4	0.7
iso-C_5/n-C_5	<0.05	10.0	0.7

由表 4-21 可知：在 CaA 催化剂上，几乎不生成异构烷烃产物，而在硅酸铝和 CaX 催化剂上，异构烷烃却是主要产物。产物的差异是由于烷烃裂化异构产物在生成后不能通过 CaA 孔道扩散出来，因而该类形状选择称为产物选择性。

4.5　MOF 催化剂及其催化作用

金属有机骨架（MOFs）是一类新型有机-无机杂化材料，其是具有类似沸石特性的微孔/介孔晶体材料。它是由无机金属中心（金属阳离子构成的金属结点或者几种金属组成的金属团簇）与两个及两个以上结合位点的含氧、氮等的多齿刚性有机配体（大多是芳香多酸和多碱），通过自组装相互连接而成的配位聚合物。

当前，周期表中几乎所有的二价，三价或四价金属离子均可作为用于合成 MOFs 材料的无机金属中心；对于有机配体，由于结合位点和有机配体结构存在丰富多样性，决定了可选择的有机配体非常广泛。其中，羧酸盐类物质由于具有较强的配位结合力、丰富的配位方式以及高稳定性等优点，常被选择作为有机配体。其次，含氮杂环和有机磷化合物常被选择作为有机配体。由于金属离子和有机配体之间具有多种可能的组合方式，从而可以形成具有不同孔隙率、比表面积、结晶度、柔韧性和催化活性位点数量的 MOFs。MOFs 主要包括两个重要组分：结点（connectors）和联接桥（linkers），即其是由不同连接数的有机配体（联接桥）和金属离子结点组合而成的框架结构。按照 MOFs 材料结构的差异，可将其大致分类：RMOF 系列、HKUST 系列、ZIF 系列、MIL 系列、PCN 系列。

4.5.1 IRMOF 系列

1995 年，Yaghi 等人最早提出金属有机框架的概念。随后，其在 1999 年报道了一种分子式为 $ZnO_4(BDC)_3 \cdot (DMF)_8 \cdot C_6H_5Cl$ 的金属有机框架材料 MOF-5。其是由 $Zn_4O(CO_2)_6$ 簇和对苯二甲酸配体组合形成的具有三维正方形孔道结构的材料，处在立方体 8 个顶点处的金属节点由含苯环的稳定的有机分子连接，每个金属节点中含有 4 个 Zn 原子，被 C 原子和 O 原子所固定。骨架空旷度 55%~61%，骨架结构可稳定至 300℃，具有大比表面积（$2900m^2/g$），孔径达到 1.51nm，远优于以往的 MOFs 材料。在金属有机框架材料的发展历史上，MOF-5 材料的出现具有里程碑的意义。IRMOF 系列材料结构，如图 4-49 所示。

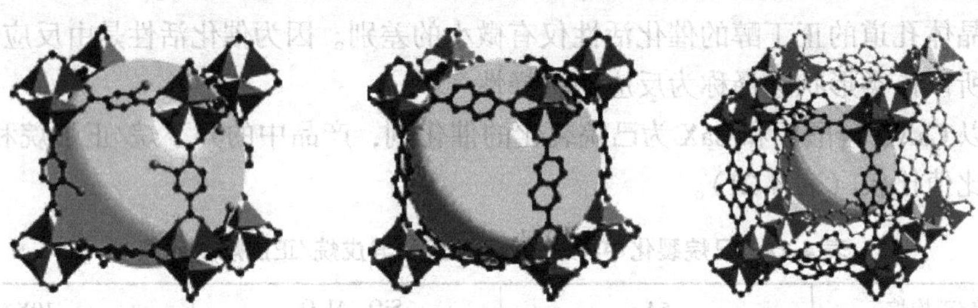

(a) (b) (c)

图 4-49 IRMOF 系列材料结构

（a）IRMOF-3：$Zn_4O(NH_2\text{-bdc})_3$；（b）IRMOF-8：$Zn_4O(ndc)_3$；（c）IRMOF-11：$Zn_4O(hpdc)_3$

4.5.2 ZIF 系列

2006 年，Yaghi 等合成了一系列类似分子筛结构的含氮类 MOFs，即类沸石咪唑酯骨架材料（Zeolitic Imidazolate Frameworks，ZIFs）。ZIFs 化合物可表示为 $M(IM)_2$：其中 M 和 IM 分别为金属离子和含有咪唑或咪唑衍生物基配体（咪唑失去一个质子后形成）。ZIFs 属于含 N 杂环的 MOFs，一般是由咪唑类有机配体与过渡金属离子（Zn^{2+}或 Co^{2+}）经过氮原子链接组装构成的聚合物（图 4-50）。在 $Co(IM)_2$ 和 $Zn(IM)_2$ 中，Co 或者 Zn 与咪唑中的 N 原子键连形成四面体，由于 M-IM-M 键角接近 145°，与常见沸石中的 Si—O—Si 键角一致。其中，ZIF-8 和 ZIF-11 具有永久性的孔道（比表面积高达 $1810m^2/g$），热稳定

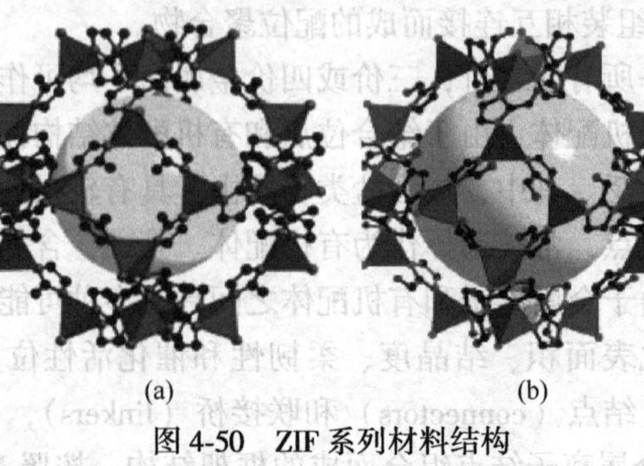

(a) (b)

图 4-50 ZIF 系列材料结构

（a）ZIF-8：Zn；（b）ZIF-90：$Zn(ica)_2$

性高（最高 550℃），以及强的耐热碱水和耐有机溶剂腐蚀性。

4.5.3 HKUST 系列

1999 年，香港科技大学的 Williams 等人合成了一种由具有轮桨式结构的 $Cu_2(CO_2)_4$ 簇与均苯三甲酸配体（TMA）经配位组合形成的三维 MOFs 框架材料，并以香港科技大学英文名称首字母为其命名，即 HKUST-1。其化学组成为 $[Cu_3(TMA)_2(H_2O)_3]_n$，由两个铜原子与四个氧原子（氧原子均来自均苯三甲酸）及一个水分子进行配位形成 $[Cu_2C_4O_8]$ 笼，HKUST-1 的单元结构，如图 4-51 所示。与沸石不同，其晶体中的水分子可以脱除，脱水过程仍保留材料的结晶性，但由于 $[Cu_2C_4O_8]$ 笼收缩会导致晶胞体积减小。脱水后暴露出框架中不饱和的 Cu(Ⅱ) 位点，可通过强静电力与目标分子作用。

4.5.4 MIL 系列

2002 年，法国凡尔赛大学的 Gérard Férey 研究小组通过水热法合成出第一个三维铬(Ⅲ) 二羧酸盐的 MOFs 材料（MIL-53），分子式为 $Cr^{Ⅲ}(OH)\cdot\{O_2C\text{-}C_6H_4\text{-}CO_2\}$。这种柔性材料具有显著的“呼吸效应”：在进行极性分子的吸附时可以自主调节孔的大小，即在脱除客体分子后呈现大孔结构，随吸附进行转变为小孔结构，如图 4-52 所示。

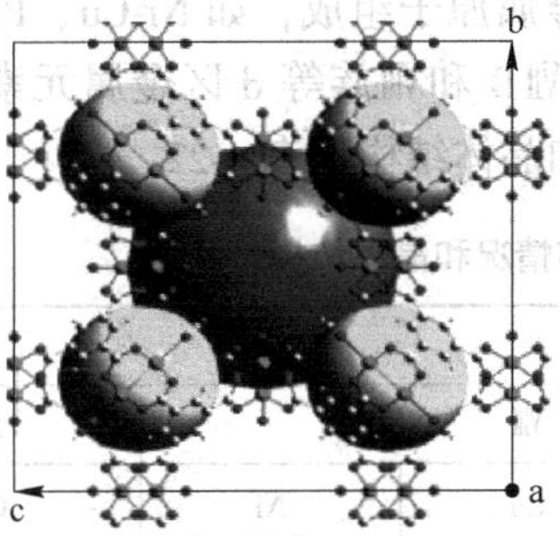

图 4-51 HKUST-1（MOF-199）结构

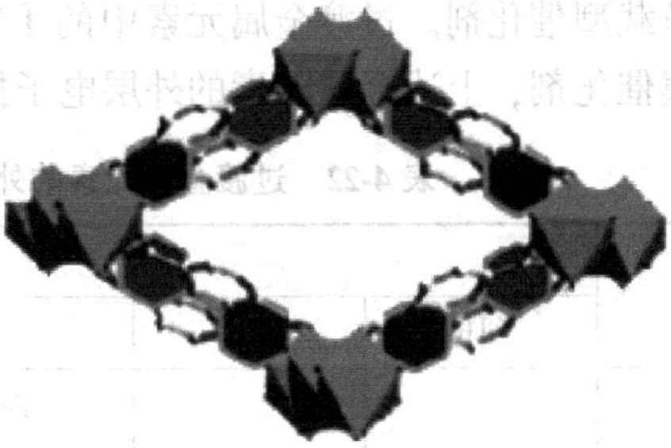

图 4-52 MIL-53（Cr）单元结构

4.5.5 PCN 系列

PCN（Porous Coordination Network）是一种多孔金属有机骨架材料。2006 年，周宏才课题组由血红蛋白以及维生素 B_{12}结构受到启发，合成了一种具有扭曲金属键的 MOFs 材料 $H_2[Co_4O(TATB)_{8/3}]$，并将其命名为 PCN-9。它以一个平面四方形的 $Co_4(\mu_4\text{-}O)$ 为次级结构单元（SBU），μ_4-oxo 位于 4 个 Co 原子组成的平面中心。SBU 中的 4 个 Co 原子均以四方锥几何结构进行五键配位，如图 4-53 所示。在 PCN-9 中发现的平面四方形 μ_4-oxo 桥联结构在 MOF 中具有独一无二性。每个 $Co_4(\mu_4\text{-}O)$

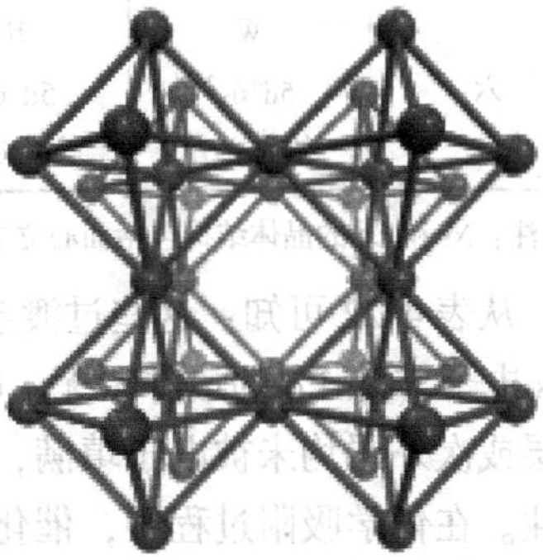

图 4-53 PCN-105 单元结构

单位连接 8 个三角平面的 TATB 配体，每个 TATB 配体连接 3 个 $Co_4(\mu_4\text{-}O)$ 单位形成一个通过角共享八面体笼的三维网络。

通常，MOFs 材料作为非均相催化剂主要有以下三种形式：

(1) 以 MOFs 本身的金属离子或者金属簇作为反应的活性位点，如 CO_2 还原、加氢脱硫和配位聚合反应。

(2) 以 MOFs 为催化剂载体，将具有催化性能的活性分子负载在 MOFs 材料孔道或者表面。

(3) 直接以具有活性催化性能的有机配体作为 MOFs 的构筑单元，或者通过对 MOFs 的有机配体进行改性来引入新的活性中心。

4.6 金属催化剂及其应用

金属催化剂，包括纯金属和合金催化剂。纯金属催化剂的活性组分由一种金属原子组成，可单独或负载在载体上使用，如用于氨氧化制硝酸的铂网催化剂。通常，将金属颗粒分散负载于载体上形成金属负载型催化剂，以防止烧结和有利于催化剂与反应物的接触。大多数负载型金属催化剂是首先将金属盐类溶液浸渍到载体上，经沉淀转化或热分解后还原制得。合金催化剂，其活性组分由两种或两种以上金属原子组成，如 Ni-Cu、Pt-Re 等，也多为负载型催化剂。过渡金属元素中的ⅠB、ⅥB、ⅦB 和Ⅷ族等 d 区金属元素常用于合成金属催化剂，上述金属元素的外层电子排布情况和晶体结构见表 4-22。

表 4-22 过渡金属元素的外层电子排布情况和晶体结构

周期	族					
	ⅥB	ⅦB	Ⅷ			ⅠB
四			Fe $3d^64s^2$ 体心立方	Co $3d^74s^2$ 面心立方	Ni $3d^84s^2$ 面心立方	Cu $3d^{10}4s^1$ 面心立方
五	Mo $4d^54s^1$ 体心立方	Tc $4d^55s^2$ 六方密堆	Ru $4d^75s^1$ 六方密堆	Rh $4d^85s^1$ 面心立方	Pd $4d^{10}$ 面心立方	Ag $4d^{10}5s^1$ 面心立方
六	W $5d^46s^2$ 体心立方	Re $5d^56s^2$ 六方密堆	Os $5d^66s^2$ 六方密堆	Ir $5d^76s^2$ 面心立方	Pt $5d^96s^1$ 面心立方	Au $5d^{10}6s^1$ 面心立方

注：Ni 和 Co 的晶体结构包括面心立方和六方密堆。

从表 4-22 可知：这些过渡金属元素的外层电子排布有共同特点，即最外层均有 1~2 个 s 电子（除 Pd 的最外层无 s 电子）、次外层有 1~10 个 d 电子。它们（除 Pd 外）的最外层或次外层均未被电子填满，即其能级中都含有未成对电子，从而表现出强顺磁性或铁磁性。在化学吸附过程中，催化剂中的 d 电子可与被吸附物中的 s 电子或 p 电子配对，发生化学吸附后生成表面中间物种，使被吸附分子活化。以金属为催化剂进行反应时，其先吸附一种或多种反应物分子，从而使后者能够在金属表面上发生化学反应，金属催化剂对某一种反应活性的高低与反应物吸附在催化剂表面后生成的中间物的相对稳定性有关。因此，金属适合作为哪种反应类型的催化剂，与金属表面的几何构造（晶体结构、取向、缺陷、颗粒大小、分散度等）和表面化学键有关。金属组分与反应物分子间应有合适的能量及空间适应性，以利于反应分子的活化。即发生催化反应时，催化剂与反应物要相互作用。如过渡金属是很好的加氢、脱氢催化剂，这是因为 H_2 很容易在其表面吸附，反应不会进行到催化剂表面层之下的位置。氧化反应的催化剂，只能是“贵金属（Pd、Pt 和 Ag）”，这是因为它们在相应温度下能防止氧化。重要的金属催化剂及其在工业催化中的应用见表 4-23。

表 4-23 重要的金属催化剂及其在工业催化中的应用

催化剂典型代表	主催化反应	反应类型
Raney Ni	$RCH=CHR'+H_2 \rightleftharpoons RCH_2CH_2R'$	加氢
熔铁（$Fe-K_2O-CaO-Al_2O_3$）	$N_2+3H_2 \rightleftharpoons 2NH_3$	加氢
Pt 网	$2NH_3+5/2O_2 \rightleftharpoons 2NO+3H_2O$	氧化
Ag（电解）	$CH_3OH+1/2O_2 \rightarrow HCHO+H_2O$	氧化
Ni/Al_2O_3	$CO+3H_2 \rightarrow CH_4+H_2O$	甲烷化
Pd-Ag/13X	$RC\equiv C+H_2 \rightarrow R-CH=CH_2$	选择加氢
Ni-Cu 合金	己二腈+氢→己二胺	加氢
$LaNi_5$ 金属间化物	$CO+H_2 \rightarrow CH_4+H_2O+C_2 \sim C_{16}$烃（少量）	F-T 合成

金属催化剂是一类重要的工业催化剂，按使用情况可分为以下五类：

（1）块状催化剂，如电解银催化剂、融铁催化剂、铂网催化剂等。

（2）分散或者负载型的金属催化剂，如 $Pt-Re/\gamma-Al_2O_3$ 重整催化剂。

（3）金属互化物催化剂，如 $LaNi_5$ 可催化转化合成气为烃，是 70 年代开发的一类新型催化剂，也是磁性材料、储氢材料。

（4）合金催化剂，如 Cu-Ni 合金加氢催化剂。

（5）金属簇状物催化剂，如烯烃的羰基化反应（一氧化碳、氢气和烯烃在多核 $Fe_3(CO)_{12}$催化剂的作用下生成比原来所用烯烃多一个碳原子的脂肪醛的过程），至少需含有两个以上金属原子来满足催化剂活化的要求。

4.6.1 金属表面化学键的研究理论

研究金属表面化学键的理论方法有三种：能带理论、价键理论与配位场理论。三种理论，各自从不同的角度来说明金属化学键的特征，每一种理论都可用特定的参量与金属的化学吸附和催化性能相关联，具有相辅相成的作用。

4.6.1.1 能带理论

能带模型认为：金属中原子间的相互结合能来源于正电荷的离子（核）和价电子之间的相互作用。原子中内壳层的电子处于定域状态。当过渡金属原子形成固体时，原子最外层的 s 轨道、p 轨道和 d 轨道分别组合形成 s 能带、p 能带和 d 能带。s 能带、p 能带和 d 能带分别由 N 个、$3N$ 个和 $5N$ 个能级所组成。由于能带中的能级之间的能量差存在差异，因而在单位能量间隔内的能级数目存在差异，此即为能级密度。能带的宽度主要由原子轨道的重叠大小和相互作用强弱决定，而与 N 无关。从量子力学计算，能带的宽度是 s>p>d。因此，d 能带中的能级密度最大。s 能带一般为（6~7）~20eV，d 能带约为 3~4eV。即 s 能带的能级密度比 d 能带的能级密度小。d 能带和 s 能带的能级密度特征，如图 4-54 所示。这是示意图，实际上，各层电子能带可能重叠，如 s 带和 d 带之间可能部分重叠。

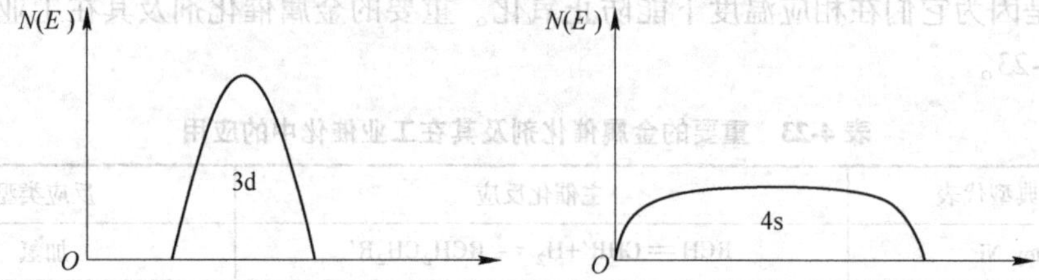

图 4-54　d 能带和 s 能带的能级密度特征

对过渡金属而言，s 轨道形成 s 能带，d 轨道组成 d 能带，s 能带和 d 能带之间有重叠（图 4-55）。

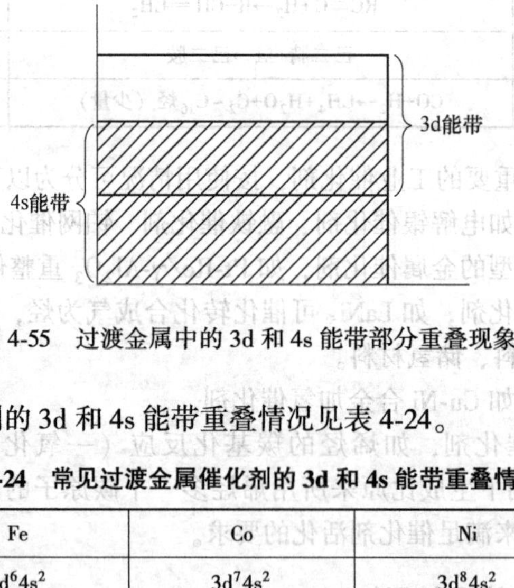

图 4-55　过渡金属中的 3d 和 4s 能带部分重叠现象

常见过渡金属催化剂的 3d 和 4s 能带重叠情况见表 4-24。

表 4-24　常见过渡金属催化剂的 3d 和 4s 能带重叠情况

金属催化剂	Fe	Co	Ni	Cu
单原子	$3d^6 4s^2$	$3d^7 4s^2$	$3d^8 4s^2$	$3d^{10} 4s^1$
金属	$3d^{7.8} 4s^{0.2}$	$3d^{8.3} 4s^{0.7}$	$3d^{9.4} 4s^{0.6}$	$3d^{10} 4s^1$

在能级中，s 能级为单重态，只能容纳 2 个电子；d 能级为 5 重简并态，可以容纳 10 个电子。以过渡金属 Cu 和 Ni 为例：Cu 原子的电子结构为 $3d^{10}4s^1$，故 Cu 中的 3d 能带全部充满，而 4s 能带只占用一半；Ni 原子的电子结构为 $1s^2 2s^2 2p^6 3s^2 3p^6 3d^8 4s^2$，故 Ni 的 3d 能带中的某些能级未被充满，可视为 3d 能带中的空穴（图 4-56（a））。由磁化率测知平均每个 Ni 原子的电子结构为 $3d^{9.4}4s^{0.6}$，即 3d 能带中有 9.4N 个电子、0.6N 个空穴；4s 能带中有 0.6N 个电子、1.4N 个空穴，平均每个 Ni 原子有 0.6 个空穴。由此可知：其 3d 和 4s 能带发生了部分重叠，部分 4s 能带电子转至 3d 能带中（图 4-56（b））。

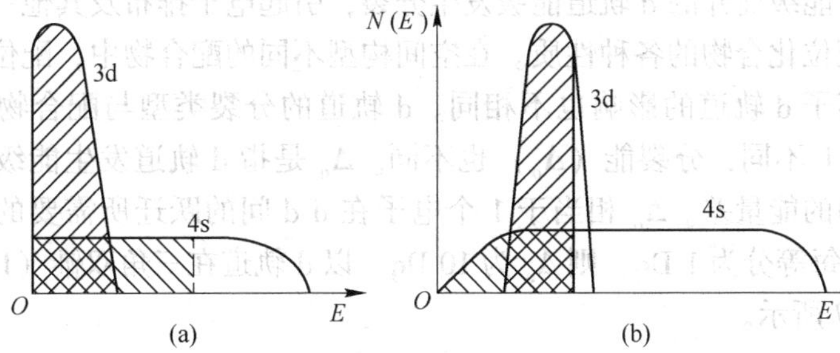

图 4-56　3d 和 4s 能带发生的部分重叠

(a) Cu 的 d 带和 s 带的填充情况；(b) Ni 的 d 带和 s 带的填充情况

能带理论的贡献：将晶体中的电子能谱分成许多能带。晶体的性质决定于其能带结构及电子的填充情况，为理解晶体的各种物理性质提供了理论基础；根据能带结构及电子的填充情况可区分晶体的导电性质，用于区分导体、半导体与绝缘体；为现有的半导体材料与器件建立与发展提供了理论基础。能带理论的局限：建立在单电子近似的基础上，只考虑电子受晶格周期场的作用，而忽略了电子间的相互作用。由于电子间存在相互作用，即使考虑屏蔽效应，亦不能完全认为互相独立，实际上一个电子的状态必然受到其他电子的影响（电子间存在相互作用）。

4.6.1.2　价键理论

从成键理论的角度来研究金属催化活性。金属是由 N 个相同原子组成的巨大分子，它们彼此之间以金属键结合。Pauling 价键理论认为金属键（由原子通过价电子形成共价键）是一种特殊的共价键。共价键是由 nd、$(n+1)$s 和 $(n+1)$p 轨道参与的杂化轨道。它把金属中的电子分成两类，即成键电子（填充杂化轨道，形成金属键）和原子电子（未结合电子，在原子轨道中）。将金属原子的轨道分为两类，即成键轨道、原子轨道。由成键电子形成成键轨道，成键轨道用来形成金属键。原子电子形成原子轨道，它对金属键的形成不起作用，但与金属的磁性和化学吸附能力有关。

价键理论认为，过渡金属原子以杂化轨道相结合，杂化轨道通常为 s、p、d 等原子轨道的线性组合，称之为 spd 或者 dsp 杂化。杂化轨道中 d 原子轨道所占的百分数称为金属的 d 特性百分数（$d\%$）。如成键轨道 d^2sp^3：$d\%=2/(2+1+3)=0.33$；成键轨道 d^3sp^3：$d\%=3/(3+1+3)=0.43$。$d\%$是一个经验参量，$d\%$越大，相应的 d 能带中的电子填充越多，d 空穴就越少。金属的 $d\%$是价键理论用以关联金属催化活性和其他物性的一个特性参数，$d\%$和 d 空穴是从不同角度反映金属电子结构的参量，且是相反的电子结构表征。它们分别与金属催化剂的化学吸附和催化活性有某种关联。

4.6.1.3　配位场模型（晶体场理论）

配位场理论是借用配位化学中的配位场概念而建立的定域模型。其是一种静电理论，它把配合物中的中心原子 M 与配体 L 之间的相互作用，视为类似于离子晶体中正负离子间的相互作用。在配合物中，中心离子 M 处于带负电荷的配体 L 形成的静电场（晶体场）中，二者完全靠静电作用结合在一起。这种场电作用将影响中心离子 M 的电子层结构，特别是 d 结构，而对配体 L 不影响。由于 d 轨道分布的特点，晶体场对 M 的 d 电子产生排斥作用，使5个能级简并的d轨道能级发生分裂，引起电子排布及其他一系列性质的变化，据此可解释配位化合物的各种性质。在空间构型不同的配合物中，配位体形成不同的晶体场，对中心离子d轨道的影响也不相同。d轨道的分裂类型与配合物的空间构型有关；晶体场相同，L不同，分裂能（Δ_o）也不同。Δ_o是指d轨道发生能级分裂后，最高能级和最低能级间的能量差。Δ_o相当于1个电子在d-d间的跃迁所需要的能量。一般将Δ_o分成10等分，每等分为1 Dq，则Δ_o为10 Dq。以d轨道在三角双锥（D3h）场中的分裂为例，如图4-57所示。

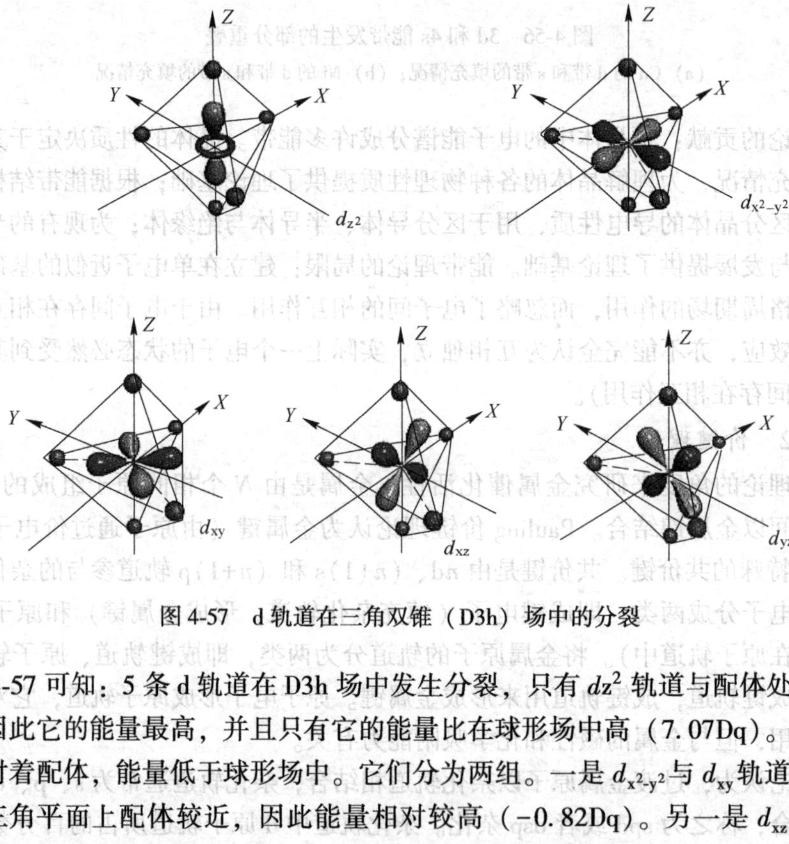

图4-57 d轨道在三角双锥（D3h）场中的分裂

由图4-57可知：5条d轨道在D3h场中发生分裂，只有dz^2轨道与配体处于正好相对的位置，因此它的能量最高，并且只有它的能量比在球形场中高（7.07Dq）。余下d轨道都没有正对着配体，能量低于球形场中。它们分为两组。一是$d_{x^2-y^2}$与d_{xy}轨道在三角平面上，距离三角平面上配体较近，因此能量相对较高（−0.82Dq）。另一是d_{xz}和d_{yz}轨道，与配体的距离最远，因此能量最低（−2.72Dq）。其中，能量较高的d_{z^2}和$d_{x^2-y^2}$轨道，称为e_g轨道。能量较低的d_{xy}、d_{yz}、d_{xz}轨道，称为t_{2g}轨道。由于e_g能带高，t_{2g}能带低。因为它们具有空间指向性，所以表面金属原子的成键具有明显的定域性。在周期表后部的过渡金属中，e_g轨道相当自由，可参与σ键合；t_{2g}轨道由于已有相当程度的充填，只能参与π成键，化学吸附物种的键强取决于轨道构型。这种分裂将对配合物的性质产生重要影响。d电子从未分裂的d轨道进入分裂后的d轨道，使配合物获得晶体场稳定化能。通过该模型，原则上可以解释金属表面的化学吸附：因为这些轨道以不同的角度与表面相交，而这种差别会影响到轨道键合的有效性；解释不同晶面之间化学活性的差别：如Fe催化剂的不同晶面对NH_3合成的活性不同，如以［110］晶面的活性定义为1，则［100］晶面的活性为21，而［111］晶面的活性为440；解释不同金属间的模式差别和合金效应。

4.6.2 金属催化剂催化活性的经验规则

4.6.2.1 *d* 带空穴与催化活性

金属能带模型提供了 *d* 带空穴概念，并将它与催化活性关联起来。这是由于 *d* 带的能级密度比 *s* 带高，而能级起点比 *s* 带低（位于离原子核更近的内层），当 *d* 带上有空穴时，存在从外界接受电子和吸附物质成键的倾向。由于一个能带电子全充满时就难于成键（没有空轨道），因而 *d* 带空穴对化学吸附和催化作用非常重要。*d* 带空穴越多，*d* 能带中未占用的 d 电子或空轨道越多，磁化率会越大。磁化率与金属催化活性有一定关系。一些常见过渡金属的 *d* 带空穴和 *d*%见表 4-25。

表 4-25 常见过渡金属的 *d* 带空穴和 *d*%

金属	*d* 带空穴	*d*%	金属	*d* 空穴	*d*%	金属	*d* 带空穴	*d*%
Cr	4~5	39	Mo	4~5	43	W	4~6	43
Mn	3~5	40.1	Tc	3~4	46	Re	3~5	46
Fe	2~3	39.7	Ru	2~3	50	Os	2~4	49
Co	1~3	39.5	Rh	1~2	50	Ir	1~3	49
Ni	0~2	40	Pd	0~2	46	Pt	0~1	44
Cu	0~1	36	Ag	0~1	36	Au	约为 1	—

由表 4-25 可知：在同一周期中（过渡族），随着原子序数递增，*d* 带空穴逐渐减少，化学吸附键依次降低，催化活性逐渐递增，到 Cu、Ag、Au 时，*d* 带全部充满，催化活性显著降低。催化反应过程要求化学吸附的强弱适中。这与费米能级之间存在一定的关系。Fermi 能级的高低是一个强度因素，对于一定的反应物而言，Fermi 能级的高低决定了化学吸附的强弱。Fermi 能级越低，*d* 带空穴数越大，吸附越强。催化吸附要求强度适中，即 *d*%适中。如当 Fermi 能级较低时，*d* 带空穴过多的 Cr、Mo、W、Mn 等由于对 H_2 分子吸附过强，不适合作为加氢催化剂；而 Fermi 能级较高的 Ni、Pd、Pt 对 H_2 分子的化学吸附的强弱较适中，是有效的加氢催化剂。此外，当 *d* 带空穴≈反应物分子所需电子转移配位数时，产生的化学吸附强度适中。如加氢脱氢时，与吸附中心转移配位的电子数为 1，因此选用 *d* 带空穴在 1 附近的金属比较合适。因此，Ni(0.6)、Co(1.7) 比 Fe(2.2) 更合适作为加氢反应的催化剂，且 Ni 的催化活性更好。Pt 的 *d* 带空穴数为 0.55，Pd 为 0.6，都是较好的加氢催化剂。但是在氮吸附时，氮的解离吸附要有 3 个电子转移，所以，Fe(2.2) 更为合适。随着金属键的 *d*%增大，*d* 带中的空穴减少。*d* 带空穴或空能级可用于与吸附质键合。

另外，Fermi 能级密度决定对反应物分子吸附量的多少，能级密度大对吸附量增大有利。如 Ni 催化苯加氢制环己烷，催化活性很高。若使用 Ni-Cu 合金，则催化活性明显下降，因为 Cu 的 *d* 带空穴为零，形成合金时 d 电子从 Cu 流向 Ni，使 Ni 的 *d* 带空穴减少，造成加氢活性下降。又如 Ni 催化苯乙烯加氢制备乙苯，有较好的催化活性。若使用 Ni-Fe 合金代替 Ni，则加氢活性下降。这是因为 Fe 是 *d* 带空穴较多的金属，为 2.2。形成合金后，d 电子从 Ni 流向 Fe，增加了 Ni 的 *d* 带空穴。这也说明了 *d* 带空穴不是越多越好。

4.6.2.2 *d*%与催化活性

金属的价键模型提供了*d*%的概念，*d*%主要是一个经验参量。以金属 Ni 为例，根据磁化率的测定，金属 Ni 的成键有 A 和 B 两种杂化方式。它们在金属 Ni 中分别占 30%和 70%。A 和 B 的成键情况示意图如图 4-58 所示。

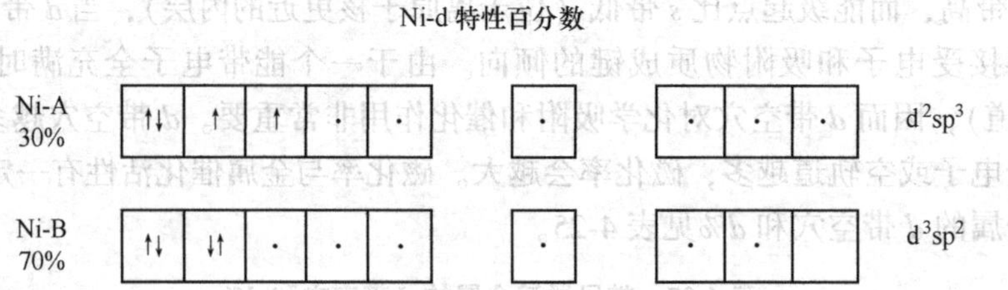

图 4-58 金属 Ni 的杂化成键情况

从图 4-58 可以看出，在 Ni-A 中除 4 个电子占据 3 个 d 轨道外，杂化轨道 d^2sp^3 中，d 轨道成分为 2/6；在 Ni-B 中除 4 个原子电子占据 2 个 d 轨道外，杂化轨道 d^3sp^2 和一个空轨道中，d 轨道占 3/7。每个 Ni 原子的 d 轨道对成键贡献的百分数：

$$d\% = \frac{2}{6} \times 30\% + \frac{3}{7} \times 70\% = 40\% \tag{4-26}$$

这个百分数就称作为*d*%。金属键中的*d*%越大，相应的*d*能级中的电子越多，因而它的空穴也可能减小。若将*d*%与催化活性相关联，也会得到一定的关联，从而为选择合适催化剂提供信息。广泛应用的金属加氢催化剂主要是周期表中的第四、五、六周期的部分元素，*d*%在 40%~50%为宜。*d*%不仅以电子因素关系金属催化剂的活性，而且还可以控制原子间距或格子空间的几何因素去关联。因为金属晶格的单键原子半径与*d*%有直接的关系，电子因素不仅影响到原子间距，还会影响到其他性质。一般*d*%可用于解释多晶催化剂的活性大小，而不能说明不同晶面上的活性差别。

4.6.2.3 晶格的空间结构与催化剂活性

苏联人巴兰金于 1929 年提出多位理论，认为催化剂上有多个活性中心对反应物分子发生影响。催化剂晶体晶格的空间结构（分布和间距）与反应物分子将发生变化的那部分结构呈几何对应关系时，被吸附的分子容易变形活化，即旧的化学键容易松弛，新的化学键容易形成。因为反应物分子的原子与活性中心的原子之间是在近距离（零点几纳米）产生的相互作用力，而几何因素（吸附部位的最邻近的配位数和二维的对称性）会影响二者的距离，而影响二者的近距离相互作用，即为几何对应原理。

多位理论的中心思想：一种催化剂的活性，在很大程度上取决于存在适合的原子空间群晶格，以便聚集反应物分子和产物分子。晶格间距对于了解金属催化活性有一定的重要性。不同的晶面取向，具有不同的原子间距。不同的晶格结构，有不同的晶格参数。使用 Fe、Ta、W 等体心晶格金属制成的金属膜催化乙烯加氢，取［110］面的原子间距作晶格参数，结果发现催化活性与金属的晶格间距有一定关系（图 4-59）。活性最高的金属为 Rh，其晶格间距为 0.375nm。

应当指出的是，晶格间距表达的只是催化剂体系所需要的某种几何参数而已，反映的是静态过程。现代表面技术的研究表明，金属催化剂的活性，实际上反映的是反应区间的

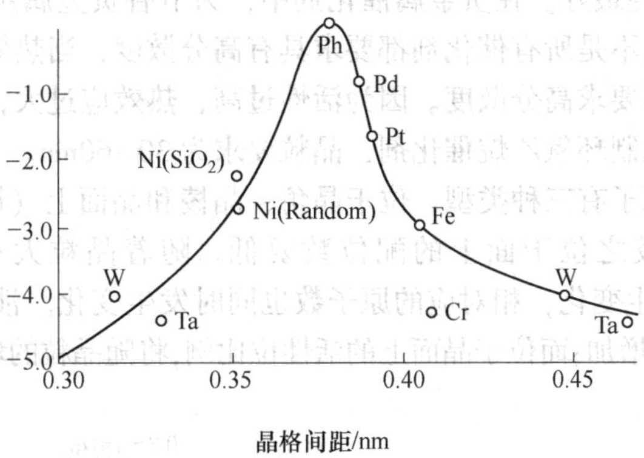

图 4-59 金属膜催化乙烯加氢的活性与晶格中金属原子对间距的关系

动态过程。低能电子衍射（LEED）技术和透射电子显微镜（TEM）对固体表面的研究发现，金属吸附气体后表面会发生重排，表面进行催化反应时也有类似现象，有的还发生原子迁移和原子间距增大等。

4.6.3 负载型金属催化剂的催化活性

负载型金属催化剂，即以载体作为支撑平台，将具有催化活性的金属尽可能均匀地分散于具有特定结构的载体表面。借助于载体效应，以较少的活性金属量来获得较好的催化性能。在该类催化剂中，活性金属多以微晶形式高度分散在载体表面上，从而产生较大的活性表面。分散于载体中的金属粒子愈小，暴露于表面的金属原子所占的比例越大，越有利于金属粒子与反应物的接触，从而提高了催化剂中金属活性组分的利用率，这对于贵金属催化剂非常重要。此外，金属与载体的协同作用，能改善反应热的散发，阻止金属微晶的烧结与由此产生的活性表面的降低等，对于提高催化剂的机械强度和化学稳定性等都有重要意义。已广泛应用于石油炼制、汽车尾气转化、一氧化碳加氢和脂肪化合物加氢等催化反应过程中。

4.6.3.1 金属的分散度

金属在载体上的分散情况可用金属分散度 D 表示，即表面金属原子和总的金属原子的比，也称为金属的暴露百分率，其定义可表示为：

$$D=\frac{n_s(\mathrm{A})}{n_t(\mathrm{A})} \tag{4-27}$$

式中，$n_s(\mathrm{A})$ 指催化剂表面上暴露出的活性组分 A 的原子数，$n_t(\mathrm{A})$ 指组分 A 在催化剂中的原子总数。

负载型催化剂的分散度一般都比较好，而非负载型催化剂，即使颗粒做得很细，其分散度也很差。如 Pt 或 Pd 负载型催化剂，很容易使催化剂的分散度大于 0.5，而大小为 1μm 的金属粒子的分散度只有 0.001。由于催化反应都是在位于催化剂表面上的原子处进行，故分散度好的催化剂，一般其催化效果较好。当 $D=1$ 时，意味着金属原子全部暴露。金属在载体上微细分散的程度，直接关系到表面金属原子的状态，影响到这种负载型催化剂的活性。不同反应要求金属催化剂有不同的晶粒，如环己烷脱氢反应的 Ni 催化剂晶粒大小在 6~8nm 时活性最好。在贵金属催化剂中，为节省贵金属用量，工业上多制备分散度大的催化剂，但也不是所有催化剂都要求具有高分散度，当热效应大或金属催化剂本身活性高时，则一般不要求高分散度。因为活性过高，热效应过大，会破坏催化系统的正常操作，如乙烯环氧化制环氧乙烷催化剂，晶粒要求为 30~60nm。

通常晶面上的原子有三种类型：位于晶角、晶棱和晶面上（图 4-60）。显然，位于顶角和棱边上的原子较之位于面上的配位数要低。随着晶粒大小变化，不同配位数位（Sites）的比例会发生变化，相对应的原子数也同时发生变化。涉及低配位数的吸附和反应，将随晶粒变小而增加；而位于晶面上的活性位比例，将随晶粒的增大而增加（图 4-61）。

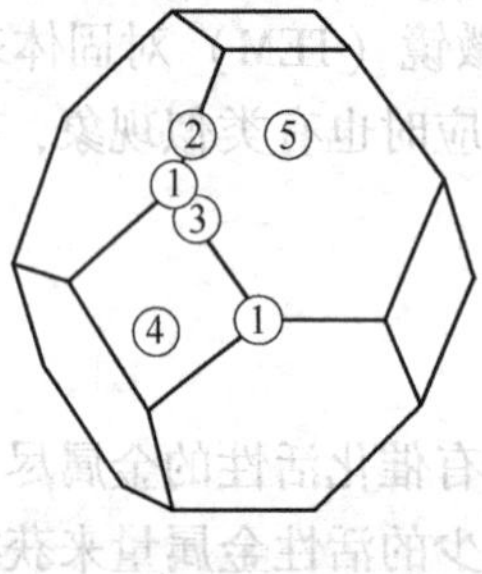

图 4-60　削顶正八面体晶体表面活性位分布

①—顶位；②—棱位（111），（111）；③—棱位（111），（100）；④—面位（100）；⑤—面位（111）

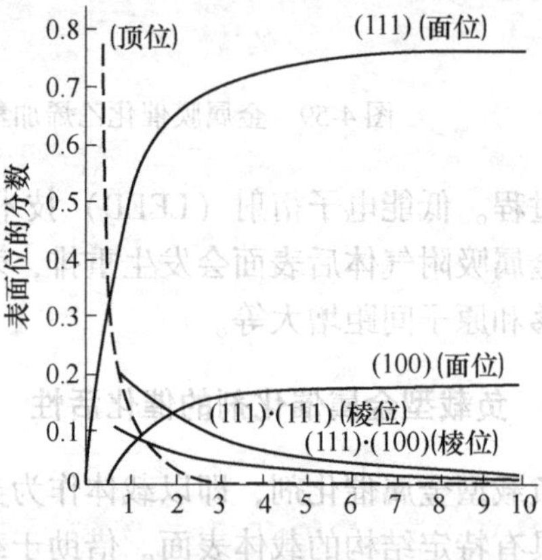

图 4-61　各种表面位分数随晶粒大小的变化

4.6.3.2　载体效应

（1）溢流现象：指固体催化剂表面的活性中心（原有的活性中心）经吸附而产生出一种离子或者自由基形式的活性物种，它们再迁移到别的活性中心处（次级活性中心）的现象。通过溢流现象的研究发现：催化加氢的活性物种不只是 H，而应该是 H^0、H^+、H_2、H^-等的平衡组成；催化氧化的活性物种不只是 O，而应该是 O^0、O^-、O^{2-}和 O_2 等的平衡组成。很多载体是溢流现象的次级活性中心，这些新发现的活性物种与载体有关。

（2）金属、载体间的强相互作用：当金属负载于可还原的金属氧化物载体（如 TiO_2）上时，在高温下还原而导致金属对 H_2 的化学吸附和反应能力下降。这是由于可还原的载体与金属间发生了强相互作用，载体将部分电子传递给金属，从而减小对 H_2 的化学吸附能力。

（3）载体对金属化学吸附的促进和抑制：例如 Al_2O_3 载体对烃类的脱氢和加氢反应（主过渡态物种 H 原子）有抑制作用；但是对 CO、NO 和 H_2 的反应有促进作用，这主要是 CO、NO 能与 Al_2O_3 作用形成弱吸附的另外一种过渡态物种。

4.6.3.3　结构敏感与非敏感反应

根据对这三种影响敏感性的不同，催化反应可以区分为两大类：一类涉及 H—H、C—H 或 O—H 键的断裂或生成的反应，它们对结构、合金或金属性质的变化，敏感性不大，称之为结构非敏感反应。如，环丙烷加氢即为一种结构非敏感反应。以单晶 Pt（无分散，$D\approx0$）和负载于 Al_2O_3 或 SiO_2 的微晶 Pt(1~1.5nm，$D\approx1$）为催化剂得到的转化频率基本相同；另一类涉及 C—C、N—N 或 C—O 键的断裂或生成的反应，对结构、合金或金属性质变化的敏感性较大，称为结构敏感反应。如氨在负载 Fe 催化剂上的合成是一种结构敏感反应，这是因为该反应的转化频率随 Fe 的分散度增加而增加。

造成催化反应结构非敏感性的原因可归纳为以下两种情况：在负载 Pt 催化剂上，H_2—O_2 反应的结构非敏感性是由于 O 过剩，致使 Pt 表面几乎完全为 O 吸附单层所覆盖，将原来的 Pt 表面的细微结构掩盖了，造成结构非敏感。这种原因称之为表面再构；另一种结构非敏感反应与正常情况相悖，活性组分晶粒分散度低的部位（扁平面）比分散度高的部位（顶与棱）的活性更高。造成这种"反常"的原因是多方面的（如过强的吸附、吸附其他物种等)。

4.6.3.4 制备工艺的影响

金属与载体的相互作用有利于阻止金属微晶的烧结和晶粒长大。对于负载型催化剂，理想的情况是，活性组分既与载体有较强的相互作用，又不至于阻滞金属的还原。金属与载体的相互作用的形成，在很大程度上取决于催化剂制备过程中的焙烧和还原的温度与时间。温度将从多方面影响负载型催化剂的活性，如它可能使活性组分挥发、流失、烧结和微晶长大等。大致规律如下：当温度为 $0.3T_m$（$0.3T_m$ 称为 Huttig 温度，T_m 为熔点）时，开始发生晶格表面质点的迁移；当温度为 $0.5T_m$（$0.5T_m$ 称为 Tammam 温度）时，开始发生晶格体相内的质点迁移。在高于 Tammam 温度以上焙烧或还原，有些金属能形成固溶体。

4.6.4 金属簇状物催化剂

原子簇化合物（cluster compounds）是以两个以上原子所形成的多面体为核心，再与一组外围原子、离子或基团配位后键合而成。如果没有外围，可简称为原子簇或团簇（cluster)。1982 年，徐光宪提出：原子簇合物为若干有限原子（3 个或 3 个以上）直接键合组成多面体或缺顶多面体骨架为特征的分子或离子。

原子簇金属化合物是以独立分子状态存在的金属原子簇。每个金属原子簇中有 3 个或更多的金属原子彼此直接键合，形成金属—金属键（M—M 键）的物种，其分子结构常以三角形面或其他几何构型的多面体形式存现，骨架内几乎是空穴，骨架上则被朝外的络合于金属原子的配位体所包围。金属簇状物是介于原子、分子与宏观固体物质之间的物质结构的新层次，是各种物质由原子分子向大块物质转变的过渡状态，是凝聚态物质在初始状态的代表。1858 年，Roussin 合成得到第一个金属簇合物（亦即第一个原子簇合物)：$Cs[Fe_4S_3(NO)_7]\cdot H_2O$。

过渡金属原子簇化合物的特点：金属元素的氧化态较低，通过 d 轨道参与成键而使金属元素相互结合；重金属元素更易形成原子簇；一个配位体常常能和两个或两个以上金属原子成键，对金属原子起桥连作用。按照过渡金属原子簇合物定义，M—M 键是该类簇合物的重要标志，金属原子之间可以形成单键、双键、三键或四重键。M—M 键的数目可通过簇合物的 18 电子规则计算得到：即在含有 n 个金属原子的多核原子簇化合物中，除 M 本身的价电子和配位体提供的电子外，金属原子间直接成键，相互提供电子以满足 18 电子规则。M 原子间成键的总数可用键数（b）表示。b 值可计算为：

$$b = 1/2(18n - g) \tag{4-28}$$

式中，g 代表分子中与 M_n 有关的价电子总数，它包含三部分电子：组成簇合物中 n 个 M 原子的价电子数、配位体提供给 n 个 M 原子的电子数、若簇合物带有电荷则包括所带电子数。以 $Os_3(CO)_{10}(\mu_2\text{-}H)_2$ 为例。

例 4-1 $Os_3(CO)_{10}(\mu_2\text{-}H)_2$

配体提供价电子数 = 10×2+2×1 = 22，

金属 Os_3 = 3×8 = 24，

总电子数 = 46，

M—M 键数 = (18×3-46)/2 = 4。

常见金属簇合物中的 M—M 键见表 4-26。

表 4-26 常见金属簇合物中的 M—M 键

键价	电子组态	分子式
4.0	$\sigma^2\pi^4\delta^2$	$Cr_2(O_2CR)_4$，$Re_2Cl_8^{2-}$
3.5	$\sigma^2\pi^4\delta^2\delta^{*1}$	$Re_2Cl_4(PR_3)_4^+$
3.0	$\sigma^2\pi^4\delta^2\delta^{*2}$	$Re_2Cl_4(PR_3)_4$
2.5	$\sigma^2\pi^4\delta^2\delta^{*2}\pi^{*1}$	$Ru_2(O_2CR)_4Cl$
4.0	$\sigma^2\pi^4\delta^2\delta^{*2}\pi^{*1}$	$Rh_2(O_2CR)_4$

影响形成 M—M 键的因素：

（1）金属要有低的氧化态，一般为 0 或接近 0。M—M 键的形成需要成键电子，而处于高氧化态的金属，由于 d 电子已给出而无法提供用于成键的 d 电子；并且，M—M 键的形成要依靠 d 轨道的重叠，当金属处于高氧化态时，由于 d 轨道收缩而不利于 d 轨道的互相重叠。相反，当金属呈现低氧化态时，其价层轨道得以扩张，有利于金属之间价层轨道的充分重叠，且金属离子之间的排斥作用又不致过大。

（2）金属要有适宜的价轨道。对于任何一族过渡元素，处于第二、第三系列的元素要比处于第一系列的元素更易形成 M—M 键。由于 3d 轨道在空间的伸展范围小于 4d 和 5d，因而只有第二、三系列的过渡元素才更易形成原子簇合物。

（3）有适宜的配体。由于价层中太多的电子会相互排斥，从而妨碍 M—M 键的形成。因此，只有当存在能够从反键中拉走电子的 π 酸配体，如 CO、NO、PPh_3 等时，金属原子簇才能形成；并且，对于同一种配体，一般是前几族的元素容易生成原子簇合物，即 Nb、Ta、Mo、Tc、Re 易形成 M—M 键，而 Fe 族、Ni 族则不易形成 M—M 键，是由于前几族元素价层的电子数较少。

过渡金属簇合物主要包括过渡金属羰基簇合物和过渡金属卤素簇合物两大类。后过渡金属，由于较富电子，容易被 π 酸性配体取走，而稳定形成 π 酸性原子簇，即 π 给体簇。羰基是最重要的 π 酸配体，所以后过渡金属主要形成含羰基的金属羰基原子簇。它们可以是中性的，也可以是离子型簇。过渡金属羰基簇合物中，过渡金属原子直接键合组成骨架，羰基主要以端基（羰基和 1 个金属原子相连）、边桥基（羰基和两个金属原子相连，

用 μ_2 表示）或面桥基（羰基和 3 个金属原子相连，用 μ_3 表示）三种形式和作为簇骨架的过渡金属原子键合。成簇的过渡金属原子构成骨架，多数是三角形或以三角形为基本结构单元的四面体和八面体等多面体，骨架成键电子以离域的多中心键（由多个原子共用若干个电子形成的共价键）为特征。如：$[M_3(CO)_2]$（M＝Fe，Ru，Os）含三角形金属原子骨架，$[Fe_4(CO)_{13}]_2$ 含四面体金属原子骨架，$[Co_6(CO)]_{16}$ 含八面体金属原子骨架。其他更复杂的也不外乎由金属原子骨架经由共点、共棱、共面、帽合、断裂键以及失去某些顶点原子等不同方式缩合密堆积排列而成。由于 CO 是一个较强的 σ 电子给予体和 π 电子接收体，所以羰基簇合物比较稳定。并且，CO 几乎可以和全部过渡金属形成稳定的羰基配合物。三核羰基簇 $[Mn_3(CO)_{14}]$ 和四面体四核簇 $[Ir_4(CO)_{12}]$ 的结构，如图 4-62 所示。

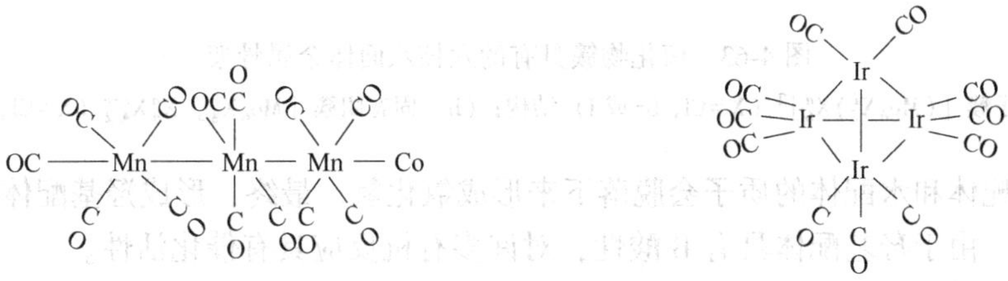

(a)　　(b)

图 4-62　CO 和过渡金属形成稳定的羰基配合物

（a）三核羰基簇 $[Mn_3(CO)_{14}]$；（b）四面体四核簇 $[Ir_4(CO)_{12}]$ 的结构

卤素簇在数量上远不如羰基族多，由卤素簇的特点可以理解这一点：卤素的电负性较大，不是一个好的 σ 电子给予体，且配体相互间排斥力大，导致骨架不稳定；卤素的反键 π^* 轨道能级太高，不易同金属生成 d→π 反馈键，即分散中心金属离子的负电荷累积能力不强；在羰基簇中，金属的 d 轨道大多参与形成 d→π 反馈键，因而羰基簇的金属与金属间大都为单键，很少有多重键。而在卤素簇中，金属的 d 轨道多用来参与形成金属之间的多重键，只有少数用来参与同配体形成 σ 键。如 $Re_2Cl_8^{2-}$；中心原子的氧化态一般比羰基化合物高，d 轨道紧缩（如果氧化数低，卤素负离子的配位将使负电荷累积，相反，如果氧化数高，则可中和这些负电荷），不易参与生成 d→π 反馈键；由于卤素不容易用 π^* 轨道从金属移走负电荷，所以中心金属的负电荷累积，造成大多数卤素簇合物不遵守 18 电子规则。

大多数卤化物簇具有六核八面体金属骨架，可分为以下两种类型。一种是含有 Mo_6 单元的分子簇，典型的例子是 $[(Mo_6X_8^i)X_6^a]^{2-}$（X＝Cl，Br 或 I）（图 4-63（a）），其中 6 个 Mo 原子构成一个八面体，在八面体的每个面上方有一个卤素原子。因此，卤素离子应为面桥基（μ_3）配位模式下与 Mo_6 八面体的一个面配位，$Mo_6X_8^{i\,4+}$（X＝Cl，Br 或 I）应写作 $Mo_6(\mu_3\text{-}X^i)_8{}^{4+}$（X＝Cl，Br 或 I），而 X^a 是与 Mo 原子末端配位的配体；另一种是固态团簇，如固态钼簇 $[Mo_6X_8^i]X_2^aX_{4/2}^{a-a}$（X＝Cl，Br 或 I）（图 4-63（b）），其中 Mo_6 单元以二维或三维网络结构方式连接形成团簇，八面体 Mo_6 单元与簇间配体 X^{a-a} 连接。

卤化物簇经处理后，可使其具有特殊的催化活性。如含有两个水配体的中性氯化钼簇 $[(Mo_6Cl_8^i)Cl_4^a(H_2O)_2^a]$（图 4-64），当在高于 200℃ 的氢气或氦气流中对其进行热活化处

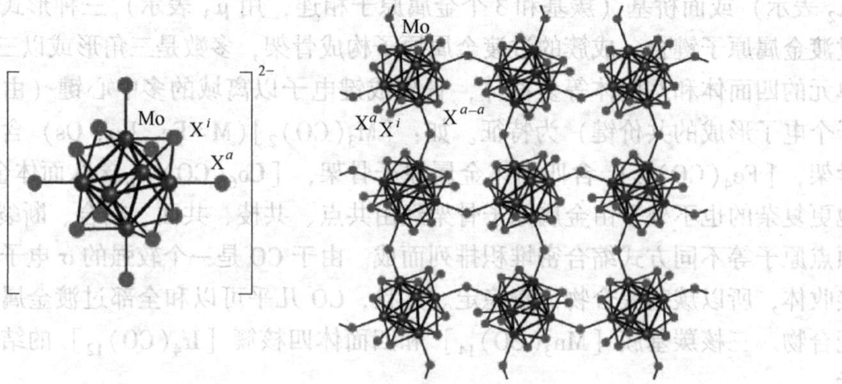

(a) (b)

图 4-63 卤化物簇具有的六核八面体金属骨架

(a) 典型的分子簇 $[(Mo_6X_8^i)X_6^a]^{2-}$(X=Cl, Br 或 I) 结构；(b) 固态团簇 $[Mo_6X_8^i]$ $X_4^aX_{4/2}^{a-a}$ (X=Cl, Br 或 I) 结构

理，部分氯配体和水配体的质子会脱落下来形成氯化氢。最终，形成羟基配体和配位不饱和金属原子。由于羟基配体具有 B 酸性，对许多有机反应具有催化活性。

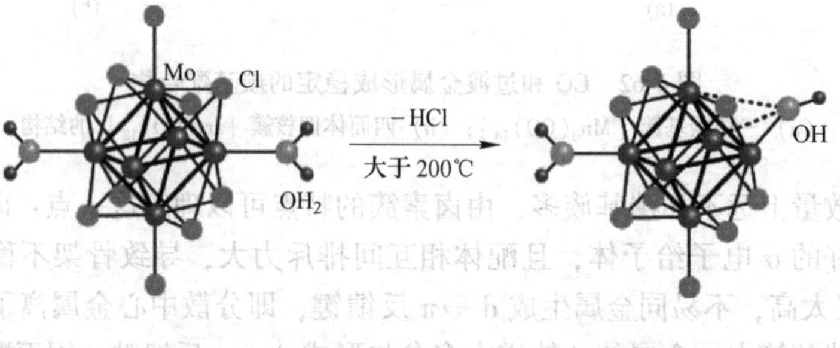

图 4-64 热活化作用氯化钼簇 $[(Mo_6Cl_8^i)Cl_4^a(H_2O)_2^a]$ 形成羟基配体和配位不饱和金属原子

金属簇合物中存在 σ 键、π 键、δ 键等共价键，存在三中心、四中心键等多中心键以及许多介于共价键和金属键之间的过渡键型。由于金属簇合物在性质、结构和成键方式等方面具有特殊性，因而是一种性能优良的催化剂，在合成化学、理论化学、材料科学等领域应用广泛。

4.6.5 合金催化剂及其催化作用

金属的特性会因为掺入其他金属形成合金而改变，它们对化学吸附的强度、催化活性和选择性等效应，都会随之改变。Pt-Re 及 Pt-Ir 重整催化剂在炼油工业中的应用，为无铅汽油的生产提供了重要的帮助。汽车废气催化燃烧所用的 Pt-Rh 及 Pt-Pd 催化剂，为防止空气污染作出了重要贡献。这两类催化剂的应用，对改善人类生活环境起着极为重要的作用。双金属系合金催化剂主要有以下三类：第一类由第Ⅷ族和ⅠB 族元素组成，如 Ni-Cu、Pd-Au 等，用于烃的氢解、加氢和脱氢等反应；第二类由两种第ⅠB 族元素组成，如 Au-Ag、Cu-Au 等，曾用来改善部分氧化反应的选择性；第三类由两种第Ⅷ族元素组成，如 Pt-Ir、Pt-Fe 等，曾用于增加催化剂的活性和稳定性。

由于合金催化剂的性质比单金属催化剂更为复杂，且来自组合成分间的协同效应，不能使用简单加和的原则由单组分来推测合金催化剂的催化性能，从而导致对合金催化剂的催化特征了解甚少。如 Ni-Cu 催化剂可用于乙烷的氢解和环己烷脱氢，但只要加入 5% 的 Cu，该催化剂对乙烷的氢解活性约为纯 Ni 的千分之一。继续加入 Cu，活性继续下降，但降低的速率较缓慢。这说明了 Ni 与 Cu 之间会发生合金化相互作用，如果两种金属的微晶粒独立存在而彼此不影响，则加入少量 Cu 后的催化剂的活性应与 Ni 的单独催化活性相近。由此可知：金属催化剂对反应的选择性，可通过合金化加以调变。以环己烷转化为例，用 Ni 催化剂可使之脱氢生成苯（目的产物）；也可以经由副反应生成甲烷等低碳烃。当加入 Cu 后，氢解活性大幅度下降，而脱氢影响甚少，因此具有良好的脱氢选择性。合金化不仅能改善催化剂的选择性，也能促进稳定性。例如，轻油重整的 Pt-Ir 催化剂，较之 Pt 催化剂稳定性大为提高。其主要原因是 Ir 有很强的氢解活性，抑制了表面积炭的生成，维持和促进了活性。

非晶态合金（也可称为金属玻璃），由 Duwez 等人在 1960 年首先发现，他们通过对熔融 $Au_{80}Si_{20}$ 合金快速冷淬获得了金属玻璃。大多由过渡金属和类金属（如 B、P、S）组成，其微观结构不同于一般的晶态金属，在热力学上处于不稳定或亚稳定状态，从而显示出短程有序、长程无序的独特的物理化学性质。其特点已被广泛应用于磁性材料、防腐材料等，而在催化材料上的应用，则始于 20 世纪 80 年代初，现已引起催化界的极大关注。

4.6.5.1　非晶态合金催化剂的特性

（1）短程有序。一般认为，非晶态合金的微观结构短程有序区在 10^{-9}m 范围内。其最临近的原子间的距离和晶态的差别很小，配位数也几乎相同。表面含有很多配位不饱和原子，在某种意义上米说可以看作含有具有很多缺陷的结构，而且分布均匀，从而具有较高的表面活性中心密度。

（2）长程无序。随着原子之间距离的增大，原子间的相关性迅速减弱，相互之间的关系处于或接近于完全无序的状态，也就是说非晶态合金是一种没有三维空间原子排列周期性的材料。从结晶学观点来看，它不存在通常晶态合金中所存在的晶界、位错和偏析等缺陷，组成的原子之间以金属键相连并在几个晶格范围内保持短程有序，形成一种类似原子簇的结构，且大多数情况下是悬空键（图 4-65）。这对催化作用有重要意义。

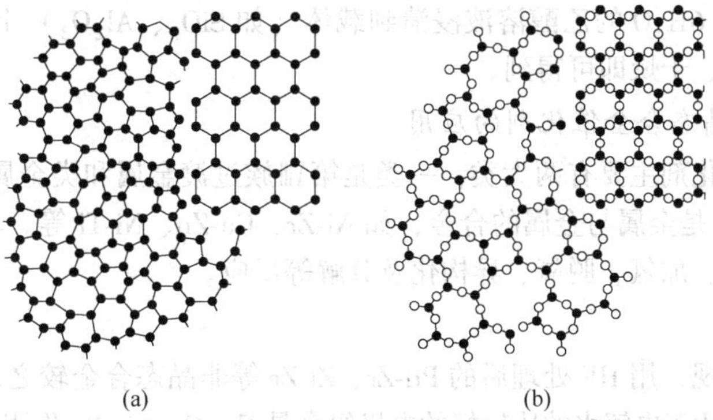

图 4-65　以共价键结合的非晶态固体在二维空间的模型示意图
（a）元素非晶态固体；（b）As_2S_3 和 As_2Se_3 非晶态固体

（3）调整组成。非晶态合金可以在很大范围内对其组成进行调整（这有别于晶态合金），从而可连续地控制其电子、结构等性质，也就是说可根据需要方便地调整其催化性质。在非晶态固体存在着极为明显的短程有序性。与晶态固体相比，非晶态固体在结构上的最本质的差别是其不存在长程有序性（图4-66）。

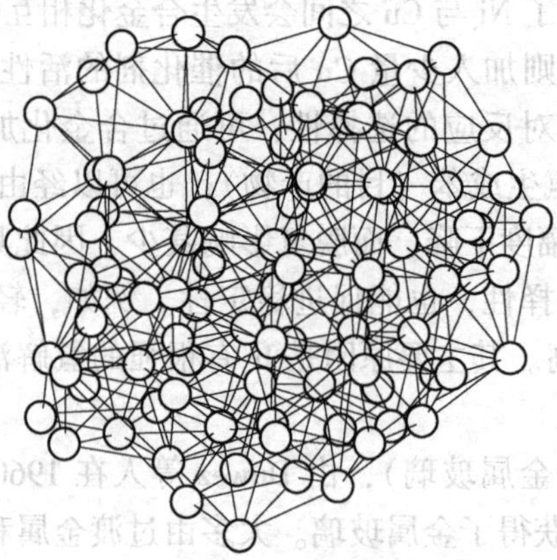

图4-66　非晶态合金无规密堆积模型示意图

4.6.5.2　非晶态合金催化剂的制备方法

（1）液体骤冷法。将熔融的合金用压力将其喷射到高速旋转的金属辊上进行快速冷却（冷却速度高达10^5K/s），从而使液态金属的无序状态保留下来，得到非晶态合金。

（2）化学还原法。在一定条件下用含有类金属的还原剂（如$NaBH_4$、NaH_2PO_4等）将金属（常为过渡金属）盐中的金属离子还原沉淀，并经洗涤、干燥后得到非晶态合金材料。显然，还原过程中体系内各组分的浓度、pH值、类金属的种类和含量都将对非晶态合金的非晶性质产生影响。

（3）电化学制备法。利用电极还原或用还原剂还原电解液中的金属离子，以析出金属离子的方法来获得非晶态材料。例如电镀和化学镀的方法，超临界法也被应用于非晶态催化材料的制备。

（4）浸渍法。负载型非晶态合金的制备一般采用浸渍法。如负载型Ni-P非晶态合金就是将$Ni(NO_3)_2 \cdot 6H_2O$的乙醇溶液浸渍到载体（如SiO_2、Al_2O_3）上，然后用KBH溶液还原，再经洗涤、干燥即可得到。

4.6.5.3　非晶态合金催化剂的应用

非晶态合金催化剂主要有两大类：一类是第Ⅷ族过渡金属和类金属的合金，如N-P、Co-B-Si等；另一类是金属与金属的合金，如Ni-Zr、Cu-Zn、Ni-Ti等。非晶态合金催化剂主要用于电极催化、加氢、脱氧、异构化及分解等反应。

A　电极催化

早期的研究发现，用HF处理后的Pd-Zr、Zi-Zr等非晶态合金较之未处理的对氢电极反应要有效得多。用于电解水的比较好的电极组合是$Fe_{60}Co_{20}Si_{10}B_{10}$作阴极，$Co_{50}Ni_{25}Si_{15}B_{10}$作阳极，比用Ni/Ni作电极可以节省10%的能量。由于非晶态合金材料具有半导体及超导体的特性，因此又是极好的电催化剂，Fe、Co、Ni和Pd系非晶态合金可用于甲醇燃料电池的电极催化剂。如用 Zn 处理后得到的多孔性非晶态合金 Pd-P、Pd-Ni-P、Pd-Pt-P 等的效果都较好，超过了 Pt/Pt 电极的活性。

B 加氢

将 Fe-Ni 系含 P 和 B 的非晶态合金催化剂与相同组分的合金催化剂相比较，对于 Co 加氢反应，所有的非晶态合金催化剂的活性都高很多，而且其对低碳烯烃的选择性高，而晶态合金催化剂的产物主要是甲烷，对于乙烯、丙婚、1,3-丁二烯等低碳烯烃的加氢，Ni-P 和 Ni-B 非晶态合金也比晶态合金催化剂的活性高。在液相苯加氢反应中，Ni-P 非晶态催化剂、超细 Ni-P 和负载型 Ni-P/SiO_2、Ni-W-P/SiO_2 等非晶态催化剂也表现出优于骨架镍活性的特点。

4.6.6 金属膜催化剂及其催化作用

膜是一种起分子级分离过滤作用的介质，当溶液或混合气体与膜接触时，在压力、电场或温差作用下，某些物质可以透过膜，而另一些物质则被选择性的拦截，从而使溶液中的不同组分或混合气体的不同组分被分离，这种分离是分子级的分离。分离膜包括：反渗透膜（0.0001~0.005μm）、纳滤膜（0.001~0.005μm）、超滤膜（0.001~0.1μm）、微滤膜（0.1~1μm）、电渗析膜、渗透气化膜、液体膜、气体分离膜、电极膜等。它们对应不同的分离机理，不同的设备，有不同的应用对象。膜本身可以由聚合物，或无机材料，或液体制成，其结构可以是均质或非均质、多孔或无孔、固体或液体、荷电或中性。膜的厚度可以薄至 100μm，厚至几毫米。不同的膜具有不同的微观结构和功能，需要用不同的方法制备。

通过催化反应和膜分离技术相结合来实现反应和分离一体化的工艺，就是所谓的膜催化技术。采用该技术，可使反应产物选择性地分离出反应体系或向反应体系选择性提供原料，促进反应平衡的右移，提高反应转化率。此外，对于以生产中间产物为目的的连串反应，如烃类的选择性氧化等，则更具意义，膜反应器的材料主要为金属膜、多孔陶瓷、多孔玻璃和碳膜等无机膜、高分子有机膜、复合膜和一些表面改性膜等。有机膜成膜性能优异，孔径均匀，通透率高，但热稳定性、化学稳定性和力学性能较差，其应用特别是在化学反应过程中所要经受诸如高温、高压、抗溶剂性而受到很多的限制。无机膜则以其良好的热稳定性和化学稳定性而受到重视，根据其分离机理可分为以下两类：一类是多孔膜，气体以努森扩散的机理透过膜，分离选择性较差；另一类为致密膜，如金属钯膜。

气体（如 H_2）以溶解扩散的机理透过膜，H_2 的选择透过性极高，但透过的通量小，由于受到其他膜的非对称性结构和功能层薄化的启发，人们通过物理化学方法在多孔支撑体上沉积金属薄层，从而形成非对称结构的金属复合膜。作为膜材料，其功能既可以是有催化活性的，也可以是惰性的。催化活性组分浸渍或散布于膜内。惰性膜仅作选择性分离用，如反应物选择性进入反应体系或产物选择性移出反应体系。还可以是集催化活性和分离功能为一体的膜。作为催化反应的应用，要求其具有高的选择透过性、高通量、膜的比表面积与体积之比大，且在高温时耐化学腐蚀性、机械稳定性和热稳定性良好，以及高的催化活性和选择性。

金属膜催化剂：将金属负载在某种膜上，实现催化与膜分离技术一体化。以 H_2 透过 Pd 膜的解离-溶解-扩散为例，如图 4-67 所示。

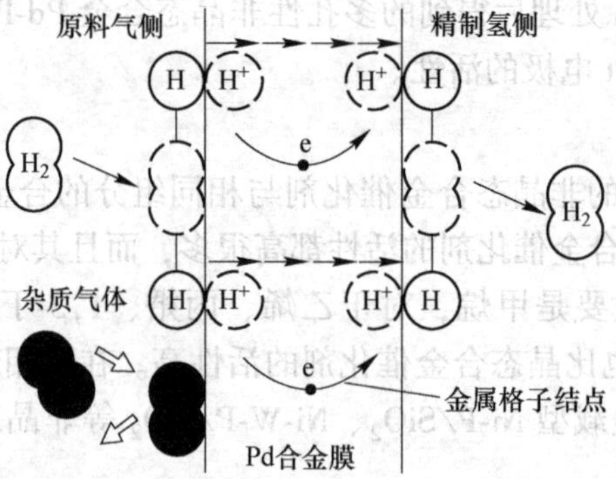

图 4-67 H_2 透过 Pd 膜的解离-溶解-扩散机理

金属膜在反应中的应用见表 4-27，膜与催化剂一般有 4 种组合形式：膜与催化剂两者分开在不同的工段；催化剂装在膜反应器中；膜材料本身具有催化作用；膜是催化剂载体。催化剂膜的制备方法：可用微孔陶瓷、玻璃粒子或分子筛作为基料烧结，溶胶浸涂加化学刻蚀造孔等。

表 4-27 金属膜在反应中的应用

反应体系	膜材料	反应温度/℃	备注
$2CH_4 \longrightarrow C_2H_6+H_2$	Pd（0.3mm）	350~440	脱氢反应
$2HI \longrightarrow H_2+I_2$	Pd-Ag	500	脱氢反应，转化率提高 20 倍
环己烷⟶环己烯+H_2	多孔 Pd-23%Ag	125	10kPa 脱氢反应
呋喃+$2H_2$ ⟶四氢呋喃	Pd-Ni	140	加氢反应
$CO_2+H_2 \longrightarrow CO+H_2O$	Ru 涂覆在 Pd-Cu 合金膜上	<187	加氢反应
环己烯+H_2 ⟶环己烷	Au 涂覆在 Pd-Ag 合金膜上	70~200	加氢反应
$3C_2H_6 \longrightarrow C_6H_6+6H_2$ $2H_2+O_2 \longrightarrow 2H_2O$	Pd-25%Ag	407~490	反应耦合
环己醇⟶环己酮+H_2 苯酚+H_2 ⟶环己酮	Pd-98%Ru	137~282	反应耦合

膜催化剂优势：由于不断地从反应体系中以吹扫气带出某一产物，使化学平衡向生成主反应产物的方向移动，可以大大提高转化率；由于反应产物迅速离开反应体系，可避免副产物的产生，提高反应的选择性；由于取消反应后复杂的分离工序，使工艺简单，节省投资。这样的过程，对那些通常条件下平衡转化率较低以及放热的反应尤其适用。

4.7 金属氧化物及硫化物催化剂及其应用

金属氧化物催化剂可由单组分或复合组分金属氧化物组成，多为复合组分金属氧化物，即多组分金属氧化物。如二元金属氧化物催化剂：VO_5-MoO_3，Bi_2O_3-MoO_3；三元金属氧化物催化剂：TiO_2-V_2O_5-P_2O_5，V_2O_5-MoO_3-Al_2O_3；多元金属氧化物催化剂：

MoO_3-Bi_2O_3-Fe_2O_3-CoO-K_2O-P_2O_5-SiO_2（即7组分的代号为 C_{14} 的第三代生产丙烯腈催化剂）。组分中至少有一种是过渡金属氧化物。复合氧化物常是多相共存，如 Bi_2O_3-MoO_3 中有α、β和γ相。组分可以是主催化剂（催化剂的活性相）、助催化剂或者载体，组分之间可能相互作用，作用情况常因条件而异。如 Bi_2O_3-MoO_3 中 MoO_3 是主催化剂，Bi_2O_3 是助催化剂，作用是调控电子迁移速度、促进活性相形成。

金属氧化物主要分为三类：金属氧化物，用于氧化的活性组分为化学吸附型氧化物种，吸附态可以是分子态、原子态乃至间隙氧（interstitial oxygen）；过渡金属氧化物，易从其晶格中传递出氧给反应物分子，组成含两种以上且价态可变的阳离子，属非计量化合物，晶格中阳离子常能交叉互溶，形成相当复杂的结构；原态不是氧化物，而是金属，但其表面吸附氧形成氧化层，如Ag对乙烯的氧化，对甲醇的氧化，Pt对氨的氧化等。较之于金属催化剂，金属氧化物催化剂具有以下优点：由于其催化性能与电子因素和晶格结构有关，可在光、热、杂质的作用下调变催化剂的性能；熔点高，故热稳定性好；抗毒能力强。

按照金属元素种类可分为主族和过渡金属氧化物，当反应属于酸碱反应类型时，使用的主要是主族金属氧化物；当反应属于氧化还原反应类型时，使用的主要是过渡金属氧化物（尤其是Ⅷ族金属氧化物），而这与过渡金属的电子特性密切相关。过渡金属氧化物的电子特性如下。

（1）过渡金属阳离子的d电子层容易得到或失去，具有较强氧化还原性。即过渡金属阳离子的最高填充轨道和最低空轨道均为d轨道和f轨道或者包含它们的杂化轨道，上述轨道未被电子占有时对反应物分子具有亲电性，可起氧化作用；相反，当这些轨道被电子占有时，对反应物分子具有亲核性，可起还原作用；这些轨道如与反应物分子轨道匹配时，还可以对反应物空轨道进行电子反馈，从而削弱反应物分子的化学键。

（2）过渡金属氧化物具有半导体性质。过渡金属氧化物受气氛和杂质的影响，容易产生偏离化学计量的组成，或者由于引入杂质原子或离子使其具有半导体性质。有些可以提供空穴能级接受被吸附反应物的电子，有些则可以提供电子能级供给反应物电子，从而进行氧化还原反应。

（3）过渡金属离子内层价轨道保留原子轨道特性，当与外来轨道相遇时可重新分裂，组成新的轨道，在能级分裂过程中产生的晶体场稳定化能可有助于化学吸附，从而影响催化反应。过渡金属氧化物催化剂的工业应用见表4-28。

表4-28 过渡金属氧化物催化剂的工业应用

反应类型	催化主反应式	催化剂	主催化剂	助催化剂
选择氧化	$C_3H_6+O_2 \longrightarrow$丙烯酸	MoO_3-Bi_2O_3-P_2O_5（Fe，Co，Ni氧化物）	MoO_3-Bi_2O_3	P_2O_5（Fe，Co，Ni氧化物）
	$C_4H_8+2O_2 \longrightarrow 2CH_3COOH$	Mo+W+V氧化物+适量Fe，Ti，Al，Cu等氧化物	Mo+W+V	Fe，Ti，Al，Cu等适量氧化物
	$SO_2+1/2O_2 \longrightarrow SO_3$	$V_2O_5+K_2SO_4$+硅藻土	氧化物 V_2O_5	K_2SO_4（硅藻土）
氨氧化	$C_3H_6+NH_3+3/2O_2 \longrightarrow CH_2=CH—CN+3H_2O$	MoO_3-Bi_2O_3-P_2O_5-Fe_2O_3-Co_2O_3	MoO_3-Bi_2O_3	P_2O_5-Fe_2O_3-Co_2O_3

续表 4-28

反应类型	催化主反应式	催化剂	主催化剂	助催化剂
氧化脱氢	$C_4H_{10}+O_2 \longrightarrow C_4H_6+2H_2O$	P-Sn-Bi 氧化物	Sn-Bi 氧化物	P_2O_5
加氢	$CO+2H_2 \longrightarrow CH_3OH$	$ZnO-CuO-Cr_2O_3$	ZnO-CuO	Cr_2O_3

金属氧化物催化剂能加速以电子转移为特征的氧化、加氢和脱氢等反应，主要催化烃类的选择性氧化。该类反应的特点如下：反应过程高放热，需考虑催化剂的飞温现象，有效传热和传质非常关键；有反应爆炸区存在，故在条件上有所谓“燃料过剩型”或“空气过剩型”两种；该类反应的产物，相对于原料或中间物要稳定，故有所谓“急冷措施”，以防止产物进一步反应或分解；为保持高选择性，常在低转化率下操作，需使用第二反应器或进行原料循环等。

4.7.1 过渡金属氧化物催化剂的结构类型

4.7.1.1 M_2O 型和 MO 型氧化物

金属为直线型 2 配位（sp 杂化），O 为四面体型的 4 配位（sp^3 杂化）。

(1) M_2O 型：Cu_2O，可用于催化 CO 加 H_2 制甲醇。

(2) MO 型。NaCl 型：以离子键为主，M^{2+}与 O^{2-}的配位数均为 6，为正八面体结构，如 TiO、VO、MnO、FeO、CoO。它们在高温下属于立方晶系，在低温下容易偏离理想结构而变为三方或四方晶系。纤维锌矿型：M^{2+}与 O^{2-}为四面体型的四配位结构，4 个 M^{2+}-O^{2-}不一定等价，如 ZnO、PdO、PtO、CuO、AgO。

4.7.1.2 M_2O_3 型

(1) 类萤石（CaF_2）型：是将它的 1/4 O^{2-}取走后形成的结构，M^{3+}配位数是 6，如 Mn_2O_3、Sc_2O_3、Y_2O_3、γ-Bi_2O_3。

(2) 刚玉型：具有六方最密堆积的氧原子层，且氧原子层间形成的八面体间隙中有 2/3 被 M^{3+}填充。金属原子被 6 个氧原子包围，M^{3+}配位数是 6，O^{2-}配位数是 4，形成八面体的六配位型，如 Fe_2O_3、V_2O_3、Cr_2O_3、Rh_2O_3、Ti_2O_3。

4.7.1.3 MO_2 型

MO_2 型氧化物按阳离子 M^{4+}同氧离子 O^{2-}的半径比 $r(M^{4+})/r(O^{2-})$，由大到小分为萤石、金红石和硅石三种。硅石型结构为相当强的共价晶体。过渡金属氧化物主要为萤石型和金红石型。萤石型：如 ZrO_2、HfO_2、CeO_2、ThO_2、VO_2；金红石型：如 TiO_2、VO_2、CrO_2、MoO_2、WO_2、MnO_2 等。

4.7.1.4 M_2O_5 型和 MO_3 型

(1) M_2O_5 型：V_2O_5，层状结构，V^{5+}被 6 个 O^{2-}包围，但实际只有 5 个，成扭曲三角双锥。

(2) MO_3 型：WO_3、MoO_3、ReO_3。MO_3 型形成 6 配位的八面体，常用作选择氧化催化剂，具有层状结构。

金属氧化物具有非常复杂多样的结构，包括复合氧化物、固溶体、杂多酸、混晶等结构类型。使用配位多面体表示几种氧化物结构的晶体结构，如图 4-68 所示。

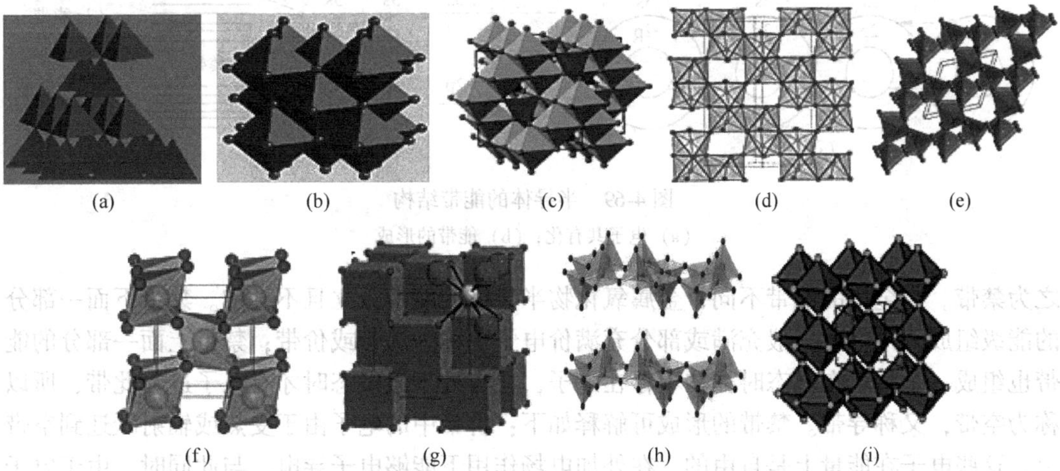

图 4-68 使用配位多面体表示几种氧化物结构的晶体结构

(a) 方镁石（MgO）；(b) 纤锌矿（ZnS，ZnO）；(c) 尖晶石（$MgAl_2O_4$，Co_3O_4）；(d) 刚玉（α-Al_2O_3）；(e) 石英（SiO_2）；(f) 金红石（TiO_2）；(g) 萤石（CaF_2，CeO_2）或反萤石（Na_2O）；(h) V_2O_5；(i) ReO_3

4.7.2 半导体的能带结构和类型

过渡金属氧化物多属半导体类型，因而半导体能带理论可用来说明这类催化剂的催化特性。如苏联学者伏肯斯坦于 20 世纪 50 年代提出了半导体催化电子理论：把催化作用描述为反应分子与催化剂表面之间的一种电子传递过程，而担负此传递任务的是作为催化剂的半导体（过渡金属氧化物）导带中的电子或满带中的空穴。此理论的特点是把催化剂表面吸附的反应分子也看成是整个半导体的施主或受主，也就是把催化反应的两个方面：反应分子和催化剂（包括助催化剂）视为一个整体，并且把催化反应分成 n 型反应（反应的控制步骤受电子加速的反应）和 p 型反应（其反应的控制步骤受空穴加速的反应）。

4.7.2.1 半导体的能带结构

在固体中，原子紧密而周期的重复排列，使不同原子间的外层轨道发生重叠，电子不再局限于一个原子内运动，可由一个原子转移到相邻的原子上去，进而在整个固体中运动，称之为电子共有化。发生电子共有化后，原子外层电子共有化特征显著，内层电子基本不变。但重叠的外层电子只能在相应的轨道间转移运动，例如 3s 引起 3s 共有化，形成 3s 能带；2p 轨道引起 2p 共有化，形成 2p 能带（图 4-69）。

在固体中，N 个$\begin{cases}3s\\2p\end{cases}$原子能级$\longrightarrow N$ 个$\begin{cases}3s\\2p\end{cases}$共有化电子能级$\longrightarrow$整体称为$\begin{cases}3s\\2p\end{cases}$能带。在$\begin{cases}3s\\2p\end{cases}$能带中，每一个$\begin{cases}3s\\2p\end{cases}$共有化电子能级，对应$\begin{cases}1\\3\end{cases}$个共有化轨道，最多容纳$\begin{cases}2e\\6e\end{cases}\longrightarrow\begin{cases}3s\\2p\end{cases}$能带最多可容纳$\begin{cases}2Ne\\6Ne\end{cases}$。

3s 能带与 2p 能带之间有一个间隙，其中没有任何能级，故电子也不能进入此区，称

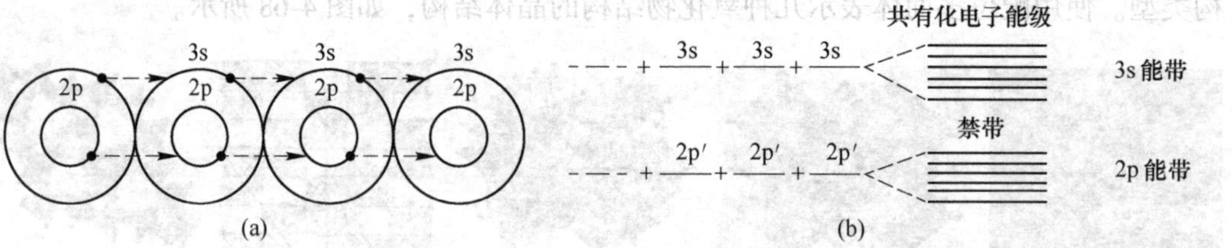

图 4-69 半导体的能带结构

（a）电子共有化；（b）能带的形成

之为禁带。与金属的能带不同，金属氧化物半导体的能带分立且不叠加。禁带下面一部分的能级组成一个带，一般充满或部分充满价电子，称为满带或价带；禁带上面一部分的能带也组成一个带，在基态时往往不存在电子，只有处于激发态时才有电子进入此带，所以称为空带，又称导带。禁带的形成可解释如下：价带中的电子由于受热或辐射跃迁到空带上，这些电子在能量上是自由的，在外加电场作用下能够电子导电。与此同时，由于电子从满带中跃迁形成的空穴，以与电子相反的方向传递电流。

价带是导带的固体为导体，禁带的能量宽度 E_g 为零；价带是满带的固体为绝缘体，且满带与最低的空带之间的禁带宽度 E_g 比较大，为 5~10eV。半导体的价带也是满带，但其与最低空带间的禁带宽度 E_g 较窄，为 0.2~3eV。在绝对零度时，电子不发生跃迁与绝缘体相似。但如果使用不大的激发能，如热运动，光照，或不大的外场，就能将满带中的电子激发到最邻近的空带上去。空带变成导带，电子导电。满带则因电子移去而留下空穴，空穴可以跃迁，空穴导电。导体（金属）、半导体（金属氧化物）和绝缘体的最大差别是三者禁带宽度不同。导体、半导体和绝缘体的能带结构，如图 4-70 所示。

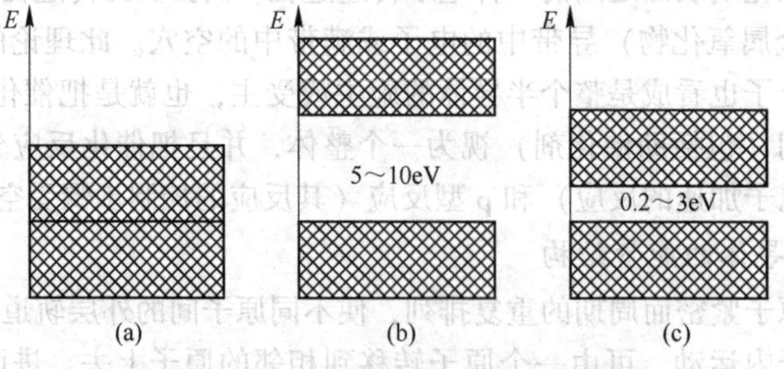

图 4-70 导体、半导体和绝缘体的能带结构

（a）导体；（b）绝缘体；（c）半导体

催化中重要的半导体是过渡金属氧化物或硫化物。半导体分为三类：本征半导体、n 型半导体和 p 型半导体。

（1）计量化合物（本征半导体）。本征半导体：同时具有电子和空穴导电的半导体。如 Fe_3O_4 和 Co_3O_4 等，Fe_3O_4 的单位晶格中含有 32 个 O^{2-} 和 24 个 Fe^{n+}（8 个 Fe^{2+} 和 16 个 Fe^{3+}）。因此，Fe_3O_4 可以表示为 $Fe_{Ⅱ}Fe_{Ⅲ}[Fe_{Ⅲ}O_4]$。本征半导体的组成计量，晶体中既无施主也无受主，其准自由电子和准自由空穴是在外电场作用下，电子从价带（禁带）迁移到导带中产生。由于在禁带中没有出现杂质能级，从而导致这类半导体对催化并不重要，因为化学变化过程的温度，一般在 300~700℃，不足以产生这种电子跃迁。

（2）非计量化合物（n 型和 p 型半导体）。n 型和 p 型半导体都是非计量化合物。n 型半导体：电子导电，又称电子型半导体。常见 n 型半导体催化剂：ZnO、CuO、CdO、BaO、CeO_2、CaO、TiO_2、SnO_2、V_2O_5、SbO_3、Fe_2O_3、WO_3、UO_3、MoO_3 等。n 型半导体在空气中受热失去氧（留下电子），阳离子的氧化数降低，直至变成原子态。

p 型半导体：空穴导电，又称空穴型半导体。常见 p 半导体催化剂：NiO、CoO、FeO、MnO、Cr_2O_5、WO_2、Bi_2O_3 等。p 型半导体在空气中受热获得氧（电子转移到氧），阳离子的氧化数升高，同时造成晶格中的正离子缺位。

4.7.2.2　半导体的生成

A　n 型半导体的生成

n 型半导体导电主要取决于导带中的自由电子数，因而升高温度、提高施主能级位置和增加施主杂质的浓度，均可提高 n 型半导体的导电性能。

a　阳离子过量的非计量化合物，如 ZnO（含过量 Zn^{2+}）

由于 ZnO 中缺氧存在过剩的 Zn^{2+}，而晶格要保持电中性，过剩的 Zn^{2+} 会拉住位于晶格间隙的 Zn 原子（制备 ZnO 时发生了热分解或还原反应而形成）上的一个电子在附近，形成 eZn^{2+}。

$$ZnO \longrightarrow Zn + 1/2O_2 \tag{4-29}$$

$$ZnO + H_2 \longrightarrow Zn + H_2O \tag{4-30}$$

eZn^{2+} 中的电子不参与共有化能级，可以认为是施主，在靠近导带附近形成一附加能级，即施主能级。当温度升高，被束缚的电子很容易跃迁到空带形成导带，成为导电电子，接受电子的能级为受主能级，生成 n 型半导体（图 4-71）。

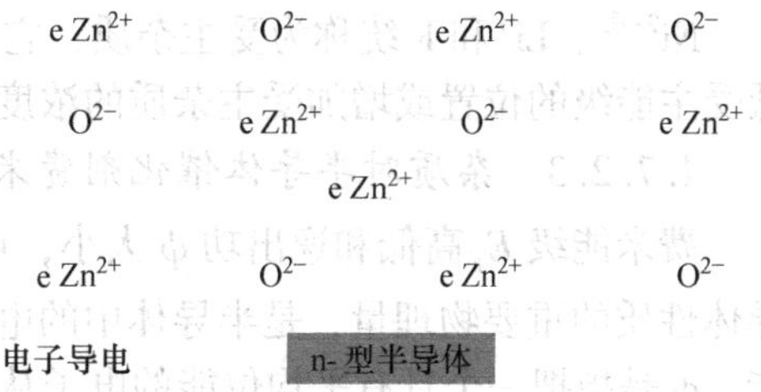

图 4-71　n 型半导体形成示意图

b　用高价离子取代晶格中的正离子

如：ZnO 中的 Zn^{2+} 被 Al^{3+} 取代，为了保持电中性，晶格上的一个 Zn^{2+} 变为 Zn^{+}，使用一个负电荷平衡 Al^{3+}，引起施主能级的出现，生成 n 型半导体。

c　通过向氧化物晶格间隙掺入电负性较小的杂质

电子可以被适当的杂质或缺陷所束缚，该束缚状态的电子和被原子束缚的电子一样也具有确定的能级，这种杂质能级处于带隙之中，对实际半导体的性质起着决定性的作用。如：ZnO 中掺入锂（Li），由于 Li 的电负性小，它很容易把电子给予邻近的 Zn^{2+} 而生成 Zn^{+}（$Li+Zn^{2+} \rightarrow Li^{+}+Zn^{+}$），可将 Zn^{+} 视为 Zn^{2+} 束缚 1 个电子 e，该电子可跃迁到导带成为自由电子，生成 n 型半导体。

Zn 原子、Li 原子、Zn^{+}、Al^{3+} 均可在 ZnO 中提供自由电子，统称它们为施主杂质，形成施主能级，靠自由电子导电。

B　p 型半导体的生成

a　正离子缺位的非化学计量化合物

如 NiO 在氧气中加热，部分 Ni^{2+} 被氧化为 Ni^{3+}，其组成变为 Ni_xO（$x<1$）。由于产生

了过量O^{2-}，则相当于Ni^{2+}缺位，从而缺少2个正电荷。为使整个晶体保持电中性，在缺位附近必有2个Ni^{2+}变成Ni^{3+}，该类Ni^{3+}可视为Ni^{2+}束缚住一个作为受主的正电荷空穴（$Ni^{2+\oplus}$），这样就在满带附近出现一个受主能级，它可以接受满带跃迁的电子，使满带出现正空穴，通过正空穴导电，生成p型半导体（图4-72所示）。

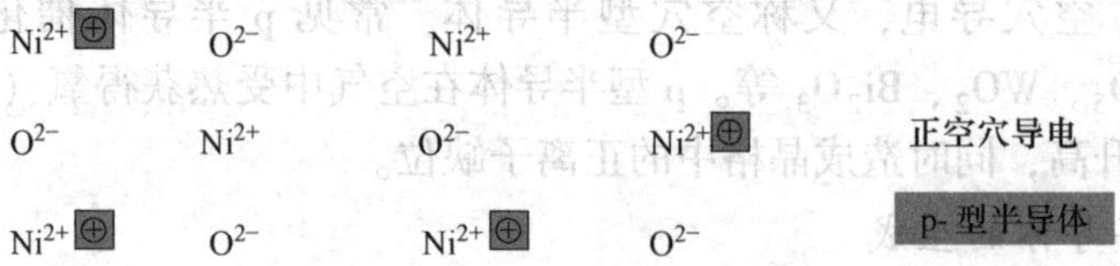

图4-72 p型半导体形成示意图

b 用低价正离子取代晶格中的正离子

如使用1价Li^+取代Ni^{2+}的位置，这相当于晶体减少了一个正电荷，为保持晶体电中性，在Li^+附近应有1个Ni^{2+}变成Ni^{3+}（相当于Ni^{2+}束缚一个正电荷形成的$Ni^{2+\oplus}$），Ni^{2+}形成附加的受主能级，生成p型半导体。

c 向晶格中掺入电负性较大的间隙原子

如将F原子掺入NiO中，由于F的电负性比Ni大，因此F可从邻近的Ni上夺取电子成为F^-，同时产生一个Ni^{3+}（相当于Ni^{2+}束缚一个正电荷形成的$Ni^{2+\oplus}$），靠空穴导电，生成p型半导体。

$Ni^{2+\oplus}$、Li^+和F统称为受主杂质，它们可形成受主能级，靠空穴导电。降低温度，降低受主能级的位置或增加受主杂质的浓度，都可以使p型半导体的导电能力提高。

4.7.2.3 杂质对半导体催化剂费米能级E_F、逸出功ϕ和电导率的影响

费米能级E_F高低和逸出功ϕ大小，可用于衡量半导体给出电子的难易。E_F是表征半导体性质的重要物理量，是半导体中的电子的平均位能。ϕ是指把一个具有平均位能的电子从半导体内部拉到外部变为自由电子时所需的最低能量，即克服电子平均位能所需的能量。因此，从E_F到导带顶的能量差就是逸出功ϕ（图4-73）。E_F越高，则电子逸出越容易。本征半导体中，E_F在满带和导带之间；n型半导体中，E_F在施主能级和导带之间；p型半导体中，E_F在受主能级和满带之间。不同类型半导体逸出功大小：n型半导体<本征半导体<p型半导体。

图4-73 费米能级E_F和逸出功ϕ的关系

金属氧化物晶格结点上的阳离子被异价杂质离子取代形成杂质半导体，会对其电导率产生影响。通常杂质是以原子、离子或基团分布在金属氧化物晶体中，存在于晶格表面或晶粒交界处。杂质可使半导体禁带中出现杂质能级，即在禁带中出现新的能级。杂质能级如果位于导带的底部，称为施主能级。在施主能级上的自由电子，很容易激发到导带中，产生自由电子导电。这种靠自由电子导电的掺杂半导体，称为n型。反之，如果出现的杂质能级靠近满带上部，称为受主能级。在受主能级上有空穴⊕存在，很容易接受满带中跃迁的电子，消灭受主束缚的空穴，同时满带中出现准自由空穴，并进行空穴导电。这种半导体称为p型半导体（图4-74）。

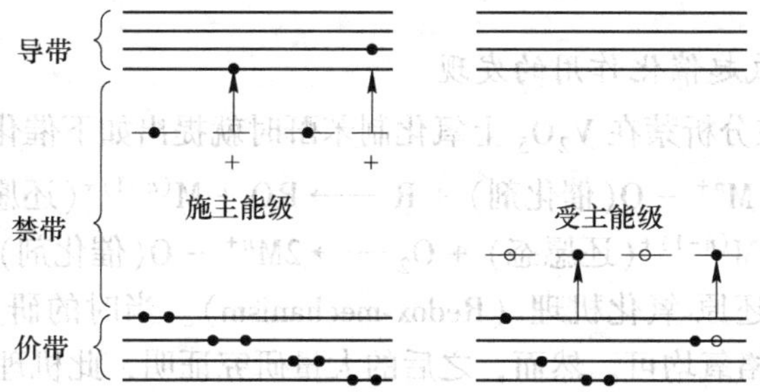

图 4-74 半导体掺杂产生杂质能级

杂质对半导体的 E_F、ϕ 和电导率的影响：低价杂质（受主，促进吸氧）→减少导带中电子数量→E_F降低→ϕ 增大→促进 p 型电导（正空穴导电）→削弱 n 型电导（电子导电）。如 p 型半导体 NiO 中加入低价阳离子 Li^+，Li^+起了受主杂质作用，当 1 个 Li^+取代 1 个 Ni^{2+}时，就要出现一个带有空穴的 Ni^{2+}(Ni^{3+})，E_F降低和 ϕ 变大，满带中的空穴增加，导带中的电子减少，增加了 NiO 的电导率（如图 4-75）。由于失去了一部分 ZnO 的施主能级，因而使其电导率减小。

Ni^{2+}	O^{2-}	Ni^{2+}	O^{2-}
O^{2-}	Li^+	O^{2-}	Ni^{2+}
Ni⊕	O^{2-}	Ni^{2+}	O^{2-}

图 4-75 p 型半导体 NiO 中加入 Li^+杂质的影响

反应式为：
$$2Ni^{2+}+O^{2-}+Li_2^+O^{2-}+1/2O_2 \longrightarrow 2Ni^{3+}+2Li^{1+}+4O^{2-} \tag{4-31}$$

高价杂质（施主，促进放氧）→增加导带中电子数量→E_F升高→ϕ 减小→促进 n 型电导（电子导电）→削弱 p 型电导（正空穴导电）。如 p 型半导体 NiO 中加入 La_2O_3，由于 La^{3+}的存在而减少了 Ni^{3+}的形成，结果电导率下降（图 4-76）。

Ni^{2+}	O^{2-}	Ni^{2+}	O^{2-}
O^{2-}	La^{3+}	O^{2-}	Ni^{2+}
Ni^{2+}	O^{2-}	Ni^{2+}	O^{2-}

图 4-76 p 型半导体 NiO 中加入 La_2O_3 杂质的影响

反应式为：
$$2Ni^{2+}+O^{2-}+La_2^{3+}O_3^{2-} \longrightarrow 2Ni^{3+}+3La^{3+}+3O^{2-}+1/2O_2 \tag{4-32}$$

对于具有给定的晶格结构的多相金属和半导体氧化催化剂，E_F的位置对于它们的催化活性具有重要意义。故在多相金属和半导体氧化催化剂的研制中，常采用添加少量助剂以调变主催化剂 E_F的位置，达到改善催化剂活性、选择性的目的。E_F提高，使电子逸出变易；E_F降低使电子逸出变难。E_F变化会影响半导体的催化性能。

4.7.3 金属氧化物表面 M ═O 键与催化活性和选择性的关联

4.7.3.1 晶格氧起催化作用的发现

早在 1954 年，在分析萘在 V_2O_5 上氧化制苯酐时就提出如下催化循环。

$$M^{n+}-O(\text{催化剂})+R \longrightarrow RO+M^{(n-1)+}(\text{还愿态}) \tag{4-33}$$

$$2M^{(n-1)+}(\text{还愿态})+O_2 \longrightarrow 2M^{n+}-O(\text{催化剂}) \tag{4-34}$$

此催化循环称为还原-氧化机理（Redox-mechanism）。当时的研究未涉及氧的存在形态，认为吸附氧和晶格氧均可。然而，之后的大量研究证明，此机理对应的为晶格氧，是晶格氧承担了氧化功能。

对于许多以金属氧化物为催化剂的反应，当催化剂处于氧气流和烃气流的稳态下反应，如果使 O_2 供应突然中断，催化反应仍将继续进行一段时间，以不变的选择性继续运转。若催化剂还原后，其活性下降；当供氧恢复，反应再次回到原来的稳态。上述实验结果表明是晶格氧（O^{2-}）起催化作用，催化剂同时被还原。如采用同位素示踪法研究丙烯气相氧化成丙烯醛的催化反应，以 $Mo^{16}O_3$-$Bi_2^{16}O_3$ 为催化剂，用纯$^{18}O_2$ 氧化丙烯（图 4-77 所示）。对氧化产物中的氧检测后发现生成物中的氧主要为 $C^{16}O_2$，而 $C_3H_4{}^{16}O_2$ 和 $C^{18}O^{16}O$极少，由此表明晶格氧参与了反应。研究同时发现，MoO_3 在氧化反应中起活性作用的是 Mo^{6+}，通过它活化吸附丙烯和氧，吸附后，其由 $Mo^{6+}\rightarrow Mo^{4+}$。但 Mo^{4+}活化吸附氧的能力很差，单独用 MoO_3 作为催化剂，选择性最好，但活性差，这是因为晶格氧得不到补充，最后失活。Bi_2O_3 在氧化反应中起催化作用的是 Bi^+，它可以活化吸附氧并变为 Bi^{3+}，但由于 Bi^{3+}吸附丙烯能力差，所以单独用 Bi_2O_3 作为催化剂的活性和选择性均很差。当把 Bi 和 Mo 两种活性组分结合起来组成催化剂，活性和选择性都比较好，这是由于在催化剂内部 Mo^{6+}的维持靠 Bi^{3+}夺取 Mo^{4+}上电子来实现，同时 Bi^{3+}还原为 Bi^+，而 Bi^+成为活化吸附氧的活性组分，把电子传递给氧后又变为 Bi^{3+}。催化过程是通过复合氧化物金属离子的价态变化，电子转移，传递氧起到催化作用。

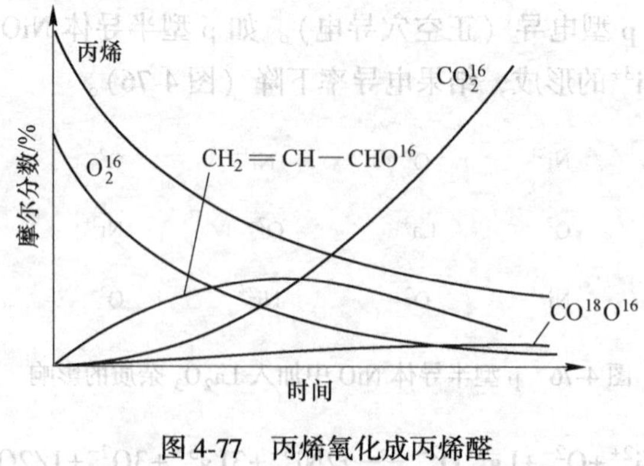

图 4-77 丙烯氧化成丙烯醛

一般认为，在稳态反应下不同的催化剂有自身的最佳还原态。根据众多的复合氧化物催化氧化实验结果可得到以下结论：择性氧化涉及有效的晶格氧；无选择性完全氧化反应，吸附氧和晶格氧都参加反应；对于有两种不同阳离子参与的复合氧化物催化剂，一种

阳离子 M^{n+}承担对烃分子的活化与氧化功能，它们再氧化靠沿晶格传递的 O^{2-}；另一种金属阳离子处于还原态承担接受气相氧。这就是双还原氧化（dual-redox）机理。

4.7.3.2 金属与氧的键合和 M ═ O 键类型

金属-氧键有 M—O—M（晶格氧）和 M ═O（吸附氧）两种类型。M—O—M：红外光谱上的特征峰为 $800\sim900cm^{-1}$ M ═O：红外光谱上的特征峰为 $900\sim1100cm^{-1}$。在 WO_3、V_2O_5 和 MoO_3 中，这两种类型的金属-氧键都存在。金属-氧键类型对催化剂性能的影响：含 M—O—M 键的氧化物，不含 M ═O 键，如 MnO_2、Co_3O_4、NiO 和 CuO 等，是深度氧化催化剂；含 M ═O 键的氧化物，如 V_2O_5、MoO_3、Bi_2O_3-MoO_3、Sb_2O_5 等，是选择性氧化催化剂。以 Co^{2+}的氧化键合为例：

$$Co^{2+} + O_2 + Co^{2+} \longrightarrow Co^{3+}O_2^{2-} - Co^{3+} \tag{4-35}$$

可以有 3 种不同的成键方式形成 M ═O 的 σ—π 双键结合：（1）金属 Co 的 e_g轨道（即 $d_{x^2-y^2}$与 d_{z^2}）与 O_2 的孤对电子形成 σ 键。（2）金属 Co 的 e_g轨道与 O_2 的 π 分子轨道形成 σ 键。（3）金属 Co 的 t_{2g}轨道（d_{xy}，d_{xz}，d_{yz}）与 O_2 的 π* 分子轨道形成 π 键（图 4-78）。

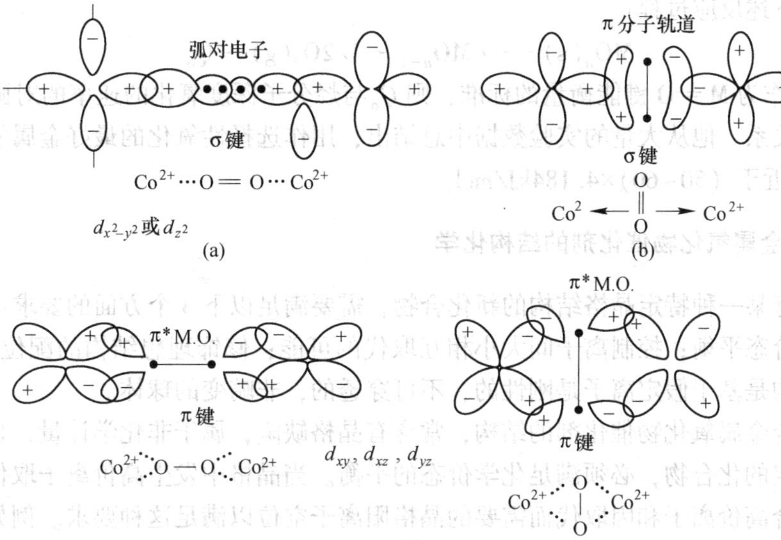

图 4-78 M=O 键合的形式（M. O. 表示分子轨道）

（a）Co 与 O_2 的孤对电子形成 σ 键；（b）Co 与 O_2 的 π 分子轨道形成 σ 键；

（c）Co 与 O_2 的 π* 分子轨道形成 π 键

4.7.3.3 M ═O 键能大小与催化剂表面脱氧能力

复合氧化物催化剂给出氧的能力，是衡量它是否能进行选择性氧化的关键。如果 M ═O 键解离出氧（给予气相的反应物分子）的热效应 ΔH_D小，则给出易，催化剂的活性高，选择性小；如果 ΔH_D大，则给出难，催化剂活性低；只有 ΔH_D适中，催化剂有中等的活性，但选择性好。

巴兰金（Баландин）在真空下测出金属氧化物表面氧的蒸气压与温度的关系，再以

$\lg p_{O_2}$和$1/T$作图，求出相应M ═O 键的键能，用B(kJ/mol) 表示表面键能，$S\%$表示表面单层氧原子脱除的百分数。B与$S\%$的对画线在$S\%=0$处即M ═O 键的键能值（图4-79）。

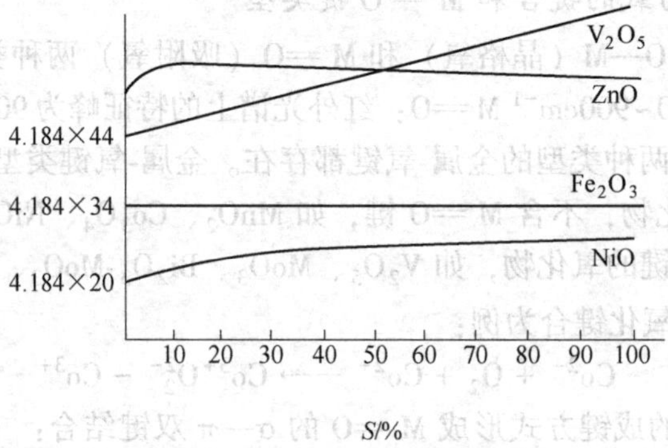

图4-79 金属氧化物表面M ═O 键键能与$S\%$关系
（B表示表面键能，$S\%$表示表面单层氧原子脱除百分数，$S\%=0$处即M ═O 键能）

如果以下述反应过程：

$$MO_n(s) \longrightarrow MO_{n-1} + 1/2O_2(g) - Q_o \qquad (4\text{-}36)$$

之热效应Q_o作为M ═O 键能衡量的标准，则Q_o与烃分子深度氧化的速率的对画线，呈现火山型曲线关系。他从大量的实验数据中总结出，用作选择性氧化的最好金属氧化物催化剂，其Q_o值近于（50~60)×4.184kJ/mol。

4.7.4 复合金属氧化物催化剂的结构化学

生成具有某一种特定晶格结构的新化合物，需要满足以下3个方面的要求：控制化学计量关系的价态平衡；控制离子间大小相互取代的可能；修饰理想结构的配位情况变化，这种理想结构是基于假定离子是刚性的，不可穿透的，非畸变的球体。

实际复合金属氧化物催化剂的结构，常含有晶格缺陷，属于非化学计量，且离子可变形。任何稳定的化合物，必须满足化学价态的平衡。当晶格中发生高价离子取代低价离子时，就要结合高价离子和因取代而需要的晶格阳离子空位以满足这种要求。例如Fe_3O_4的Fe^{2+}，若按γ-Fe_2O_3中的电价平衡，可书写成$Fe^{3+}_{8/3}\square_{1/3}O_4$（□表示阳离子空位）。

阳离子一般小于阴离子。晶格结构总是由配置于阳离子周围的阴离子数所决定。对于二元化合物，配位数取决于阴阳离子的半径比，即$\rho=r_{阳}/r_{阴}$。最后还要考虑离子的极化。因为极化作用能使围绕一个电子的电荷偏移，使其偏离理想化的三维晶格结构，以致形成层状结构，最后变为分子晶体，变离子键为共价键。

4.7.4.1 尖晶石结构的催化性能

具有尖晶石结构的金属氧化物常用作氧化和脱氢过程的催化剂，其结构通式可写成AB_2O_4。其单位晶胞含有32个O^{2-}，组成立方最密堆积，对应于式$A_8B_{16}O_{32}$。正常晶格中，8个A原子各与4个氧原子以正四面体配位；16个B原子各与6个氧原子以正八面体配位（图4-80所示）。

正常的尖晶石结构，A原子占据正四面体位，B原子占据正八面体位。有一些尖晶石

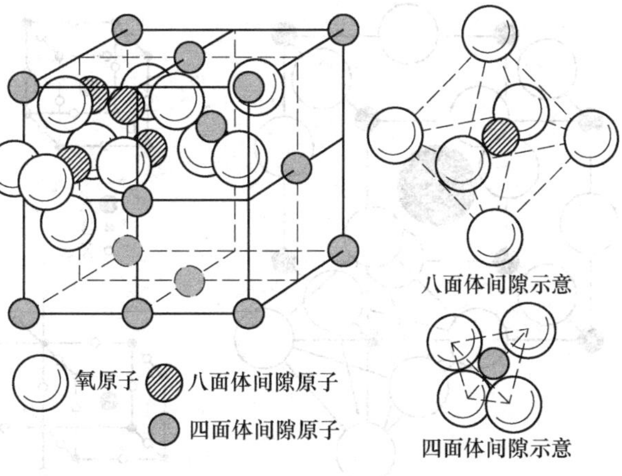

图 4-80 尖晶石结构的单位晶胞

结构的化合物具有反常的结构，其中 B 原子的一半占据正四面体位，另一半 B 与所有的 A 占据正八面体位（反式尖晶石）。还有 A 与 B 完全混乱分布的尖晶石型化合物。

尖晶石型催化剂的工业应用，一般在催化氧化领域中，主要包括烃类的选择性氧化。就 AB_2O_4 尖晶石型氧化物而言，8 个负电荷可用 3 种不同方式的阳离子结合而实现电价平衡：（$A^{2+}+2B^{3+}$）、（$A^{4+}+2B^{2+}$）和（$A^{6+}+2B^{+}$）。2，3 价结合的尖晶石结构占绝大多数，约为 80%；阴离子除 O^{2-} 外还可以是 S^{2-}，Se^{2-} 或 Te^{2-}。A^{2+} 可以是 Mg^{2+}，Ca^{2+}，Cr^{2+}，Mn^{2+}，Fe^{2+}，Co^{2+}，Ni^{2+}，Cu^{2+}，Zn^{2+}，Cd^{2+}，Hg^{2+} 或 Sn^{2+}；B^{3+} 可以是 Al^{3+}，Ga^{3+}，In^{3+}，Ti^{3+}，V^{3+}，Cr^{3+}，Mn^{3+}，Fe^{3+}，Co^{3+}，Ni^{3+} 或 Rh^{3+}。其次是 4，2 结合的尖晶石结构，约占 15%；阴离子主要是 O^{2-} 或 S^{2-}。6，1 结合的只有少数几种氧化物系，如 $MoAg_2O_4$，$MoLi_2O_4$ 和 WLi_2O_4。

4.7.4.2 钙钛矿型结构的催化性能

这一类化合物的晶格结构类似于矿物 $CaTiO_3$，可用通式 ABO_3 表示。A 是一个大的阳离子，B 是一个小的阳离子。在高温下钙钛矿型结构的单位晶胞为正立方体，A 位于晶胞的中心，B 位于正立方体顶点。其中，A 的配位数为 12(O^{2-})，B 的配位数为 6(O^{2-})。

基于电中性原理，阳离子的电荷之和应为+6，故其计量要求为：［1+5］$=A^{I}B^{V}O_3$；［2+4］$=A^{II}B^{IV}O_3$；［3+3］$=A^{III}B^{III}O_3$。具有这三种计量关系的钙钛矿型化合物有 300 多种，覆盖了很大范围（图 4-81）。

钙钛矿型催化剂的相关原则如下：

（1）组分 A 无催化活性，组分 B 有催化活性。A 和 B 的众多结合生成钙钛矿型氧化物时，或者 A 与 B 为别的离子部分取代时，不影响其的基本晶格结构。故有 $A_{1-x}A'_xBO_3$ 型的，有 $AB_{1-x}B'_xO_3$ 型的，以及 $A_{1-x}A'_xB_{1-y}B'_yO_3$ 型的等。

（2）A 位和 B 位的阳离子的特定组合与部分取代，会生成 B 位阳离子的反常价态，也可能是阳离子空穴和/或 O^{2-} 空穴。产生这种晶格缺陷后，会修饰氧化物的化学性质或者传递性质。这种修饰会直接或间接地影响它们的催化性能。

（3）在 ABO_3 型氧化物催化剂中，体相性质或表面性质都可与催化活性关联。因为组分 A 基本上无活性，活性 B 彼此相距较远，约 0.4nm；气态分子仅与单一活性位作用。

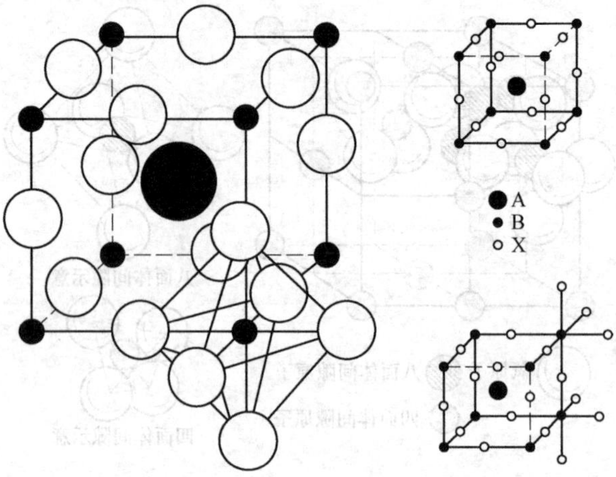

图 4-81　理想的钙钛矿型结构的单位晶胞

但是在建立这种关联时，必须区分两种不同的表面过程。一个为表面层内，另一个为表面上，前者的操作在相当高的温度下进行，催化剂作为反应试剂之一，先在过程中部分消耗，然后在催化循环中再生，过程按催化剂的还原-氧化循环结合进行；后一种催化在表面上发生，表面作为一种固定的模板提供特定的能级和对称性轨道，用于反应物和中间物的键合。

一般而言，未取代的 ABO_3 钙钛矿型氧化物，趋向于表面上的反应，而 A 位取代的（AA′）BO_3 型氧化物，易催化表面层内的反应。例如 Mn-型的催化表面上的反应，属于未取代型的；而 Co-型和 Fe-型则属于取代型。这两种不同的催化作用，强烈地依赖于 O^{2-} 迁移的难易，易迁移的有利于表面层内的反应，不迁移的有利于表面上的反应。

（4）影响 ABO_3 钙钛矿型氧化物催化剂吸附和催化性能的另一类关键因素，是其表面组成。当 A 和 B 在表面上配位不饱和、失去对称性时，它们强烈地与气体分子反应以达到饱和，就会造成表面组成相对于体相计量关系的组成差异。比如 B 组分在表面上出现偏析，在表面上出现一种以上的氧种等，都会给吸附和催化带来显著的影响。

钙钛矿型催化剂可用于催化氧化、催化燃烧和汽车尾气处理的催化剂。用于部分氧化物反应类型有：脱氢反应，如醇变醛，烯烃变成二烯烃；脱氢羰化或腈化反应，如烃变成醛、腈；脱氢偶联反应，如甲烷氧化脱氢偶联成 C_2 烃等。

4.7.5　金属硫化物催化剂及其催化剂作用

金属硫化物与金属氧化物有许多相似之处，它们大多数都属于半导体型化合物。金属硫化物催化剂多为过渡金属硫化物，同样可为单组分或复合组分金属硫化物，如 Mo、W、Ni、Co、Fe 等形成的金属硫化物，具有加氢、异构、氢解等催化活性，主要用于加氢精制过程。通过加氢反应将原料或杂质中会导致催化剂中毒的组分除去。工业上用于此目的的有 Rh 和 Pt 族金属硫化物或负载于活性炭上的负载型催化剂。属于非计量型的复合硫化物，有以 Al_2O_3 为载体，以 Mo、W、C 等硫化物形成的复合型催化剂。随着炼油工业的发展，加氢脱硫（HDS）、加氢脱氮（HDN）、加氢脱金属（HDM）等过程，都寄希望于硫化物催化剂。

硫化物催化剂的活性相，一般是其氧化物母体先经高温熔烧，形成所需要的结构后，再在还原气氛下硫化。硫化过程可在还原之后进行，也可还原过程中用含硫的还原气体边还原边硫化，还原时产生氧空位，便于硫原子插入。常用的硫化剂是 H_2S 和 CS_2，硫化后催化剂含硫量越高对活性越有利。硫化度与硫化温度的控制、原料气中的含硫量有关。使用中因硫的流失导致催化剂活性下降，一般可重新硫化复活。常见硫化物的半导体类型，见表 4-29。

表 4-29　常见硫化物的半导体类型

硫化物	半导体的类型	硫化物	半导体的类型	硫化物	半导体的类型
Cu_2S	p	MoS_2	p	Ag_2S	n
NiS	p	WS_2	p	Cr_2S_3	n
FeS	p	FeS_2	p，n	ZnS	n

4.7.5.1　加氢脱硫及其相关过程的作用机理

在涉及煤和石油资源的开发利用过程中，需要脱硫处理。而硫是以化合状态存在，如烷基硫、二硫化物以及杂环硫化物，尤其是硫茂（噻吩）及其相似物。硫的脱除涉及催化加氢脱硫过程（HDS），先催化加氢生成 H_2S 与烃，H_2S 再氧化生成单质硫加以回收。烷基硫化物易于反应，而杂环硫化物较稳定（难脱出）。从催化角度看，它涉及加氢与 S—C 键断裂，可以首先考虑金属，它们是活化氢所必须的，也能使许多单键氢解。

4.7.5.2　重油的催化加氢精制

在原油进行加工处理之前，需要将含硫量降低到一定的水平。于是硫的脱除伴随有催化加氢脱硫精制。除硫外，重油中还含有一定量的氮，它比硫含量一般小一个数量级，因为这些含氮的有机物具有碱性，会使酸性催化剂中毒，含于燃料油品中会污染大气，因此发展了与 HDS 相似的过程，即 HDN 工艺。

4.7.5.3　加氢脱金属

原油中，尤其是一次加工后的常压渣油中和减压渣油中，含有多种金属和有机金属化合物，它们主要是 V、Ni、Fe、Pb 以及 As、P 等。在加氢脱硫过程中，氢解为金属或金属硫化物，沉积于催化剂剂表面，造成催化剂中毒或堵塞孔道，故要求在石油炼制和油品使用之前将它们除去，这就是 HDM，即加氢脱金属过程。有关 HDM 技术是当代工业催化剂研究的前沿。

习　题

4-1　试阐述金属催化剂的 d 带空穴与其催化活性的关系。

4-2　金属负载型催化剂中，金属与载体的相互作用有几种类型，这种相互作用对催化剂的吸附性能及催化性能的影响如何？

4-3　合金催化剂的催化性能如何及其一般的理论解释。

4-4　用于合成氨的催化剂为：α-Fe-Al_2O_3-K_2O。试说明其中各组分的作用。

4-5 何为结构敏感和结构非敏感反应？试举例说明之。

4-6 分子筛的化学组成如何，分子筛中的不同硅铝比对其耐热、耐酸、耐水性能的影响如何？

4-7 分子筛的酸性是如何形成的？

4-8 简述 n 型和 p 型半导体的成因及能带结构特点。

4-9 分子筛择形催化剂性能的调变一般有几种方法？

4-10 半导体主要分为哪几类？

4-11 氧化物表面 M ═O 键的成键方式有哪几种？

4-12 简述费米能级和电子逸出功的关系。

4-13 什么是络合催化剂，络合催化的重要特征是什么？

4-14 CO 是如何配位活化的？

4-15 简述吸附物的电离势与半导体催化剂的电子逸出功的相对大小对不同类型半导体导电性能的影响。

5 催化剂的制备与应用

工业催化剂要求活性高、选择性好，具有良好的热、机械稳定性，高抗毒能力、价格低廉。由于催化剂的活性、选择性和稳定性与其化学组成和物理性质都高度关联。因此，固体催化剂应具有复杂的化学组成和特殊的物理结构。此外，尽管催化剂的成分相同，但用于合成催化剂的制备方法不同时，也会导致催化剂的性能存在差异。因此，需要通过一连串的操作程序来获得适合的催化剂制备方法。常规的催化剂制备方法：包括混合法、沉淀法、浸渍法、离子交换法。近年新发展的催化剂制备方法：微乳液法、溶胶-凝胶法（Sol-gel 法）、超临界法、微波法、等离子体法。催化剂制备程序，如图 5-1 所示。

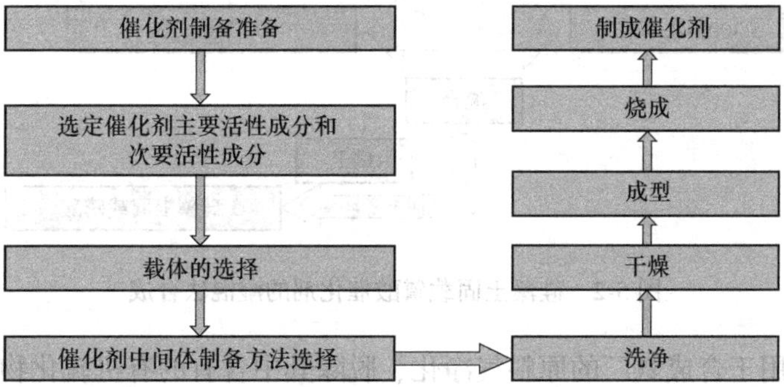

图 5-1　催化剂制备程序

从图 5-1 可知：催化剂制备准备包括以下步骤，与目标催化剂相关的文献资料的收集整理、试剂、仪器、设备的准备；选定催化剂主要活性成分和次要活性成分以及载体；选定催化剂中间体的制备方法。经过上述步骤制备而成的物质，即为催化剂中间体。催化剂中间体需用去离子水反复洗涤，以除去吸附在其上的阴离子等不需要的组分。如果活性组分属于可水溶性的物质，为避免水洗时溶出活性组分，则需先使用非水溶剂洗涤，再通过干燥除去残留的洗涤剂。为使溶剂（如水分）汽化有利，干燥通常在系统压力为 80～300Pa 和温度为 60～120℃ 的空气环境中进行。为避免活性组分在载体上分布不均匀，特别是当活性组分与载体之间的亲和力弱时，需在低温下较长时间干燥。对用于流化床的微球型催化剂，则是在干燥的同时进行造粒操作。此外，为除去催化剂中不需要的成分，需在一定气氛（氧化性或还原性气氛，有无水蒸气等）和温度下，使催化剂中间体加热分解。烧成若在空气中进行，金属盐和金属氢氧化物会转变为金属氧化物；若在还原性气氛中进行，则被还原成金属催化剂。当烧成温度相同，改变加热时的气氛，则可得到不同构造的催化剂。通过活化调节催化剂活性中心的浓度而提高其选择性。最后，由于反应装置和操作状态对催化剂的粒径大小有一定要求，为使催化剂具有一定的力学强度，需对其进行成型操作。

5.1 催化剂的常规制备方法

5.1.1 混合法

混合法多用于多组分催化剂的制备。基本操作如下：将活性组分与载体经机械（球磨机、拌粉机）混合后，碾压至一定程度，再进行干燥、焙烧、活化。关键步骤是混合过程，决定着各组分之间能否通过相互作用而形成活性组分。具有设备简单，操作方便，产品化学组成稳定的优点。然而，该法也存在分散性和均匀性较低的缺点。一般包括湿混法和干混法。湿混法：以用于促进烯烃聚合、异构化、水合、烯烃烷基化、醇类脱水的硅藻土固载磷酸催化剂的合成为例（图 5-2）。

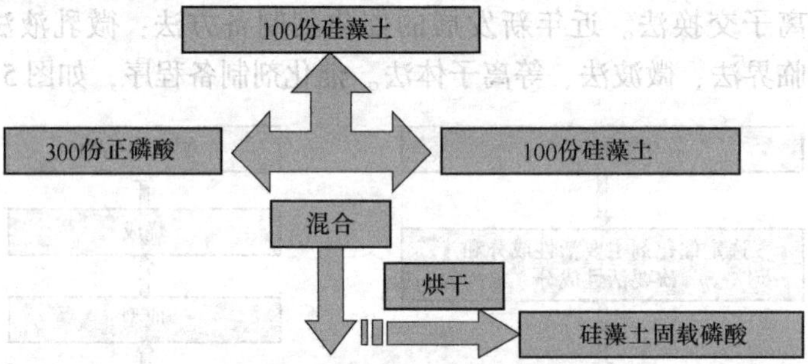

图 5-2 硅藻土固载磷酸催化剂的湿混法合成

干混法：以用于合成氨厂的原料气净化、脱除其中含有的有机硫化物的锌锰系脱硫催化剂为例（图 5-3）。

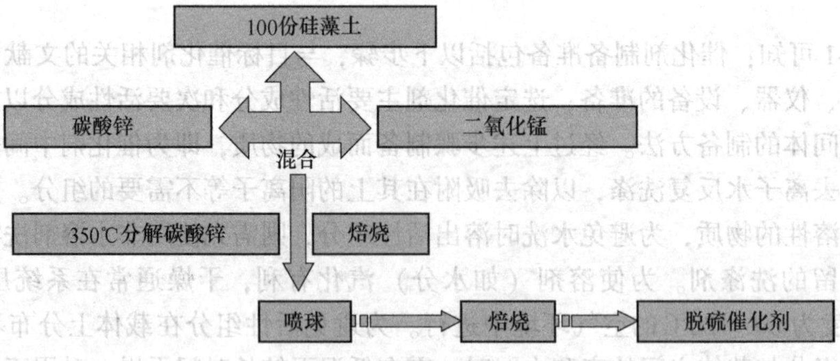

图 5-3 锌锰系脱硫催化剂的干混法合成

5.1.2 沉淀法

沉淀法制备催化剂：首先，在含有金属盐类的水溶液中加入沉淀剂，生成水合氧化物或碳酸盐的结晶或凝胶；然后，将生成的结晶或凝胶通过分离、洗涤、干燥、焙烧、成型等一系列作用后，制得催化剂。沉淀作用是沉淀法制备催化剂的第一步，也是最关键的一步，它使催化剂具有了基本的催化属性。沉淀物实际上是催化剂的“前驱物”，对催化剂的活性、寿命和机械强度有很大影响。以 $NaOH(Na_2CO_3)$ 和金属盐溶液经沉淀法制备催化剂为例，具体步骤，如图 5-4 所示。

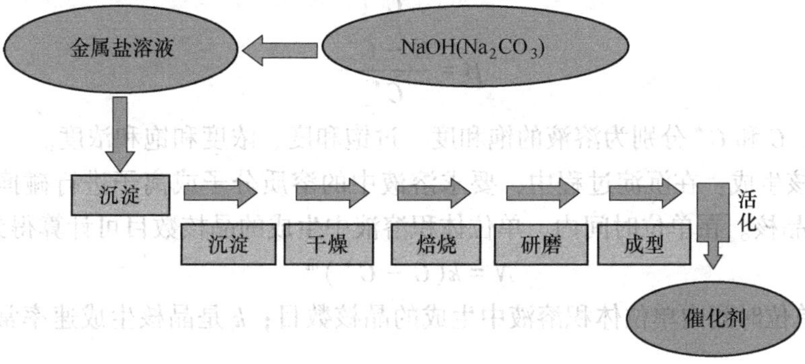

图 5-4 $NaOH(Na_2CO_3)$ 和金属盐溶液经沉淀法制备催化剂

综上可知：沉淀剂的选择、沉淀温度、溶液浓度、沉淀时溶液的 pH 值、加料顺序及搅拌速率等对所制得催化剂的活性、寿命及强度等有很大影响。

5.1.2.1 影响沉淀效果的因素

A 沉淀剂的影响

(1) 为了能同时满足技术和经济上的要求，在充分保证催化剂性能的前提下，应尽可能使用易分解且含有易挥发成分的物质为沉淀剂。常用的沉淀剂有氨气、氨水和铵盐（碳酸铵、硫酸铵、乙酸铵、草酸铵），二氧化碳、碳酸盐（碳酸钠、碳酸氢铵）、碱类（氢氧化钠）和尿素等。由于铵盐易通过洗涤和热处理除去，因此氢氧化铵和碳酸铵是最常用的沉淀剂。使用 NaOH 和 KOH，通常会遗留 K^+ 和 Na^+ 于沉淀物中，并且 KOH 的价格较高；使用 CO_2，由于是气液相反应而不易控制。沉淀完成后，沉淀剂的各种成分，如 Na^+、SO_4^{2-} 可通过洗涤除去，或转化为挥发性气体（CO_2、NH_3、H_2O）逸出，不会遗留在沉淀中。

(2) 形成的沉淀物必须便于过滤和洗涤。由于晶形沉淀带入的杂质少，便于过滤和洗涤，因此应尽量使沉淀物以晶形的形式沉淀。通常，盐类沉淀剂生成晶形沉淀，碱类沉淀剂生成非晶形沉淀。

(3) 沉淀剂应具有较高的溶解度。若沉淀剂同时也可对发生沉淀作用的金属离子产生络合效应，需要综合考虑同离子和配合效应对溶液中的沉淀剂的溶解度的影响。通常，沉淀剂适当过量而沉淀生成物的溶解度反而减小，则以同离子效应影响为主；如沉淀剂过量太多而沉淀生成物的溶解度反而增大，则以配合效应影响为主。

(4) 沉淀生成物应具有较低的溶解度。为使沉淀完全，需要综合考虑影响沉淀溶解度的三种因素，如果是同离子效应产生的影响，则必须加入适当过量的沉淀剂，利用同离子效应来降低沉淀的溶解度；如果是盐效应产生的影响，则可通过降低电解质浓度来降低沉淀的溶解度；如果是酸效应产生的影响，则可通过降低酸度来降低沉淀的溶解度。

(5) 沉淀剂必须无毒，不造成环境污染，尽可能生成晶型沉淀。

B 溶液浓度的影响

生成沉淀的首要条件之一是溶液的浓度超过其饱和浓度。溶液的饱和度和过饱和度可

分别计算得到:

$$\alpha = \frac{C}{C^*} \tag{5-1}$$

$$\beta = \frac{C - C^*}{C^*} \tag{5-2}$$

式中，α，β，C 和 C^* 分别为溶液的饱和度、过饱和度、浓度和饱和浓度。

（1）晶核生成：在沉淀过程中，要求溶液中的溶质分子或离子进行碰撞，以便凝聚成晶体微粒-晶核。在单位时间内，单位体积溶液中生成的晶核数目可计算得到：

$$N = k(C - C^*)^m \tag{5-3}$$

式中，N 是单位时间内单位体积溶液中生成的晶核数目；k 是晶核生成速率常数；m 值的范围为 3~4。

（2）晶核生长：晶核生成后，更多的溶质分子或离子向晶核的表面扩散，然后经表面反应进入晶格，使晶核长大，包括扩散和表面反应两步。

当溶质分子或离子向晶核的表面扩散及表面反应达到平衡时：

$$\frac{D}{\delta}(C - C') = k'A(C' - C^*) \tag{5-4}$$

晶核的生长速率：

$$\frac{dm}{dt} = k'A(C' - C^*) \tag{5-5}$$

式中，D 为溶质粒子扩散系数；A 为晶体的表面积；δ 为溶液中滞留层厚度；C' 为界面浓度；k' 为表面反应速率常数。

将式（5-4）代入式（5-5），经简化并消去 C'，得到：

$$\frac{dm}{dt} = [A(C - C^*)] \Big/ \left(\frac{1}{k'} + \frac{1}{k_d}\right)$$

其中，$k_d = \frac{D}{\delta}$，为扩散速率常数。当 $k' \gg k_d$，则有：

$$\frac{dm}{dt} = k_d A(C - C^*) \tag{5-6}$$

式（5-6）即为一般的扩散速率方程式，表明晶核生长的速率取决于溶质粒子的扩散速率，晶核生长为扩散控制。反之，当 $k_d \gg k'$，晶核的生长速率可通过式（5-5）计算，晶核生长为表面反应控制。实际的晶核生长速率：

$$\frac{dm}{dt} = k'A(C - C^*)^n, \ n = 1 \sim 2 \tag{5-7}$$

晶核生成、长大速率与溶液过饱和度的关系（图 5-5）。

当晶核生成速率远大于晶核生长速率，离子迅速聚集，形成大量晶核。由于溶液的过饱和度迅速下降，溶液中没有更多可聚集到晶核上的离子。因此，晶核会迅速聚集形成细小的无定形颗粒，进而得到非晶形沉淀，甚至是胶体；当晶核长大速率远大于晶核生成速率，溶液中最初形成的晶核不多，有较多的离子以晶核为中心，按一定的晶格定向排列，从而形成颗粒较大的晶形沉淀。因此，为有利于晶体的长大和得到完整的晶体，沉淀应当在适当稀释的溶液中进行。在保持一定过饱和度的同时，还要避免局部过浓现象。

a 晶形沉淀的形成条件

(1) 沉淀应在适当稀释的溶液中进行。加入稀沉淀剂溶液，使溶液的过饱和程度在沉淀作用开始时不至于太大，且晶核的生成不会太多。但是，溶液也不能太稀，否则会增加沉淀的溶解损失。

(2) 沉淀应在热溶液中进行。因为在热溶液中，沉淀的溶解度一般比较大，过饱和程度相对降低，晶核的生成可以减少，有利于得到颗粒较大的晶形沉淀。同时，在热溶液中的吸附作用较少，可减少杂质的吸附作用，获得纯度较高的沉淀。然而，沉淀在热溶液中的溶解度将增大。因此，沉淀结束后，需待溶液冷却后再过滤。

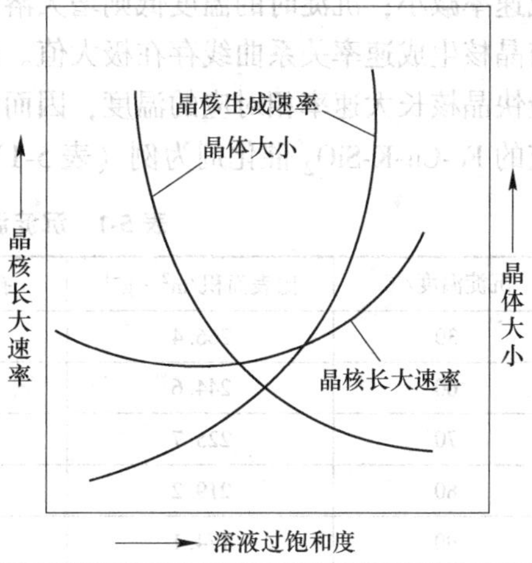

图 5-5 晶核生成、长大速率与溶液过饱和度的关系

(3) 沉淀剂应缓慢加入，既可使沉淀作用开始时的溶液的过饱和度不会太大，又能继续维持适当的过饱和。从而，既使晶核生成不会太多，又可使晶核长大。将沉淀剂加入溶液时，应不停搅拌，以免溶液中可能发生局部过浓现象。从而导致晶核将大量地在沉淀剂过浓的地方生成，得不到粗大纯净的沉淀。

(4) 沉淀应放置老化。沉淀形成之后发生的一切不可逆变化即为老化，主要是结构变化和组成变化。老化，即在沉淀析出后，使沉淀与母液在一起放置一段时间。作用是使小颗粒的晶体溶解，大颗粒的晶体长大，便于沉淀的过滤和洗涤；释放出部分包藏在沉淀晶体中的杂质，减少杂质的吸附，提高沉淀的纯度。

b 非晶形沉淀的形成条件

(1) 沉淀作用应在浓度较高的溶液中进行，并迅速加入沉淀剂和保持搅拌，使沉淀剂能尽快分散到溶液中。沉淀迅速析出，且生成的沉淀较紧密，便于过滤和洗涤。然而，在浓度较高的溶液中，杂质的浓度同样较高，这将导致沉淀吸附的杂质数量增加。可待沉淀析出后，立即加入较大量的热水稀释溶液，并充分搅拌，通过降低溶液中的杂质离子浓度来破坏吸附平衡，使一部分被沉淀吸附的杂质转入溶液中。加入热水后，一般不宜放置而应立即过滤，以防止沉淀凝聚。但在某些特定条件下，也可在加热水后放置老化一段时间，以用于制备具有特殊结构的沉淀。

(2) 沉淀作用应在热溶液中进行。既可防止胶体溶液的生成，又可使生成的沉淀比较紧密，同时还可以减少沉淀吸附的杂质数量。

(3) 溶液中加入适当的电解质。电解质的存在能使胶体颗粒凝聚，由于浓溶液胶体粒子的水合程度较小，因而可以获得比较紧密凝聚的沉淀。为了防止胶体溶液的生成，又不妨碍以后的操作，一般可加入挥发性的电解质（如铵盐）。

(4) 沉淀不必陈化。沉淀作用完毕后，静置几分钟，即可过滤。

C 沉淀温度的影响

当溶液中的溶质数量一定时，沉淀时的温度高将降低溶液的过饱和度，导致晶核的生成速率减小；沉淀时的温度低则增大溶液的过饱和度，晶核生成速率提高。一般沉淀温度与晶核生成速率关系曲线存在极大值。通常，与最快晶核生成速率相对应的温度要低于与最快晶核长大速率相对应的温度，因而低温沉淀一般得到细小的颗粒。以用于费托合成反应的 Fe-Cu-K-SiO_2 催化剂为例（表 5-1），可知在低温沉淀时得到的为小颗粒催化剂。

表 5-1　沉淀温度对沉淀粒子大小的影响

沉淀温度/℃	比表面积/$m^2 \cdot g^{-1}$	孔容/$cm^3 \cdot g^{-1}$	孔径/nm	颗粒大小/nm
30	266.4	0.31	7.01	4.5
60	244.6	0.42	8.63	6.4
70	225.7	0.51	9.63	18.0
80	219.2	0.55	10.59	19.8
90	174.1	0.57	11.69	20.5

D　加料顺序的影响

加料顺序对沉淀物的性质有较大影响。加料顺序通常可分为正加、倒加和并流加料。正加，将沉淀剂加到金属盐类溶液中；倒加，将金属盐类溶液加到沉淀剂中；并流，将金属盐类溶液和沉淀剂同时按一定比例加到中和沉淀槽中。在溶液浓度、温度、加料速度等其他条件完全相同的条件下，由于加料方式的不同，所得的沉淀的性质可能有较大差异，进而使催化剂的性质出现差异。加料顺序的影响，其实质是通过溶液 pH 值的变化而影响沉淀物的性质，通过影响沉淀物的结构而改变催化剂的活性。

以催化氧化 NO 为 NO_2 的催化剂 Mn/Co-Ba-Al-O 为例，当采用共沉淀-浸渍法合成该催化剂的载体 Co-Ba-Al-O 时，考察了加料顺序分别为正加、反加和并流时，对制备而成的催化剂的活性差异。结果发现：并流加料制得的催化剂的活性略优于正加和反加加料。可能的原因如下：采用正加加料时，由于溶液的 pH 值会在沉淀过程中发生由低到高的变化，而沉淀主要在 pH 值为 7 左右生成，得到的是无定形氢氧化铝凝胶。焙烧后，得到的物质主要为无定形 Al_2O_3；采用反加加料时，与正加加料时的溶液 pH 值变化正好相反，从而导致制得的 Al_2O_3 的晶型结构不均一；采用并流加料时，由于溶液的 pH 值稳定，沉淀基本在恒定的 pH 值下进行。因此，克服了由于溶液 pH 值变化而导致沉淀晶型不均一的缺点，得到结晶度较好的 γ-Al_2O_3。

E　pH 值的影响

沉淀法常使用碱性物质作为沉淀剂，pH 值对沉淀物的生成有较大影响。以金属铝盐和沉淀剂（氨水或 NaOH、Na_2CO_3 等）的水溶液发生作用生成 Al_2O_3 为例（图 5-6）。

除少数碱金属外，大多数金属的氢氧化物都属难溶化合物。因此，通过沉淀法制备催化剂，通常是生成难溶金属氢氧化物沉淀，其典型的沉淀反应如下：

$$M^{n+} + nOH^- \xlongequal{} M(OH)_n \downarrow \tag{5-8}$$

相应的金属氢氧化物的溶度积为：

$$K_{sp} = c(M^{n+}) \times c(OH^-)^n \tag{5-9}$$

又从水的离解平衡知：

$$K_w = c(H^+) \cdot c(OH^-) \quad 或 \quad c(OH^-) = K_w / c(H^+) \tag{5-10}$$

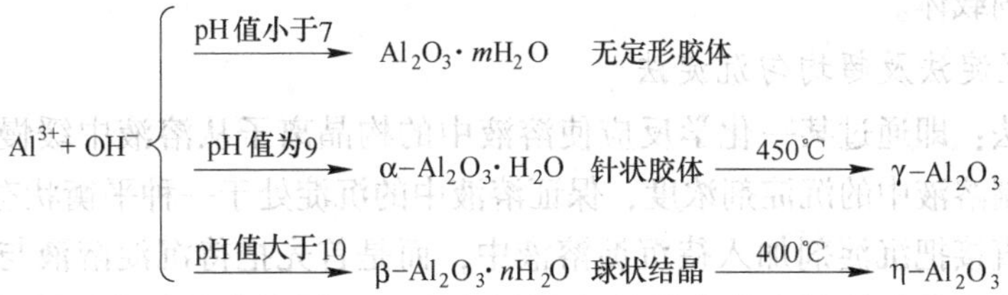

图 5-6 pH 值对金属铝盐沉淀产品的影响

于是，可以得到金属氢氧化物的如下关系：

$$pH = (1/n)\lg K_{sp} - \lg K_w - (1/n)\lg c(M^{n+}) \tag{5-11}$$

式中，K_{sp}为金属氢氧化物的溶度积；K_w 为水的离解平衡。由式（5-11）可知，在一定温度下，金属氢氧化物沉淀形成的 pH 值由该金属离子的价态及其氢氧化物的 K_{sp}决定。若规定 $c(M^{n+})$= 1mol/L 时沉淀开始，当 $c(M^{n+})$ = 10^{-5}mol/L 时沉淀完全，则由上式可求出相应于金属氢氧化物沉淀开始和完全时的 pH 值。常见金属离子以氢氧化物形式沉淀时的 pH 值和溶度积 K_{sp}(25℃)，见表 5-2。

表 5-2 常见金属离子以氢氧化物形式沉淀时的 pH 值和溶度积 K_{sp}（25℃）

金属氢氧化物	K_{sp}	金属离子浓度 1mol/L	金属离子浓度 0.1mol/L	沉淀完全时的 pH 值（金属离子浓度 $<10^{-5}$mol/L）
		开始沉淀时的 pH 值		
$Mg(OH)_2$	5.61×10^{-12}	8.37	8.87	10.87
$Co(OH)_2$	5.92×10^{-15}	6.89	7.38	9.38
$Cd(OH)_2$	7.20×10^{-15}	6.90	7.40	9.40
$Zn(OH)_2$	3.00×10^{-17}	5.70	6.20	8.24
$Fe(OH)_2$	4.87×10^{-17}	5.80	6.34	8.34
$Pb(OH)_2$	1.43×10^{-15}	4.08	4.58	6.60
$Be(OH)_2$	6.92×10^{-22}	3.42	3.92	5.92
$Sn(OH)_2$	5.45×10^{-28}	0.87	1.37	3.37
$Fe(OH)_3$	2.79×10^{-39}	1.15	1.48	2.81

5.1.2.2 沉淀法的分类

A 单组分沉淀法

单组分沉淀法：即通过一种待沉淀组分溶液与沉淀剂作用来制备单一组分沉淀物。该方法既可用于制备非贵金属单组分催化剂或载体，也可与其他操作单元相配合而制备多组分催化剂。

B 共沉淀法（多组分共沉淀法）

共沉淀法：即通过两种或两种以上待沉淀组分溶液与沉淀剂作用来制备多组分沉淀物。采用该方法，可以一次同时获得几种组分，而且各种组分的分布比较均匀。如果各组分之间能够形成固溶体，那么分散度更为理想。因此，共沉淀法常用来制备多组分含量的催化剂或催化剂载体。

C 均匀沉淀法及超均匀沉淀法

均匀沉淀法：即通过某一化学反应使溶液中的构晶离子从溶液中缓慢均匀地释放出来，并通过控制溶液中的沉淀剂浓度，保证溶液中的沉淀处于一种平衡状态，从而均匀地析出。通常不直接把沉淀剂加入待沉淀溶液中，而是首先把待沉淀溶液与沉淀剂母体混合，通过化学反应使沉淀剂在整个溶液中缓慢生成，克服了由外部向溶液中直接加入沉淀剂而造成沉淀剂在溶液中的局部不均匀性，从而形成一个十分均匀的体系；然后，调节温度，使沉淀剂母体逐步转化为沉淀剂，从而使沉淀缓慢进行，得到均匀纯净的沉淀物。均匀沉淀法使用的部分沉淀剂母体（表 5-3）。

表 5-3 均匀沉淀法使用的部分沉淀剂母体

沉淀剂	沉淀剂母体	化学反应
OH^-	尿素	$(NH_2)_2CO_3+3H_2O \longrightarrow 2NH_4+2OH^-+CO_2$
PO_4^{3-}	磷酸三甲酯	$(CH_3)_3PO_4+3H_2O \longrightarrow 3CH_3OH+H_3PO_4$
$C_2O_4^{2-}$	尿素与草酸	$(NH_2)_2CO+H_2C_2O_4+H_2O \longrightarrow 2NH_4+C_2O_4^{2-}+CO_2$
SO_4^{2-}	硫酸二甲酯	$(CH_3)_2SO_4+2H_2O \longrightarrow 2CH_3OH+2H^++SO_4^{2-}$
SO_4^{2-}	磺酰胺	$NH_2SO_3H+H_2O \longrightarrow NH_4+H^++SO_4^{2-}$
S^{2-}	硫代乙酰胺	$CH_3CSNH_2+H_2O \longrightarrow CH_3CONH_2+H_2S$
S^{2-}	硫脲	$(NH_2)_2CS+4H_2O \longrightarrow 2NH_4+2OH^-+CO_2+H_2S$
CrO_4^{2-}	尿素与 $HCrO_4$	$(NH_2)_2CO+H_2CrO_4+H_2O \longrightarrow 2NH_4+CO_2+CrO_4^{2-}$

超均匀沉淀法的原理是将沉淀操作分成两步进行。首先，制备盐溶液的悬浮层，并将这些悬浮层混合成超饱和溶液；然后，由此超饱和溶液得到均匀沉淀。两步之间所需时间，随溶液中组分及其浓度变化，通常需要数秒或数分钟，这个时间是沉淀的引发期。在此期间，超饱和溶液处于界稳状态，直到形成沉淀的晶核为止，立即混合是操作的关键。

D 浸渍沉淀法

沉淀浸渍法，是在浸渍法的基础上辅以均匀沉淀法而发展起来的一种新方法，即在浸渍液中预先配入沉淀剂母体，待浸渍单元操作完成之后，加热升温使待沉淀组分沉积在载体表面上。可以用来制备比浸渍法分布更加均匀的金属或金属氧化物负载型催化剂。

E 导晶沉淀法

导晶沉淀法，借助晶化导向剂（晶种）引导非晶形沉淀转化为晶形沉淀的方法。常用来制备以廉价的水玻璃为原料的高硅钠型分子筛，包括丝光沸石、Y 型、X 型分子筛。

F 水热合成法

在常温常压下水溶液的沉淀理论，形成沉淀粒子的因素是溶度积和相对过饱和度，为了得到更大的过饱和度，令水溶液温度升到常压沸点以上，为了保持液相，必须加压。在高压状态下水的气相和液相可以共存。水在高温、高压下时称之为水热状态。在此状态下合成无机化合物称为水热合成，此反应称为水热反应。利用水热反应可以合成大的单晶和新的沸石分子筛。水热合成的温度在 150℃ 以下称为低温水热合成，温度在 150℃ 以上称为高温水热合成。采用低温水热合成时，有利于得到处于非平衡状态的介稳相物质，从而可制备孔径较大的沸石。

5.1.2.3 沉淀物的陈化、过滤、洗涤、干燥、活化

A 陈化

也称熟化，主要目的是获得颗粒大小较为均匀的晶体。当沉淀形成后，不立即过滤，而是将沉淀物与母液一起放置一段时间。在该过程中，由于细小的晶体溶解度大，尚未达到饱和状态的细小晶体会逐渐溶解并沉积于粗晶体上，从而获得颗粒大小较为均匀的晶体。此外，存在于细小晶体之中的杂质也随溶解过程转入溶液。对某些新鲜的无定形或胶体沉淀，将在陈化过程中逐步转化为结晶。

B 过滤和洗涤

主要目的是除去沉淀物中的水分和杂质。对于大多数非晶形沉淀，当沉淀形成并析出后，通过加入较大量热水稀释的方式来减少杂质在溶液中的浓度，且同时使一部分吸附在沉淀物表面的杂质转入溶液中。加入热水后，一般不宜放置，而应立即过滤，以防止沉淀进一步凝聚，并避免表面吸附的杂质离子由于共沉淀现象的发生而不易通过洗涤除去，即杂质离子来不及离开沉淀表面就被沉积上来的离子所覆盖而包裹在沉淀内部。

C 干燥

主要目的是通过加热来脱除已洗净沉淀中的游离水，通常在60~100℃温度下进行。在干燥过程中，水从颗粒外表面蒸发除去，而颗粒内部水通过小孔和大孔向外表面扩散。由于颗粒内部和外部干燥速度不同，以及干燥物料的收缩。因此，在干燥过程中，会出现龟裂或结壳，为防止这一问题出现，可加入低分子量醇（甲醇、乙醇、异丙醇和正丙醇）和纤维素等。对于负载型催化剂，在对其干燥时，由于孔内的活性组分也会随蒸发的水向外迁移，特别是那些与载体亲和力弱的活性组分将会在催化剂外表面上富集，使其分布不均。采用稀溶液浸渍和快速干燥或者低温慢速干燥，可使活性组分分布的较为均匀。

D 活化

主要目的是对处于“钝态”的催化剂进行焙烧，或再进一步进行还原、氧化、硫化等处理，使其具有一定性质和数量的活性中心时，便转化为催化剂的活泼态。沉淀产物经洗净后，通常以氢氧化物、碳酸盐、草酸盐、铵盐和醋酸盐的形式存在。然而，上述化合物存在形式，既不是催化剂所需要的化学状态，也尚未具备适合的物理结构，即没有一定性质和数量的活性中心，对反应不能起催化作用，故称为催化剂的“钝态”。

E 焙烧

催化剂活化的重要步骤，是继干燥之后的加热处理过程。催化剂的焙烧温度不低于其在反应过程中的使用温度，在该过程中催化剂会发生物理和化学变化。主要目的是通过热分解除去水和挥发性物质，使催化剂转变成所需的化学成分和化学形态；借助固态反应、互溶和再结晶获得一定的晶型、孔径和比表面积等；使微晶烧结，提高机械强度，获得较大气孔率。焙烧过程中发生化学和物理变化，发生的变化如下：

(1) 化学变化：如用于异丁烷脱氢的铬钾铝催化剂是在空气中于550℃焙烧而制得。

$$Al_2O_3 \cdot H_2O \longrightarrow Al_2O_3 + H_2O \tag{5-12}$$

$$4CrO_3 \longrightarrow 2Cr_2O_3 + 3O_2 \tag{5-13}$$

$$2KNO_3 \longrightarrow O_2 + 2KNO_2 \longrightarrow K_2O + NO + NO_2 \tag{5-14}$$

由于催化剂的焙烧一般为吸热反应，所以提高温度有利于分解反应的进行，降低压力也有利。

（2）比表面变化：随着热分解反应的进行，易挥发组分会除去，从而在催化剂中留下空隙，引起其比表面的增加。然而，焙烧温度过高会导致烧结发生，催化剂的比表面不但不会增加，反而会减小。

（3）粒度变化：随焙烧温度升高和时间延长，催化剂的晶粒变大。

（4）孔结构变化：在焙烧过程中，如发生烧结，微晶间发生黏附，使相邻微晶搭成间架，间架所占空间成为颗粒中的孔隙。若间架结构稳定，则孔容不发生变化；若间架结构不稳定，则焙烧温度提高时引起孔容连续下降。

如果催化剂的活性组分是金属，则需要通过还原将煅烧后得到的金属氧化物转化为金属，该过程称为还原活化。如果希望得到的催化剂是金属硫化物，则需进行硫化活化。在工厂中，催化剂的硫化活化是使用含硫的进料，或者使用 CS_2 或 H_2S 处理。此外，由于还原态的催化剂不易硫化，因此不能在硫化作用前对催化剂进行 H_2 还原。氧化活化则常用于氧化催化剂，如可将萘氧化为苯酚的钒催化剂。因为浸渍用钒溶液中的钒为 V^{4+}，而活性组分是 V^{5+}，故需先氧化活化。

工业中广泛使用的是还原活化。绝大多数金属催化剂的母体是氧化物，必须通过还原除氧，才能得到有活性的金属结构。此外，有些催化剂的活性相是低价氧化物，经煅烧得到的则是高价氧化物。因此，也必须预还原。影响还原活化的主要因素有还原温度（包括升温速度和恒温还原时间）、还原气组成和流速。还原时，常用 H_2，但还原过程是一大量放热的过程，如 H_2 浓度过高，将会导致飞温。因此多使用含惰性气体的原料气进行还原作用，如用含 N_2 的原料气。同时，也可用 CO 作为还原气体，其还原能力强于 H_2。然而，在高温下，CO 将会在已还原的金属上发生歧化反应（$2CO = C + CO_2$），这将导致金属表面由于积炭而失活，如果在 CO 中含有 H_2 或者 H_2O，则可防止积炭。此外，由于还原过程中会生成具有氧化性的 H_2O，如与已还原的金属相接触时间过长，易造成金属的反复氧化和还原，从而引起晶粒长大，活性降低。但是，尽管使用高纯度的 H_2，仍然难以避免 H_2O 生成。因此，需使用高气速的还原气体，高气速可以将产生的 H_2O 及时带走。

5.1.3 浸渍法

以浸渍为关键和特殊步骤制造催化剂的方法称浸渍法，是广泛应用于制备固体催化剂的一种方法。通过浸渍法制备负载型金属催化剂的过程，如图 5-7 所示。

浸渍法通常是用载体与金属盐类的水溶液接触，活性组分（含助催化剂）以盐溶液形态浸渍到多孔载体上并渗透到内表面，形成高效催化剂。具体如下：首先，活性组分吸附在载体表面上；进而，活性组分通过毛细管压力或同时借助真空产生的内外压力差渗透到载体空隙内部。相比较而言，使用真空可清除载体孔内的杂质和水分，使更多的活性相进入，增加负载量；再次，接触一定的时间使组分在载体表面吸附达到平衡，除去剩余溶液；最后，进行与沉淀法相同的干燥、焙烧、活化等工序后处理。经干燥，将水分蒸发逸出，可使活性组分的盐类遗留在载体的内表面上，金属和金属氧化物的盐类均匀分布在载

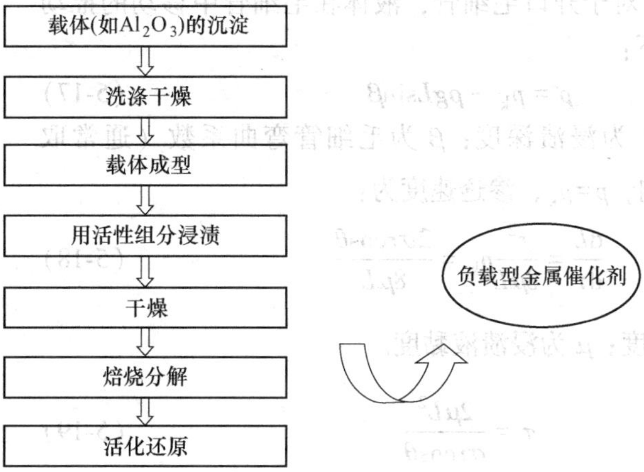

图 5-7 浸渍法制备负载型金属催化剂的过程

体的细孔中，经加热分解及活化后，即得高度分散的载体催化剂。

浸渍法具有以下优点：可使用已确定形状与尺寸的载体，省去催化剂成型的步骤；可选择合适的载体，提供催化剂所需的物理结构特性，如比表面、孔半径、力学强度、热导率等；附载组分多数情况下仅分布在载体表面上，利用率高，用量少，成本低，对铂、钯、铱等贵金属催化剂特别重要。因此，浸渍法是一种简单易行而且经济的方法，可广泛用于制备负载型催化剂，尤其是低含量的贵金属负载型催化剂。缺点：在焙烧过程常产生废气污染；干燥过程会导致活性组分迁移。

催化剂活性组分在载体上的分布类型，如图 5-8 所示。

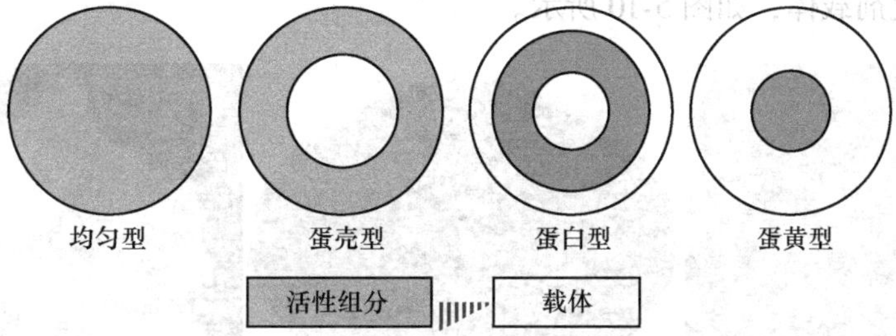

图 5-8 催化剂活性组分在载体上的分布类型

凡能被水润湿的固体称为亲水性载体，否则为憎水性载体。大多数载体是亲水性载体，活性炭是憎水性载体，但能被非极性苯、烃类等有机液体所润湿。亲水性的多孔载体，孔内浸渍是依靠弯曲液面所产生的附加压力 p_k（毛细压力），如图 5-9 所示。

p_k为表面张力 σ 产生的附加压力，其可计算如下：

$$p_k = \frac{2\sigma}{R} \tag{5-15}$$

凹形液面，曲率半径 R 为负值

$$R = \frac{r}{\cos\theta},\ p_k = \frac{2\sigma\cos\theta}{r} \tag{5-16}$$

r 为小液滴的半径。对于开口毛细管，液体在毛细管中移动的推动力（P）可计算如下：

$$p = p_k - \rho g L \sin\beta \tag{5-17}$$

g 为重力加速度；L 为浸渍深度；β 为毛细管弯曲系数（通常取 $\sqrt{2}$）。忽略重力影响，$p=p_k$，渗透速度为：

$$\frac{dL}{d\tau} = \frac{r^2}{8\mu L}p_k = \frac{2\sigma r\cos\theta}{8\mu L} \tag{5-18}$$

$\frac{dL}{d\tau}$ 为浸渍平均线速度；μ 为浸渍液黏度。

$$\tau = \frac{2\mu L^2}{\sigma r\cos\theta} \tag{5-19}$$

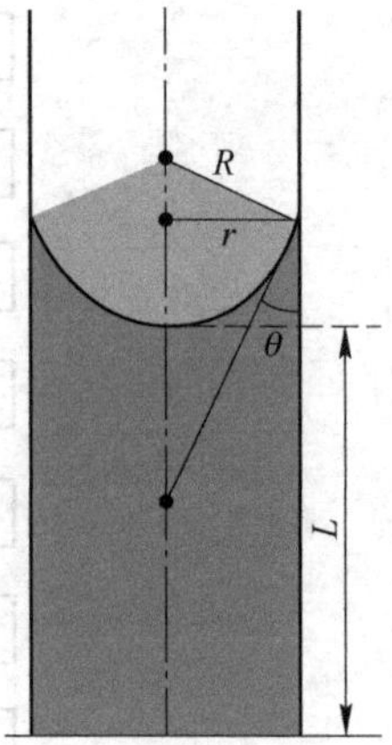

图 5-9 孔内浸渍过程的附加压力 p_k

催化剂活性组分在载体上的分布类型选择，主要依据反应动力学及催化剂使用方式。均匀型适用于反应受动力学因素控制；蛋壳型适用于严重受传质控制的催化反应，以中间产物为目的产物的连串反应；蛋白型和蛋黄型适用于催化剂使用过程中经常受到冲击、磨损而导致活性组分消耗。或者，反应物中含有使催化剂中毒的物质，载体可以吸附毒物。

5.1.3.1 影响浸渍效果的因素

浸渍法对载体的要求：原料易得，制备简单、力学强度高、耐热性能好、合适的颗粒形状与尺寸、适宜的比表面积、孔结构、导热性能良好（针对强放/吸热反应）、载体为惰性（与浸渍液不发生化学反应）、表面酸碱性和足够的吸水率、不含使催化剂中毒和导致副反应发生的物质。根据催化剂用途可以使用粉状的载体，也可以使用成型后的颗粒状载体。部分催化剂载体，如图 5-10 所示。

(a) (b) (c)

图 5-10 催化剂载体

（a）氧化硅；（b）活性炭；（c）硅藻土

载体表面性质影响其对活性组分的吸附能力。氧化物载体对金属络离子的吸附决定于以下参数：氧化物的等电点、浸渍液的 pH 值、金属络离子的性质。在酸性介质中，按双电层理论，粒子带正电，其周围为带负电的反离子扩散层。同理可得，在碱性介质中，粒子带负电，其周围为带正电的反离子扩散层。浸渍液的 pH 值对氧化物载体吸附活性组分能力的影响，如图 5-11 所示。

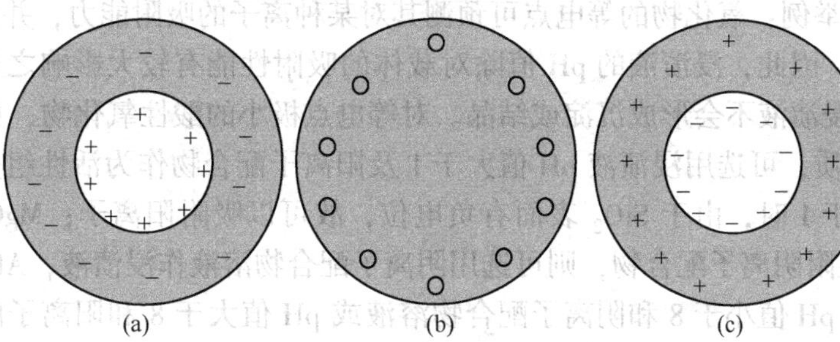

图 5-11 浸渍液的 pH 值对氧化物载体吸附活性组分能力的影响
(a) 酸性介质；(b) 等电点；(c) 碱性介质

以 S-OH 代表表面吸附位，在酸性或碱性介质中发生的吸附作用如下所示：

酸性介质： $$S-OH + H^+A^- \rightleftharpoons S-OH_2^+ + A^- \qquad (5\text{-}20)$$

碱性介质： $$S-OH + B^+OH^- \rightleftharpoons S-O^-B^+ + H_2O \qquad (5\text{-}21)$$

当浸渍液的 pH 值为某一特定值时，粒子不带电荷，亦称带零点电荷（Zero Point of Charge, ZPC），此状态称为等电点，即：ZPC 表示氧化物表面净电荷为零时相应的水溶液的 pH 值。常见氧化物载体的等电点见表 5-4。

表 5-4 常见氧化物载体的等电点

氧化物	等电点	吸 附
Sb_2O_3	<0.4	正离子
WO_3 水合物	<0.5	
SiO_2 水合物	1.0~2.0	
U_3O_8	4	
MnO_2	3.9~4.5	
SnO_2	5.5	
TiO_2	6.0	
UO	5.7~6.7	正离子或负离子
γ-Fe_2O_3	6.5~6.9	
ZrO_2 水合物	6.7~6.9	
CeO_2 水合物	6.75	
Cr_2O_3 水合物	6.5~7.5	
a，γ-Al_2O_3	7.0~9.0	
Y_2O_3 水合物	8.9	
a-Fe_2O_3	8.49	
ZnO	8.7~9.7	负离子
La_2O_3 水合物	10.4	
MgO	12.1~12.7	

等电点应用举例：氧化物的等电点可预测其对某种离子的吸附能力，并大致估计浸渍液的 pH 值范围。因此，浸渍液的 pH 值除对载体的吸附性能有较大影响之外，还可通过调节 pH 值保证浸渍液不会形成沉淀或结晶。对等电点极小的酸性氧化物，如 SiO_2，表明氧化物是酸性物质，可选用浸渍液 pH 值大于 1 及阳离子配合物作为活性组分的前体。当浸渍液 pH 值大于 1 时，由于 SiO_2 表面有负电位，故可以吸附阳离子；MgO 载体的等电点大于 10，可吸附阴离子配合物，则可选用阴离子配合物溶液作浸渍液；Al_2O_3 为两性氧化物，则可选用 pH 值小于 8 和阴离子配合物溶液或 pH 值大于 8 和阳离子配合物溶液作吸附剂。

浸渍液的选择：与载体本身的性质有关；与载体的细孔结构、大小、形状及孔径有关；与溶液的黏度，浓度等有关。水溶液浸渍氧化物载体，毛细管力足够大，浸渍能顺利进行。根据活性组分在载体上分布形式的要求，选择适宜的活性组分金属的易溶盐。通常采用硝酸盐、氯化物、有机酸盐（乙酸盐等）、铵盐作为浸渍液。Au、Pd、Pt 等贵金属可采用 H_2PtCl_6、$PdCl_2$，前提是催化剂不受 Cl^- 的影响。当使用含有同种活性组分的不同类型金属盐类水溶液时，由于金属盐类的配合物与载体浸渍时所产生的配位基置换反应机理不同，所制备的催化剂中活性组分的分布是不同的。如制备 Pt-Al_2O_3 催化剂时，氯铂酸由于与 Al_2O_3 有强的吸附作用，浸渍后 Pt 高度集中在颗粒外表面；而二氨基二亚硝基铂由于几乎不被 Al_2O_3 吸附，催化剂中 Pt 近于呈均匀分布。以 Pd 催化剂为例，说明浸渍液种类对催化剂的结构和性能的影响，见表 5-5。

表 5-5 浸渍液种类对 Pd 催化剂的结构和性能的影响

浸渍液	Pd 含量/%	还原温度/℃	Pd 表面积/m^2	分散度/$m^2 \cdot g^{-1}$
H_2PdCl_4	4.26	400	42.8	0.09
$Pd(NH_3)_2Cl$	4.02	400	280.5	0.62
$Pd(NH_3)_4(OH)_2$	4.35	400	289.1	0.64
$Pd(NH_3)_4(OH)_2$	0.6	400	292.1	0.65

催化剂中活性组分含量（以氧化物计）可通过计算得到：

$$a = \frac{V_P C}{1 + V_P C} \times 100\% \tag{5-22}$$

式中，a 为活性组分含量；V_P 为载体比孔容（mL/g）；C 为浸渍液浓度（以氧化物计，g/mL）。

浸渍液浓度：取决于所要求的活性组分负载量。浓度过高，活性组分在孔内分布不均匀，易得到较粗的金属颗粒且粒径分布不均匀；浓度过低，一次浸渍达不到要求，必须多次浸渍，费时费力；当要求负载量低于饱和吸附量，应采用稀浓度浸渍液浸渍，并延长浸渍时间或使用竞争吸附剂，使吸附的活性组分均匀分布。当催化剂要求活性组分含量较高时，需要使用高浓度浸渍液进行浸渍。由于高浓度浸渍液中的活性组分不易浸透粒状载体的微孔，阻塞载体微孔，导致粒状载体内外的活性组分负载量不均匀，金属晶粒的粒径较大且分布较宽。浸渍液 $Ni(NO_3)_2$ 的浓度对 γ-Al_2O_3 负载 Ni 的含量（以 NiO 计，质量分数 w%）的影响见表 5-6。

表 5-6 浸渍液 $Ni(NO_3)_2$ 的浓度对 γ-Al_2O_3 负载 Ni 的影响（以 NiO 计，质量分数/%）

浓度	Ni 的含量
0.04	0.18
0.08	0.74
0.29	1.54
0.63	2.96
0.98	4.06

浸渍液溶剂多采用去离子水，但当载体成分易溶解于水溶液中时，或者负载的活性组分难溶于水时，需使用醇类或烃类等溶剂。由于不同载体具有不同亲疏水性，不同溶剂具有不同极性。因此，催化剂上的活性组分将存在差异（表 5-7）。

表 5-7 溶剂对活性组分在载体上分布的影响

溶剂	H_2PtCl_6/γ-Al_2O_3	H_2PtCl_6/活性炭
水	均匀分布	“蛋壳”型分布
丙酮	“蛋壳”型分布	均匀分布

水热处理可以促进晶粒的相转变和增强（或减弱）金属-载体相互作用等，从而影响催化剂的活性、目的产物选择性和寿命。以水蒸气处理对 γ-Al_2O_3 载体孔结构参数的影响为例，说明水热处理对催化剂的孔结构参数的影响（表 5-8）。

表 5-8 水蒸气处理对 γ-Al_2O_3 载体的孔结构参数的影响

样品	孔径/nm	孔容/$cm^3 \cdot g^{-1}$	比表面积/$m^2 \cdot g^{-1}$
无水热处理	7.840	0.43	217.2
250℃水热处理	7.968	0.43	210.8
300℃水热处理	8.148	0.42	206.7
350℃水热处理	8.417	0.42	197.0
400℃水热处理	8.669	0.41	189.8

由表 5-8 可知，载体经水热处理后，与其孔结构相关的各参数均发生较大的变化。随水热处理温度升高，孔径不断增大，比表面积和孔容逐渐下降。可能的原因如下：γ-Al_2O_3 载体在水热处理过程中，会逐步水合而相变为薄水铝石，导致比表面积下降；小孔塌陷形成大孔，导致催化剂孔容减小和平均孔径增大。随着孔径增大，将有利于反应物在催化剂内部扩散和异构的大分子产物外扩散，从而可以有效避免催化剂在长周期运转中出现失活。但是，高温水热处理同时也会造成催化剂的比表面积下降，影响催化剂的活性中心数目。综上所述，水热处理催化剂时，需采用适宜的温度进行处理。以水蒸气处理的 γ-Al_2O_3 载体对其催化硫醚化反应的活性影响为例，说明水蒸气处理对催化剂反应性能的影响（表 5-9）。

表 5-9 水蒸气处理对以 γ-Al_2O_3 为载体的催化剂反应性能的影响

样品	Ni 2p3/2 的结合能/eV	Ni 的硫化度(摩尔分数)/%	Mo(Ⅳ) 3d5/2 的结合能/eV	Mo 的硫化度(摩尔分数)/%
无水热处理	853.7	33.2	229.2	64.1
250℃水热处理	853.8	35.5	229.2	66.6
300℃水热处理	853.9	36.8	229.3	68.6
350℃水热处理	853.8	38.3	229.3	70.5
400℃水热处理	853.8	42.5	229.3	77.2

由表 5-9 可知，随水热处理温度升高，Ni 的硫化度不断增加，表明水热处理可以提高 Ni 不饱和配体活性中心数目，从而提高催化剂的反应性能。

浸渍顺序（先浸，后浸，共浸）对催化剂性质的影响，使某一活性组分在表面的分散度增加（结构因素）；金属组分之间有电子的转移，如改变 *d* 带填满程度（电子因素）；某一组分先与载体相互作用，甚至生成某种化合物，其他组分分散在其表面。如使用稀土氧化物助剂 La_2O_3 改善负载镍基催化剂对间二硝基苯加氢的催化活性时，以 $La(NO_3)_2 \cdot 6H_2O$ 或 $Ni(NO_3)_2 \cdot 6H_2O$ 先浸或二者共浸 SiO_2 等 3 种方式将 La_2O_3 引入到 SiO_2 负载镍基催化剂中时，对镍基催化剂的活性和选择性存在明显的影响（表 5-10）。

表 5-10 La_2O_3 助剂的引入方式对 Ni/SiO_2 催化剂的活性和选择性的影响 (%)

样品（浸渍顺序）	转化率	收率
无 La_2O_3	73.6	35
先浸 La 后浸 Ni	97.1	93.5
La-Ni 共浸	78.4	56.3
先浸 Ni 后浸 La	47.6	24

在浸渍过程中，活性组分在孔内存在吸附及扩散过程。吸附速度和扩散速度不同，活性组分往往分布不均匀。可采用竞争吸附剂来提高活性组分的分布均匀性，以 Pt/γ-Al_2O_3 催化剂制备为例，当 γ-Al_2O_3 用 H_2PtCl_6 溶液浸渍时，可使用 HCl 作为竞争吸附剂（图 5-12）。

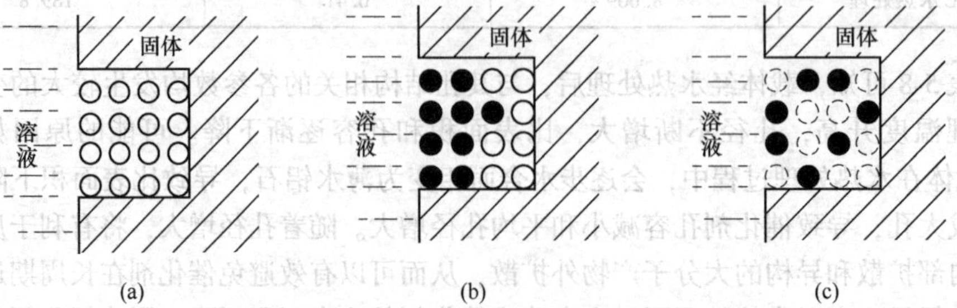

图 5-12 竞争吸附对 Pt/γ-Al_2O_3 催化剂制备的影响

（a）浸渍前；（b）浸渍后；（c）竞争吸附剂浸渍后

○未吸附点；●铂吸附点；◌竞争吸附剂吸附点

在浸渍溶液中，除含有活性组分外，再加入适量第二组分（一般为酸类），该组分也吸附在载体上，加入的第二组分称为竞争吸附剂。通过竞争吸附，提高活性组分的分布均匀性，克服单独浸渍时活性组分分布不均的现象。由于活性组分在载体孔内的吸附速度比扩散速度快，当浸渍液在孔中向前渗透时，活性组分被孔壁吸附；当溶液渗透到孔的内部时，溶质已被吸附完，只剩下溶剂，而此时活性组分尚集中在载体外表面，导致活性组分分布往往不均匀。

5.1.3.2 浸渍法的类型

A 过量浸渍法

将载体浸入过量的浸渍液中，待吸附平衡后滤去过剩的溶液，干燥、活化得到催化剂成品。在浸渍过程中，如果载体孔隙中吸附着大量空气，会导致浸渍液不能完全渗入载体，一般是通过稍微减压或加热而排出孔隙中的空气，使活性组分更容易进入载体的孔内，均匀分布。该方法适合使用已成型的大颗粒载体来大规模生产负载型催化剂。

B 等体积浸渍法

将载体与正好可吸附量的浸渍溶液相混合，浸渍溶液刚好浸渍载体颗粒而无过剩，可省略浸渍液的过滤操作，但必须预先进行试验确定浸渍溶液体积。该方法可连续或间歇进行，设备投资少，生产能力大，能精确调节负载量，所以该法被工业上广泛采用。缺点：就活性物质在载体上的均匀分布而言，等体积浸渍法不如过量浸渍法。当需要活性物质在载体的全部内表面上均匀分布时，载体在浸渍前要进行真空处理，抽出载体内的气体，或同时提高浸渍液温度，以增加浸渍深度。载体的浸渍时间取决于载体的结构、溶液的浓度和温度等，通常为30~90min。该法适用于使用多孔性微球或小颗粒状载体。

C 多次浸渍法

为制得活性物质含量较高的催化剂，可以进行重复多次的浸渍操作、干燥和焙烧，此即为所谓的多次浸渍法。采用多次浸渍法的原因：（1）浸渍化合物的溶解度小，一次浸渍的负载量少，需要重复多次浸渍。（2）为了避免多组分浸渍化合物各组分的竞争吸附，应将各组分按次序先后浸渍，每次浸渍后，必须进行干燥和焙烧，使之转化为不可溶的物质，以防止浸渍在载体上的化合物在下一次浸渍时重新溶解到溶液中，也可以提高下一次浸渍载体的吸收量。多次浸渍工艺过程复杂，效率低，生产成本高，除非特殊情况，应尽量避免使用。该方法适用于载体孔容积很小，或活性组分前驱体溶解度较低、吸附能力不强、需吸附多组分且各个组分吸附能力相差较多的情况。

D 浸渍沉淀法

将浸渍溶液渗透到载体的空隙，然后加入沉淀剂使活性组分沉淀于载体的内孔和表面。

E 蒸气浸渍法

借助浸渍化合物的挥发性以蒸气的形式将它载于载体上，利用这种方法能随时补充易挥发活性组分的损失，使催化剂保持稳定活性。例如，用于正丁烷异构化的$AlCl_3$/铁钒土催化剂，在反应器内先装入铁钒土载体。然后使用热的正丁烷气流将活性组分$AlCl_3$气化，并带入反应器，使之沉渍于铁矾土载体上。当负载量足够时，切断气流中的$AlCl_3$，通入正丁烷进行反应。该方法适用于活性物质可以蒸发的催化剂，具有容易再生的优点，但同时也存在着失活较快（活性组分容易流失）的缺点。

5.1.4 离子交换法

离子交换法，是一种使用离子交换剂作载体，利用载体表面上存在可交换阳离子，将活性组分通过离子交换负载到载体上的催化剂制备方法。具体如下：首先，使用某些具有离子交换特性的材料（如离子交换树脂、沸石分子筛等）作为物理介质，借助离子交换反应来实现固体离子交换剂中的离子与溶液中的活性组分离子的交换；然后，再经过适当的后处理，如洗涤、干燥、焙烧、还原，制成所需的催化剂。该方法适用于制备高分散、大表面、均匀分布的金属或金属离子负载型催化剂，具有活性组分分散度高（小到直径为0.3~4.0nm 的金属粒子可以均匀地分布在载体上）、催化活性和选择性高的优势。

离子交换剂：包括无机离子交换剂和离子交换树脂两大类。无机离子交换剂包括沸石、SiO_2 和硅酸铝（$SiO_2 \cdot Al_2O_3$）等。离子交换树脂催化剂详见 4.3.3 节离子交换树脂的催化作用。

5.1.4.1 沸石分子筛离子交换

沸石分子筛是完整结晶的硅铝酸盐，是 $(SiO_4)^{4-}$ 四面体和 $(AlO_4)^-$ 四面体为基质形成的具有立体网络结构的结晶。通常先制成 Na 型，并通过 Na^+ 中和 $(AlO_4)^-$ 的负电，其分子通式为 $M^{n+} \cdot [(Al_2O_3)_p \cdot (SiO_2)_q] \cdot wH_2O$（M 是 n 价碱金属或碱土金属阳离子，p、q 和 w 分别是氧化硅、氧化铝、结晶水的分子数）。通过改变上述结构参数和分子筛晶胞内四面体的排列组合方式（链状、层状、多面体等），可以衍生各种类型分子筛。不同孔径的沸石分子筛骨架结构，如图 5-13 所示。

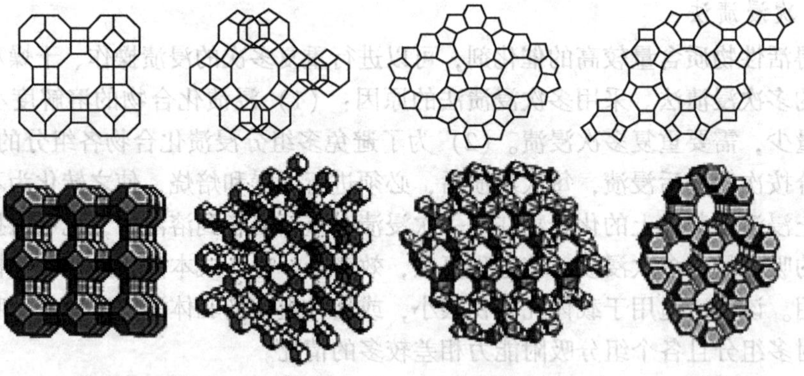

(a) (b) (c) (d)

图 5-13 不同孔径的沸石骨架示例

(a) A 型沸石（0.42nm）；(b) Y 型沸石（0.74nm）；(c) L 型沸石（0.71nm）；(d) ZSM-5 型沸石（0.53×0.56nm，0.51×0.55nm）

当沸石分子筛与某些金属盐的（水）溶液接触时，溶液中的金属阳离子可和沸石上的阳离子（Na^+）进行可逆的交换反应，一般可表示为：

$$A^+Z^- + B^+ \rightleftharpoons B^+Z^- + A^+ \qquad (5\text{-}23)$$

可通过交换度、交换容量、残钠量和交换效率（交换率）来判断离子交换的程度。交换度：交换下来的 Na^+ 占沸石中 Na^+ 总量的百分数；交换容量：每 100g 沸石中交换的阳离子毫克当量数；残钠量：沸石中未被交换的氧化钠的重量百分数；交换效率（交换率）：溶液中阳离子的利用率。

其中，Y 型分子筛由于具有较大的比表面积、较高的水热稳定性、较优的择形选择性以及良好的离子交换性能，在化工、能源和环保等领域有非常广泛的应用。Y 型的分子筛中，阳离子占据的位点一般都处于立方晶胞的对角线上，可分别以Ⅰ、Ⅰ′、Ⅱ、Ⅱ′、Ⅲ、Ⅲ′和 U 等符号表示（图 5-14）。Ⅰ位于基本结构单元 D6Rs（即双六元环的 12 个顶点两两连接）中心；Ⅰ′位于 β 笼内，距 β 笼的六元环（S6R）中心约 0.1nm 处；Ⅱ位于 β 笼六元环上；Ⅱ′位于 β 笼内，距 S6R 中心约 0.1nm 处；Ⅲ和Ⅲ′位于笼壁附近的位置，Ⅲ位于 β 笼的四元环上，经过一个非常小的非对称扰动，Ⅲ上的阳离子很容易移动到Ⅲ′上；U 位于 β 笼中心（3 个晶轴交汇点处）。阳离子在Ⅰ，Ⅰ′，Ⅱ，Ⅱ′，Ⅲ，Ⅲ′和 U 的最大占用数量（个）分别为 16、32、32、32、48、192 和 8。

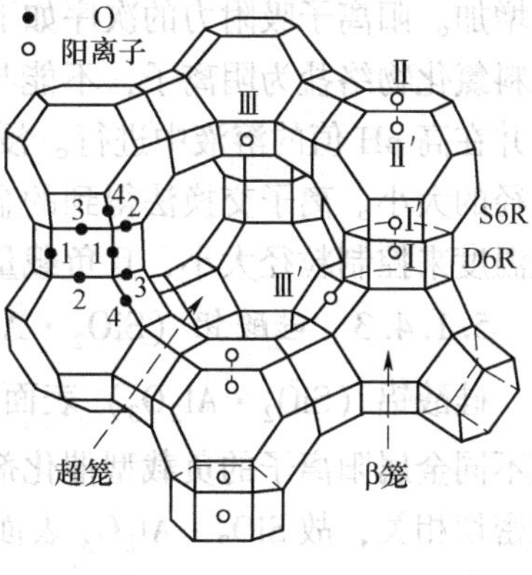

图 5-14 Y 型分子筛骨架结构以及阳离子占据的位点

目前已有各种金属离子对 Y 型分子筛进行离子交换改性处理的报道。主要包含四类金属离子：稀土、过渡金属、碱金属和碱土金属离子。离子交换后分子筛的比表面积、孔径、孔容、酸碱性以及酸碱性活性位的类型、强度和数量都发生了显著改变。

（1）稀土金属离子交换。La^{3+}、Ce^{3+}、Nd^{3+} 和 Sm^{3+} 等轻稀土金属离子以及 Gd^{3+}、Ho^{3+}、Yb^{3+}、Lu^{3+} 和 Y^{3+} 等重稀土金属离子均被应用于离子交换 NaY 分子筛。研究发现，由于镧系收缩现象，半径小的稀土金属离子更容易进入 β 笼，造成超笼中稀土金属离子数量降低，进而导致微孔孔径略微增大。但是，因为溶液的酸性环境以及水热条件会造成分子筛发生脱铝，导致骨架部分坍塌，从而对孔隙结构产生不同程度的影响，经稀土金属离子交换后比表面积和孔容均明显减小。由于稀土金属离子的存在抑制了硅的迁移和重排过程，稀土金属离子的半径越小，分子筛的结晶度越低，比表面积越小。然而，当稀土金属离子交换的酸性环境和水热条件不苛刻时，分子筛骨架坍塌并不明显。由于稀土金属离子交换后分子筛孔径的增大，导致分子筛的比表面积和孔容增加。此外，稀土金属离子改性 Y 型分子筛不仅对其骨架结构产生影响，同时对其酸性位点也会产生影响，如可使分子筛的超笼中形成更多 β 酸活性中心。

（2）过渡金属离子交换。用于离子交换的过渡金属离子多为 1 价或 2 价金属离子，如 Cu^{+}、Ag^{+}、Cu^{2+}、Ni^{2+}、Zn^{2+}、Co^{2+} 等，这是因为 3 价及以上的过渡金属离子大多以氧化物的形式存在于分子筛内。与稀土金属离子相似，过渡金属离子交换同样会使分子筛发生脱铝，从而降低 Y 型分子筛的比表面积和孔容。但是，与稀土金属离子交换会增加 NaY 分子筛的 β 酸强度不同，过渡金属离子交换则会增强分子筛的 L 酸强度。

（3）碱金属离子和碱土金属离子交换。碱金属离子（K^{+}、Rb^{+} 和 Cs^{+}）和碱土金属离子（Mg^{2+}、Ca^{2+}、Sr^{2+} 和 Ba^{2+}）常被用来与 Y 型分子筛进行离子交换，交换后的分子筛呈弱碱性。Y 型分子筛经过离子交换后，随着交换离子半径增大，分子筛的结晶度降低，比表面积和孔容减小，Sanderson 电负性增加（即分子筛的碱性越强）。

5.1.4.2 SiO_2 离子交换

SiO_2 的表面羟基具有酸性，具有阳离子交换能力。水溶液的 pH 值越高，阳离子交换量增加。阳离子吸附力的次序如下：$Fe^{3+}>Fe^{2+}>Cu^{2+}>Ni^{2+}>Co^{2+}$。负载贵金属时，使用的原料氯化物络盐为阴离子，不能与阳离子交换型的 SiO_2 交换，必须使用铵盐配合物盐离子并在高 pH 值的溶液中进行。浸渍法得到的金属催化剂分散度较差，粒径取决于载体微孔径的大小。离子交换法得到的金属催化剂具有较均一的粒径，可通过选择在空气中的焙烧温度来控制粒径大小，且负载量与金属表面积成正比。

5.1.4.3 硅酸铝（$SiO_2 \cdot Al_2O_3$）离子交换

硅酸铝（$SiO_2 \cdot Al_2O_3$）表面具有可交换的 H^+，可使用金属阳离子进行交换以制备负载不同金属阳离子的负载型催化剂。硅酸铝的表面羟基间的距离、阳离子浓度等与焙烧温度密切相关，故 $SiO_2 \cdot Al_2O_3$ 表面阳离子交换性质也因焙烧温度不同而异。与 SiO_2 不同，金属离子和金属铵络合物等阳离子不能与 $SiO_2 \cdot Al_2O_3$ 中的 H^+ 酸中心直接进行离子交换。需要预先把焙烧的 $SiO_2 \cdot Al_2O_3$ 用氨水（如 0.1mol/L）进行离子交换，成为 NH_4^+ 型的 $NH_4^+/SiO_2 \cdot Al_2O_3$，再与阳离子发生交换。如，首先用 $Ni(NO_3)_2$ 交换得到 $Ni^{2+}/SiO_2 \cdot Al_2O_3$；然后，在 300℃下用 H_2 还原，得到几乎全部呈原子状态的高分散催化剂。

影响离子交换过程的因素：沸石结构中，不同位置的 Na^+ 能量不同、空间位阻不同，交换速度受到扩散速度控制。离子交换速度和程度的影响因素：交换离子类型、大小、电荷，交换温度，交换液浓度，pH 值，阴离子性质，沸石结构特性，SiO_2/Al_2O_3 比等。如金属阳离子的选择性顺序：X 型：$Ag^+>Tl^+>Cs^+>K^+>Li^+$；Y 型：$Tl^+>Ag^+>Cs^+>Rb^+>NH_4^+>K^+>Li^+$。稀土金属离子在 X 型和 Y 型上的交换顺序：$La^{3+}>Ce^{3+}>Pr^{3+}>Nd^{3+}>Sm^{3+}$。较高的温度可以保证较高的离子交换度，多在 60~100℃；溶液 pH 值对离子交换的影响取决于沸石对酸的稳定性，高硅沸石（ZSM-5，丝光沸石）较好，低硅沸石（A 或 X）较差；多次交换和焙烧可以提高离子交换度（如催化裂化用稀土 Y 沸石）。交换后沸石的性能发生变化，如吸附性（吸附速度、吸附选择性、吸附容量），这可归因于阳离子交换导致晶孔发生变化，吸附质扩散受到影响，且阳离子半径大小影响到分子筛中电场的均匀性；热稳定性和水热稳定性发生变化，这与硅铝比、阳离子种类有关，一般多价阳离子有利。催化活性发生变化，因阳离子类型和交换度而异。

5.2 新发展的催化剂制备方法

5.2.1 溶胶-凝胶法

溶胶-凝胶法，即使用含高化学活性组分的化合物和有机溶剂为前驱体，在液相条件下将原料混合均匀，水解、缩合后形成稳定的透明溶胶体系；溶胶再经适当陈化处理，胶粒间缓慢聚合（缩聚）形成具有三维网络结构的凝胶，网络间充满失去流动性的溶剂；凝胶经过干燥、烧结固化，形成氧化物或其他化合物固体。该法可使无定形或介态的氧化物相达到分子级混合，使活性组分能有效嵌入网状结构，不易受外界影响而聚合、长大。溶胶-凝胶法是制备具有高分散、大比表面积和良好孔径分布等优点催化剂的重要方法，制备过程中反应温度低，能形成亚稳态化合物，纳米粒子的晶型和粒度可控，而且纯度和均匀度高，对改善催化剂的孔性能、反应选择性和收率有利。

1864 年，Graham 在研究硅溶胶时，首次引入了"溶胶-凝胶"一词。溶胶-凝胶技术提供了一种低温合成纯无机材料或无机和有机材料的方法。溶胶（Sol）是具有液体特征的胶体体系，分散介质为液体，分散相是固体或者大分子粒子，分散的粒子（基本单元）大小在 1~100nm。凝胶（Gel）是具有固体特征的胶体体系，被分散的物质（溶胶或溶液中的胶体颗粒或高聚物分子）相互交联形成连续的空间网状骨架结构，结构空隙中充满了作为分散介质的液体（在干凝胶中也可以是气体），使溶胶逐步失去流动性，形成一种非流动半固态的分散体系，即为凝胶。凝胶中分散相的含量很低，一般在 1%~3%。凝胶结构可分为有序层状结构、无序共聚网络、无序控制聚合的网络和粒子无序结构等。溶胶-凝胶法通常是将金属盐（如金属醇盐、硝酸盐、乙酸盐等）溶解在溶剂中，其中溶剂可为有机溶剂、水溶剂及有机溶剂与水溶剂共存的混合溶剂；然后，溶剂蒸发形成稳定的溶胶，此时溶液的黏度逐渐增加，并逐渐形成溶胶和凝胶，待溶剂完全蒸发后，形成干凝胶；最后，煅烧干凝胶得到目标产物。当在空气中煅烧时，最终形成氧化物材料。当在保护性气氛（氨气、氩气以及 H_2、Ar/H_2 等还原性气氛）中煅烧时，可制备 Ni、Co、Fe 以及 Ni-Fe、Ni-Co 等合金金属材料。

溶胶-凝胶法按凝胶形成过程不同大致分为三类：通过烷氧基金属盐形成无机聚合物的凝胶法、形成有机聚合物的凝胶法和无机盐溶胶的凝胶法。第一种方法通常使用金属烷氧基化合物即金属醇盐，其实质是金属醇盐水解产生金属羟基，然后羟基之间脱水形成金属-氧-金属的形式。反应机理如下：

溶剂化： $$M(H_2O)_n^{z+} \Longrightarrow M(H_2O)_{n-1}(OH)^{(z-1)} + H^+ \tag{5-24}$$

水解反应： $$M(OR)_n + xH_2O \Longrightarrow M(OH)_n + xROH \tag{5-25}$$

失水缩聚： $$\text{M-OH} + \text{HO-M-} \Longrightarrow \text{M-O-M-} + H_2O \tag{5-26}$$

失醇缩聚： $$\text{M-OR} + \text{HO-M-} \Longrightarrow \text{M-O-M-} + ROH \tag{5-27}$$

第二种方法是使用金属离子作为交联剂，使可溶的线性有机聚合物形成凝胶。然后，在高温处理过程中产生金属氧化物、CO_2 和 H_2O。此办法在热处理过程中有较大收缩，主要用于合成粉体，不适合用于制备纤维和薄膜材料。第三种方法是先制备无机盐水溶液，然后调节溶液的 pH 值，产生氢氧化物沉淀，再通过胶体静电稳定机制或空阻稳定机制溶胶化，最后凝胶化。溶胶-凝胶合成过程，如图 5-15 所示。

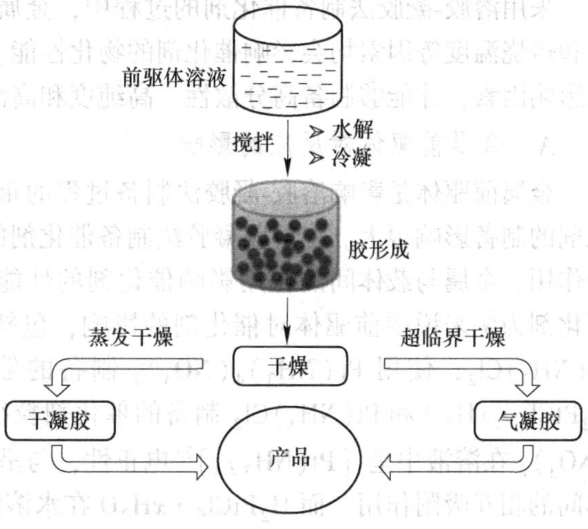

图 5-15 溶胶-凝胶合成过程

当前，已发现若干种体系可以形成溶胶和凝胶。例如，正硅酸乙酯及金属醇盐（如异丙醇钛、异丙醇铝和异丙醇锆）的水解缩聚可形成溶胶和凝胶，并制备 SiO_2、TiO_2、Al_2O_3、ZrO_2 等氧化物。有些难以形成金属醇盐的金属，可使用金属无机盐代替有机盐，并使用柠檬酸、乙二胺四乙酸（EDTA）、抗坏血酸等配位能力较强的有机酸作为螯合剂，再加上少量的分散剂（聚乙烯吡咯烷酮、十六烷基三甲基溴化铵、十二烷基硫酸钠）。溶剂可使用水，也可使用乙醇、丙酮、正丙醇、异丙醇、乙二醇等有机物。通常，硝酸盐与乙酸盐可有效地溶解于水溶剂，金属有机化合物（如乙酰丙酮金属络合物）可有效地溶解于有机溶剂（乙醇、丙酮、乙二醇、N，-N二甲基甲酰胺）。螯合剂的选择范围较广泛。

根据原料的不同，溶胶-凝胶法法可分为胶体工艺和聚合工艺。胶体工艺的前体是金属盐，利用盐溶液的水解，通过化学反应产生胶体沉淀，利用胶溶作用使沉淀转化为溶胶，并通过控制溶液的温度、pH值而控制胶粒的大小。通过使溶胶中的电解质脱水或改变溶胶的浓度，溶胶凝结转变成三维网络状凝胶。聚合工艺的前体是金属醇盐，将金属醇盐溶解在有机溶剂中，加入适量的水，金属醇盐水解，通过脱水、脱醇反应缩聚合，形成三维网络。

按照溶胶的形成原理和过程则可归纳为三种：胶体法、配合物法、水解聚合反应法。

（1）胶体法：传统的胶体法（粒子溶胶-凝胶法）直接以超细固体颗粒为原料，通过调节pH值或加入电解质来中和固体颗粒表面电荷，形成溶胶，再通过溶剂蒸发使系统形成凝胶。

（2）配合物法：配合物法通常使用金属醇盐、硝酸盐或乙酸盐为原料，由配合反应形成具有较大或复杂配体的配合物，再由氢键建立凝胶网络，形成凝胶。起初是采用柠檬酸作为配合剂，但它只适合部分金属离子，且其形成的凝胶易潮解。现在多采用单元羧酸和胺作为配合剂，可形成相当稳定而又透明的凝胶，但该法目前仍只是很少地被用于制作一些薄膜和纤维材料。

（3）水解-聚合反应法：在三种溶胶-凝胶技术中，该法是研究最多和应用最广泛的一种方法。按照所使用的原料不同，该法又可分为以无机盐或无机化合物为原料，并且以水溶液中的水解-聚合反应为基础的无机溶胶-凝胶法（胶体工艺）；以金属醇盐或金属的有机化合物为原料，并且以醇溶剂的水解-聚合反应为基础的醇盐溶胶-凝胶法（聚合工艺）。

采用溶胶-凝胶法制备催化剂的过程中，金属前驱体、水解过程、反应温度、干燥方法和焙烧温度等因素均会影响催化剂的物化性能。在催化剂制备过程中，只有合理控制上述影响因素，才能够制备高分散性、高纯度和高活性的催化剂。

A　金属前驱体对反应的影响

金属前驱体是影响溶胶-凝胶法制备过程的重要因素，不同前驱体的结构和性能对催化剂的制备影响很大。在溶胶凝胶法制备催化剂的过程中，不同种类的离子电荷起着不同的作用，金属与载体间的作用影响催化剂的性能。以不同结构的Pt前驱体制备Pt/SiO_2催化剂为例来说明前驱体对催化剂的影响，包括$Pt(NH_3)_4(NO_3)_2$、$H_2PtCl_6 \cdot xH_2O$和$Pt(NH_3)Cl_2$，使用$Pt(NH_3)_4(NO_3)_2$制备的催化剂粒径小，分散性达70%；而使用$H_2PtCl_6 \cdot xH_2O$和$Pt(NH_3)Cl_2$制备的催化剂粒径大，分散性也差。这是由于$Pt(NH_3)_4(NO_3)_2$在溶液中呈$[Pt(NH_3)_4]^{2+}$电正性，与呈电负性的载体表面有着非常强的金属-载体间的相互吸附作用。而$H_2PtCl_6 \cdot xH_2O$在水溶液中呈电负性，$Pt(NH_3)Cl_2$在水溶液中呈电中性，因而减弱金属载体间的相互作用，甚至出现金属和载体的排斥作用。研究还发现，金属前驱体在溶液中的溶解性也影响催化剂的分散性。用不同的 Pt 前驱体，其中二（乙酰丙酮）铂（Ⅱ）在丙酮中的溶解性最大。实验结果表明，比其他前驱体物质具有更好的分散性。金属前驱体中金属原子的大小和烷氧基的大小均会影响催化剂的性能。随着金属原子半径的增加，金属-氧-金属聚合物的聚合度亦增加，如钛的半径为 0.132nm，聚合度为 2.4；铊的半径为 0.155nm，聚合度为 6.0。烷氧基金属化物的挥发性会影响其在催化剂中的负载量，随着烷氧基增大，烷氧基金属化合物的挥发性降低。

金属醇盐的选择原则：宜选择不但易于水解，而且容易溶于多数有机溶剂中的醇盐。如：含有金属离子的醇盐（metal alkoxdes），包括 $Si(OC_2H_5)_4$（简称为 TEOS），$Ti(OC_4H_9)_4$，$Al(OC_3H_7)_3$ 等。除此之外，因为有些金属的醇盐难以合成，甚至无法合成。而有些金属的醇盐虽然可以合成，但化学合成法制取金属醇盐的过程通常比较复杂，且原料不易得，产率低和分离提纯较麻烦，可以使用无机金属盐类作为先驱体。例如 I-Ⅱ主族金属的醇盐一般都是非挥发性的固体，并且在有机溶剂中的溶解度很低，因此就失去了其易于通过蒸发或再结晶进行纯化的优点。当选择金属盐类作为先驱体时，需选择那些易溶于有机溶剂，易分解而且分解后的残留物尽量少的物质。在无机盐类中，一般优先选用硝酸盐，因为其他盐类，如硫酸盐和氯化物，热稳定性一般比硝酸盐高，因此在最终产品中有时很难将相应的阴离子去除；在有机酸盐中，乙酸盐应用最广泛。此外，甲酸盐、草酸盐、鞣酸盐等也被用来提供相应的金属离子。

B　水解过程的影响

在金属醇盐-醇-水体系中，水解和缩聚反应可能先后或同时进行，体系中水的含量（通常以水/金属醇盐的摩尔比 R 表示）是影响水解和缩聚化学平衡的最重要因素。水的比例增加，会导致凝胶形成所需时间增加，孔径和粒子分散程度不同。因此，在水解过程中确定水和金属醇盐的合理比例，对制备良好的催化剂有利。

水解反应通常在酸性或碱性催化条件下进行，酸通常为甲酸、乙酸、硫酸、硝酸和盐酸等；碱通常为金属氢氧化物、吡啶和氨水等。在酸催化条件下，TEOS 的水解属亲电子反应机理。pH 值较小时，缩聚反应速率远远大于水解反应，水解由 H^+ 的亲电机理引起，缩聚反应在完全水解前已经开始，因此缩聚物交联度低。如果加入较大量的水（如 $R=20$），则水解速率迅速增加，聚合速率则下降，系统内每个 TEOS 分子水解形成的-OH 基团较多，此时聚合以脱水聚合为主；而加入少量的水，则以脱醇缩聚为主，形成链状聚合物；碱催化条件下，TEOS 的水解属于亲核反应机理。对于氢氧化物溶液，提高 pH 值可以增大其水解聚合速率，从而提高溶胶的浓度。此外 OH 是胶团的反离子，增大 pH 值还能降低双电层的“电位”促进氢氧化物溶胶的凝结。在强碱或大量水存在的情况下，体系的水解反应体系由 $[OH]^-$ 的亲核取代引起，水解速度大于亲核速度，形成大分子聚合物，有较高的交联度。总而言之，醇盐的水解-聚合反应形成的聚合物可在链状、簇状和完全水解形成的氧化物胶体粒子及沉淀颗粒之间变化，取决于系统的 pH 值和加水量。酸催化形成线性弱交联和碱催化水解形成高度支化簇（图 5-16）。

酸（A）和碱（B）催化缩合反应和水解反应过程分别如图 5-17 和图 5-18 所示。

C　反应温度的影响

反应温度升高，水解速率相应增大，胶粒分子动能增加，碰撞几率也增大，聚合速率快，从而导致溶胶时间缩短。较高温度下溶剂醇的挥发也加快，相当于增加了反应物浓

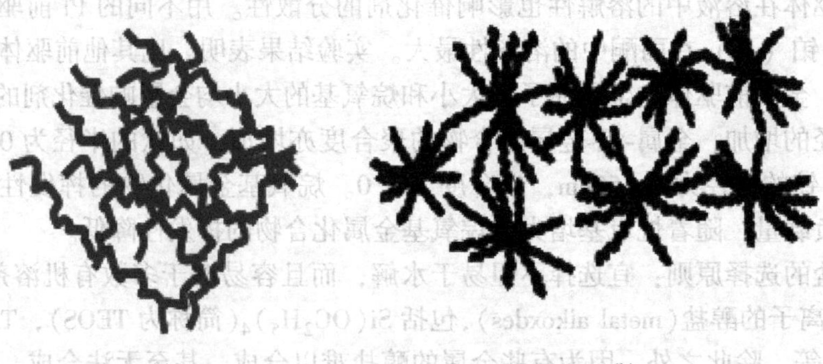

(a)　　　　　　　　　　　　　(b)

图 5-16　酸催化形成线性弱交联和碱催化水解形成高度支化簇的示意图

(a) 酸催化；(b) 碱催化

$$-Si-OH+H^{+} \longrightarrow -Si-\overset{\oplus}{\underset{H}{O}}-H$$

$$-Si-O-H + \overset{H}{\underset{H}{\overset{\oplus}{O}}}-Si \longrightarrow -Si-O-Si- + H_2O + H^+$$

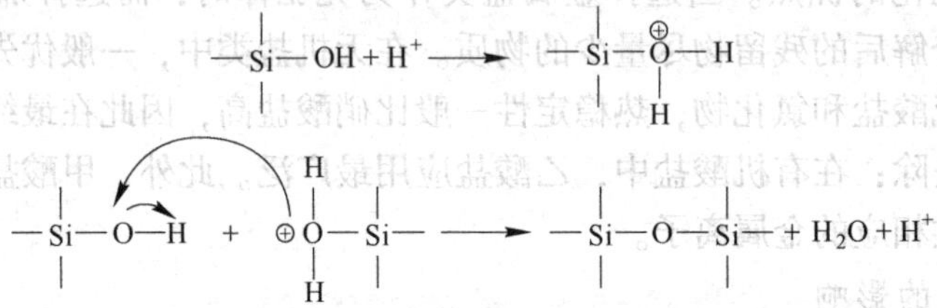

(a)

$$-Si-O + OH^{-} \longrightarrow -Si-\bar{O} + H_2O$$

$$-Si-\bar{O} + H-O-Si- \longrightarrow -Si-O-Si- + OH^{-}$$

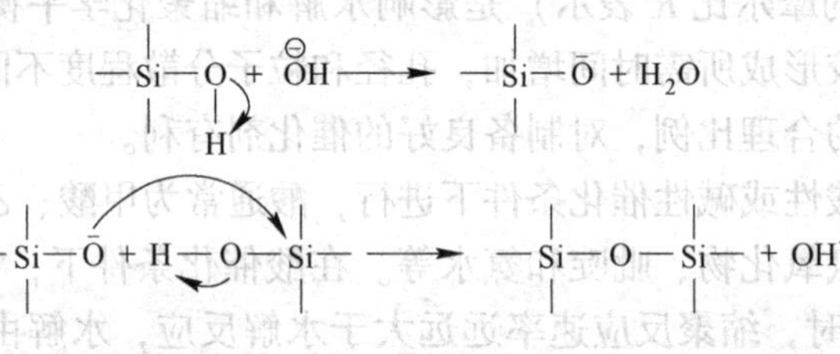

(b)

图 5-17　催化缩合反应示意图

(a) 酸催化；(b) 碱催化

度，也在一定程度上加快了溶胶速率。对水解活性低的醇盐，为了缩短工艺时间，常在加温下操作，此时制备溶胶-凝胶的时间会明显缩短。但是，温度升高也会导致生成的溶胶相对不稳定，且易使生成的多种水解产物聚合。因此，在保证生成溶胶的情况下，尽可能在较低温度下进行，多以室温条件进行。

　　D　干燥方法和焙烧温度的影响

　　干燥是指溶胶凝胶过程中由溶胶制备干溶胶的过程，通常是将溶胶放入干燥箱来蒸发溶剂，或者通过常压流动氨气辅助干燥法，以及超临界干燥法。超临界干燥法可以有效防止传统干燥因为存在毛细力而导致的毛细孔塌陷。因此，常用来制备具有大孔和高比表面积的超细粉末。干燥得到干凝胶后，关键步骤是催化剂的焙烧，焙烧温度对催化剂也会产生影响，不同的焙烧温度会产生不同的孔径、孔容和表面分散度等。

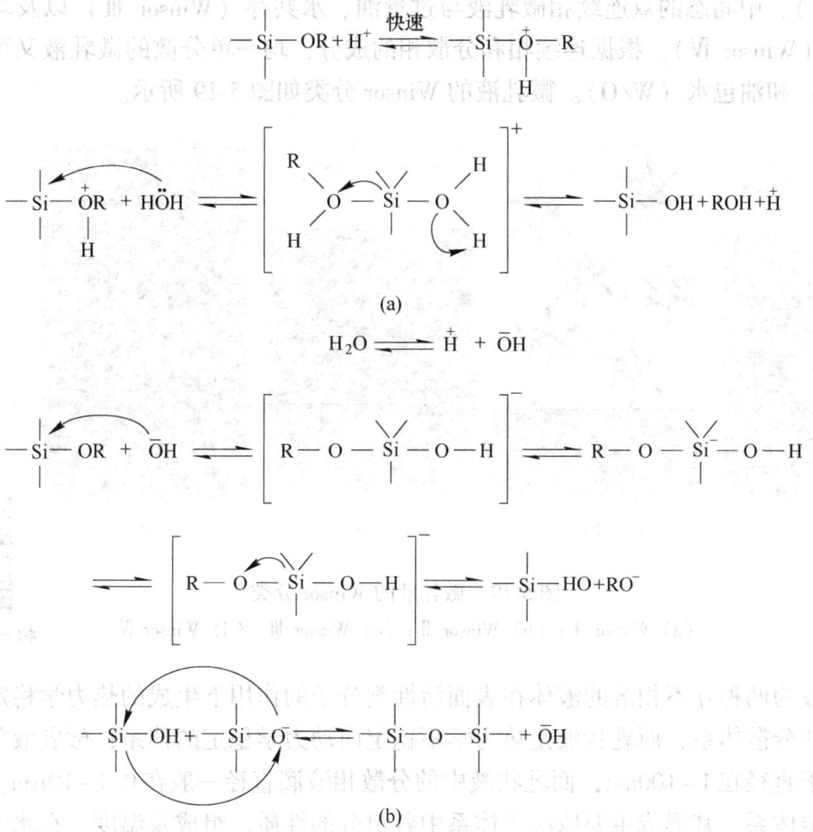

图 5-18 酸催化和碱催化水解反应示意图
（a）酸催化；（b）碱催化

5.2.2 微乳液法

微乳法是一种新兴的催化剂制备方法，它能够控制颗粒的性质，例如尺寸、几何形状、形态、均匀性和表面积。1959 年，Schulman 等人给出如下定义：直链醇（助表面活性剂）加入普通的乳液中形成微乳液。微乳液是一种介于乳浊液和胶团溶液之间的分散体系，处于其中的分散质的粒径为 10~100nm。由于可见光的波长（约 560nm）远大于分散质的粒径，因而可见光可通过微乳液，从而使微乳液呈现为透明或半透明的液体状态。此外，可见光通过微乳液时能够被微乳液中的分散质所散射，散射光的强度与光波长的三次方成反比，所以可见光中的蓝光最易被散射，因此微乳液的散射光显淡蓝色。

微乳液是由油、表面活性剂和/或助表面活性剂以及水在适当的比例下形成的多相热力学稳定体系。油相一般为 C_6~C_8 直链烷烃或环烷烃，如环已烷、庚烷、辛烷、异辛烷等；常用的表面活性剂，如阴离子型二辛基琥珀酸磺酸钠（AOT）和十二烷基硫酸钠（SDS），阳离子型十六烷基三甲基溴化铵（CTAB）、两性及非离子表面活性剂烷基聚氧乙烯醚（CmEn）。助表面活性剂一般为中等碳链的胺或醇。对于微乳液的结构，普遍认可的是 Winsor 相态模型。根据体系油水比例及其微观结构，可将微乳液分为四种，即正相（O/W）微乳液与过量的油共存（Winsor Ⅰ）、反相（W/O）微乳液与过量的水共存

(Winsor Ⅱ)、中间态的双连续相微乳液与过量油、水共存(Winsor Ⅲ)以及均一单分散的微乳液(Winsor Ⅳ)。根据连续相和分散相的成分，均一单分散的微乳液又可分为水包油(O/W)和油包水(W/O)。微乳液的Winsor分类如图5-19所示。

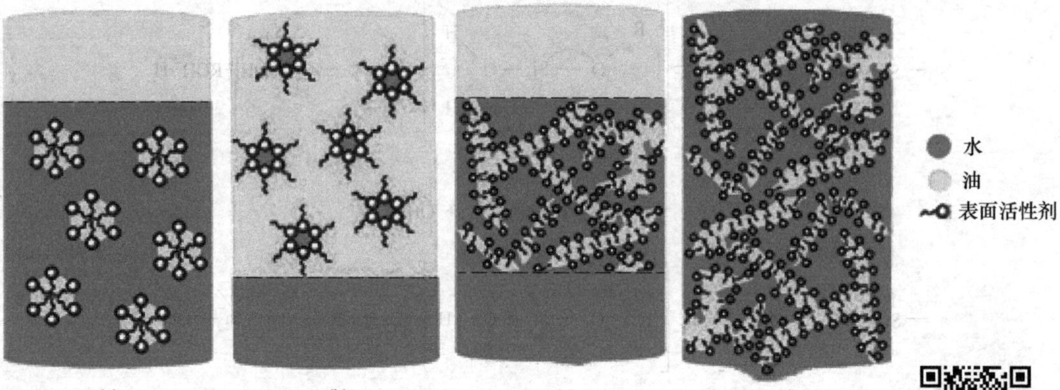

(a) (b) (c) (d)

扫一扫看更清楚

图5-19 微乳液的Winsor分类

(a) Winsor Ⅰ; (b) Winsor Ⅱ; (c) Winsor Ⅲ; (d) Winsor Ⅳ

微乳液为两种互不相溶的液体在表面活性剂分子的作用下生成的热力学稳定的各向同性的透明的分散体系，而乳状液是热力学不稳定而动力学稳定的体系；微乳液分散相中的分散质粒子直径在1~100nm，而乳状液中的分散相液滴直径一般在0.1~10μm。微乳液是热力学稳定体系，其形成主要取决于体系中各组分的性质、组成及温度。在水含量较高的情况下，微乳液的微观结构是一种分散在水连续相中的小油滴(或称为胶束)。随着油含量的增加，呈现为一种没有明显形态的双连续相结构。当油的浓度较高时，双连续结构转变成一种分散于油连续相中的小水滴(或称为反胶束)，即W/O(油包水)微乳液。由于表面活性剂种类不同，水滴的直径大小在10~100nm。由于微乳液组成的不同，微乳液中的分散质可为球形、棒状，或者是一种双连续的结构，这些结构进而形成纳米球形颗粒和纳米棒。

微乳液的制备方法：Schulman法：首先将一定量的油、水、表面活性剂混合均匀，再向其中滴加醇，体系在瞬间透明为终点。Shah法：先将油、醇、表面活性剂混合，再向其中滴加水，直至体系变得透明为终点。在微乳合成过程中，连续相中的单分散的水滴(或油滴)不断扩散、碰撞，这种动态特点使其成为良好的纳米反应器。因为液滴的碰撞是非弹性碰撞，或“黏弹性碰撞”，液滴间可以互相黏结而合并形成较大液滴。但由于表面活性剂的存在，液滴间的这种结合是不稳定的，聚结的大液滴又会相互分离，重新变成小的液滴。这使液滴的平均直径和数目不随时间的改变而改变。

5.2.2.1 微乳技术制备催化剂的原理

典型的W/O微乳液分散质结构是外面包裹一层表面活性剂及助表面活性剂的球状水核，分散相为有机溶剂。然而，并非所有的微乳液都含有助表面活性剂。有些具有双烷基的离子型表面活性剂，如AOT，在形成微乳液时不需要加助表面活性剂。W/O型微乳液作为一种热力学稳定体系，水核稳定存在于油相中，不会发生聚集的情况。即使在超离心力下发生分层，只要将超离心力撤去，短暂的分层现象就会消失，返回到原来的均相体系。

在微乳体系中，适宜用来制备纳米粒子的一般都是W/O型微乳液。通常是水核（水相）被包围在连续油相中，其间为表面活性剂和助表面活性剂构成的界面膜。水核半径与表面活性剂种类、性质及水和表面活性剂质量分数有关，还与助表面活性剂的分子结构与性质有关。由于微乳液中水核的稳定存在，可以将水溶性的物质溶解于水核中，水核中的内溶物质就被限制在该纳米级的微型反应器中发生反应，生成的固体颗粒表面同样被一层表面活性剂所覆盖，可以稳定存在于微乳液中，其大小取决于水核的大小，而水核的大小则可以通过调节微乳液中各组分的配比来控制。将生成的催化剂固体从微乳液中分离后，用适当的方法脱除表面活性剂及有机溶剂，就可以得到合适大小的催化剂颗粒。微乳技术制备催化剂的方法。

A 单相微乳液法

单相微乳液法，首先，将一种反应物A制成W/O型微乳液，另一种反应物B（沉淀剂或者还原剂）以气体或者液体的形式加入；然后，反应物B渗透反应物A形成的微乳液的界膜，与反应物A发生反应，并形成晶核；之后，在水核之间的活性化合物发生交换和核长大；最后，纳米粒子稳定化，经分离和脱除表面活性剂及有机溶剂，即可得到金属单质或者金属沉淀物，单相微乳液法制备过程如图5-20所示。

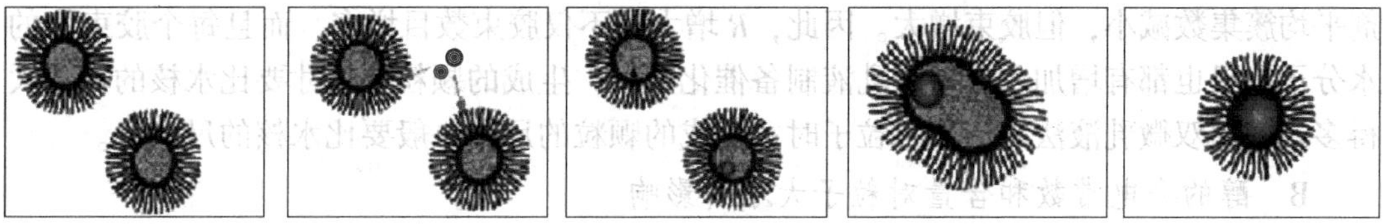

(a) (b) (c) (d) (e)

图5-20 单相微乳液法制备过程

（a）空的微乳液；（b）溶液注入；（c）晶核形成；（d）水核之间的活性化合物交换与核生长；（e）纳米粒子稳定化

B 双/多微乳液法

双/多微乳液法制备纳米颗粒，首先，将两种（或多种）反应物均制成微乳液；然后，将这两种微乳液混合，从而使两种微乳液的界面膜发生渗透，其中所含的反应物质发生反应，生成相应的纳米颗粒。多相微乳液法制备过程，如图5-21所示。

5.2.2.2 微乳技术制备催化剂颗粒大小及粒径分布的影响因素

A 水和表面活性剂的相对比例的影响

采用微乳技术制备催化剂，主要通过调节水和表面活性剂的相对比例（R）来调节制得的催化剂颗粒的大小，该调整是以体系能形成微乳液为前提。由于水和表面活性剂的相对量，以及醇的量都会影响到微乳液的形成。因此，首先要根据体系的相图来判断所选组成能否形成微乳液。当缺乏相图数据时，可以根据一种简单的判别方法来判断：对于油水表面活性剂组成的流动性很好的均相体系，如果外观透明或半透明，在100倍重力加速度下离心5min不会发生相分离，即可认为是微乳液。在一定范围内，水核的半径随R值的增大而增大，催化剂的粒径也随之增大。通常情况下，水核的尺寸与R值呈现线性关系。

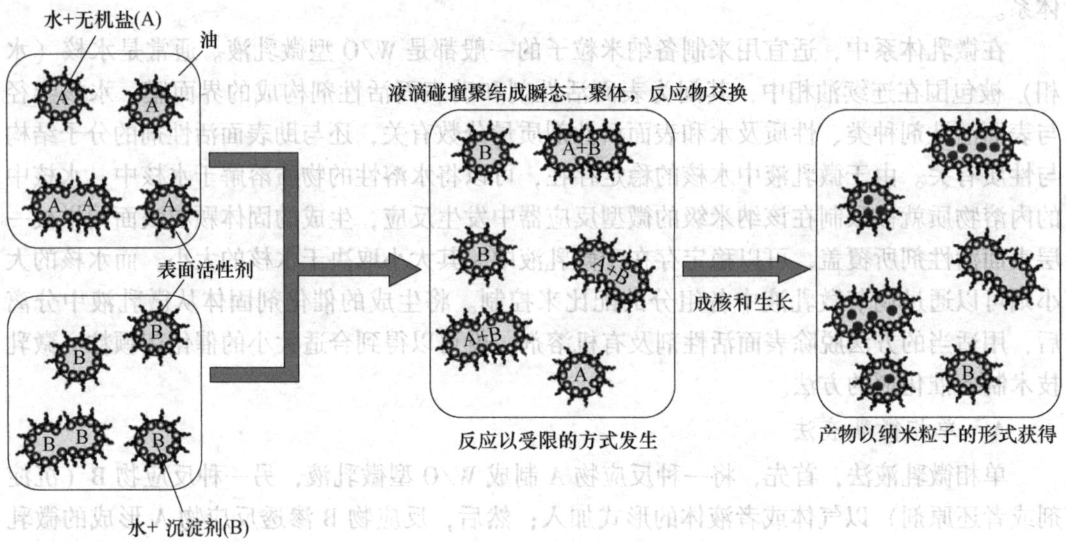

图 5-21 多相微乳液法制备过程

在高 R 值条件下，微乳液胶核内是水溶液环境，且随 R 增大 W/O 微乳液反胶束表面活性剂平均簇集数减小，但胶束增大。因此，R 增大时不仅胶束数目增多，而且每个胶束中的水分子数目也都有增加。单相微乳液制备催化剂时，生成的颗粒的尺寸要比水核的尺寸大得多；采用双微乳液法制备纳米粒子时，生成的颗粒的尺寸一般要比水核的尺寸小。

B 醇的介电常数和含量对粒子大小的影响

在 R 值及表面活性剂、无机盐浓度一定的情况下，发现随着醇的介电常数值增加，生成的颗粒的尺寸与醇的介电常数呈线性关系。这是因为颗粒的稳定性与表面活性剂在颗粒表面的吸附能有关，而这种吸附能与醇的介电常数有关。另外，醇含量的增加会对颗粒的粒径分布产生影响。醇在微乳体系中主要存在于表面活性剂分子之间，当醇的含量增加时，表面活性剂分子之间的间隙增大，水核相互碰撞时更容易发生界面的渗透，致使水核内容物之间的物质交换过快，容易出现产物颗粒大小分布不均的现象。

C 表面活性剂的影响

如使用聚氧乙烯型的非离子表面活性剂考察表面活性剂的结构对生成的颗粒的尺寸的影响时，发现在使用具有较长链亲水基团的表面活性剂时，颗粒的尺寸会减小。这是因为吸附在颗粒上的亲水基团越大，将会使得颗粒离有机溶剂越远，颗粒之间相互碰撞生成较大颗粒的几率就越小，生成的颗粒相应的就较小。但是，当使用更长链的基团时，粒径却会增大。这表明颗粒粒径不会一直随着亲水基团链长增加而减小。另外，亲油基团结构的改变不会明显地影响颗粒粒径。因为亲油基团渗透于有机溶剂之中，改变其长度不会影响有机溶剂与颗粒之间的距离。因此，可通过改变亲水基团的长度及醇类的链长来控制负载型催化剂的颗粒直径，表面活性剂的浓度也会对生成颗粒的大小产生影响。水与表面活性剂的相对量保持不变，当表面活性剂的浓度提高时，生成反微乳液的水核的数目增加，从而每个水核中所包含的金属盐离子的数目减少，相应地就会生成更多的金属颗粒，这样就会生成比较小的颗粒。

D 合成温度的影响

温度对于纳米催化剂的合成也有影响。如采用不同的表面活性剂合成 Rh 颗粒时，发现当用 NP-5（环已烷/氯化铑）和 AOT 作为表面活性剂时，其合成温度对于颗粒的大小没有影响。使用 CTAB（十六烷基三甲基溴化铵）及 CTAC（十六烷基三甲基氯化铵）时，在合成温度超过 30℃时，颗粒的尺寸随着温度的升高而增大。温度对于颗粒大小的影响目前尚无解释，有可能是由于温度过高时水核的热运动加剧，单位时间内碰撞次数增多，从而引起颗粒大小的改变。

E 水溶液的浓度的影响

适当的调节反应物的浓度，可使制得的粒子的大小受到控制。如采用肼还原含 $PdCl_3$ 的微乳液制取负载于氧化锆上的钯催化剂时发现，当 $PdCl_3$ 的浓度为 1.0mol/dm^3 时，制得的催化剂的颗粒最小，浓度大于或小于此浓度均得到更大的颗粒，且浓度大于 1.0mol/dm^3 时颗粒直径增大得更快。可能的原因如下：颗粒的生成经历了两个阶段，一个阶段是晶核的生成阶段，另一个阶段是吸附在晶核上的大量金属离子被肼进一步还原而使晶核长大。随着溶液浓度的增大，水核内大量的金属晶体在短时间内生成，晶体的生成速度大于成长的速度，有利于生成颗粒小的晶体。

F 载体的加入顺序的影响

为了增大催化剂与反应物质的接触面积，通常要把催化剂负载于多孔性的载体之上。在用微乳液技术制备催化剂的过程中，载体的加入顺序会对催化剂颗粒的分散度产生影响。如在制备负载于 Al_2O_3 的钯催化剂时采用了两种不同的载体加入顺序，一种是先用肼还原含有 $PdCl_3$ 的微乳液，然后再加入载体 Al_2O_3，制得的催化剂命名为 Pd/Al_2O_3-ME1；另一种是在 Pd 被还原之前，将载体 Al_2O_3 加入含 $PdCl_3$ 的微乳液，然后再通入肼还原钯，制得的催化剂命名为 Pd/Al_2O_3-ME2。通过 TEM 表征，发现 Pd/Al_2O_3-ME1 的分散度要高于 Pd/Al_2O_3-ME2，ME1 的粒径为 60~220nm，而 ME2 则为 100~1000nm 的颗粒聚集体。由于载体对于纳米颗粒的吸附作用，载体的加入会减少颗粒之间的聚集，因此可以制得粒径分布范围窄的催化剂。

G 加料速度的影响

不同的加料速度会影响制得催化剂的粒径分布，如通过 X 射线小角度散射检测发现，采用一次性将两种微乳液混合的方式制得的微粒，其粒径分布在两个范围之内，而逐渐加料方式下制得的粒径分布较窄。但是加料的速度不会影响所制得最小颗粒的大小。

H 催化剂从微乳液中的分离

催化剂从微乳液中分离时，由于颗粒间吸引力的存在，很容易出现团聚的现象，对于非负载型的金属催化剂更是如此。如采用微乳技术制备催化剂时，加入一种可以限制催化剂颗粒聚集的抑制剂覆盖在催化剂的表面，可达到安全地把催化剂从表面活性剂中分离出来的目的。

I 焙烧温度的影响

当金属颗粒的大小为纳米级时，其表面能很高，表面原子近邻配位不全，活性较大，熔化时所需增加的内能减小，在宏观上就表现为其熔点的显著降低。如常规的金属 Ag 的熔点为900℃，而纳米 Ag 粉末的熔点仅为100℃；金的颗粒为2nm时，其熔点只有330℃，比常规金的熔点要降低700℃。纳米催化剂制成后焙烧去除其他非催化活性成分和活化催化剂的时候，不同的焙烧温度会生成不同粒径的催化剂颗粒，从而对催化剂的比表面积产生影响，进而影响其催化活性，当金属的负载量较大时更是如此。这主要是高温时金属纳米颗粒在熔融状态下聚集的结果。微乳技术制备的催化剂也存在相同的现象，当催化剂的焙烧温度高于某一温度点时，随着焙烧温度的升高会出现平均微粒增大的情况。因此，需要在适当的温度下焙烧催化剂，使其具有良好的活性。另外，由于使用微乳技术合成催化剂时，因为有机溶剂的存在，焙烧时升温速率不可过快，否则会出现积炭。

微乳液法的优点：实验装置简单，操作方便，应用领域广；可有效控制粒子的尺寸；可制备均匀的多元金属氧化物。存在的问题：单次制备的催化剂数量有限；溶剂的回收和循环使用问题。

5.2.3 超临界法

超临界流体（SCFs，Supercritical Fluids），一般指用于溶解物质的超临界状态溶剂。溶剂处于气态和液态平衡时，流体密度和饱和蒸汽密度相同，界面消失，该消失点称为临界点（Critical Point，CP），在临界点以上的区域称为超临界区域。当流体的温度和压力处于它的临界温度和临界压力以上时，流体即处于超临界状态，兼有固体和液体的性质。为与气体和液体相区别，故称之为流体状态。

经过近30年的迅速发展，超临界流体应用技术已日趋成熟，在催化剂的制备方面，已开发出超临界干燥、超临界造粒、超临界沉积、超临界模板等多种超临界技术。与传统催化剂制备方法相比，超临界法的操作条件十分温和，制成的多孔性载体具有完整的三维网络结构、大比表面；制成的纳米粒子具有粒径小、分布窄的特点；并且，由于超临界流体特有的渗透和传递能力，在制备负载型催化剂时，可使活性组分均匀地分布在载体表面，使催化剂在实际应用中呈现出很高的催化活性；此外，催化剂的粒度可通过调节温度、压力等操作条件而得到控制。

超临界干燥：如果使用溶胶凝胶法多孔性催化剂，孔内的溶剂通常在常压或减压条件下利用自然挥发或加热蒸发加以去除。由于干燥时毛细孔内的汽-液界面上存在着表面张力，容易导致干燥对象体积逐步收缩，最后开裂碎化而破坏微孔结构。因此，该方法并不十分适合于制备纳米级多孔性材料。然而，如果将所采用的溶剂改为超临界流体，干燥时由于超临界流体的界面、表面张力接近于零，可避免干燥收缩，不会出现团聚和凝并等现象，从而能保持催化剂在干燥前的结构与形态。

超临界干燥技术又可分成有机溶剂干燥和 CO_2 干燥两种方法。

（1）高温超临界有机溶剂干燥法。该过程首先将反应得到的水凝胶用有机溶剂（通常是甲醇或乙醇）把水置换出来，得到醇溶胶，再经过老化将其变为醇凝胶，然后将醇凝胶置于已放入适量相同溶剂的高压干燥器中，升温升压到醇的超临界状态。在该状态下醇溶剂的汽液界面消失，醇凝胶中的溶剂很快向外扩散，最后缓慢释放气体，达到干燥的目的。另一种类似的方法是在含有醇凝胶的高压干燥器中先通入一定量的惰性气体，然后升温升压到醇溶剂的超临界状态，等孔洞中的溶剂转移到气相后，缓慢泄压，再用惰性气体吹扫凝胶以防止在降温过程中溶剂冷凝，最后将体系降至室温便可得到气凝胶。用这类方法制得的气凝胶具有密度低、比表面高和孔洞网络结构完整，并与外界相通等特点，因而是一种性能优良的催化剂载体。

(2) 超临界 CO_2 干燥法。该过程是通过用超临界 CO_2 萃取分离凝胶中的溶剂来达到干燥的目的。由于 CO_2 的临界温度接近于室温，无毒不易燃易爆，对环境十分友好，而且价格低廉。因此，目前一般采用超临界 CO_2 干燥法来大规模制备气凝胶。

超临界溶液快速膨胀（RESS，Rapid Expansion of Supercritical Solutions）法的原理：将溶有制备纳米材料所需溶质的超临界流体溶液快速膨胀降压，使该溶液在极短的时间内达到高度过饱和状态，从而使溶质以颗粒形态析出。由于 RESS 法是基于超临界二氧化碳（SCCO2）的快速膨胀引发相分离。因此。其成核速率主要依赖于降压速率的影响。如果从广义的溶剂范围考虑，就可以用不同极性、不同电性、不同密度的溶剂和抗溶剂来实现对相分离的连续控制，从而实现对成核速率和尺寸的控制，进而控制产品的微观尺寸和形态。RESS 法的主要特征在于能快速均匀地使超临界溶液达到高度过饱和，有利于制备粒子小、分布窄的纳米粉体。此外，该方法无需助剂，如用 $SCCO_2$ 或水为溶剂，可避免污染环境。

超临界抗溶剂过程（SAS，Supercritical Antisolvent Process），是以超临界流体为萃取剂，溶质和溶剂互溶，而在超临界流体中溶解度极小，当超临界流体溶解到溶液时，溶解的 CO_2 使有机溶剂发生膨胀，其内聚能显著降低，溶解能力降低，从而形成结晶或无定型沉淀。由于成核的推动力是过饱和度，金属盐由水合反应生成的金属氧化物的溶解度相对较小。因此，根据常规的成核理论可知，在溶液中可形成细微粒。$SCCO_2$ 为制备金属氧化物纳米微粒提供了极好的反应介质，控制 $SCCO_2$ 的溶解参数（如密度、温度、压力和介电性能等）可以更好地控制过饱和过程，从而更好地控制产品形态。同时利用 $SCCO_2$，可以在过程中减少甚至避免传统溶剂的使用，并且其优良的传质性能对制备尺寸和分布受控的微粉化颗粒都有很好的效果。

超临界模板技术（STP，Supercritical Template Process），是以 SCF 为溶剂（如 $SCCO_2$），溶解金属前驱物，利用超临界流体的高扩散性、溶胀性和极低的表面张力携带金属前驱物进入多孔基材（模板）外表面或者内部孔道中，泄压后在空气或惰性气体中经一定的温度煅烧将模板去除，从而得到具有模板结构的介孔催化材料。超临界流体工艺协助可调性模板可以用于制备具有不同孔结构和性能的多孔材料，并且该方法环保高效，可望推广用于制备多种多孔材料。

超临界流体沉积（SFD，Supercritical Fluid Deposition）技术，是由 Watkins 根据 CVD 技术提出。由于现代半导体技术对导线的要求越来越严格，尺寸小（线宽小于 100nm）、深宽比大（大于 3）等，而传统金属镀膜技术如物理气相沉积（PVD）、CVD、电镀等存在覆盖性不均一、在深宽比大的情况下无法深入内层沉积、反应温度过高、前驱物在气相中溶解度较低等缺点，他们根据超临界流体的特性，提出了 SFD 技术。SFD 最初主要用在微电子领域给半导体基材表面镀金属薄膜，现已被用于制备纳米复合材料。

5.2.4 热熔融法

热熔融法是以热熔融操作单元为基础的较特殊的催化剂制备方法，在热熔融过程中，催化剂的各组分熔合成均匀分布的混合物，如氧化物固溶体或合金固溶体，使得各组分在晶间尺度上达到高度分散。因此，制备的催化剂具有高度的热稳定性和机械强度，以及很长的使用寿命。常用的几种热熔融法如下：

（1）熔铁催化剂制备。合成氨工业中熔铁催化剂是热熔融法制备催化剂的一个典型例子。它是以磁铁矿为基本原料，加入 K_2O、Al_2O_3 等助剂，在 1500℃以上的高温下熔炼一定时间，使各组分均匀分散，然后将熔浆快速冷却，各组分被凝固下来，不会产生分步结晶，最后，将凝固的催化剂粉碎筛分，即可制备出具有极高热稳定性和机械强度的合成氨催化剂。

（2）过渡金属骨架催化剂制备。除了合成氨的熔铁催化剂以外，热熔融法还可用来制备某些过渡金属骨架催化剂，如骨架铜、骨架钴和骨架镍催化剂。以骨架 Ni 催化剂制备为例：首先，将金属 Al（熔点为 685℃）放入电熔炉，升温加热至 1000℃左右；然后，按照 Ni 含量为 42%~50%的 Ni-Al 合金配比，投入小片金属 Ni（熔点为 1452℃）与 Al 混溶。由于 Ni 的熔解可放出较多的热量，炉温很容易上升至 1500℃。熔炼完成后，将熔浆倾入浅盘冷却固化，得到 Ni-Al 合金；之后，称取质量为合金 1.3~1.5 倍的 NaOH，配制成 20%的 NaOH 溶液；再后，将 74μm（200 目）的 Ni-Al 合金粉末投入 NaOH 溶液中，维持温度在 50~60℃，并充分搅拌 30~1000min，使 Al 完全溶出；最后，倒掉上清液，用去离子水反复清洗骨架镍催化剂，直至清洗液和酚酞指示剂无色为止，包装备用。如需要长期储存，需将骨架镍催化剂浸入无水乙醇等惰性溶剂中加以保护。

5.2.5 微波法

将微波辐射技术引入到催化剂的制备过程中，能够有效地提高催化剂活性组分的分散程度，从而提高催化剂的物理和化学性能。由于微波加热与常规加热的不同，可以使反应时间明显缩短，提高生产效率，降低能耗。因此，微波辐射法制备的催化剂具有活性高、成本低、原料适应性好、产物纯净、催化剂稳定性和活性都有所提高等特点。此外，微波的介入提高了反应速率和选择性，微波法具有的操作简便快捷，污染小或无污染以及实验所需微波炉设备的廉价易得等优势，使得微波介入制备催化剂有较高的工业应用价值。

微波加热：微波是频率介于 300MHz~300GHz（波长 1mm~1m）的超高频振荡电磁波，在微波能量场作用下，分子偶极矩与高频电磁波作用，吸收微波能量变成热能。微波直接作用于分子，使微波场中的整个介质同时被加热均匀。因此，微波加热是无温度梯度的“体加热”或者说是内部加热。与传统加热方式相比，微波加热更均匀、更迅速，可能制备出具有特殊结构和性质的催化材料。

微波加热在水/溶剂热合成催化材料中广泛应用，该方式可加快晶化速率，缩短合成时间。微波加热应用于催化剂干燥过程发现，微波辐射可以实现快速干燥，有利于活性组分在载体上的均匀分布。分子筛的传统合成是在常规水热条件下进行，该方法一般都需要在较高的温度下长时间反应，随温度升高容易导致无定形或其他晶相的生成，且过程能耗很大。为实现物料良好的传质和传热，获得理想的晶相和晶形，有时还需要对反应体系进行物料的回流。随着对微波技术在化学领域应用的深入研究，人们开始将微波用于分子筛的合成与处理。研究发现微波辐射可明显改善反应体系中的传质和传热，反应一般不进行回流，简化了工艺；微波加热能促使有机硅聚合物与表面活性剂在界面上有效地结合，加快合成与晶化速度，极大缩短反应时间和降低能耗；较大程度的改善产品的物化性能，容易制得纯度高、结晶度好的分子筛。

催化剂活性组分在载体上的分散程度直接影响到其活性、选择性及寿命。在载体上负载活性组分通常采用的方法有浸渍法和离子交换法。与传统加热方法相比，应用微波辐射可使活性组分均匀地负载在载体上，并且对其催化性能产生很大影响。微波加热和传统加热下各种分子筛合成的晶化温度和时间对比见表 5-11。

表 5-11 微波加热与传统加热合成分子筛晶化温度和时间比较

种类	晶化温度/℃		晶化时间	
	微波加热	传统加热	微波加热/min	传统加热
MCM-41	140	120	60	数小时或数天
NaX	100	100	30	数小时至数十小时
Y	100	100	10	50h
ZSM-5	150	110	30	3h 以上

纳米材料用作催化材料时具有颗粒尺寸小、比表面积大、表面活性高等特点，其催化活性和选择性远远高于传统催化剂，显示出许多传统催化剂无法比拟的优异特性。然而，在材料制备过程中，传统烧结方式不可避免地伴有晶粒长大现象，很难保持纳米材料的特性。而微波烧结是依靠材料本身吸收微波能并转化为材料内部分子的动能和势能，降低烧结活化能，提高扩散系数，实现低温快速烧结，能最大程度地保持烧结体的微细晶粒和纳米尺度，是制备高强度、高硬度、高韧性纳米材料的有效手段。

5.2.6 等离子体法

等离子体法：等离子体被称为物质的第四态，是由气体分子在受热或外加电场及辐射等能量激发下解离、电离形成的离子、电子、原子、分子和自由基等的集合体。等离子体整体呈电中性，是物质的一种高能存在状态。等离子体可分为低温等离子体和高温等离子体，低温等离子体技术在催化剂制备中应用较多。低温等离子技术在催化剂制备中的应用主要可以分为两种方式：利用低温等离子体处理代替传统催化剂制备中的焙烧处理和对催化剂进行改性处理。

低温等离子体制备催化剂过程中，高速电子可以在催化剂表层附着形成较强的鞘层电场，使负载元素在电子形成的电场作用下相互排斥，均匀分布而减少负载聚集，提高负载粒子的分散性。并且，电子在催化剂的电场库仑力作用下，活性组分与载体的接触面积更为充分，有助于增强负载与载体之间的相互作用，从而暴露更多催化活性位，提高催化剂活性。等离子体中的高能电子还可以作为还原剂直接作用于催化剂的活性组分，使活性组分获得还原态或者低价态的化学形态。此外，低温等离子体中多种电子及其他高能粒子会直接作用于催化剂晶核成长，使催化剂结构形成速度加快，因此等离子体制备催化剂需要的时间更短、效率更高。

低温等离子体代替传统焙烧制备催化剂，可改善催化剂的结构和化学形态，可获得具有更小粒径和更均匀分散度的颗粒，有利于提高催化活性；可有效控制催化剂常见的积炭问题；可改变晶体成核结构、表面结构、暴露晶面等；可获得不同的化学形态的活性组分，特别是还原态和低价态。催化剂结构和化学组分的优化是低温等离子体制备催化剂的突出特点，也是催化剂活性提高的关键。根据目前的研究，低温等离子还无法完全替代传统热处理制备催化剂法。在某些对热处理需求较高的催化剂制备中，采用传统热处理方法与低温等离子体改性相结合这一方式，可获得结构更好、活性更高的催化剂，对催化剂进行改性是低温等离子体技术在催化剂制备中的另一种重要方式。低温等离子体对催化剂进行改性的方式分为两种，一种是在焙烧之前采用低温等离子体进行前驱体表面改性后再焙烧，另一种是对已经焙烧成型的催化剂采用低温等离子体技术进行强化处理。

低温等离子体制备改性催化剂取得的优良效果主要是通过改变催化剂结构、化学形态获得，等离子体技术的作用机理主要可以归纳为下几个方面：

（1）低温等离子体的“温和焙烧”作用。焙烧是传统催化剂制备中为获取固定活性组分、改变活性组分化学形态的必要手段，而低温等离子制备催化剂时发生温度低、作用时间短，可有效避免长时间高温焙烧作用所带来的金属粒子烧结和团聚生长，使活性组分粒径相对较小。

（2）由于作用时间短会有效减少载体粒子迁移、影响催化剂粒子晶化使粒子来不及晶化或部分晶化。

（3）可以减少金属粒子向载体内部扩散，增强金属-载体相互作用。通过低温等离子体的作用，避免了相对剧烈的焙烧处理产生的团聚、烧结、积碳等问题，形成更有利于催化作用的孔隙结构、晶相结构，同时也可以实现活性组分化学形态的转变，甚至获得更丰富的化学形态。

催化剂制备改性过程中，低温等离子体除了直接作用于催化剂，还可以通过作用放电气体间接作用于催化剂，高能粒子可以诱导气体产生的氧化性物种或还原性物种，成为催化剂制备的有效氧化剂或还原剂。

5.3 工业催化剂的成型

无论使用什么方法制备固体催化剂，在使用的过程中催化反应器对它的形状和尺寸都有具体的要求，所以固体催化剂成型工艺在催化剂制备中显得非常重要。成型就是指在一定外力作用下各类粉体、颗粒、溶液或熔融原料互相聚集，制备成一定形状、大小和强度的固体颗粒的过程。早期的催化剂成型方法是将块状物质破碎，筛分出适当粒度、不规则形状的颗粒，制得的催化剂因其形状不定，在使用时易产生气流分布不均匀的现象。同时大量被筛下的小颗粒甚至粉末状物质不能被利用，造成浪费。随着固体催化剂成型工艺的发展，这种固体催化剂成型方法的使用已经不多了，只有特殊原因才使用该方法，例如加氢用骨架金属催化剂和合成氨用熔铁催化剂等。

成型是催化剂制造中的重要工序，主要从以下方面考虑：

（1）催化剂形状必须服从使用性能的要求，目前市售的固体催化剂应为颗粒状或微球状，便于均匀填充到工业反应器中。

（2）催化剂形状和成型工艺影响催化剂性能，尤其是对活性、床层压力降和传热产生影响如烃类水蒸气转化催化剂（催化反应是内扩散控制）由多年沿用的传统拉西环状改为七孔形和车轮形等“异形转化催化剂”（外表面积大）。压片活性炭性能优于柱状活性炭，因其中孔发达，在水净化、脱硫和脱色方面有更佳的使用效果。催化剂化学性能与物理结构无需改动，即可提高活性，减小压降，改善传热。

(3) 催化剂形状、尺寸和力学强度必须与相应的催化反应过程和催化反应器相匹配，如需要把反应器类型、操作压力、流速、反应床层允许的压降、反应动力学及催化剂的物化性质、成型性能和经济因素等综合起来考虑。常用的反应床层为固定床、流化床、移动床和悬浮床。工业上，固定床使用柱状、片状、球状及不规则形状等直径在4mm以上的催化剂。在固定床中，一般球形催化剂的阻力最小，不规则形状催化剂的阻力最大。球形催化剂的填装量最高，其次是柱形。流化床使用直径为20～150μm的球形催化剂，且要求催化剂具有较高的耐磨性；移动床使用直径为3～4mm的催化剂颗粒；悬浮床使用直径为1μm～1mm的催化剂颗粒。

催化剂的成型方法常用的有压片法、挤条法、转动造粒法和喷雾干燥法等，通过分析固体催化剂成型过程对催化剂各种性能的影响，探讨这些成型方法的成型原理和实际应用。

5.3.1 压片成型

压片成型是工业上广泛采取的一种催化剂成型方法，它广泛应用于由沉淀法、混合法等得到的粉末催化剂的成型。压片时，为增加催化剂的比表面和颗粒体积，可加入适量惰性添加剂，为使粉末颗粒间结合良好，可加入黏合剂，如糊精、聚丙烯酸、醇等。成型时也常加入润滑剂，这是为了减少压片过程中的阻力。压片时，粉末间主要靠van der Walls力结合，除这种力外，如有水存在，毛细管压力也会增加黏结能力。压片成型法一般可制得圆柱状、拉西环等常规性状的催化剂，也可制得齿轮状等异形片剂催化剂。同时，压片成型法制得的催化剂具有颗粒形状一致、大小均匀、表面光滑、强度高，适用于固定床反应器等特点。缺点：生产能力低，设备复杂。

压片成型的设备常用的有压片机和压环机，待压催化剂粉料由供料装量送入冲模，进冲压成型后由冲头排出。在压片成型过程中，压力对催化剂的比表面积、平均孔径、总孔体积、甚至催化剂的性质都有一定的影响。因此，工业生产中要经过一些必要的条件试验才能确定压片成型的最佳工艺。催化剂压片成型装置示意图（图5-22）。

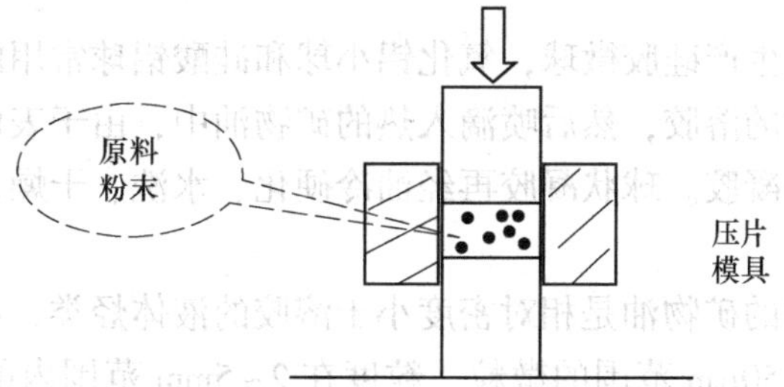

图5-22 催化剂压片成型装置示意图

5.3.2 挤条成型

将黏结剂加入到催化剂滤饼或粉末中，经过碾压形成具有良好塑性的泥状黏浆，通过料斗将物料送入圆筒，采用活塞或螺旋杆将泥状粘浆从具有一定直径的塑模（多孔板）挤出，并切割成等长、等径的条形圆柱体（或环柱体、蜂窝形断面柱体等），即为挤条成型法。较简单的挤条装置是活塞式（注射式）挤条机，常见的挤条成型装置是螺旋挤条机（单螺杆）。挤条机能连续而均匀地向物料施加足够的压力，使物料强制穿过一个或数个孔板。

与压片成型法相比，挤条成型法制备的催化剂强度一般较低，因此比较适合于在低压、低流速操作条件下的催化剂的成型。另外，被挤条成型的物料中，黏合剂的量要适当，加入过多会使挤出的条不能保持理想的形状。催化剂挤条成型装置示意图（图 5-23）。

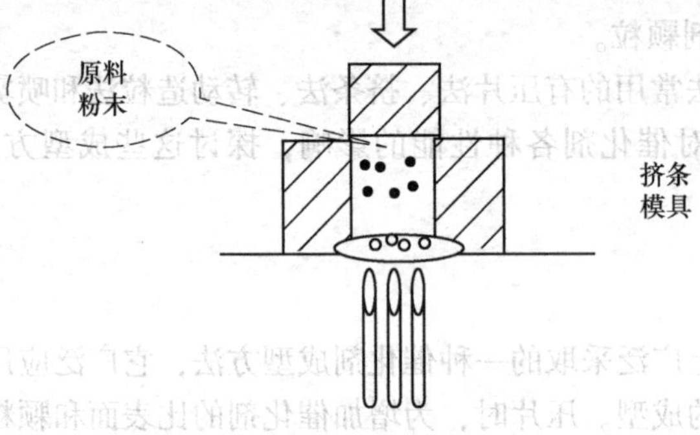

图 5-23 催化剂挤条成型装置示意图

催化剂滤饼或粉末的可塑性和黏结剂的种类及加入量决定了挤条成型催化剂的强度。挤条成型主要用于塑性好的泥状物料的成型，如果成型原料是粉状时，需在粉状原料中加入适当的黏结剂，并碾压捏合后制成塑性良好的泥料。粉末颗粒越细，水（黏合剂）加入越多，物料越易流动，越容易成型，但黏合剂量过大，使挤出的条形状不易保持。因此，要使浆状物固定，并具有足够的保持形状的能力，应选择适当的黏合剂加入量，另外还要考虑挤条成型后的干燥操作，黏合剂含量越多，干燥后收缩越大。干燥温度与干燥速率对催化剂的成品率影响较大，干燥温度过高，水分挥发快，导致成型样品开裂。

5.3.3 油中成型

油中成型是工业上生产硅胶微球，氧化铝小球和硅酸铝球常用的方法。它是先将被制球的物料制成一定浓度的溶胶，然后喷滴入热的矿物油中，由于表面张力的作用，浓胶滴迅速收缩，形成球状的凝胶。球状凝胶再经油冷硬化、水洗、干燥、热处理等，即可制得球状催化剂。

油中成型法中常用的矿物油是相对密度小于溶胶的液体烃类，如煤油、轻油、润滑油等，可制得粒度在 30~50μm 范围的微粒，粒度在 2~5mm 范围内的小球，并且制得的球机械强度高，表面很光滑，特别适用于流化床反应器的操作。

5.3.4 喷雾成型

喷雾成型是利用喷雾干燥的原理，将悬浮液或膏状物料制成微球状催化剂常用的一种方法。喷雾成型过程中一般先用雾化器将溶液分散为雾状液滴，然后在热风中快速干燥，即可获得粉状催化剂。具体工艺过程：首先，采用雾化器将浆液溶液雾化成平均直径 20~60μm 的雾滴；然后，在干燥设备中雾滴与热风接触使得雾滴迅速气化；最后，获得干燥的颗粒状产品。

喷雾成型方法有很多优点：干燥后的成品就是粉末状或微小的颗粒状，直接可以使用，省去了粉碎的工序；物料能雾化成微米级的雾滴，并且干燥时间极短，水分蒸发快，可得到单位质量表面积很大的微球催化剂，这对于流化床反应器非常重要。因此，当前流化床用催化剂大多采用喷雾成型法制备。催化剂喷雾成型装置示意图（图 5-24）。

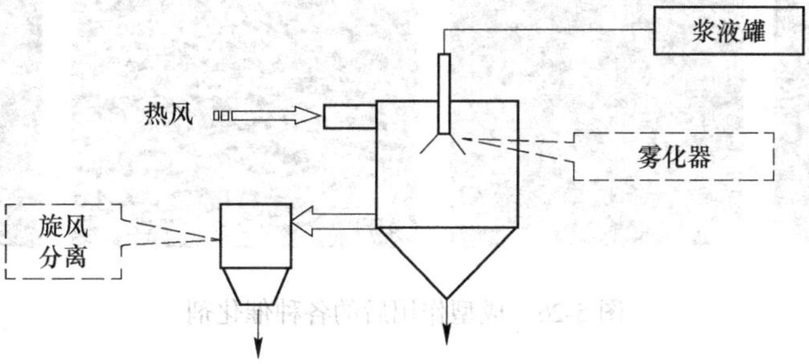

图 5-24　催化剂喷雾成型装置示意图

5.3.5　转动成型

转动成型是在转盘成球上机中将粉末制成球型催化剂的一种成型方法。通常先将干燥的粉末放在回转着的、倾斜 30°~60°的转盘内，慢慢喷入水等黏合剂，由于毛细管吸力的作用，润湿了的局部粉末先黏结为粒径很小的颗粒，随着转盘的继续转动，小颗粒逐渐滚动长大，成为符合要求的球形催化剂。

转动成型过程中，球形催化剂的粒径与转盘的转数、倾斜度、深度有关，转盘的转数较大，或倾斜度较大，可得到粒径相对较小的球型催化剂。转盘较深时，可得到粒经较大的球形催化剂。另外，成球过程中要尽量控制整个球体湿度均匀，否则会影响球形催化剂的强度。催化剂转动成型装置示意图（图 5-25）。

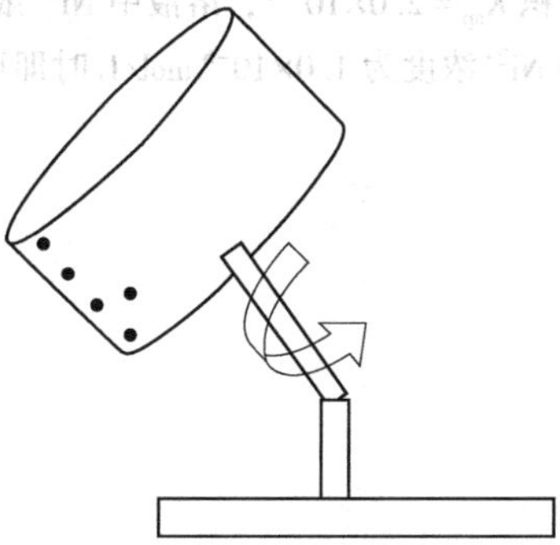

图 5-25　催化剂转动成型装置示意图

经成型作用后的各种催化剂，如图 5-26 所示。

图 5-26 成型作用后的各种催化剂

习 题

5-1 沉淀法制备催化剂的基本原理和一般步骤是什么？

5-2 如何选择沉淀剂，最常用的沉淀剂是什么？

5-3 晶形和非晶型沉淀的形成条件分别是什么？

5-4 焙烧在催化剂制备过程中的作用是什么？

5-5 什么是催化剂的活化，其目的是什么？

5-6 浸渍法的优点是什么？

5-7 什么是溶胶-凝胶法？

5-8 共沉淀法制备 $CuO\text{-}ZnO\text{-}Al_2O_3$ 催化剂的主要影响因素？

5-9 如何用均匀沉淀法制备催化剂？

5-10 待沉淀盐类和沉淀剂的选择原则？

5-11 假如 $Ni(OH)_2$ 在 25℃的溶度积 $K_{sp}=2.0\times10^{-15}$，溶液中 Ni^{2+} 浓度为 2.0mol/L 时，计算 $Ni(OH)_2$ 开始沉淀的 pH 值。当溶液中 Ni^{2+} 浓度为 1.0×10^{-6} mol/L 时即可认为沉淀完全，计算沉淀完全所需的 pH 值。

6 催化剂表征技术

为了实现高性能催化剂的可控制备，需要建立催化剂的形貌、组成、结构与其催化作用规律及催化机理的关系（构-效关系）。固体催化剂的微观结构和物化性能，主要包括催化剂本体及表面的化学组成、物相结构、活性表面、晶粒大小、分散度、价态、酸碱性、氧化还原性、各组分的分布及能量分布等。其中，活性中心的组成、结构、配位环境与能量状态更是关键影响因素。因此，催化剂的表征对催化剂的设计、开发、制备、使用、寿命预测有着十分重要的意义。

催化剂的表征，其实质就是应用现代分析仪器及手段对催化剂的表面及体相结构进行研究，并将它们与催化剂的性质、性能进行关联，探讨催化剂的宏观性质与微观结构之间的关系，加深对催化剂的本质的了解。催化剂表征可以揭示催化剂物理化学性质、催化反应中与催化性能相关的信息、催化过程进行的反应机理，从而指导新型工业催化剂的设计和制备、催化反应过程实现及反应器设计、在工业生产中监控催化剂的生产和使用过程。随着科学技术不断发展，催化剂表征手段越来越多，而不同表征方法有各自的适用范围和可能的误差。因此，详细了解催化剂表征手段，有利于研究人员根据催化研究目的及要求选择更多、更合理的分析表征方法。

6.1 催化剂的表面组成分析

研究催化剂表面组成的技术：X 射线光电子能谱（XPS，X-ray Photoelectron Spectroscopy）、原子发射光谱法（AES，Atomic Emission Spectroscopy）、原子吸收光谱法（AAS，Atomic Absorbed Spectroscopy）、原子荧光光谱法（AFS，Atomic Fluorescence Spectrometry）、X 射线荧光光谱法（XRF，X-ray Fluorescence Spectroscopy）、二次离子质谱（SIMS，Secondary Ion Mass Spectrometry）、电子能量损失谱（EELS，Electron Energy Loss Spectroscopy）、俄歇电子能谱（AES，Auger Electron Spectroscopy）。

6.1.1 X 射线光电子能谱

X 射线光电子能谱 XPS，是一种先进的浅表面分析技术，基本原理是利用能量在 1000~1500eV 的 X 射线束去辐射样品，使原子或分子的内层电子或价电子受激发射出来。被光子激发出来的电子称为光电子，通过对激发出来的光电子进行分析，可以得出材料表面元素组成、含量、化学状态分子结构以及化学键等方面的信息。因为激发源是 X 射线，所以对分析样品的表面基本无损伤。与扫描电子显微镜（SEM）+能谱（EDS）分析技术相比，XPS 不仅能提供材料的元素组成，还能提供元素的价态信息，配合离子束剥离技术和变角 XPS 技术，还可以对材料进行深度分析和界面分析。以动能/束缚能 E_b（binding energy）为横坐标，相对强度（脉冲/s）为纵坐标，可作出光电子能谱图，从而获得试样有关信息。E_b可通过计算得到：

$$h\nu = E_k + E_b + E_r \tag{6-1}$$

式中，$h\nu$为特定原子轨道上的结合能；E_k为出射的光电子的动能；E_b为特定原子轨道上的结合能；E_r为原子的反冲能量（数值很小，可忽略），单位均为 eV。

由于不同原子同一层上的电子的E_b值各不相同，且各元素之间相差很大。因此，可根据 XPS 谱图中出现的特征谱线或者特征峰的位置，实现对大多数元素的定性分析；同时，根据 XPS 谱图中的光电子谱线强度或者特征峰的面积，可计算原子的含量或相对含量，实现对元素的定量分析。另外，由于它可以较准确地测量原子的内层电子E_b值及其化学位移，所以它不但能为化学研究提供分子结构和原子价态方面的信息，还能为电子材料研究提供各种化合物的元素组成和含量、化学状态、分子结构、化学键方面的信息。以 g-C_3N_4/ZnO，g-C_3N_4/AgCl 和 ZnO/g-C_3N_4/AgCl（0.1g）的 XPS 谱图为例（图 6-1）。

由图 6-1（a）可知，XPS 全扫描谱可以清晰地观察到 Cl2p、Ag3d、Zn2p、C1s、N1s 和 O1s。从图 6-1（b）可以观察到：g-C_3N_4/AgCl 的 Ag3d 峰被反卷曲为两个峰，分别属于 Ag3$d_{5/2}$(367.89eV) 和 Ag3$d_{3/2}$(373.88eV)，表明 Ag 以 Ag^+的形式存在。在图 6-1（c）中，结合能为 199.79eV 和 198.05eV 处的特征峰对应于 g-C_3N_4/AgCl 中 Cl 的 Cl2$p_{1/2}$和 Cl2$p_{3/2}$。ZnO/g-C_3N_4/AgCl（0.1g）的 C1s 谱中，284.8eV、285.95eV 和 288.28eV 处的特征峰分别对应 C ═C 键、C—N 键、N ═C—N 键。由图 6-1（e）可以观察到 ZnO/g-C_3N_4/AgCl(0.1 g) 的 N1s 谱中，398.56eV 和 400.17eV 处的特征峰分别对应 C 原子和 N 原子以 sp^2 杂化轨道形式形成的化学键 C ═N—C 和叔 N 原子与 C 原子形成的化学键 N-$(C)_3$。在 ZnO/g-C_3N_4 的 Zn2p 谱中，1022.45eV 和 1045.44eV 处的特征峰分别对应 Zn2$p_{3/2}$和 Zn2$p_{1/2}$。ZnO/g-C_3N_4 的 O1s 谱中，530.09eV 和 531.39eV 处的特征峰分别对应 Zn-O 和表面吸附氧物种（O_{ads}），如属于表面氧缺陷的 O_2^{2-}、O^-或—OH 等。值得注意的是，与 ZnO/g-C_3N_4 和 g-C_3N_4/AgCl 相比，ZnO/g-C_3N_4/AgCl（0.1g）的 Zn2p、O1s、C1s、N1s、Ag3d、Cl2p 谱结合能有轻微的化学位移，这可能是由于 g-C_3N_4 与 ZnO 和 AgCl 在形成异质结的过程中，出现了电荷转移所致。

6.1.2 原子光谱

原子光谱是以原子为基本粒子所发生的电磁辐射，是基于原子核外（内层或外层）电子能级的跃迁，呈现为线状光谱。根据原子激发方式及光谱检测方法的差异，可将原子光谱法分为以下四种类型：

（1）原子发射光谱法（AES），利用原子（或离子）发射的特征光谱对物质进行定性和定量分析的方法。

（2）原子吸收光谱法（AAS），利用被测元素基态原子蒸气对其共振辐射线的吸收特性进行元素定量分析的方法。

（3）原子荧光光谱法（AFS），利用原子在辐射能激发下发射的荧光强度进行定量分析的方法。

（4）X 射线荧光光谱法（XRF），利用初级 X 射线光子或其他微观离子激发待测物质中的原子，使之产生荧光（次级 X 射线）而进行物质成分分析和化学态研究的方法。

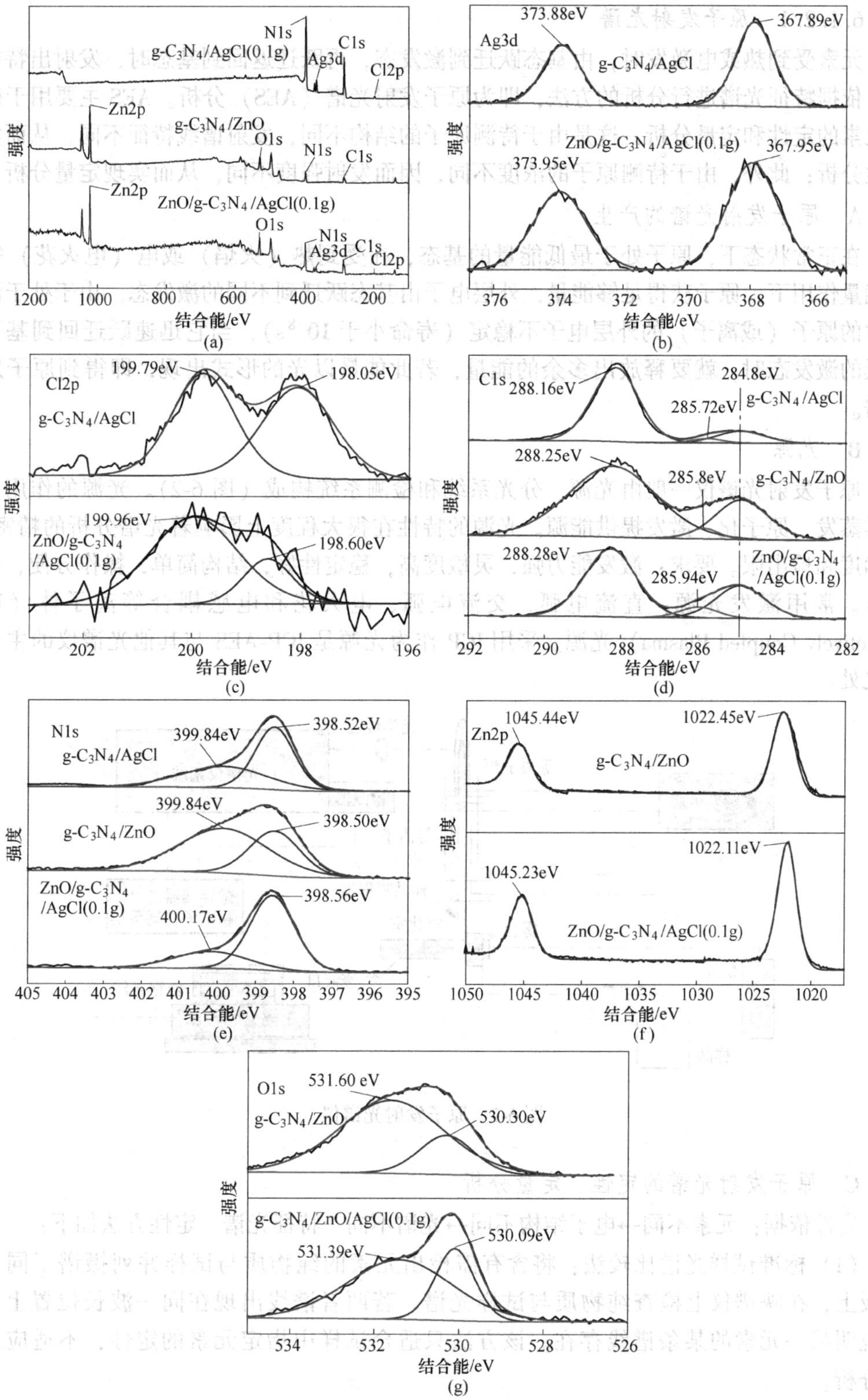

图 6-1 $g\text{-}C_3N_4/ZnO$，$g\text{-}C_3N_4/AgCl$ 和 $ZnO/g\text{-}C_3N_4/AgCl$（0.1g）催化剂的 XPS 谱图

（a）全谱；（b）Ag3d；（c）Cl2p；（d）C1s；（e）N1s；（f）Zn2p；（g）O1s

6.1.2.1 原子发射光谱

元素受到热或电激发时，由基态跃迁到激发态，再跃迁返回到基态时，发射出特征光谱，依据特征光谱进行分析的方法，即为原子发射光谱（AES）分析。AES 主要用于微量多元素的定性和定量分析，这是由于待测原子的结构不同，发射谱线特征不同，从而实现定性分析；此外，由于待测原子的浓度不同，因而发射强度不同，从而实现定量分析。

A 原子发射光谱的产生

在正常状态下，原子处于最低能量的基态，在受到热（火焰）或电（电火花）等激发能量作用下，原子获得足够能量，外层电子由基态跃迁到不同的激发态。由于处于激发态时的原子（或离子）的外层电子不稳定（寿命小于 10^{-8}s），当它迅速跃迁回到基态或较低的激发态时，就要释放出多余的能量，若此能量以光的形式出现，即得到原子发射光谱。

B 光源

原子发射光谱仪一般由光源、分光系统和检测系统构成（图 6-2）。光源的作用：为试样蒸发、原子化、激发提供能源。光源的特性在很大程度上影响着光谱分析的精密度、准确度和检出限。要求：激发能力强，灵敏度高，稳定性好，结构简单，操作方便，使用安全。常用激发光源：直流电弧、交流电弧、电火花和电感耦合等离子体（ICP，Inductively Coupled Plasma）光源。采用 ICP 作为光源是 ICP-AES 与其他光谱仪的主要不同之处。

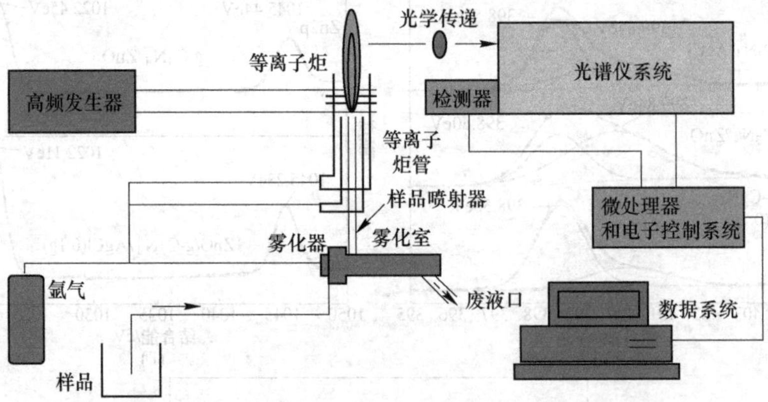

图 6-2 原子发射光谱仪

C 原子发射光谱的定性、定量分析

定性依据：元素不同→电子结构不同→光谱不同→特征光谱。定性方法如下：

（1）标准试样光谱比较法：将含有需检出元素的纯物质与试样并列摄谱于同一感光板上，在映谱仪上检查纯物质与试样光谱。若两者谱线出现在同一波长位置上，即可说明某一元素的某条谱线存在。该方法只适合试样中指定元素的定性，不适应光谱全分析。

（2）元素标准光谱图比较法（铁光谱比较法）：将其他元素的分析线标记在铁谱（图 6-3）上，铁谱起到标尺的作用。最常用的方法，以铁谱作为标准识别谱图。

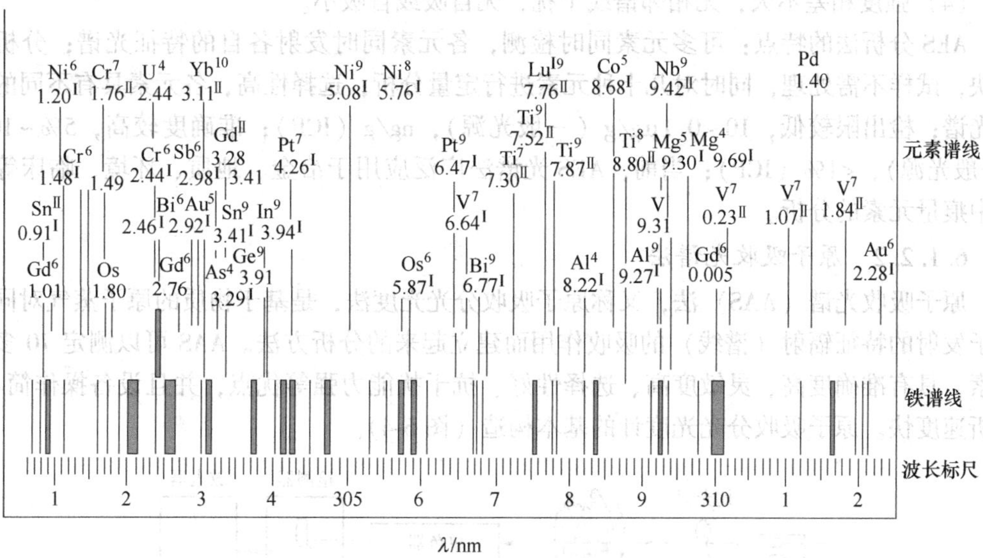

图 6-3 元素标准光谱图

AES 定量分析的基本关系式：谱线强度 I 与待测元素含量 c 关系如式（6-2）所示：

$$I = ac \tag{6-2}$$

式中，当内标元素含量 C_0 和实验条件一定时，a 为常数（与蒸发、激发过程等有关），考虑到发射光谱中存在着自吸现象，需要引入自吸常数 b，则：

$$I = ac^b \tag{6-3}$$

自吸常数 b 随浓度 c 增加而减小。当浓度很小，自吸消失时，$b=1$。对式（6-3）进行对数化处理，得到发射光谱分析的基本关系式，即塞伯-罗马金公式（经验式）：

$$\lg I = b\lg c + \lg a \tag{6-4}$$

在实际测量元素含量时，由于影响谱线强度的因素较多，通过直接测定谱线绝对强度来计算元素含量往往难以获得准确结果，多采用内标法（相对强度法）测量元素含量。即：在被测元素的光谱中选择一条谱线作为分析线（强度 I），然后选择内标物的一条谱线（强度 I_0），组成分析线对。则：

$$I_0 = a_0 c_0^{b_0} \tag{6-5}$$

相对强度 R：

$$R = \frac{I}{I_0} = \frac{ac^b}{a_0 c_0^{b_0}} = Ac^b \tag{6-6}$$

式中，A 为其他三项合并后的常数项。进而，对式（6-6）进行对数化处理，得到内标法定量分析的基本关系式：

$$\lg R = b\lg c + \lg A \tag{6-7}$$

内标元素与分析线对的选择原则：

（1）内标元素可以选择基体元素，或另外加入，含量固定。

（2）内标元素与待测元素具有相近的蒸发特性。

（3）分析线对应匹配，同为原子线或离子线，且激发电位相近（谱线靠近），“匀称线对”。

(4) 强度相差不大，无相邻谱线干扰，无自吸或自吸小。

AES 分析法的特点：可多元素同时检测，各元素同时发射各自的特征光谱；分析速度快，试样不需处理，同时对几十种元素进行定量分析；选择性高，各元素具有不同的特征光谱；检出限较低，10~0.1μg/g（一般光源），ng/g（ICP）；准确度较高，5%~10%（一般光源），<1%（ICP）；当前，AES 光谱法广泛应用于冶金、地质、环境、临床等样品中痕量元素的分析。

6.1.2.2 原子吸收光谱法

原子吸收光谱（AAS）法，又称原子吸收分光光度法，是基于物质的原子蒸气对同种原子发射的特征辐射（谱线）的吸收作用而建立起来的分析方法。AAS 可以测定 70 多种元素，具有准确度高、灵敏度高、选择性好、抗干扰能力强等优点，并且设备操作简单、分析速度快。原子吸收分光光度计的基本构造（图 6-4）。

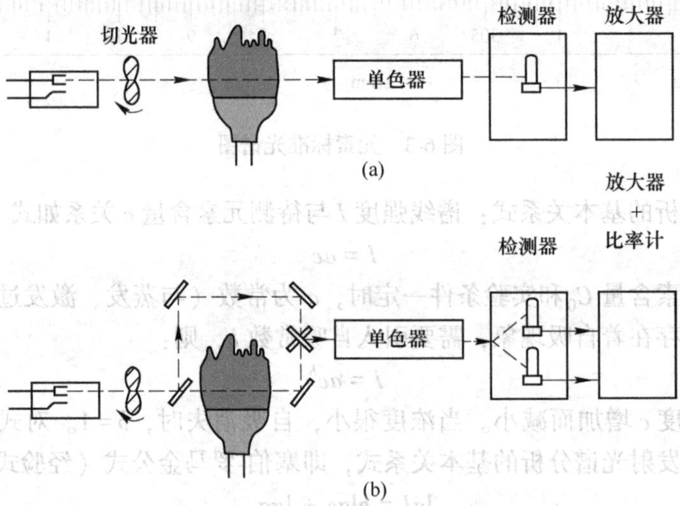

图 6-4 原子吸收分光光度计示意图

（a）单道单光束；（b）单道双光束

原子吸收分光光度计的工作原理：通过火焰、石墨炉等设备将待测样本在高温环境下变成原子蒸汽，再由光源灯将待测样本的特征光线辐射到相应的环境下，与待测元素的原子蒸气结合，发生光谱吸收的反应。按照元素的浓度和强度分别形成不同的光谱图，经过仪器的光路分析系统，将每种不同的谱线区分开来，再运用光电转换器将光信号转变为电信号，由电路系统进行放大和处理，经过电脑对信息数据进行采集和分析，最后输出分析结果。

A 定性分析

由于各元素的原子结构和外层电子的排布不同，不同元素的原子从基态激发至第一激发态（或由第一激发态跃回基态）时，吸收（或发射）的能量不同，因而各元素的共振吸收线具有不同的特征。

B 定量分析

光强度的变化符合比耳-朗伯定律（Beer-Lambert）：

$$A = \lg(I_0/I_t) = abc \tag{6-8}$$

式中，A 为吸光度；I_0为初始光强；I_t为透过光的强度；a 为吸收系数；b 为样品在光路中的强度；c 为浓度，$A \propto c$。

外标法，即标准曲线法分析：设定条件，测定一系列已知浓度的样品的吸光度数值，并作图。在相同条件下，测定样品的吸光度，由标准曲线求得样品待测元素浓度（图 6-5）。注意事项：合适的浓度范围、扣除空白、标样和试样的测定条件相同。

若试样基体组成复杂，且基体成分对测定又有明显干扰，可采用标准加入法克服标样与试样基体不一致所引起的误差（基体效应）。取若干份等量的试样溶液，分别加入浓度不等的标准溶液，测定吸光度，由吸收曲线外推得到原始样品浓度（图 6-6）。注意事项：须线性良好、至少 4 个数据点（在线性范围内，可用两个数据点直接计算）、只消除基体效应，不消除分子和背景吸收；斜率小时误差大。

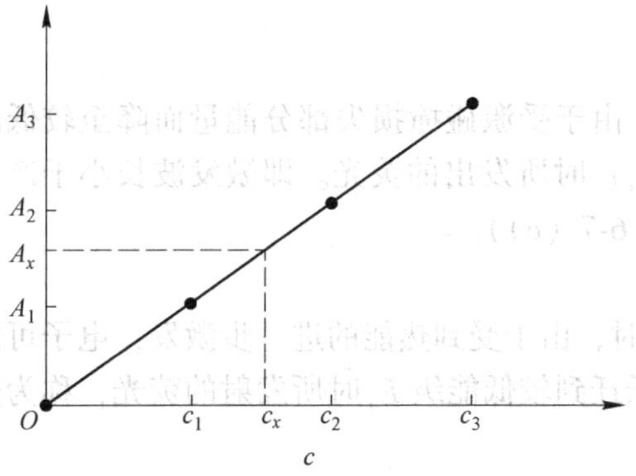

图 6-5 标准曲线法

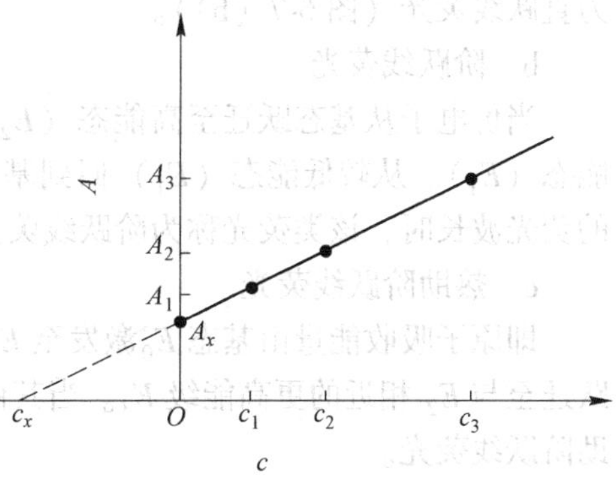

图 6-6 吸收曲线外推法

内标法：消除气体流量、进样量、火焰湿度、样品雾化率、溶液黏度以及表面张力等的影响，适于双波道和多波道的 AAS。

6.1.2.3 原子荧光光谱法

原子荧光光谱（AFS）仪，是一种光谱类痕量分析仪器。原理：将被测样品液体原子化为气态的基态自由原子后，使其吸收外部光源中一定频率的辐射能量，跃迁至高能态。高能态的电子一般在小于 10^{-8}s 即返回基态，并以特征光谱形式放出能量，即原子荧光。AFS 光谱仪主要用于检测重金属的含量，检出限可达 PPT 级别，也可联用液相等进行元素形态分析。从机理角度分类，AFS 光谱法属于发射光谱分析类型，但所用仪器及操作技术与 AAS 光谱法相似。

AFS 光谱仪主要应用于以下 11 种元素的检测分析：砷、硒、锑、铋、锡、碲、铅、锗、汞、镉、锌。工作原理：将待测元素的溶液与硼氢化钠（钾）混合，在酸性条件下，砷、硒、锑、铋、锡、碲、铅、锗等可生成氢化物气体（如硒化氢等），汞可生成气态原子态汞；镉、锌可生成气态组分，从溶液中逸出，通过与氩气、氢气混合后进入到原子化器中（并被点燃），气体组分在高温下分解并转化为基态的原子蒸汽，通过该元素的空心阴极灯产生的共振线激发，基态原子跃迁到高能态，它再重新返回到低能态，多余的能量便以光的形式（也就是原子荧光）释放出来。根据原子荧光强度与被测物浓度成正比可测得试样中待测元素的含量。

根据荧光产生机理的不同，原子荧光的类型达到十余种，但在实际分析中主要分为共振荧光和非共振荧光。

A 共振荧光和热共振荧光

共振荧光：气态原子吸收共振线被激发后，激发态原子再发射出与共振线波长相同的荧光（图 6-7（a)中 A)；热共振荧光：若原子受热激发处于亚稳态，再吸收辐射进一步激发，然后再发射出与激发光源辐射相同波长的共振荧光（图 6-7（a)中 B)。

B 非共振荧光

a 直跃线荧光

当处于基态的价电子受激跃迁至高能态（E_2），处于高能态的激发态电子在跃迁到低能态（E_1，非基态）所发射出的荧光。即激发波长大于产生的荧光波长时，该类荧光称为直跃线荧光（图 6-7（b)）。

b 阶跃线荧光

当价电子从基态跃迁至高能态（E_2）后，由于受激碰撞损失部分能量而降至较低的能态（E_1）。从较低能态（E_1）回到基态（E_0）时所发出的荧光。即激发波长小于产生的荧光波长时，该类荧光称为阶跃线荧光（图 6-7（c)）。

c 热助阶跃线荧光

即原子吸收能量由基态 E_0 激发至 E_2 能级时，由于受到热能的进一步激发，电子可能跃迁至与 E_2 相近的更高能级 E_3。当其由 E_3 跃迁到较低能级 E_1 时所发射的荧光，称为热助阶跃线荧光。

d 热助反 Stokes 荧光

即电子从基态 E_0 邻近的 E_2 能级激发至 E_3 能级时，当其由 E_3 回到 E_0 所发出的荧光，称为热助反 Stokes 荧光（图 6-7（d)）。

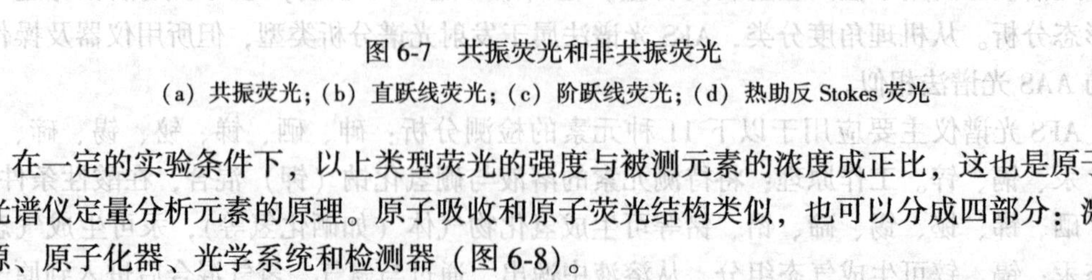

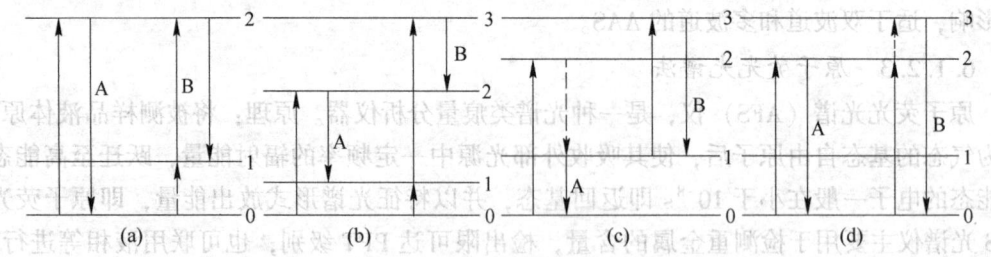

图 6-7 共振荧光和非共振荧光

（a）共振荧光；（b）直跃线荧光；（c）阶跃线荧光；（d）热助反 Stokes 荧光

在一定的实验条件下，以上类型荧光的强度与被测元素的浓度成正比，这也是原子荧光光谱仪定量分析元素的原理。原子吸收和原子荧光结构类似，也可以分成四部分：激发光源、原子化器、光学系统和检测器（图 6-8）。

AFS 光谱分析的优点：灵敏度高，检出限较低。采用高强度光源可进一步降低检出限，有 20 种元素优于 AAS；谱线简单，干扰较少，可以做成非色散 AFS；校正曲线范围宽（3~5 个数量级）；易制成多道仪器（产生的荧光各个方向发射），可多元素同时测定。

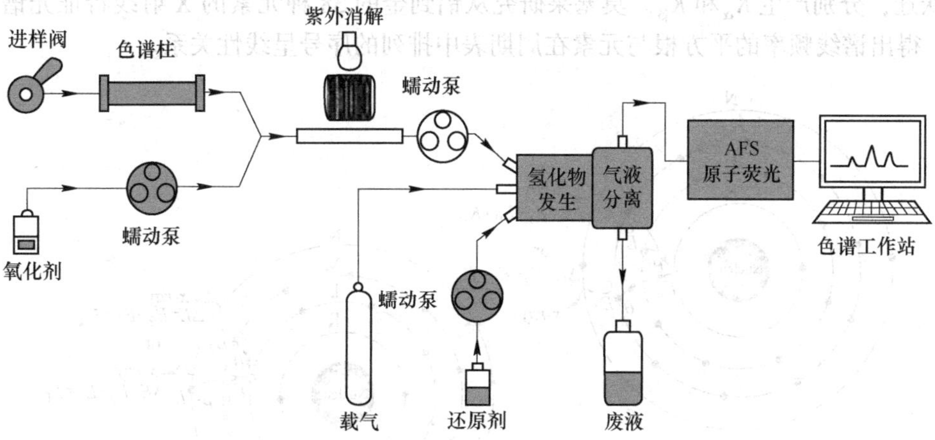

图 6-8 原子荧光光谱仪

局限性：荧光淬灭效应、复杂基体效应等可使测定灵敏度降低；散色光干扰；可测量的元素不多，应用不广泛。

AAS、AES、AFS 三者的相似之处：从原理角度分析，相应能级间跃迁所涉及的频率相同。三者都涉及原子化过程，其蒸发、原子化过程相似。不同之处：AAS 是基于“基态原子”选择性吸收光辐射能，并使该光辐射强度降低而产生的光谱；AES 是基态原子受到热、电或光能的作用，原子从基态跃迁至激发态，然后再返回到基态时所产生的光谱(共振发射线和非共振发射线)；AFS 是一种辐射的去活化过程，当特定的基态原子（一般为蒸气状态）吸收合适的特定频率的辐射，其中部分受激发态原子在去激发过程中以光辐射的形式发射出特征波长的荧光。

6.1.2.4 X 射线荧光光谱法

X 射线荧光光谱（XRF）是一种确定物质中元素的种类和含量的表征手段，又称 X 射线次级发射光谱分析。原子结构由原子核及核外电子组成，每个核外电子都以特定的能量在固定轨道上运行。当能量高于原子内层电子结合能的高能射线与原子发生碰撞时，驱逐一个内层电子（如 K 层）而出现一个空穴；此时原子处于非稳定状态，然后自发地由能量高的状态跃迁到能量低的状态，该过程称为弛豫。在极短的时间内，较外层电子(如 L 层）就会自发地跃迁到内层来填充这个空穴，使原子恢复至稳定状态。当较外层的电子跃入内层空穴所释放的能量不在原子内被吸收，而是以辐射形式放出，便产生 X 射线荧光（图 6-9)，其能量等于两能级之间的能量差(如$\Delta E=E_L-E_K$)。不同微粒被激发产生的特征 X 射线的能量和波长不同，这是确定物质中元素种类和含量的基本依据。

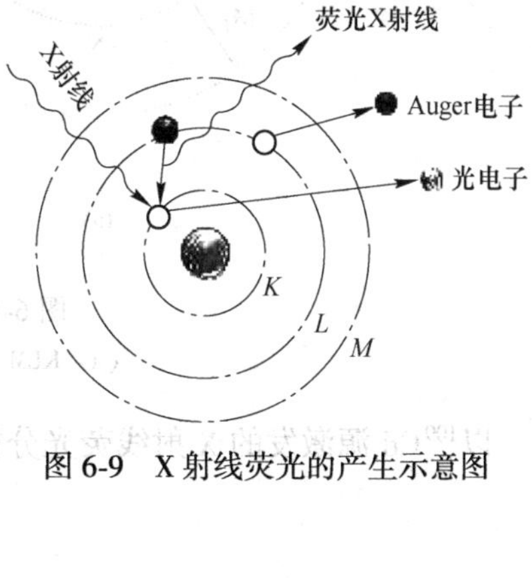

图 6-9 X 射线荧光的产生示意图

俄歇效应与 X 射线荧光发射是互相竞争的关系，位于某壳层的电子被激发称为某系激发，产生的特征荧光射线辐射称为某系谱线（图 6-10)。实际的物理过程十分复杂，如 L 层有 3 个支能级，其中 $L_{Ⅰ}$ 能级稳定，不产生跃迁，电子会由 $L_{Ⅱ}$、$L_{Ⅲ}$ 向

K 层跃迁，分别产生 K_α 和 K_β。莫塞莱研究从铝到金的 38 种元素的 X 射线特征光谱 K 和 L 线，得出谱线频率的平方根与元素在周期表中排列的序号呈线性关系。

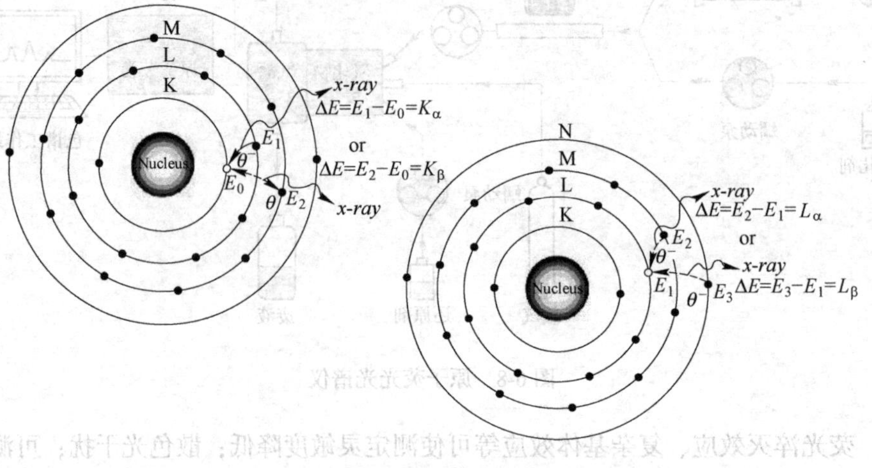

图 6-10 K_α、K_β、L_α、L_β 特征射线的产生

通过测定荧光 X 射线的波长实现对被测样品分析的方式称之为波长色散 X 射线荧光分析，相应的仪器称之为 X 射线荧光光谱仪。XRF 分析仪器一般由以下几个部分构成：X 射线发生器、分光检测系统、数据分析系统。对于原子序数小于 11 的元素，俄歇电子的几率高，而且各谱线的荧光产额随 K、L、M、系列的顺序递减。所以一般原子序数小于 55 的元素常用 K 系谱线作为分析线，原子数大于 55 的元素，常选用 L 系谱线作为分析线（图 6-11）。

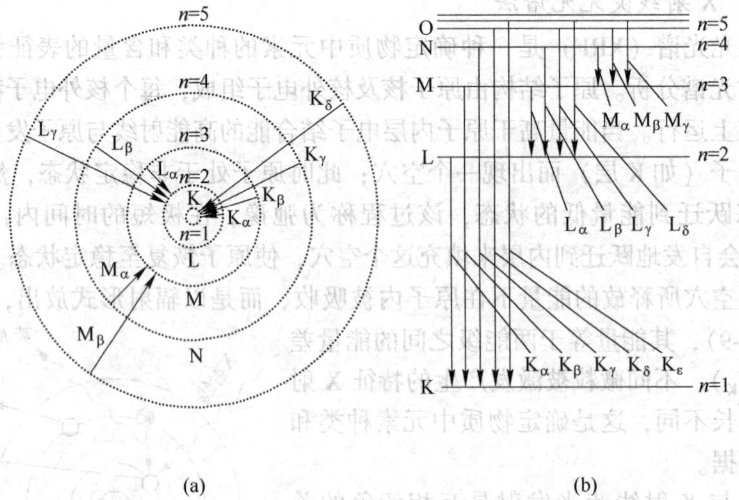

图 6-11 不同类型的特征射线

（a）KLM 系线；（b）不同能级电子的跃迁

以 ^{109}Cd 源激发的 X 射线荧光分析谱图为例，如图 6-12 所示。

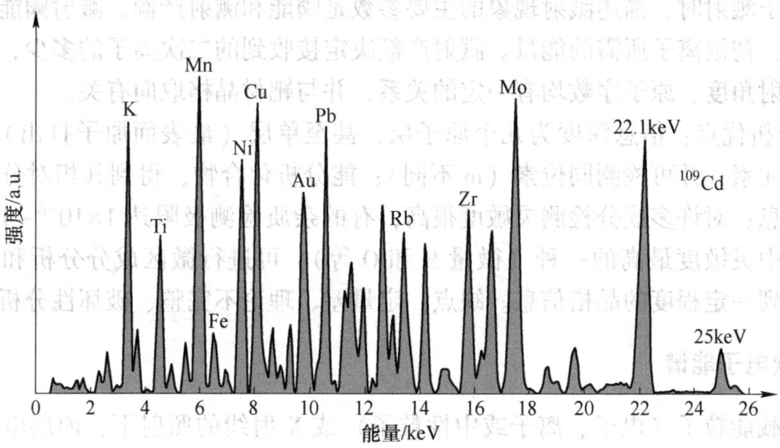

图 6-12 ^{109}Cd 源激发的 X 射线荧光分析谱图

6.1.3 二次离子质谱

二次离子质谱仪 SIMS，也称离子探针，是一种利用电子光学方法把惰性气体等初级离子加速并聚焦成细小的高能离子束（1～20KeV）轰击样品表面，引起表面原子、分子或原子团的二次发射，即离子溅射。溅射的粒子一般以中性为主，其中有一部分带有正、负电荷，即为二次离子，通过质谱仪测量这些离子的质荷比和强度，从而确定固体表面所含元素的种类和数量。分析区域可降低到 1～2μm 直径和 5nm 的深度，适合表面成分分析，它是表面分析的典型手段之一。SIMS 的测试原理（图 6-13）。

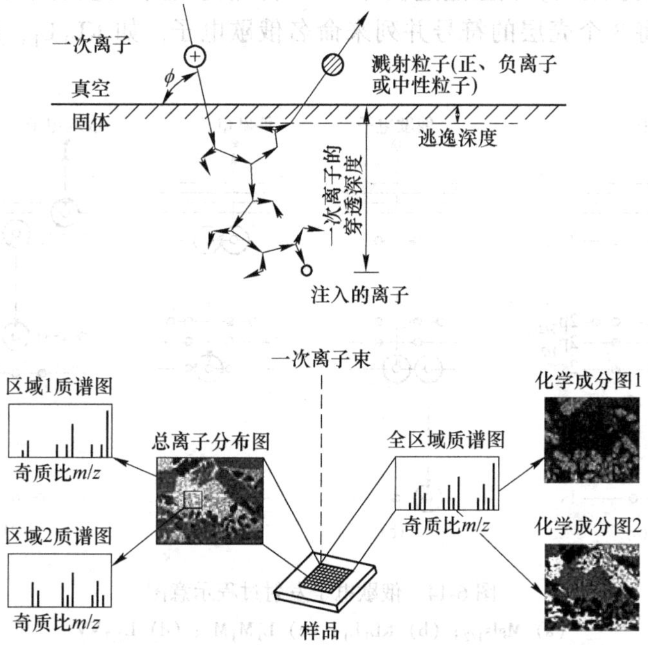

扫一扫看更清楚

图 6-13 一次电子轰击样品表面产生溅射粒子的示意图

发生离子溅射时，描述溅射现象的主要参数是阈能和测射产额。溅射阈能指的是开始出现溅射时，初级离子所需的能量。溅射产额决定接收到的二次离子的多少，它与入射离子能量、入射角度、原子序数均有一定的关系，并与靶材晶格取向有关。

SIMS 分析优点：信息深度为几个原子层，甚至单层（最表面原子打出）；能分析氢在内的全部元素，并可检测同位素（m 不同）；能分析化合物，得到其相对分子质量及分子结构的信息；对许多成分检测灵敏度很高，有的杂质检测极限达 $1\times10^{-6}\sim1\times10^{-9}$ 量级，是表面分析中灵敏度最高的一种（微量 B 和 O 等）；可进行微区成分分析和深度剖面分析，还可得到一定程度的晶格信息。缺点：定量差、理论不完整、破坏性分析。

6.1.4 俄歇电子能谱

原子在载能粒子（电子、离子或中性粒子）或 X 射线的照射下，内层电子可能获得足够的能量而电离，并留下空穴（受激）。当外层电子跃入内层空位时，将释放多余的能量（退激）。同时以两种方式释放能量：发射特征 X 射线（辐射跃迁退激方式）；或引起另一外层电子电离，使其跳至低能阶并放出一定的能量被其他外层电子吸收而使后者逃脱离开原子，而逃脱出来的电子称为俄歇电子（俄歇跃迁退激方式）。通过检测俄歇电子的能量和强度，从而获得有关材料表面化学成分和结构的信息的方法，即为俄歇电子能谱（AES，Auger Electron Spectrometry）。

例如，原子中一个 K 层电子被入射光量子击出后，L 层一个电子跃入 K 层填补空位，此时多余的能量不以辐射 X 光量子的方式放出，而是另一个 L 层电子获得能量跃出吸收体，这样的一个 K 层空位被两个 L 层空位代替的过程称为俄歇效应，跃出的 L 层电子称为俄歇电子。在上述跃迁过程中，一个电子能量的降低，伴随另一个电子能量的增高，这个跃迁过程就是俄歇效应。从上述过程可以看出，俄歇电子的发射牵涉到 3 个电子的能级，因此，常常将 3 个壳层的符号并列来命名俄歇电子，如 KL_1L_1，$L_1M_1M_1$，$L_{2,3}VV$（图 6-14）。

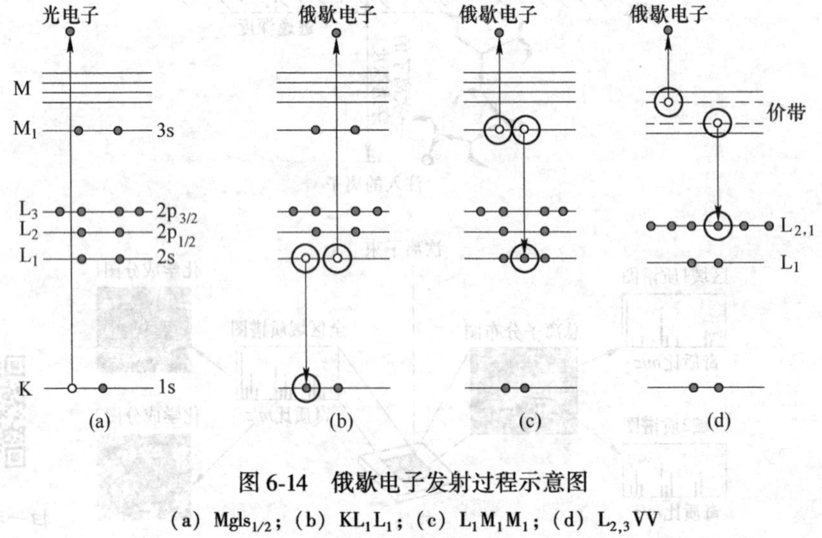

图 6-14 俄歇电子发射过程示意图
（a）$Mgls_{1/2}$；（b）KL_1L_1；（c）$L_1M_1M_1$；（d）$L_{2,3}VV$

显然，俄歇电子与特征 X 射线一样，其能量与入射粒子无关，而仅仅取决于受激原子核外能级。俄歇跃迁通常涉及3个能级，元素化学态变化时，能级状态有小的变化，从而导致这些俄歇电子峰与零价状态的峰相比有几个电子伏特的化学位移。因此，由俄歇电子峰的位置和形状可得知样品表面区域原子的化学环境或化学状态的信息。故而利用AES可以研究固体表面的能带结构、表面物理化学性质的变化（如表面吸附、脱附以及表面化学反应）；常用于材料组分的确定、纯度的检测、材料尤其是薄膜材料的生长分析等。原子序数大的元素，特征X射线的发射几率较大，原子序数小的元素，俄歇电子发射几率较大，当原子序数为33时，两种发射几率大致相等。因此，俄歇电子能谱适用于分析轻元素。一些轻元素的俄歇电子能谱，如图6-15所示。

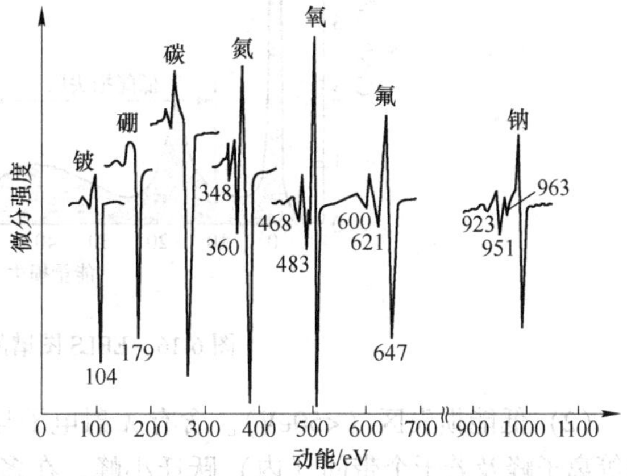

图6-15 一些轻元素的俄歇电子能谱

AES主要用于分析固体材料表面纳米深度的元素（部分化学态）成分组成，可以对纳米级形貌进行观察和成分表征。既可以分析原材料（粉末颗粒、片材等）表面组成，晶粒形貌，金相分布，晶间晶界偏析，又可以分析材料表面缺陷如纳米尺度的颗粒物、磨痕、污染、腐蚀、掺杂、吸附等，还具备深度剖析功能表征钝化层，包覆层，掺杂深度，纳米级多层膜结构等。可满足合金、催化、半导体、能源电池、电子器件等材料和产品的分析需求。

6.1.5 电子能量损失谱

当入射电子束照射试样表面，会引起材料表面原子芯级电子电离、价带电子激发、价带电子集体震荡以及电子震荡激发等，从而发生入射电子的背向散射现象，背向散射返回表面的电子由两部分组成，一部分没有发生能量损失，称为弹性散射电子；另一部分有能量损失，称为非弹性散射电子。在非弹性散射电子中，存在一些具有一定特征能量的俄歇电子，如果其特征能量不但同物质的元素有关，而且同入射电子的能量有关，则称它为特征能量损失电子。如果将在试样上检测到的能量损失电子的数目按照能量分布，就可获得一系列谱峰，称为电子能量损失谱（EELS），利用EELS来获取表面原子的物理和化学信息的分析方法，即为EELS分析技术。

EELS可研究以下问题：吸附分子的电子跃迁；通过对表面态的研究，了解薄膜镀层的光学性质、界面状态和键合情况；通过对吸附物质振动的研究，了解吸附分子的结构对称性、键长度和有序问题以及表面化合物的鉴别；通过表面声子来研究表面键合和弛豫现象；通过对金属和半导体的光学性质的研究，了解空间电荷区中的载流子浓度分布及弛豫过程等。EELS根据能量损失可以分3个区：零损失区、低能损失区和高能损失区（图6-16）。

（1）零损失区。严格地说该区不只是由未与原子发生任何散射作用的“零损失”电子组成，还包括与原子核发生弹性散射未损失能量的电子和虽发生很小能量损失的非弹性散射（如声子激发）。由于零损失像含有透射电子和弹性散射电子的信息，而不含有非弹性散射电子的信息，加上电子源的能量宽化，使得零损失峰变宽。

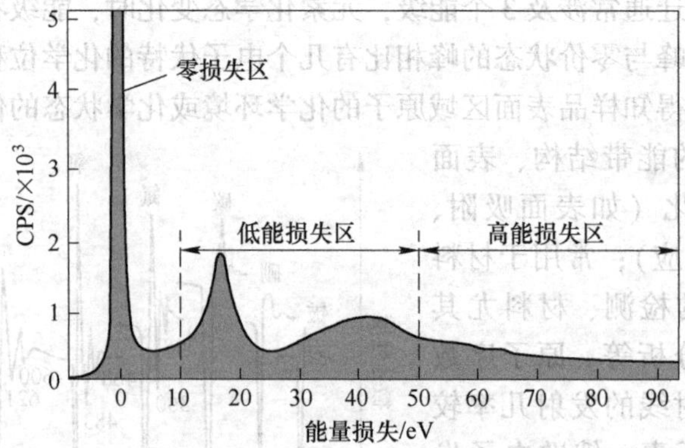

图 6-16 EELS 图谱的区域划分

（2）低能损失区（<50eV）。含有λ射电子与试样原子外层电子非弹性散射作用产生的等离子峰及若干个带间（内）跃迁小峰。在多数材料中，主峰是等离子激发所产生的等离子峰，其能量与价电子密度有关；而峰宽则反映了单电子跃迁的阻尼效应。一些固体的带间（内）跃迁会在低能损失区上有所反映，出现精细结构。对低能损失区进行分析，可获得有关样品厚度、微区化学成分、电子密度及电子结构等方面的信息。

（3）高能损失区（>50eV）所含的信息主要是来自入射电子与试样原子内壳层电子的非弹性散射。由迅速下降的光滑背景和一般呈三角形状的电离吸收边组成。吸收边是样品中所含元素的一种表征，用于元素的定性和定量分析。

元素的定性分析：在高能损失区 50～2000eV 范围内，能观察到元素 Be-Si 的 K 吸收边，元素 Si-Rb 的 L 吸收边和较重元素的 M，N，O 吸收边。K 吸收边能比较清晰地显示电离临界能，易于鉴别相应的元素。但是，有些 L，M 和高能级的吸收边的极大值滞后，难以测定相应的电离临界能。利用高能区吸收边很容易进行元素的定性分析。原子序数小于 13 的元素常用 K 吸收边进行分析，原子序数大于 13 的元素可以选择 K 吸收边、L 或者 M 吸收边进行分析。图 6-17 所示为 ZJ330 钢成品试样中纳米析出物的 EELS 图谱，损失谱中标出了氧峰和铁峰的存在，证实这种析出物为氧化物。

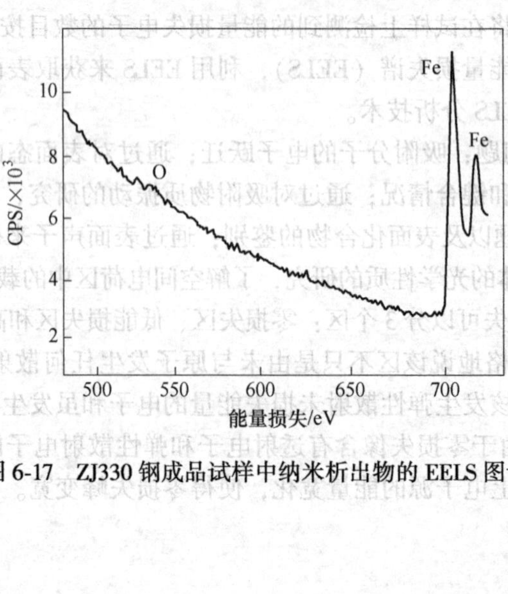

图 6-17 ZJ330 钢成品试样中纳米析出物的 EELS 图谱

元素的定量分析：吸收边前背景强度主要取决于由低能损失区尾部的延伸，而吸收边后背景强度取决于吸收边的尾部的延伸。一般地说样品越厚或接收半角越大，背景强度越高，检测灵敏度越低。因此在定量分析时必须扣除背景强度。图 6-18 是利用 EELS 测定非晶碳膜中 sp^2 和 sp^3 杂化的碳原子方法。非晶碳膜高能损失区包括两个特征峰：285eV 的峰是由于 sp^2 到 π^* 的激发；290eV 的峰是由于 sp^2 态和 sp^3 到 σ^* 态的激发，根据这两个峰的积分强度可计算碳膜中 sp^2 和 sp^3 的碳含量。此法通常是测定非晶碳膜中 sp^2 和 sp^3 的碳含量比例的标准方法。

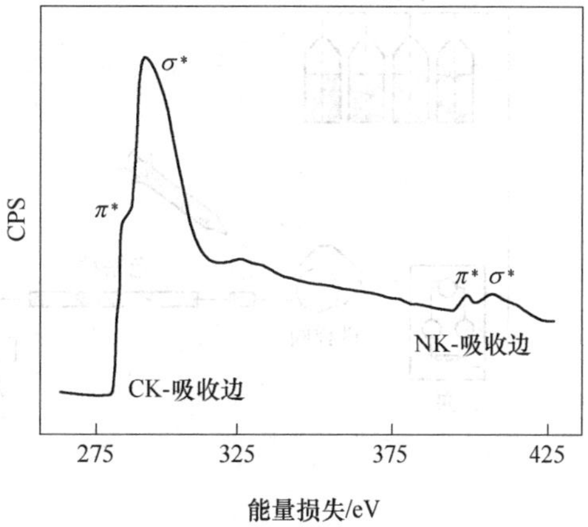

图 6-18 非晶碳薄膜的 EELS 图谱

EELS 可以实现横向分辨率 10nm 和深度 0.5~2nm 的区域内成分分析；具有 XPS 所没有的微区分析能力；具有比俄歇电子能谱 AES 对表面和吸附分子更高的灵敏性的特性；更重要的是能辨别表面吸附的原子、分子的结构和化学特性，成为了表面物理和化学研究的有效手段之一。

6.2 催化剂的体相组成分析

研究催化剂体相组成的分析方法：离子色谱（IC，Ion Chromatography），电感耦合等离子体光谱（ICP，Inductive Coupled Plasma Emission Spectrometer），特征 X 射线能谱（EDS，Energy-dispersive X-ray spectroscopy），热分析技术（TGA，Thermal Gravimetric Analyzer），紫外可见分光光度计（UV-vis，Ultraviolet-Visible Spectrophotometer）。

6.2.1 离子色谱

离子色谱（IC）是高效液相色谱（HPLC）的一种，是分析阴离子和阳离子的一种液相色谱方法。离子色谱的原理：基于离子交换树脂上可离解的离子与流动相中具有相同电荷的溶质离子之间进行的可逆交换和分析物溶质对交换剂亲和力的差别而被分离。离子色谱主要适用于亲水性阴、阳离子的分离。

离子色谱仪一般由流动相输送系统、进样系统、分离系统、抑制或衍生系统、检测系统及数据处理系统六大部分组成（图 6-19）。工作过程：输液泵将流动相以稳定的流速（或压力）输送至分析体系，在色谱柱之前通过进样器将样品导入，流动相将样品带入色谱柱，在色谱柱中各组分被分离，并依次随流动相流至检测器，抑制型离子色谱则在电导检测器之前增加一个抑制系统。即用另一个高压输液泵将再生液输送到抑制器，在抑制器中，流动相的背景电导被降低，然后将流出物导入电导检测池，检测到的信号送至数据系统记录、处理或保存。

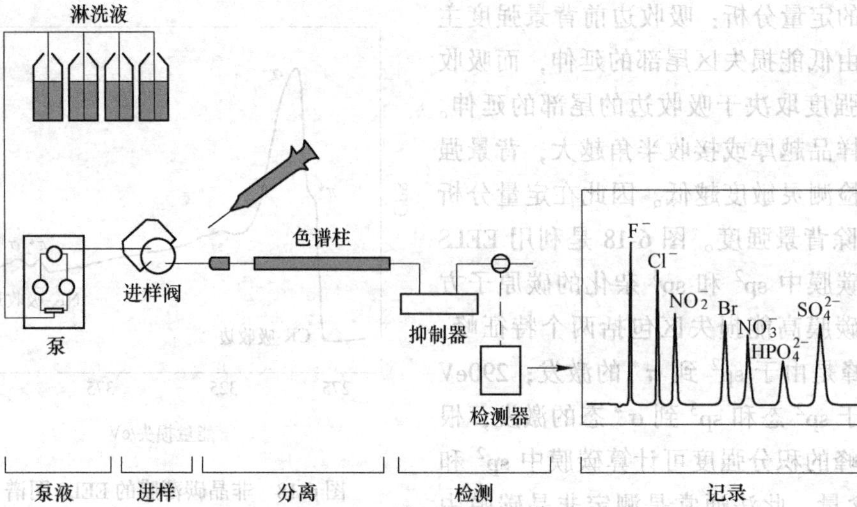

图 6-19 离子色谱仪的工作流程

离子色谱仪的分离机理主要是离子交换，细分起来有三种分离方式：高效离子交换色谱（HPIC）、离子排斥色谱（HPIEC）和离子对色谱（MPIC）。用于三种分离方式的柱填料的树脂骨架基本都是苯乙烯-二乙烯基苯的共聚物，但树脂的离子交换功能基和容量各不相同。HPIC 用低容量的离子交换树脂，HPIEC 用高容量的离子交换树脂，MPIC 用不含离子交换基团的多孔树脂。三种分离方式各基于不同分离机理。HPIC 的分离机理主要是离子交换，HPIEC 主要为离子排斥，而 MPIC 主要基于吸附和离子对的形成。

作为液相色谱中的一个重要分支，离子色谱具有以下特点：

(1) 操作简便、快速。对 7 种常见阴离子（F^-、Cl^-、Br^-、NO^{2-}、NO^{3-}、SO_4^{2-}、PO_4^{3-}）和 6 种常见阳离子（Li^+、Na^+、NH^{4+}、K^+、Mg^{2+}、Ca^{2+}）的平均分析时间小于 8min。用高效快速分离柱对上述 7 种最重要的常见阴离子的基线分离只需 3min。

(2) 灵敏度高。离子色谱分析的浓度范围为 1μg/L 至数百毫克每升。采用电导检测，直接进样量约为 25μL，且对常见阴离子的检出限小于 10μg/L。

(3) 选择性好。IC 法分析无机和有机阴、阳离子的选择性可通过选择恰当的分离方式、分离柱和监测方法来达到。与 HPLC 相比，IC 中固定相对选择性的影响较大。

(4) 可同时分析多种离子化合物。与分光光度法、原子吸收法相比，IC 的主要优点是可同时检测样品中的多种成分，只需很短的时间就可得到阴、阳离子以及样品组成的全部信息。

(5) 分离柱的稳定性好、容量高。与 HPLC 中所用的硅胶填料不同，IC 柱填料的高 pH 值稳定性允许用强酸或强碱作淋洗液，有利于扩大应用范围。

6.2.2 电感耦合等离子体光谱

等离子体发射光谱分析是原子发射光谱分析的一种，主要根据试样物质中气态原子（或离子）被激发后，其外层电子由激发态返回到基态时发射的特征谱线，而对待测元素进行分析的方法。主要应用于无机元素的定性及定量分析。电感耦合等离子体光谱的工作流程图（图 6-20）。

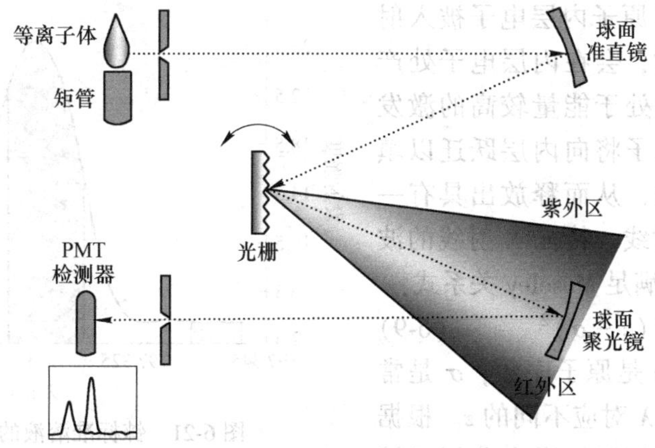

图 6-20 电感耦合等离子体光谱的工作流程

工作原理：样品经处理制成溶液后，由超雾化装置变成全溶胶由底部导入管内，经轴心的石英管从喷嘴喷入等离子体炬内。样品气溶胶进入等离子体焰时，绝大部分立即分解成激发态的原子、离子状态。当这些激发态的粒子回收到稳定的基态时要放出一定的能量(表现为一定波长的光谱)，测定每种元素特有的谱线和强度，和标准溶液相比，就可以知道样品中所含元素的种类和含量。

6.2.2.1 ICP 光源的特点

工作温度高。等离子体焰核处的温度可达 10000K，中心通道的温度 6000～8000K，因此它对大多数元素有很高的灵敏度。中心通道进样对等离子体的稳定性影响小，也可有效消除自吸现象。ICP 是无极放电，没有电极污染。ICP 的载气流速较低（0.4～1L/min），有利于试样在中心通道中充分激发，而且耗样量也少。ICP 以 Ar 为工作气体，产生的光谱背景干扰较小。不足之处是对非金属测定的灵敏度低，仪器昂贵，操作费用高。

6.2.2.2 ICP 光源的物理特性

趋肤效应：高频电流在导体上传输时，趋向于集中在导体外表层的现象称为趋肤效应。等离子体是电的良导体，它在高频磁场中所感应的环状涡流也主要分布在 ICP 的表层。使 ICP 具有环状结构，这种结构造成一个电学屏蔽的中心通道，具有较低的气压、较低的温度、较小的阻力，使试样的气溶胶顺利进入 ICP 中，从而改善了 ICP 的稳定性，减少了自吸现象的发生。

通道效应：由于切线气流所形成的旋涡使轴心部分的气体压力较外周略低，因此携带样品气溶胶的载气可以极容易地从圆锥形的 1CP 底部钻出一条通道穿过整个 ICP。通道的宽度约 2mm，长约 5cm。样品的雾滴在这个约 7000K 的高温环境中很快蒸发、离解、原子化、电离并激发。即通道可使这四个过程同时完成。由于样品在通过通道的时间可达几个毫秒，因此被分析物质的原子可反复地受激发，故 ICP 光源的激发效率较高。图 6-21 所示为利用 ICP 测定辉钼矿中铼的含量时，铼标准溶液的分析结果图。

6.2.3 特征 X 射线能谱

X 射线能谱 EDS 是微区成分分析最为常用的一种方法，其物理基础是基于样品的特征 X 射线。当样品原子内层电子被入射电子激发或电离时，会在内层电子处产生一个空缺，原子处于能量较高的激发状态，此时外层电子将向内层跃迁以填补内层电子的空缺，从而释放出具有一定能量的特征 X 射线。特征 X 射线的波长与原子序数之间满足 Moseley 关系式：

$$\lambda = 1/(z-\sigma)^2 \qquad (6\text{-}9)$$

式中，λ 是波长；z 是原子序数；σ 是常数。因此，不同的 λ 对应不同的 z。根据这个特征能量，即可以知道在分析区域存在何种元素。

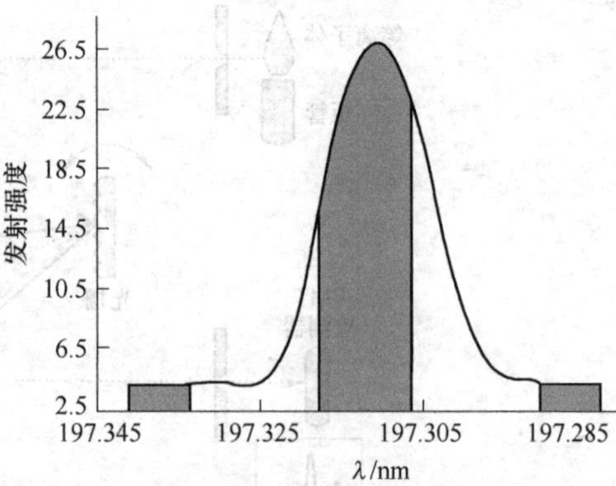

图 6-21　铼标准溶液的 ICP 谱图

特征 X 射线能谱仪 EDS，是 SEM、TEM、FIB、EPMA 等设备的重要附件，利用特征 X 射线能量不同而进行的元素分析称为能量色散法。所用谱仪称为能量色散 X 射线谱仪（EDS），简称能谱仪。能谱仪主要由 Si(Li) 探测器、前置放大器、脉冲信号处理单元、模数转换器、多道脉冲分析器、小型计算机及显示记录系统等部分组成，如图 6-22 所示。

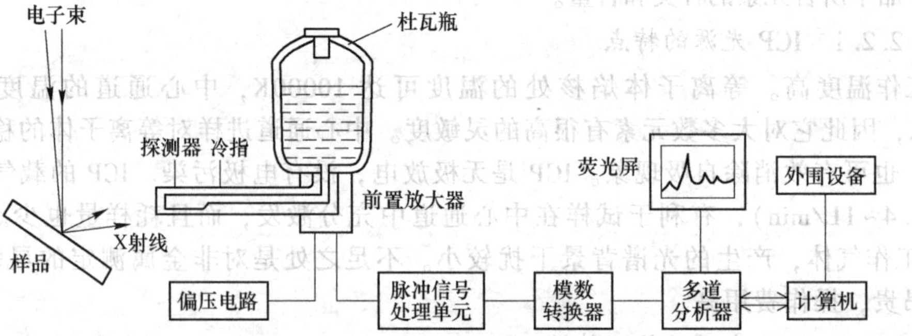

图 6-22　能谱仪的工作流程

能谱仪工作原理：电子枪发射的高能电子由电子光学系统中的两级电磁透镜聚焦成很细的电子束来激发样品室中的样品，从而产生背散射电子、二次电子、俄歇电子、吸收电子、透射电子、X 射线和阴极荧光等多种信息。当 X 射线光子进入检测器后，在 Si(Li) 晶体内激发出一定数目的电子空穴对。产生一个空穴对的最低平均能量 ε 一定（在低温下平均为 3.8eV），而由一个 X 射线光子造成的空穴对的数目为 $n=\Delta e/\varepsilon$。因此，入射 X 射线光子的能量越高，n 就越大。如 Fe 的 $K\alpha$ 辐射可产生 1685 个电子空穴对，而 Cu 为 2110 个。通过对 Si(Li) 检测器加偏压（一般为 $-500\sim-1000$V），可分离收集电子空穴对，并用场效应管前置放大器将其转换成电流脉冲，电流脉冲的高度取决于 n 的大小。例如对 Fe 的 $K\alpha$ 而言，$V=0.27$mV，对 Cu 的 $K\alpha$，$V=0.34$mV。即不同元素产生的脉冲高度不一样。再由主放大器转换成电压脉冲，然后送到多道脉冲分析器，脉冲高度分析器按高度把脉冲分类进行计数，这样就可以描出一张 X 射线按能量大小分布的 EDS 图谱，图谱上峰的高低反映样品中元素的含量。

能谱定性分析原理：由于 X 射线的能量为 $E=h\nu$，而不同元素发出的特征射线具有不同频率，即具有不同能量，只要检测不同光子的能量（频率 ν），即可确定元素。能谱定量分析方法：

（1）有标样定量分析。在相同条件下，同时测量试样中 A 元素的 X 射线强度 I_A 与标样中 A 元素的 X 射线强度 $I_{(A)}$，强度比近似等于浓度比：

$$K_A = I_A/I_{(A)} \sim c_A/c_{(A)} \tag{6-10}$$

当试样与标样的元素及含量相近时，上式基本成立，一般情况下必须进行修正才能获得试样中元素的浓度。ZAF 定量修正方法是最常用的一种理论修正法，一般 EPMA 或能谱都有 ZAF 定量分析程序。

$$K_A = c_A/c_{(A)}\ (ZAF)_A/\ (ZAF)_{(A)} \tag{6-11}$$

式中，Z 为原子序数修正因子（电子束散射与 Z 有关）；A 为吸收修正因子（试样对 X 射线的吸收）；F 为荧光修正因子（特征 X 射线产生二次荧光）；$(ZAF)_A$ 和 $(ZAF)_{(A)}$ 分别为试样和标样的修正系数。

（2）无标样定量分析：标样 X 射线强度是通过理论计算或者数据库进行定量计算。EDS 测试有三种模式：点扫模式、线扫模式和面扫模式。这三种模式给出的信息的侧重点也有所不同，可根据实际测试需求进行判断和展开测试。

EDS 点分析是将电子束固定于样品中某一点上，进行定性或者定量的分析。该方法准确性较高，用于显微结构的成分分析。定量分析样品中的低含量元素时，只能用点分析。

EDS 线扫描分析是将能谱仪固定在所要测量的元素特征 X 射线信号的位置上，把电子束沿着一条线对样品进行逐点扫描，便可得到该元素在该直线特征 X 射线强度的变化，从而反映该元素沿直线的含量变化。结合样品形貌图像对照分析，能直观获得元素在不同相或区域的分布情况。针对纳米颗粒元素分布不均匀（核壳结构、纺锤结构等）具有较好的效果。图 6-23 所示为陶瓷与合金熔体反应后界面处的 EDS 结果。

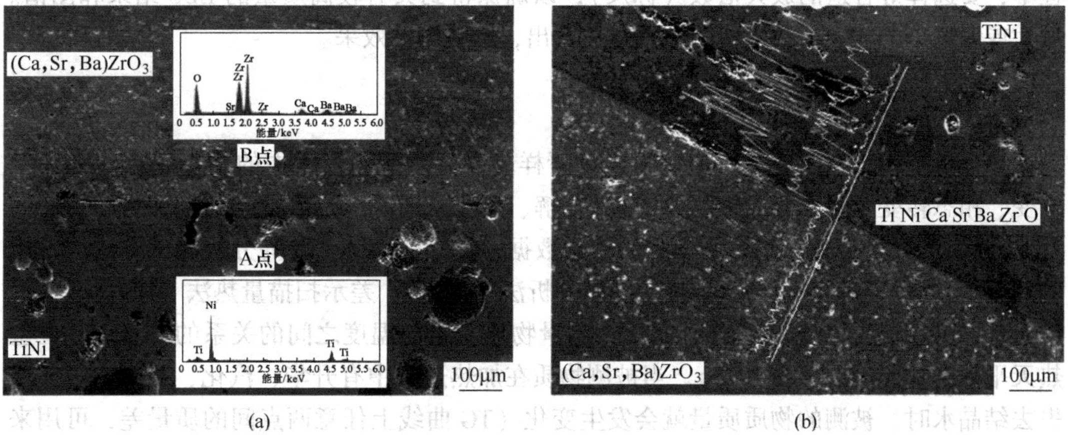

图 6-23 陶瓷与合金熔体反应后界面处的 EDS 结果

（a）EDS 点分析；（b）EDS 线扫描

EDS 面扫描分析是电子束在样品表面扫描，在测试过程中，人为选择一个测试区域后，EDS 程序会根据设定的测试点数（可调），将该区域进行等分成网格结构。EDS 在各个点位置进行点测试后，将所有点测试结果复合成一张图片，最终得到一张色彩斑斓的化学元素分布图。试样表面的元素在屏幕上由亮度或彩色表现出来，常用来做定性分析，精准度相对其他两种模式较低，但观察元素分布最直观。亮度越高，说明元素含量越高。研究材料中杂质、相的分布和元素偏析常用此方法。以 $ZnO/g\text{-}C_3N_4/AgCl$(0.1g) 的 EDS 面扫描分析结果为例（图 6-24）。

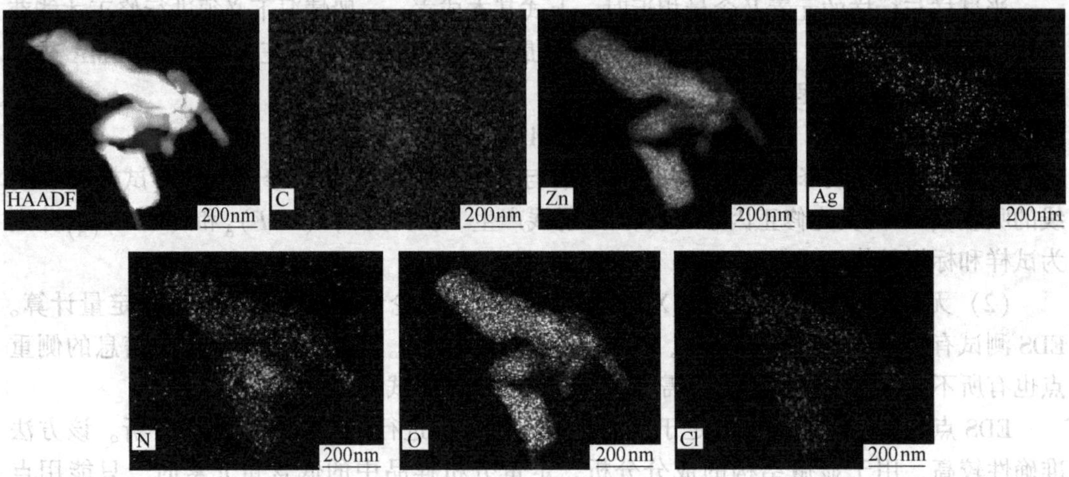

图 6-24 EDS 面扫描分析结果示例

应根据自己的测试目的（颗粒组分，元素在线/面上分布），来合理规划 EDS 测试类型。其中，需要特别注意以下情况：若是测试颗粒组分，需要进行多个点扫，然后将点扫结果进行统计（只有统计结果具有一定的可靠性和代表性）；若是测元素分布，EDS 线扫和面扫，只能定性和半定量的分析元素分布，精度是由所设定测试的点数来决定；测试过程中，要选择好合适的放大倍数（标尺），以确保得到具有较高质量的 EDS 结果和图谱。过大或者过小的放大倍数会使图谱重点不突出，影响测试效果。

6.2.4 热分析技术

热分析技术是在温度程序控制下，分析样品在温度变化过程中的物理变化（如晶型转变、相态转变及吸附等）、化学变化（分解、氧化、还原、脱水反应等）和力学特性的变化（模量等），以此获得热力学和动力学数据，是一种十分重要的分析测试方法。常用的热分析方法：包括热重法（TG）、差热分析法（DTA）、差示扫描量热法（DSC）。

TG 分析原理：在温度程序控制下，测量物质质量与温度之间的关系的技术。零位型热天平的结构原理图（图 6-25）。当被测物质在加热过程中有升华、汽化、分解出气体或失去结晶水时，被测的物质质量就会发生变化（TG 曲线上任意两点间的质量差，可用来表示一个失重（或增重）步骤所导致的样品的质量变化），在 TG 曲线上体现为失重（或增重）台阶。由此可以得知该失/增重过程所发生的温度区域，并定量计算失/增重比例。在测试过程中，样品支架下部连接的高精度天平随时感知到样品当前的重量，并将数据传送到计算机，由计算机画出样品重量对温度/时间的曲线（TG 曲线）。另外，在软件中还可对 TG 曲线的拐点（质量变化速率最大的温度/时间点，与微商热重曲线 DTG 峰温等同）、TG 曲线外推起始点（分别在 TG 台阶前水平处和曲线拐点处作切线，两条切线的相交点即可作为该失/增重过程起始发生的参考温度点）、TG 曲线外推终止点（分别在 TG 台阶后水平处和曲线拐点处作切线，两条切线的相交点即可作为该失/增重过程结束的参考温度点）。典型的热重曲线如图 6-26 所示。

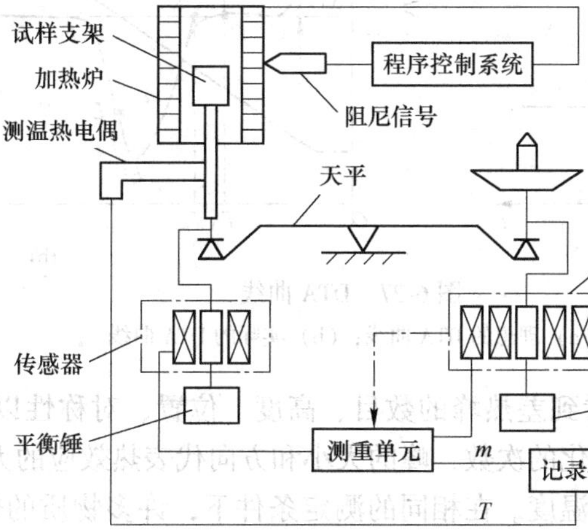

图 6-25 零位型热天平的结构原理

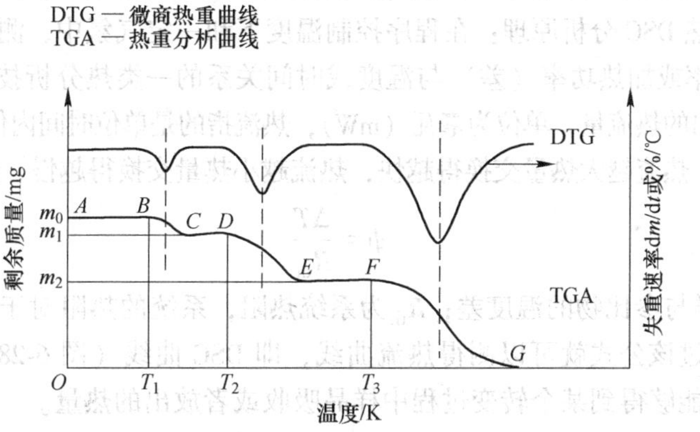

图 6-26 热重曲线

差热 DTA 分析原理：是指在程序控温下，测量物质和参比物的温度差与温度或者时间的关系的一种测试技术。物质在受热或冷却过程中，当达到某一温度时，往往会发生熔化、凝固、晶型转变、分解、化合、吸附、脱附等物理或化学变化，并伴随有焓的改变，因而产生热效应，其表现为样品与参比物之间有温度差。记录两者温度差与温度或者时间之间的关系曲线，即为 DTA 曲线。DTA 曲线的纵坐标为试样和参比样的温度差（ΔT），理论上单位应该为温度℃（或 K）。但因为记录的测量值通常为输出的电势差 E，根据温度差与 E 的关系：

$$\Delta T = bE \tag{6-12}$$

式中，转换因子 b 不是常数，而是温度 T 的函数。测量的温度差与热电偶输出的电势差 E 成正比，一些分析软件中，DTA 采集的信号经常以电势差的单位（μV）表示。典型的 DTA 曲线如图 6-27 所示。

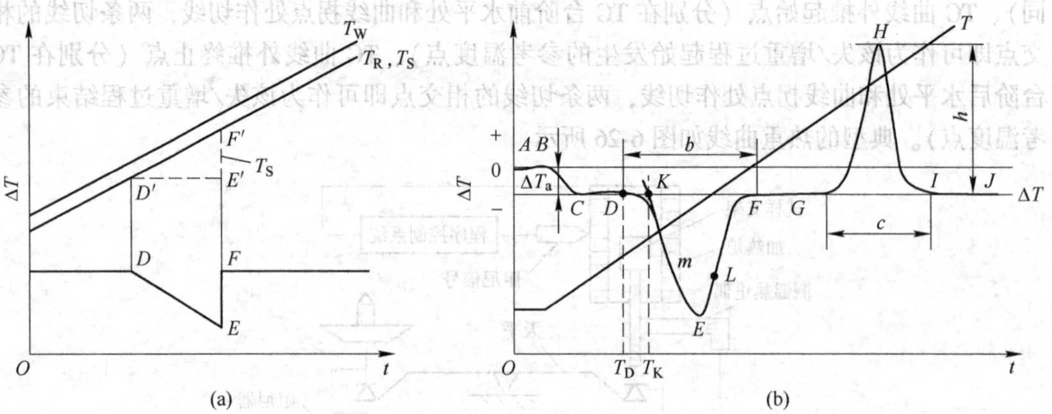

图 6-27 DTA 曲线

（a）理想的 DTA 曲线；（b）实际的 DTA 曲线

从图 6-27 上可清晰地看到差热峰的数目、高度、位置、对称性以及峰面积。峰的个数表示物质发生物理化学变化的次数，峰的大小和方向代表热效应的大小和正负，峰的位置表示物质发生变化的转化温度。在相同的测定条件下，许多物质的热谱图具有特征性。因此，温度控制系统可通过与已知的热谱图的比较来鉴别样品的种类。理论上讲，可通过峰面积的测量对物质进行定量分析，但因影响差热分析的因素较多，定量难以准确。

差示扫描量热 DSC 分析原理：在程序控制温度下和一定气氛中，测量流入流出试样和参比物的热流速率或加热功率（差）与温度或时间关系的一类热分析技术。测量信号是被样品吸收或者放出的热流量，单位为毫瓦（mW），热流指的是单位时间内传递的热量，也就是热量交换的速率，热流越大热量交换得越快，热流越小热量交换得越慢，热流可计算得到。

$$\phi = \frac{\Delta T}{R_{th}} \tag{6-13}$$

式中，ΔT 为试样与参比物的温度差；R_{th} 为系统热阻，系统的热阻对于特定的坩埚、方法等是确定的。通过该公式就可以测得热流曲线，即 DSC 曲线（图 6-28）。对 DSC 曲线上的峰进行积分就能够得到某个转变过程中样品吸收或者放出的热量。

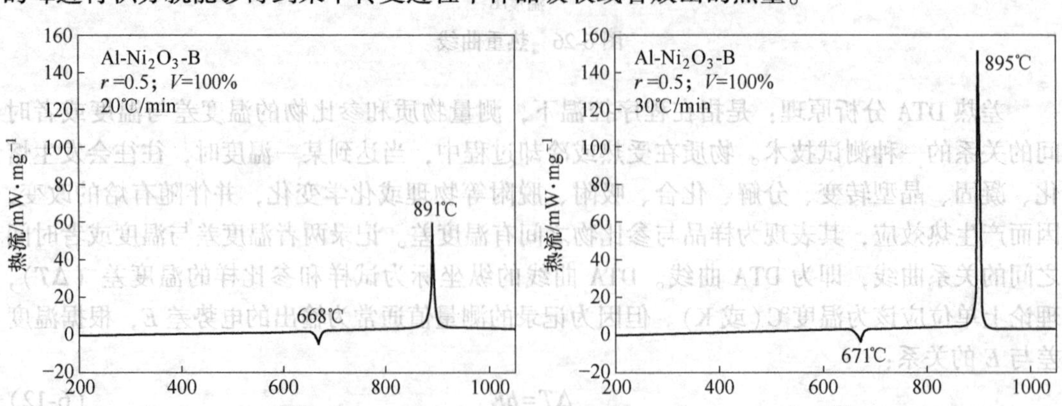

图 6-28 不同升温速率对 DSC 曲线的影响

（a）20℃/min；（b）30℃/min

与 DTA 分析相比，DSC 分析可以对热量作出更为准确的定量测量测试，具有比较敏感和需要样品量少等特点。

6.2.5　紫外可见分光光度计

紫外可见吸收光谱（Ultraviolet-Visible Spectroscopy，UV-vis），是由于分子中的某些基团吸收了紫外可见辐射光后，发生了电子能级跃迁而产生的吸收光谱。由于各种物质具有各自不同的分子、原子和不同的分子空间结构，其吸收光能量的情况也就不会相同。因此，每种物质就有其特有的、固定的吸收光谱曲线。因此，可以通过特定波长范围内样品的光谱与对照光谱或对照品光谱的比较，或通过确定最大吸收波长 λ_{max} 和最小吸收波长 λ_{min}，或通过测量两个特定波长处的吸光度比值而鉴别物质。用于定量分析时，在最大吸收波长处测量一定浓度样品溶液的吸光度，并与一定浓度的对照溶液的吸光度进行比较或采用吸收系数法求算出样品溶液的浓度。

紫外光谱图提供两个重要的数据：吸收峰的位置和吸收光谱的吸收强度。最大吸收峰对应的波长代表着化合物在紫外可见光谱中的特征吸收，而其所对应的摩尔吸收系数 k 是定量分析的依据。吸收光谱的吸收强度可使用 Lambert（朗伯）-Beer（比尔）定律来描述，该定律可以表示为：

$$A = \varepsilon lc = \lg(I_0/I) = kcl = \lg(1/T) \tag{6-14}$$

式中，A 为吸光度；I_0是入射光的强度；I 是透过光的强度；$T=I/I_0$为透射比，又称为透光率或透过率，用百分数表示；l 是光在溶液中经过的距离（一般为吸收池的长度）；c 是吸收溶液的浓度；k 为吸收系数。若 c 以 mol/L 为单位，l 以 cm 为单位，则 k 称为摩尔消光系数或摩尔吸收系数，单位为 $cm^2 \cdot mol$（通常可省略）。

以 $g\text{-}C_3N_4/ZnO$，$g\text{-}C_3N_4/AgCl$ 和 $ZnO/g\text{-}C_3N_4/AgCl$（0.1g）催化剂的紫外-可见漫反射光谱图为例，结果见图 6-29（a）。进而，基于 Tauc 定律，对半导体的禁带能量进行了计算：

$$(\alpha \times h\nu)^{1/\gamma} = B(h\nu - E_g) \tag{6-15}$$

式中，α 为吸收系数；$h\nu$ 为入射光的能量；B 为比例常数；E_g为禁带宽度；γ 因子取决于电子跃迁的性质，直接带隙为 1/2，间接带隙为 2。进而，利用 Tauc 公式得到曲线（图 6-29（b）），做出上述曲线的拟合直线，拟合直线与 X 轴的交点可视为是样品的 E_g值，结果见表 6-1。

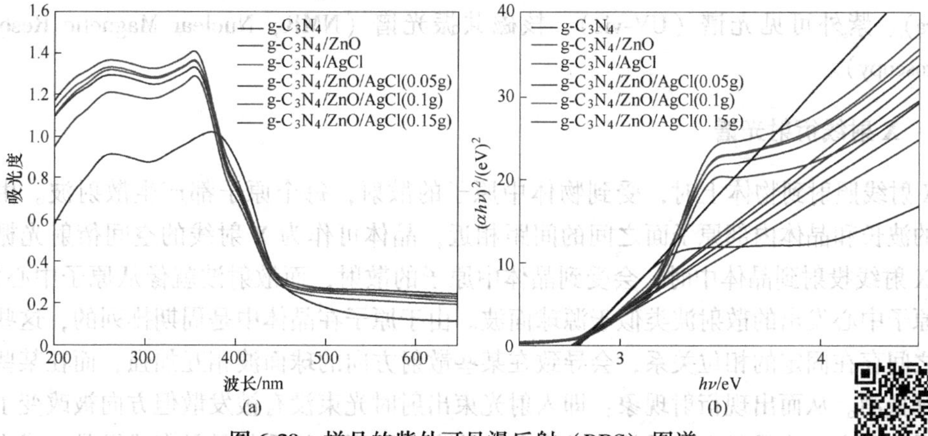

图 6-29　样品的紫外可见漫反射（DRS）图谱

（a）UV-Vis-DRS；（b）Tauc 图

扫一扫看更清楚

由图 6-29（a）可知：纯 g-C_3N_4的吸收边波长为 460nm，说明了在可见光和紫外光区域均能有光响应，而复合材料的吸光度达到约 480nm，且在可见光和紫外区域吸收强度更强，这意味着复合材料对紫外光和可见光区域有着更加强烈的光响应。半导体的带隙 E_g 值可近似为电子从价带跃迁到导带所需要的能量，其值越小，所需跃迁能量就越少，因此准确的测定半导体的禁带大小能够进一步预测其光物理化学性质。

表 6-1　催化剂样品的带隙 E_g

样　品	带隙能/eV
g-C_3N_4	2.79
g-C_3N_4-ZnO	2.77
g-C_3N_4-AgCl	2.78
g-C_3N_4/ZnO/AgCl（0.05g）	2.77
g-C_3N_4/ZnO/AgCl（0.1g）	2.75
g-C_3N_4/ZnO/AgCl（0.15g）	2.76

由表 6-1 可知：g-C_3N_4 的带隙能为 2.79eV，而 g-C_3N_4/ZnO/AgCl(0.1g) 带隙能为 2.75eV，带隙值逐步减小，说明了电子跃迁所需的能量更少，带隙能的减小也验证了复合材料出现红移的现象。这表明 g-C_3N_4 经 ZnO 与 AgCl 复合后能增强光吸收，并降低带隙能。

紫外-可见漫反射光谱在多相催化剂研究中，用于研究过渡金属离子及其化合物结构、氧化还原状态、配位对称性和金属离子的价态等，尤其是研究活性组分与载体间的相互作用，日益受到重视。

6.3　催化剂的物相结构分析

研究催化剂物相结构的分析方法：X 射线衍射光谱（XRD，X-Ray Diffraction）、傅里叶变换红外光谱（FT-IR，Fourier Transform Infrared Spectroscopy）、拉曼光谱（Raman Spectra）、紫外可见光谱（UV-vis）、核磁共振光谱（NMR，Nuclear Magnetic Resonance Spectroscopy）。

6.3.1　X 射线衍射光谱

X 射线照射到物体上时，受到物体中原子的散射，每个原子都产生散射波。由于 X 射线的波长和晶体内部原子面之间的间距相近，晶体可作为 X 射线的空间衍射光栅，即一束 X 射线投射到晶体中时，会受到晶体中原子的散射，而散射波就像从原子中心发出，每个原子中心发出的散射波类似于源球面波。由于原子在晶体中是周期排列的，这些散射球波之间存在固定的相位关系，会导致在某些散射方向的球面波相互加强，而在某些方向上相互抵消。从而出现衍射现象：即入射光束出射时光束没有被发散但方向被改变了，而波长保持不变，这是晶态物质特有的现象。绝大多数固态物质都是晶态或微晶态或准晶态物质，都能产生 X 射线衍射（XRD）。晶体的 X 射线衍射图是晶体微观结构立体场景的一种物理变换，包含了晶体结构的全部信息。XRD 是目前研究晶体结构（如原子或离子及其基团的种类和位置分布，晶胞形状和大小等）最有力的方法。XRD 分析原理（图 6-30）。

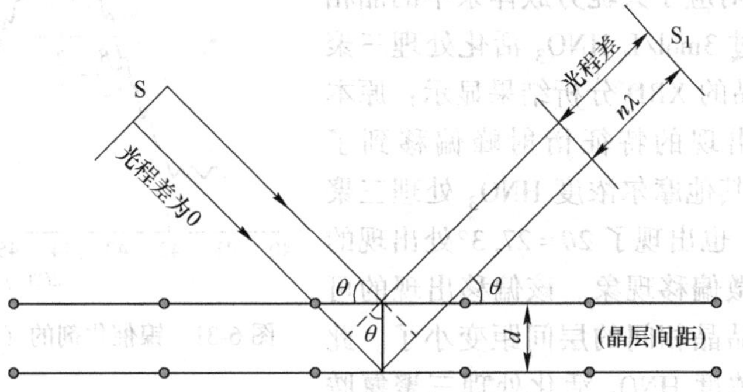

图 6-30 XRD 分析原理

由图 6-30 可知，由同一点光源 S 射出的两条 X 射线，经不同晶面反射至 S_1，两条光线的光程差为：

$$2d\sin\theta = n\lambda \tag{6-16}$$

式中，d 为两晶面的间距；θ 为光线和晶面间的夹角，$\sin\theta \leqslant 1$；n 为反射级数；λ 为 X 射线的波长。

式（6-16）是著名的布拉格（Bragg）衍射方程，也是 X 射线衍射技术的基础公式。每种晶体都有它自己的晶面间距 d，而且其中原子按照一定的方式排布。反映在 X 射线衍射图上，即为各种晶体的谱线都有其特定的位置、数目和强度 I。X 射线衍射在催化材料中主要进行定性分析、定量分析以及晶粒大小的分析。定性分析是把对样品测得的各谱线角度 θ 与标准物相的衍射数据相比较，确定材料中存在的物相；定量分析则根据衍射花样的强度 I，确定材料中各物相的含量。X 射线的衍射谱带的宽化程度和晶粒的尺寸有关，晶粒越小，其衍射线将变得弥散而宽化。晶粒大小的测定：谢乐公式（又称 Scherrer 公式），描述晶粒尺寸与衍射峰半峰宽之间的关系。

$$D_{hkl} = \frac{k\lambda}{\beta_{1/2}\cos\theta_{hkl}} \tag{6-17}$$

式中，β 为半峰宽度，即衍射强度为极大值一半处的宽度（弧度）；D_{hkl} 只代表晶面法线方向的晶粒大小，与其他方向的晶粒大小无关；k 为形状因子，对球状粒子 $k=1.075$，立方晶体 $k=0.9$，一般要求不高时就取 $k=1$。晶粒尺寸的测定范围为 3~200nm。

例 6-1 镍催化剂的（111）峰（Cu 靶），如图 6-31 所示。由该衍射图，通过谢乐公式求出其垂直于（111）面的平均晶粒大小，即

$$D_{111} = \frac{0.9\lambda}{\beta_{1/2}\cos\theta} = \frac{0.9 \times 0.1542}{2 \times \frac{2\pi}{360} \times \cos(44/2)} = 4.3\text{nm}$$

以 g-C_3N_4 和采用不同摩尔浓度-HNO_3 处理后得到的 x-HNO_3-g-C_3N_4（x=1mol/L、2mol/L、3mol/L、4mol/L、5mol/L）样品的 XRD 谱图为例（图 6-32）。由该图可知，直接煅烧三聚氰胺得到的 g-C_3N_4 在 2θ 为 12.9°和 27.3°处有明显的衍射特征峰，分别对应（100）和（002）晶面，这两个特征衍射峰与 g-C_3N_4（PDF No. 87-1526）的特征衍射峰相吻合。

其中，$2\theta=12.9°(100)$ 处出现的小衍射峰表明存在 3-s 三嗪结构单元的平面内结构堆积，$2\theta=27.3°$处的衍射峰对应于共轭芳族体系中的晶相堆积。然而，经过 3mol/L HNO_3 活化处理三聚氰胺后得到的样品的 XRD 分析结果显示：原本在 $2\theta=27.3°$ 处出现的特征衍射峰偏移到了 27.7°处。此外，其他摩尔浓度 HNO_3 处理三聚氰胺得到的产品，也出现了 $2\theta=27.3°$处出现的特征衍射峰的略微偏移现象。该偏移出现的可能原因是由于产品晶相间的层间距变小了。此外，经不同摩尔浓度 HNO_3 活化处理三聚氰胺后得到的样品中，原本在 g-C_3N_4 中出现于 $2\theta=12.9°$处的特征衍射峰几乎消失了。这可能是 HNO_3 活化处理三聚氰胺过程中，g-C_3N_4 中的氢键发生了断裂。通过上述产品的 XRD 表征结果可知：HNO_3 活化三聚氰胺并没有破坏产品的 3-s 三嗪结构单元结构。

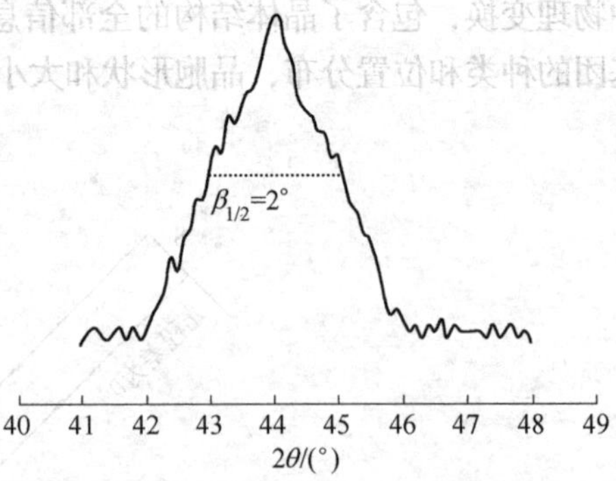

图 6-31　镍催化剂的（111）峰（Cu 靶）

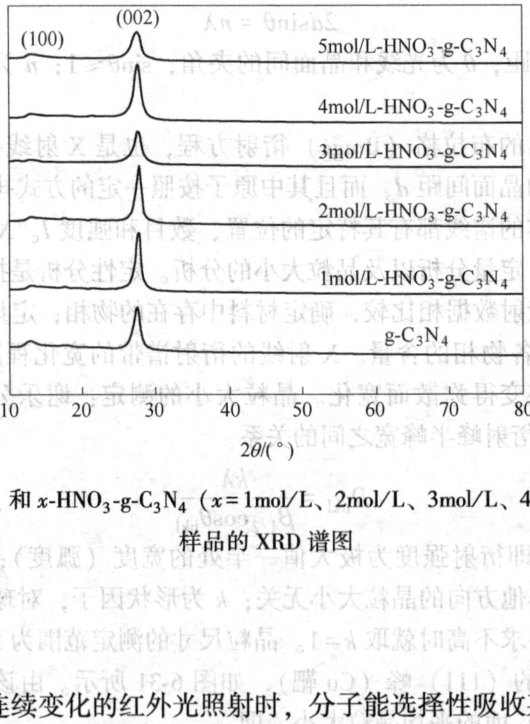

图 6-32　g-C_3N_4 和 x-HNO_3-g-C_3N_4（x = 1mol/L、2mol/L、3mol/L、4mol/L、5mol/L）样品的 XRD 谱图

6.3.2　红外吸收光谱

当样品受到频率连续变化的红外光照射时，分子能选择性吸收某些波长的红外线，而引起分子的振动或转动运动，进而引起偶极矩的净变化，产生分子振动和转动能级从基态到激发态的跃迁，使相应于这些吸收区域的透射光强度减弱。由于分子的振动能量比转动能量大，当发生振动能级跃迁时，不可避免地伴随有转动能级的跃迁，因而无法测量纯粹的振动光谱，只能得到分子的振动-转动光谱，该类光谱称为红外吸收光谱（FTIR）。FTIR 光谱是物质定性的重要方法之一，是一种根据分子内部原子间的相对振动和分子转动等信息，确定物质分子结构和鉴别化合物的分析方法。对 FTIR 光谱的解析，能够提供许多关于官能团的信息，可以帮助确定部分乃至全部分子类型及结构。

FTIR 在可见光区和微波光区之间，波长范围约为 0.75~1000μm，根据仪器技术和应用不同，习惯上又将红外光区分为 3 个区：近红外光区（0.75~2.5μm）、中红外光区（2.5~25μm）和远红外光区（25~1000μm）。FTIR 光谱法主要研究在振动中伴随有偶极矩变化的化合物，除了 Ne、He 等单原子和 N_2、O_2、Cl_2 等对称同核分子由于没有偶极矩，辐射不能引起共振，无红外活性之外，几乎所有的有机化合物在红外光谱区均有吸收。除光学异构体，某些高分子量的高聚物以及在分子量上只有微小差异的化合物外，凡是具有结构不同的两个化合物，一定不会有相同的 FTIR 光谱。对通过某物质的红外射线进行分光，可得到该物质的 FTIR 光谱，每种分子都有由其结构和组成决定的独有的红外吸收光谱，通常通过傅里叶红外吸收光谱仪进行测量分析（图 6-33）。

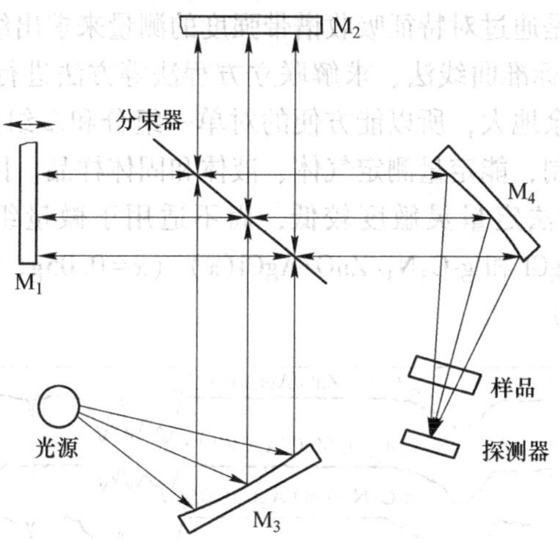

图 6-33 傅里叶红外吸收光谱仪

傅里叶变换红外光谱仪主要由迈克尔逊干涉仪和计算机组成。工作原理：光源发出的光被分束器（类似于半透半反镜）分成两束，一束光经透射到达运动镜，另一束光经反射到达固定镜。两束光分别被固定镜和运动镜反射，然后返回到分束器。运动镜以匀速直线运动，使两束光经过分束器后形成光程差，产生干涉。干涉光在分束器会合后通过样品池中的样品，含有样品信息的干涉光到达探测器。对信号进行傅里叶变换，得到透射率或吸光度随波长变化的 FTIR 光谱图。

FTIR 光谱被吸收的特征频率取决于被照射样品的化学成分和内部结构，其是物质本身的分子结构的客观反映。通常红外吸收带的波长位置与吸收谱带的强度，反映了分子结构上的特点，可以用来确定未知物的结构组成或化学基团；而吸收谱带的吸收强度与分子组成或化学基团的含量有关，可用于定量分析和纯度鉴定。FTIR 光谱可用于分析气体、液体、固体样品，具有用量少，分析速度快，不破坏样品的特点，是确定化合物分子结构的最有用方法之一。

6.3.2.1 定性分析

A 已知物结构的鉴定

将试样谱图与标准谱图对照，或与文献上的谱图对照。如果试样谱图与对照谱图中的各吸收峰的位置和形状完全相同，则可认为样品即为对照标准物。此外，使用文献上的谱图应当注意试样的物态、结晶状态、溶剂、测定条件以及所用仪器类型均应与标准谱图相同；如用计算机谱图检索，则采用相似度来判别。如果两张谱图不一样，或峰位不一致，则说明两者不为同一化合物，或样品有杂质。

B　未知物结构的测定

测定未知物的结构，是红外光谱法定性分析的一个重要用途。如果未知物不是新化合物，可通过以下两种方式与标准谱图查对：查阅标准谱图的谱带索引，寻找与试样光谱吸收带相同的标准谱图；进行光谱解析，判断试样的可能结构，然后根据化学分类索引查找标准谱图对照核实。

6.3.2.2　定量分析

红外光谱定量分析是通过对特征吸收谱带强度的测量来求出组分含量，其理论依据是朗伯-比耳定律。可采用标准曲线法、求解联立方程法等方法进行定量分析。由于红外光谱的谱带较多，选择的余地大，所以能方便的对单一组分和多组分进行定量分析。此外，该法不受样品状态的限制，能定量测定气体、液体和固体样品。因此，红外光谱定量分析应用广泛。但红外光谱法定量灵敏度较低，尚不适用于微量组分的测定。以 g-C_3N_4、g-C_3N_4/ZnO、g-C_3N_4/AgCl 和 g-C_3N_4/ZnO/AgCl(x)（x=0.05g、0.1g、0.15g）催化剂的红外谱图为例（图 6-34）。

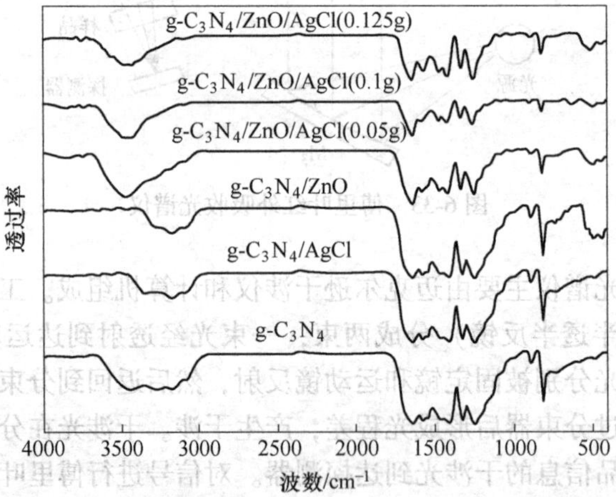

图 6-34　催化剂样品的傅里叶红外 FTIR 谱图

由图 6-34 可知：在 g-C_3N_4、g-C_3N_4/ZnO、g-C_3N_4/AgCl 和 g-C_3N_4/ZnO/AgCl(x)（x=0.05g、0.1g、0.15g）中，都表现了类似的红外图谱，从整体上看，3000~3500cm^{-1}处出现的宽红外特征峰对应于 g-C_3N_4 中的 N-H 伸缩振动，或对应于物理化学吸附的水分子的 O-H；在 1200~1700cm^{-1} 区域出现的峰群可归属于芳族杂环 CN 的伸缩振动，其中 1245cm^{-1}、1326cm^{-1}、1406cm^{-1}、1463cm^{-1} 处的红外特征峰对应于 C-N 的伸缩振动，1559cm^{-1}、1623cm^{-1}处的红外特征峰对应于 C=N 伸缩振动。808cm^{-1}、885cm^{-1}处的峰对应于 g-C_3N_4 结构中的 s-三嗪环单元结构。此外，在 g-C_3N_4-ZnO 和 g-C_3N_4-ZnO-AgCl 的图谱中，在 494cm^{-1}处出现了一个新的红外特征峰，可归因于 Zn-O 的弯曲振动。

6.3.3 拉曼光谱

拉曼光谱（raman spectra），是以拉曼效应为基础建立起来的分子结构表征技术，其信号来源于分子的振动和转动。当一束频率为 V_0 的单色光照射到气体、液体或透明试样时，大部分的光会按原来的方向透射；小部分由于光子和物质分子相碰撞，使光子的运动方向发生改变而向不同角度散射，这种光称为散射。大部分散射光只是改变方向发生散射，而光的频率仍与激发光的频率相同，属于弹性碰撞，该类散射称为瑞利散射。除了与原入射光有相同频率的瑞利散射外，还有若干条很弱的与入射光频率发生 ΔV 位移的拉曼谱线，属于非弹性碰撞，称为拉曼散射。拉曼散射中频率减少 ΔV 的称为斯托克斯散射，频率增加 ΔV 的散射称为反斯托克斯散射（图 6-35）。斯托克斯散射通常要比反斯托克斯散射强得多，拉曼光谱仪通常测定的大多是斯托克斯散射，也统称为拉曼散射。

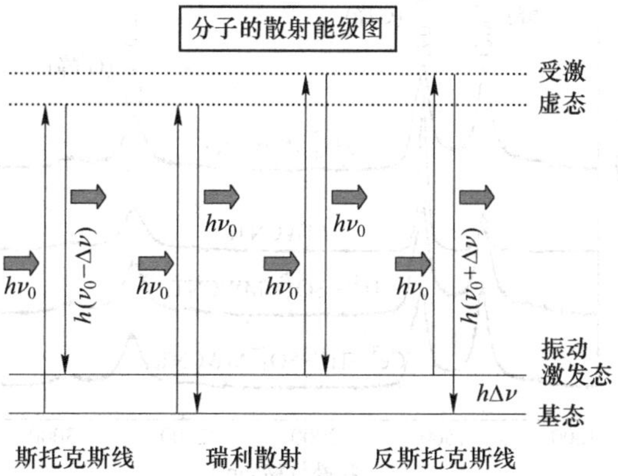

图 6-35 分子的散射能级图

由于拉曼谱线的数目，位移的大小，谱线的长度直接与试样分子振动或转动能级有关。因此，通过拉曼光谱可以对物质进行定性和定量分析。目前，拉曼光谱分析技术已广泛应用于物质的鉴定和分子结构的研究。拉曼光谱的工作原理（图 6-36）。

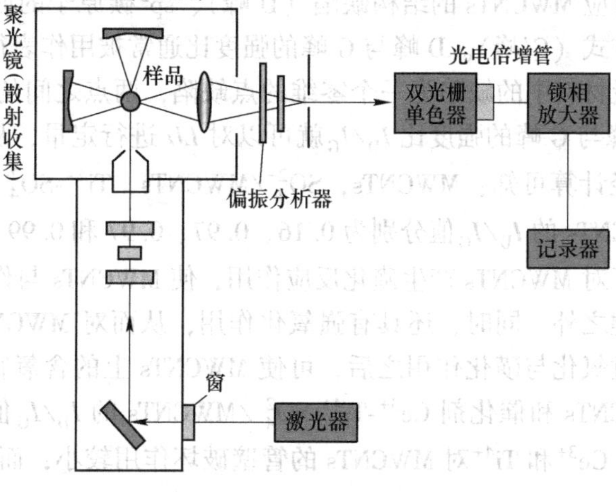

图 6-36 拉曼光谱的工作原理

与单光子共振吸收的红外光谱不同，拉曼光谱是双光子散射过程。拉曼位移与入射光频率无关，只与散射分子本身的结构有关。由于不同化学键或基团的分子振动均存在固有频率特征，因此与之对应的拉曼位移也存在固有特征，这是拉曼光谱可以作为分子结构定性分析的依据。一张拉曼谱图通常由一定数量的拉曼峰构成，每个拉曼峰代表了相应的拉曼位移（拉曼光谱的横坐标为拉曼位移，用波数表示，单位为 cm^{-1}）和强度。每个谱峰对应于一种特定的分子键振动，其中既包括单一的化学键，例如 C—C，C ═C，N—O，C—H 等，也包括由数个化学键组成的基团的振动，如苯环的呼吸振动、多聚物长链的振动以及晶格振动等。拉曼光谱可以提供样品化学结构、相和形态、结晶度以及分子相互作用的详细信息。以 Ce^{3+}-Ti^{4+}-SO_4^{2-}/MWCNTs、Ti^{4+}-SO_4^{2-}/MWCNTs SO_4^{2-}/MWCNTs 和 MWCNTs 的拉曼光谱图为例（图 6-37）。

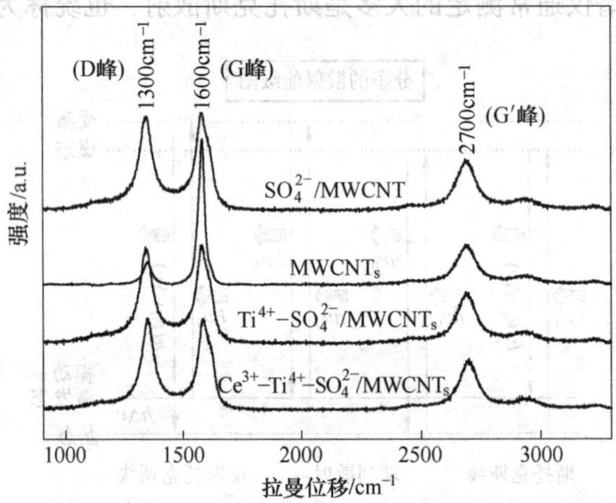

图 6-37　Ce^{3+}-Ti^{4+}-SO_4^{2-}/MWCNTs、Ti^{4+}-SO_4^{2-}/MWCNTs、SO_4^{2-}/MWCNTs 和 MWCNTs 的拉曼图谱

从图 6-37 可知：Ce^{3+}-Ti^{4+}-SO_4^{2-}/MWCNTs、Ti^{4+}-SO_4^{2-}/MWCNTs、SO_4^{2-}/MWCNTs 和 MWCNTs 的拉曼光谱图中均出现了 3 个特征峰，分别出现在 $1330cm^{-1}$、$1600cm^{-1}$ 和 $2700cm^{-1}$处，分别对应 MWCNTs 的结构缺陷（D 峰）、sp^2 碳原子的面内振动（G 峰）和碳原子的层间堆垛方式（G′峰）。D 峰与 G 峰的强度比通常被用作表征炭材料中缺陷密度的重要参数。假设炭材料中的缺陷为一个零维的点缺陷，两点之间的平均距离为 *LD*，通过计算拉曼光谱 D 峰与 G 峰的强度比 I_D/I_G就可以对 *LD* 进行定量，从而可以估算出炭材料中的缺陷密度。经计算可知：MWCNTs，SO_4^{2-}/MWCNTs，Ti^{4+}-SO_4^{2-}/MWCNTs 和催化剂 Ce^{3+}-Ti^{4+}-SO_4^{2-}/MWCNTs 的 I_D/I_G值分别为 0.16、0.97、0.97 和 0.99。以上差异的可能原因如下：浓硫酸除了对 MWCNTs 产生磺化反应作用，使 MWCNTs 与作为活性中心的 SO_4^{2-} 形成了稳定的共价键之外。同时，还具有强氧化作用，从而对 MWCNTs 的管壁产生了一定程度的破坏。通过氧化与磺化作用之后，可使 MWCNTs 上的含氧官能团大量增加，从而提高了 SO_4^{2-}/MWCNTs 和催化剂 Ce^{3+}-Ti^{4+}-SO_4^{2-}/MWCNTs 的 I_D/I_G 值。相比于浓硫酸的强氧化和磺化作用，Ce^{3+}和 Ti^{4+}对 MWCNTs 的管壁破坏作用较小，而对 I_D/I_G值所带来的影响可忽略不计。

在催化化学中，拉曼光谱能够提供催化剂本身以及表面上物种的结构信息，还可以对催化剂制备过程进行实时研究。同时，激光拉曼光谱是研究电极/溶液界面的结构和性能的重要方法，能够在分子水平上深入研究电化学界面结构、吸附和反应等基础问题，并应用于电催化、腐蚀和电镀等领域。

6.3.4 核磁共振谱

在强磁场中，某些元素的原子核和电子能量本身所具有的磁性，被分裂成两个或两个以上量子化的能级。当吸收的辐射能量与原子核能级差相等时，可在所产生的磁诱导能级之间发生跃迁。在磁场中，这种带核磁性的分子或原子核吸收从低能态向高能态跃迁的两个能级差的能量，会产生核磁共振谱（NMR）。在照射扫描中记录发生核磁共振时的信号位置和强度，就得到核磁共振谱。核磁共振信号位置反映样品分子的局部结构（如官能团，分子构象等）；核磁共振信号强度则往往与有关原子核在样品中存在的量有关。可用于测定分子中某些原子的数目、类型和相对位置。

NMR 波谱按照测定对象分类可分为：^{1}H-NMR 谱（测定对象为氢原子核）、^{13}C-NMR 谱及氟谱、磷谱、氮谱等。有机化合物、高分子材料都主要由碳氢组成，所以在材料结构与性能研究中，以^{1}H 谱和^{13}C 谱应用最为广泛。NMR 谱图的表示方法：吸收光能量随化学位移的变化，可提供峰的化学位移、强度、裂分数和偶合常数，核的数目、所处化学环境和几何构型的信息，用于研究分子结构、构型构象、分子动态等。利用核磁共振谱可测定核磁矩，而核磁矩的数值受其化学环境影响而灵敏变化。因此，NMR 法可用来测定各种固体、液体的分子结构。常见类型的有机化合物的化学位移，如图 6-38 所示。

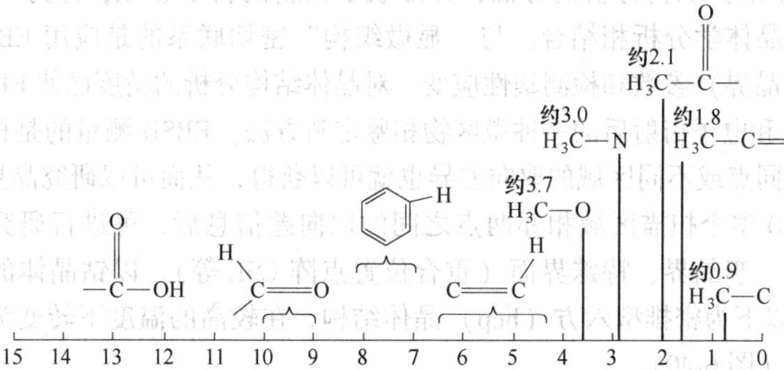

图 6-38 常见类型的有机化合物的化学位移

固体核磁共振技术（SSNMR，Solid State Nuclear Magnetic Resonance）是以固态样品为研究对象的分析技术。固体 NMR 相关谱技术通过探测催化材料上原子核间的相互作用，建立原子核间关联，测量核间距离，从而实现在原子-分子水平上对催化材料进行精确表征，是催化材料和催化反应研究中的强有力工具。

6.3.5 电子背散射衍射

20 世纪 90 年代以来，装配在 SEM 上的电子背散射花样（EBSP，Electron Back-Scattering Patterns）晶体微区取向和晶体结构的分析技术取得了较大的发展，并已在材料微观组织结构及微织构表征中广泛应用。该技术也被称为电子背散射衍射（EBSD，Electron Backscattered Diffraction）或取向成像显微技术（OIM，Orientation Imaging Microscopy）等。在EBSD设备中，一束电子束入射倾斜晶体样品，产生的散射电子在荧光屏上形成衍射花样。这种衍射花样携带了样品扫描区域的晶体结构和取向等晶体学信息，并且给出了亚微米级分辨率的绝对晶体取向（图6-39）。

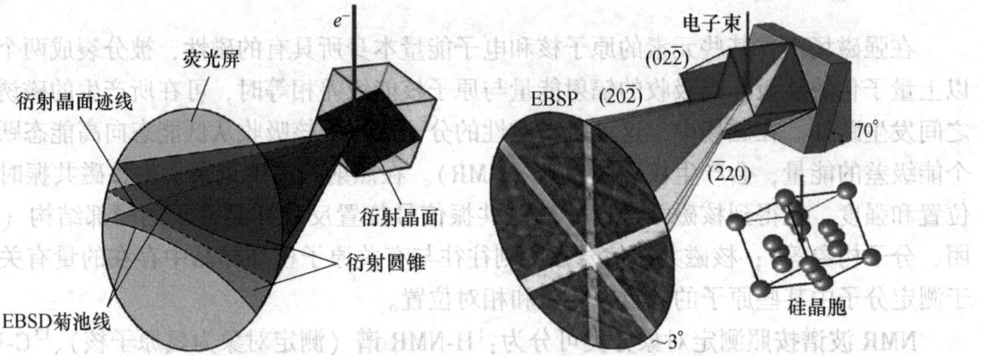

图6-39 电子背散射衍射仪的构成及工作原理（EBSD花样的产生）

工作原理：利用从样品表面反弹回来的高能电子衍射，得到一系列的菊池花样。根据菊池花样的特点得出晶面间距 d 和晶面之间的夹角 θ，从数据库中查出可能的晶体结构和晶胞参数。再利用化学成分等信息采用排除法确定该晶粒的晶体结构。并得出晶粒与膜面法向的取向关系。

EBSD改变了以往织构分析的方法，并形成了全新的科学领域，称为“显微织构”，即将显微组织和晶体学分析相结合。与“显微织构”密切联系的是应用EBSD进行相分析、获得界面（晶界）参数和检测塑性应变。对晶体结构分析的精度已使EBSD技术成为一种继X光衍射和电子衍射后的一种微区物相鉴定新方法。EBSD测量的是样品中每一点的取向，那么不同点或不同区域的取向差异也就可以获得，从而可以研究晶界或相界等界面。在得到EBSD整个扫描区域相邻两点之间的取向差信息后，可进行研究的界面有晶界、亚晶、相界、孪晶界、特殊界面（重合位置点阵CSL等）。以钴晶体的晶相转变为例，其在422℃以下为密排型六方（hcp）晶体结构，在较高的温度下转变为面心立方型（fcc）晶体结构（图6-40）。

FCC相　　钴晶相的转变温度为422℃　　HCP相

图6-40 钴晶体的晶相转变（EBSD分析）

6.3.6 穆斯堡尔谱

穆斯堡尔效应是来自于无反冲原子核的γ射线吸收和其共振吸收现象，即处于激发态的原子核发射出的γ射线光子，被另一个处于基态的同种元素原子核所吸收，而跃迁到激发态的现象。利用多普勒效应对γ射线光子的能量进行调制，通过调整γ射线辐射源和吸收体之间的相对速度使其发生共振吸收，这种经过吸收体后的γ射线光子计量数和多普勒速度（代表γ射线光子的能量）之间的变化曲线，即为穆斯堡尔谱。其包括三种主要的超精细相互作用：同质异能位移（Isomer shift，I. S.）、四极分裂和磁超精细分裂。图6-41给出了^{57}Fe的能级图和标征同质异能位移、四极分裂和磁超精细分裂的穆斯堡尔谱。

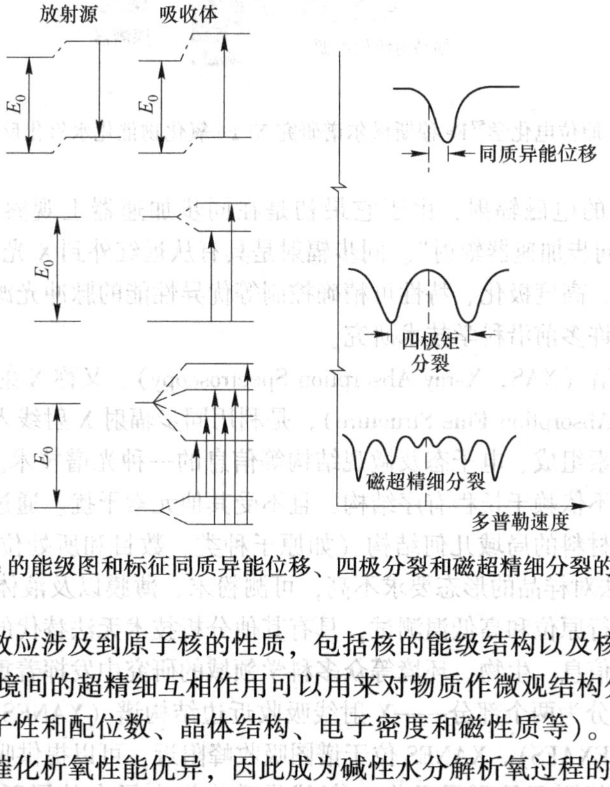

图6-41 ^{57}Fe的能级图和标征同质异能位移、四极分裂和磁超精细分裂的穆斯堡尔谱

由于穆斯堡尔效应涉及到原子核的性质，包括核的能级结构以及核所处的化学环境，通过原子核-核外环境间的超精细互相作用可以用来对物质作微观结构分析（例如原子的价态、化学键的离子性和配位数、晶体结构、电子密度和磁性质等）。如Ni-Fe基催化剂因其价格低廉，电催化析氧性能优异，因此成为碱性水分解析氧过程的理想候选者。虽然Ni-Fe基电催化剂表现出优异的OER活性，但缺乏长期稳定性阻碍了其在商业中的应用。因此，充分了解Ni-Fe催化剂的衰减机理，包括形态、组成、晶体结构和活性位点数量的变化，对于设计稳定和高效Ni-Fe催化材料非常重要。原位拉曼及原位紫外-可见光谱可以对Ni-Fe催化剂中的$Ni(OH)_2$到NiOOH的变化进行深入探究，而原位^{57}Fe穆斯堡尔谱测试则可以揭示Ni-Fe基催化剂中Fe的电子环境及其电子的结构和磁性的变化，为研究Ni-Fe催化剂中Fe的局部电子结构、局部配位、键合和氧化态提供了强大技术支撑（图6-42）。

6.3.7 同步辐射

同步辐射（synchrotron radiation），是速度接近光速（$v \approx c$）的带电粒子在磁场中沿弧

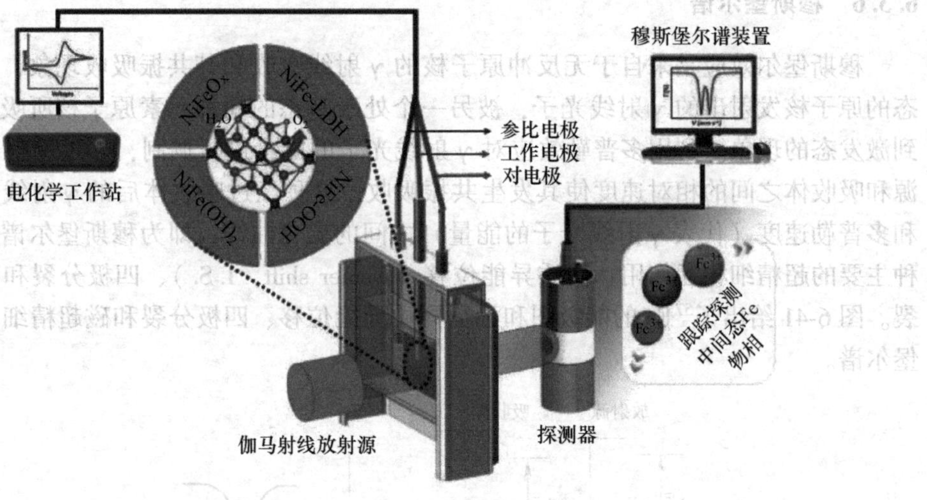

图 6-42　原位电化学^{57}Fe 穆斯堡尔谱研究 Ni-Fe 氧化物催化水氧化反应示意图

形轨道运动时放出的电磁辐射，由于它最初是在同步加速器上观察到的，便又被称为“同步辐射”或“同步加速器辐射”。同步辐射是具有从远红外到 X 光范围内的连续光谱、高强度、高度准直、高度极化、特性可精确控制等优异性能的脉冲光源，可以用以开展其他光源无法实现的许多前沿科学技术研究。

X 射线吸收光谱（XAS，X-ray Absorption Spectroscopy），又称 X 射线吸收精细结构光谱（XAFS，X-ray Absorption Fine Structure），是利用同步辐射 X 射线入射样品前后信号变化来分析材料的元素组成、电子态及微观结构等信息的一种光谱技术。XAFS 对待测元素的局域结构敏感，不依赖于长程有序结构，且不受其他元素干扰。通过合理分析 XAFS 谱图，能够获得相应材料的局域几何结构（如原子种类、数目和所处位置等）以及电子结构信息。XAFS 方法对样品的形态要求不高，可测粉末、薄膜以及液体等样品，同时又不破坏样品，可以进行原位和高低温测试，具有其他分析技术无法替代的优势，在化学、材料、能源、物理、信息、生物、环境等众多科学领域的研究中发挥着重要作用。

XAS 光谱主要分为两个部分——X 射线吸收近边结构谱（XANES）和扩展边 X 射线吸收精细结构谱（EXAFS）。XANES 位于谱图吸收峰附近，可以提供吸收原子氧化态和局部对称性的信息，其原理是原子吸收 X 射线导致内层电子向外层跃迁。该区域之后是 EXAFS，该区域的震荡反映了吸收原子产生的电子波与近邻配位原子的相互作用，其可到 1000eV 左右的范围。EXAFS 区域受电子结构细节的影响要小得多，它主要受吸收原子最近邻原子的空间排列的影响，所以可以表征所选元素的配位数、键长和无序度等信息。

XAFS 技术近些年来在催化领域得到了长足的应用和发展，其中很重要一部分在电催化反应的研究中，如析氢反应（HER）、析氧反应（OER）和二氧化碳还原反应（CO_2RR）等。XAFS 可为催化剂的研究提供很多有价值的信息，主要分为两个方面。其一是催化剂中元素的价态信息，可由 XANES 分析得到；另一个是催化剂中元素的配位信息，可由 EXAFS 分析得到。如许多研究表明，电催化剂中活性组分的元素价态以及配位结构与加在催化剂上的电位有很大关系，这些非本征的结构也直接影响了催化剂的电化学活性。因此，XAFS 对于电催化剂活性中心的深入研究就变得尤为关键。以 Mo 单质的 K 边 XAS 为例（图 6-43（a））。

X 射线发射谱（XES，X-ray Emission Spectroscopy）是另一类重要的 X 射线谱学方法。XES 技术主要涉及一种二次光电子过程，通过调制入射 X 射线的能量以及通过高分辨谱仪收集器收集荧光信号，可以获得各种 X 射线发射谱。相比于 XAFS 光谱，XES 光谱具有更高的能量分辨率。XES 和 XAFS 方法相辅相成，从而获取全轨道的电子结构以及原子结构信息。利用价-核（VTC，Valence To Core）的 XES 方法，可以获得相比 XAS 更强的近邻元素配位区分能力，可以对待测元素周围的 C、N、O 配位环境进行区分，是 XAS 局域结构研究方面的有力补充（图 6-43（b））。

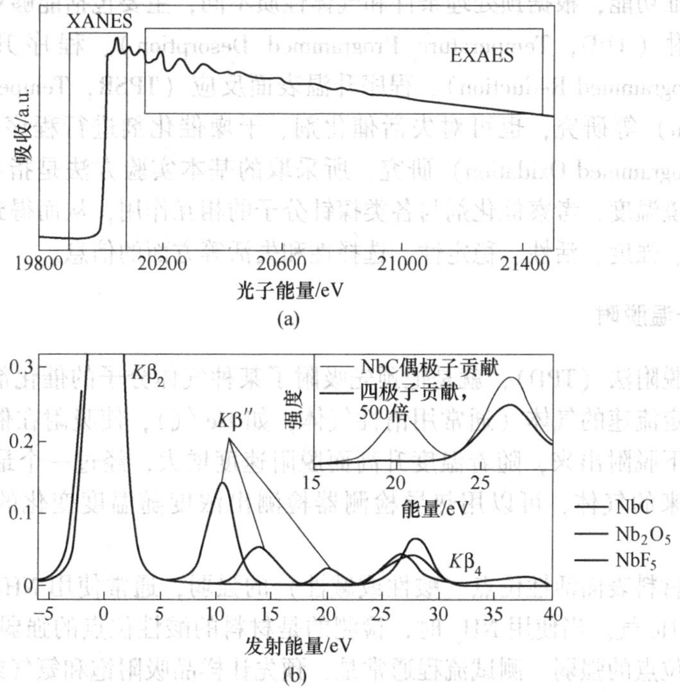

扫一扫看更清楚

图 6-43　Mo 单质的 K 边 XAS（a）和 Nb 元素 C、O、F 不同局域配位环境对应的 VTC-XES（b）

XAS、VTC-XES 等 X 射线谱学适用于各种样品形态，利用硬 X 射线穿透能力强的优点，可以方便的开展各种原位研究。

6.4 催化剂对不同物种的吸附、脱附能力及吸附中心密度

分子在催化剂表面发生催化反应要经历很多步骤，其中最主要的是吸附和表面反应两个步骤。反应物分子在催化剂表面上的吸附，决定了反应物分子被活化的程度以及催化过程的性质，如催化活性和选择性。因此，需要实时探测反应分子在催化剂上的吸附形态、吸附中心的结构、能量状态分布，从而将他们与反应分子的催化历程和催化性能进行关联，进而阐明催化剂与反应分子在催化过程中的作用机制，实现催化剂的优化设计和高效利用。

化学吸附测试可分为静态化学吸附和动态化学吸附，其中动态化学吸附又可分为脉冲化学吸附和程序升温（TP，Temperature Programmed）分析。程序升温分析是研究催化剂表面上分子在升温时的脱附行为和各种反应行为进行的研究方法，其是一种原位表征方法，可以在反应或接近反应的条件下有效的研究催化过程。当固体物质或预吸附某些气体的固体物质，在载气中以一定的升温速率加热时，检测流出气体组成和浓度的变化（脱附）、或固体物质的物理和化学性质变化（还原、氧化、硫化）和表面反应的技术，即为程序升温分析。

化学吸附仪是一款用于动态程序升温研究的重要仪器，其可以提供在设计和生产阶段评估催化剂材料所需的大量信息，以及催化剂在使用一段时间之后的信息反馈。化学吸附仪具有多种表征功能，根据预处理条件和气体性质不同，主要包括能够对新鲜催化剂进行程序升温脱附（TPD，Temperature Programmed Desorption）、程序升温还原（TPR，Temperature Programmed Reduction）、程序升温表面反应（TPSR，Temperature Programmed Surface Reaction）等研究，也可对失活催化剂、干燥催化剂进行程序升温氧化（TPO，Temperature Programmed Oxidation）研究。所采取的基本实验方法是指在一定的氛围下，规律的改变环境温度，考察催化剂与各类探针分子的相互作用，从而得到催化剂的表面活性位点及数量、强度、活性、稳定性、选择性和失活等方面的信息。

6.4.1 程序升温脱附

程序升温脱附法（TPD），就是把预先吸附了某种气体分子的催化剂，在程序加热升温下，通过稳定流速的气体（通常用惰性气体，如 He 气），使吸附在催化剂表面上的分子在一定温度下脱附出来，随着温度升高而脱附速度增大，经过一个最高值后而脱附完毕。对脱附出来的气体，可以用热导检测器检测出浓度随温度变化的关系，得到 TPD 曲线。

用来表征材料表面活性位点（酸性或碱性）的强弱，通常使用 NH_3 和 CO_2 作为反应气，平衡气为 He 气。当使用 NH_3 时，检测的是材料的酸性位点的强弱，当使用 CO_2 时，检测的是碱性位点的强弱。测试流程通常是，预先让样品吸附饱和氨气或 CO_2，然后将气体切换成 He 气，经过一定时间的吹扫，将表面残留的反应气和弱吸附的气体吹扫干净，然后程序升温，检测发生强吸附的位点的程序升温脱附情况。通过测试，能得到样品的脱附温度，通过温度的高低，能分辨出位点的酸性或碱性的强弱。

如 NH_3-TPD 谱图记录了脱附的 NH_3 浓度随温度变化的函数关系。当 NH_3 接触固体酸催化剂时，除发生气固物理吸附外，还会发生化学吸附。吸附作用首先从固体酸催化剂的强酸位开始，逐步向弱酸位发展，而脱附则正好相反，弱酸位上的碱性气体分子脱附的温度低于强酸位上的碱性气体分子脱附的温度。NH_3 脱附峰的数目，表征吸附在固酸催化剂表面不同吸附强度吸附 NH_3 的数目；NH_3 脱附峰温度 T_m，表征 NH_3 在固体酸催化剂表面的吸附强度。NH_3 脱附峰温越高，催化剂的酸强度越高。不同强度的载体表面酸中心与氨结合能不同，以化学吸附氨的脱附温度区间表征载体的表面酸强度。弱酸中心：150~250℃（低温脱附峰），中强酸中心：250~400℃（中温脱附峰），强酸中心：大于400℃（高温脱附峰）。脱附峰的面积代表该酸中心酸性位数量，如 NH_3 脱附峰面积亦即 NH_3 脱附量代表具有相应酸强度的酸性位数量。峰面积越大，相应酸位的数量愈多。通过测定脱附出来的碱性气体的量，得到催化剂的总酸量。进而，通过计算各脱附峰面积含量，得到各种酸位的酸量。通过考察催化剂制备过程中各种因素（如载体与活性金属的选择、制备方法、焙烧温度等）对表面酸性的影响规律，可以为催化剂研制提供有效的依据。同时，还可以通过 NH_3-TPD 技术研究催化剂失活及再生后酸性质的改变情况，讨论不同失活原因及再生方法对催化剂酸性质的影响。以 Ce^{3+}-Ti^{4+}-SO_4^{2-}/MWCNTs、Ti^{4+}-SO_4^{2-}/MWCNTs 和 SO_4^{2-}/MWCNTs 的 NH_3-TPD 表征结果为例，结果见图 6-44。

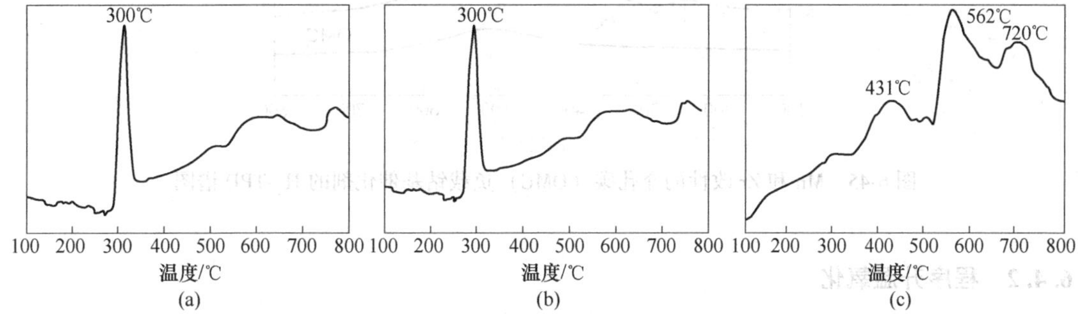

图 6-44　NH_3-TPD 图谱

(a) SO_4^{2-}/MWCNTs；(b) Ti^{4+}-SO_4^{2-}/MWCNTs；(c) 催化剂 Ce^{3+}-Ti^{4+}-SO_4^{2-}/MWCNTs

由图 6-44（a）和图 6-44（b）可知，一个明显的脱附峰出现在 300℃左右，该峰对应于中强酸位的脱附峰，由此可知 SO_4^{2-}/MWCNTs 和 Ti^{4+}-SO_4^{2-}/MWCNTs 均属于中强酸型固体酸，Ti^{4+}的加入并没有对固体酸的酸性活性位强度带来影响。在图 6-44（c）中，催化剂 Ce^{3+}-Ti^{4+}-SO_4^{2-}/MWCNTs 分别在 431℃、562℃和 720℃出现了脱附峰，由此证明了催化剂 Ce^{3+}-Ti^{4+}-SO_4^{2-}/MWCNTs 具有超强酸位，通过图 6-44（a）和图 6-44（b）的对比可以得出 Ce^{3+}-Ti^{4+}的协同改性作用对超强酸位的形成产生了促进作用，也表明了催化剂 Ce^{3+}-Ti^{4+}-SO_4^{2-}/MWCNTs 在催化酯化反应时具有巨大的应用潜力。但 NH_3-TPD 法不能区分 L 酸和 B 酸性位点，需要通过原位红外 & 程序升温化学吸附法来研究固体催化剂表面酸性，则可以有效区分 L 酸和 B 酸。在该方法中，常用碱性吸附质如氨、吡啶、三甲基胺、正丁胺等来表征酸性位，其中应用比较广泛的是吡啶和氨。

H_2/CO 程序升温脱附（H_2/CO-TPD），是测定表面金属分散度的一种重要技术。测定过程：首先，催化剂需要在一定的温度条件下，使用惰性气体吹扫来除去表面物理吸附的 H_2O、CO_2等杂质分子；而后，继续在惰性气体吹扫下使温度变化到所需要的吸附温度；然后，通入含有探针分子的气体，使催化剂表面达到吸附饱和，再通入惰性气体将管路和催化剂表面参与的一些探针分子除去；最后，待检测器中基线稳定后，开始升温，同时记录探针分子脱附的情况。图 6-45 所示为 Mn 和 Zr 改性的介孔碳（OMC）负载钴基催化剂的 H_2-TPD 谱图。各催化剂均在 50～150℃存在一个脱附峰，由于 400℃以后的脱附峰不属于金属钴表面吸附 H 的脱附，实际的费托反应温度低于 400℃，故此温度区间不做介绍。

由图 6-45 可知，添加 Mn 助剂后，催化剂脱附峰向低温方向移动，且此峰强度减弱，这表明 Mn 抑制了 H_2在催化剂表面的解离。而 Zr 助剂的添加增大了低温脱附峰面积，说明 Zr 的存在增加了催化剂表面的吸附位点。

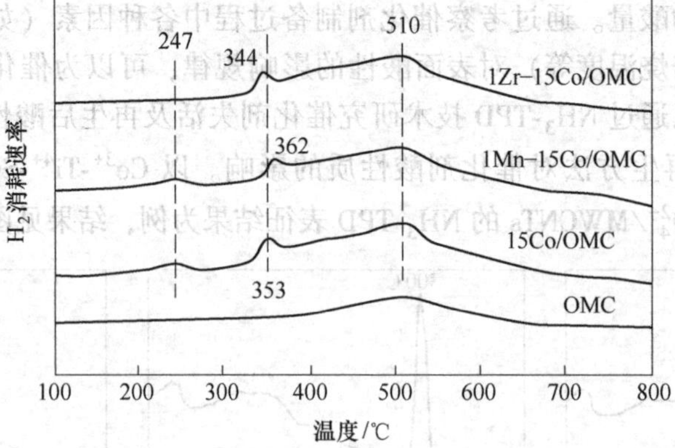

图 6-45 Mn 和 Zr 改性的介孔碳（OMC）负载钴基催化剂的 H_2-TPD 谱图

6.4.2 程序升温氧化

程序升温氧化（TPO）：是测量样品氧化特性的方法，可以通过测量反应气的消耗体积或生成物的形成体积来实现。TPO 主要用于研究催化剂的积炭，还可以对催化剂表面物种的氧化性能，催化剂中吸附氧和晶格氧的状态，催化剂上积炭的再生过程进行研究。对于催化剂的积炭再生研究而言，TPO 可连续反映积炭被氧化的全过程。根据耗氧峰的数目、形状等可以表征碳物种的种类，耗氧峰面积可以代表积炭量。从而可以进一步了解不同助剂，不同载体及不同催化剂制备方法等对催化剂抗积炭性能的影响。目前，TPO 技术是研究催化剂积炭与反应性能的一种较好的方法。通过研究积炭的种类和数量可以明确积炭的性质，进一步减少积炭的发生，增加催化剂的寿命。

TPO 试验装置，如图 6-46 所示，主要由供气系统、程序升温催化反应系统和排气检测系统组成。供气系统由 O_2/He、He 组成，配备有质量流量计、混合器和过滤器等。程序升温催化反应系统由程序升温控制系统、样品室和反应管等组成。测试过程中以一定的升温速率改变催化剂样品的温度，当混合气体通过积炭的催化剂表面时，流经样品表面的 O_2在一定温度下与积炭发生反应。通过排气检测系统记录数据，可得输出信号-时间的曲线，所得谱图即为 TPO 谱。最终通过 TPO 曲线，得到样品的氧化温度。

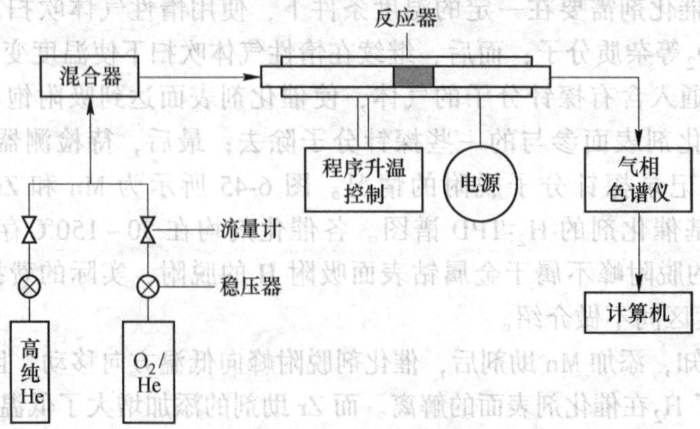

图 6-46 TPO 试验装置

图 6-47 所示为碳纳米管的 TPO 谱图。由图 6-47 可以看出：碳纳米管的 TPO 谱图有 4 个 CO_2 峰，其中主峰温度 578℃，主峰前的 3 个 CO_2 峰（290℃、324℃和446℃）对应的是无定形碳杂质。

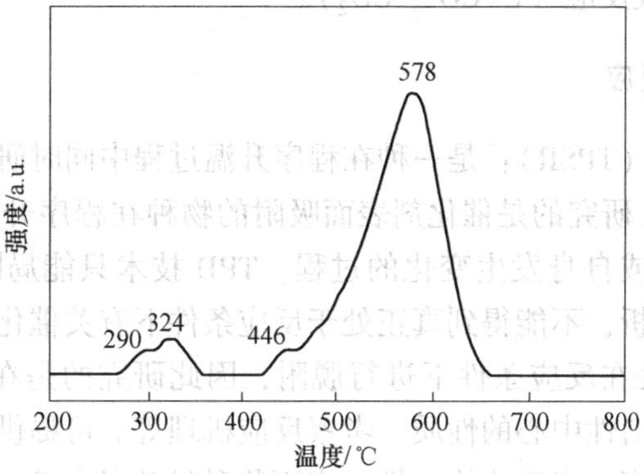

图 6-47 碳纳米管的 TPO 谱图

6.4.3 程序升温氢化

程序升温氢化（TPH）技术，主要用于反应后催化剂表面积炭的分析，与 TPO 分析类似。不同碳物种与氢气反应活性差异而出现不同的氢化温度，因而可通过 TPH 测试催化剂表面的积炭量和积炭类型。TPH 的横坐标是温度，纵坐标是 H_2的消耗量。以基于 TPH 表征的 Ni-Al_2O_3 催化剂上的 CO_2-CH_4 重整反应积炭研究结果为例，如图 6-48 所示。

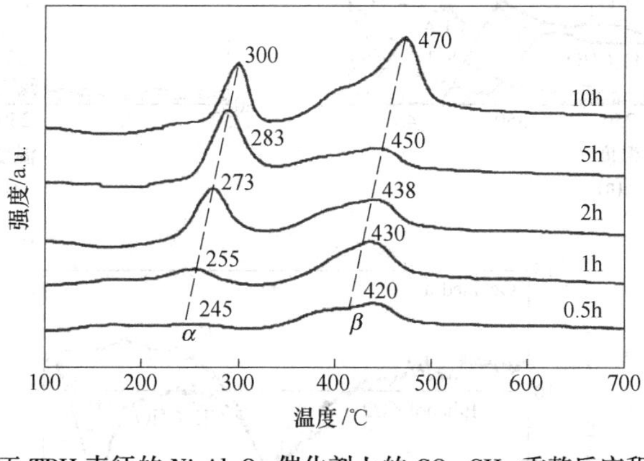

图 6-48 基于 TPH 表征的 Ni-Al_2O_3 催化剂上的 CO_2-CH_4 重整反应积炭研究结果

由图 6-48 可知，在 Ni-Al_2O_3 催化剂上的 CO_2-CH_4 重整反应过程中，生成的碳物种表面氢化峰均在 200~500℃，即主要以无定型炭 C_α 和丝状炭 $C_{\beta1}$类型存在。而在 600℃ 和 800℃左右未发现明显的氢化峰。故可认为，在 10h 范围内，CO_2-CH_4 重整反应几乎未形成 C_γ和 $C_{\beta2}$类型的碳物种。随重整反应时间的延长，C_α和 C_β两种积炭的氢化峰峰温均向高温方向移动，且峰面积明显增大。C_α的氢化峰温由 245℃升高至 300℃，C_β的氢化峰温由 420℃升高至 470℃。说明随着反应时间的延长，积炭物种的类型可能会发生改变。可以推测，当反应时间继续延长，就有可能出现 C_γ 碳物种。另外，C_α 和 C_β 的氢化峰面积也呈增加趋势，表明反应时间越长，积炭量越大。但峰面积并未随反应时间的延长而成比例增大，说明积炭量亦未成比例增加。因此，催化剂表面很可能同时进行着积炭反应（$CH_4 = C+2H_2$）和消炭反应（$C+CO = CO_2$）。

6.4.4 程序升温表面反应

程序升温表面反应（TPSR）：是一种在程序升温过程中同时研究催化剂的表面反应和脱附过程的技术。TPSR 研究的是催化剂表面吸附的物种在程序升温过程中的脱附，以及其与其他物种发生反应或自身发生变化的过程。TPD 技术只能局限于对某一组分或双组分吸附物种进行脱附分析，不能得到真正处于反应条件下有关催化剂表面上吸附物种的重要信息。TPSR 由于是处在反应条件下进行脱附，因此研究的是在反应条件下的吸附态、确定吸附态类型、表征活性中心的性质、考察反应机理等。可提供反应条件下催化剂对某物种吸附态个数剂其强度、表面非均匀性、表面物种结构的信息。TPSR 正是弥补了 TPD 的不足，为深入研究和揭示催化作用的本质提供了一种新的手段。以乙醇在 CeO_2 纳米颗粒催化剂上的选择性氧化过程的 TPSR 结果为例，如图 6-49 所示。

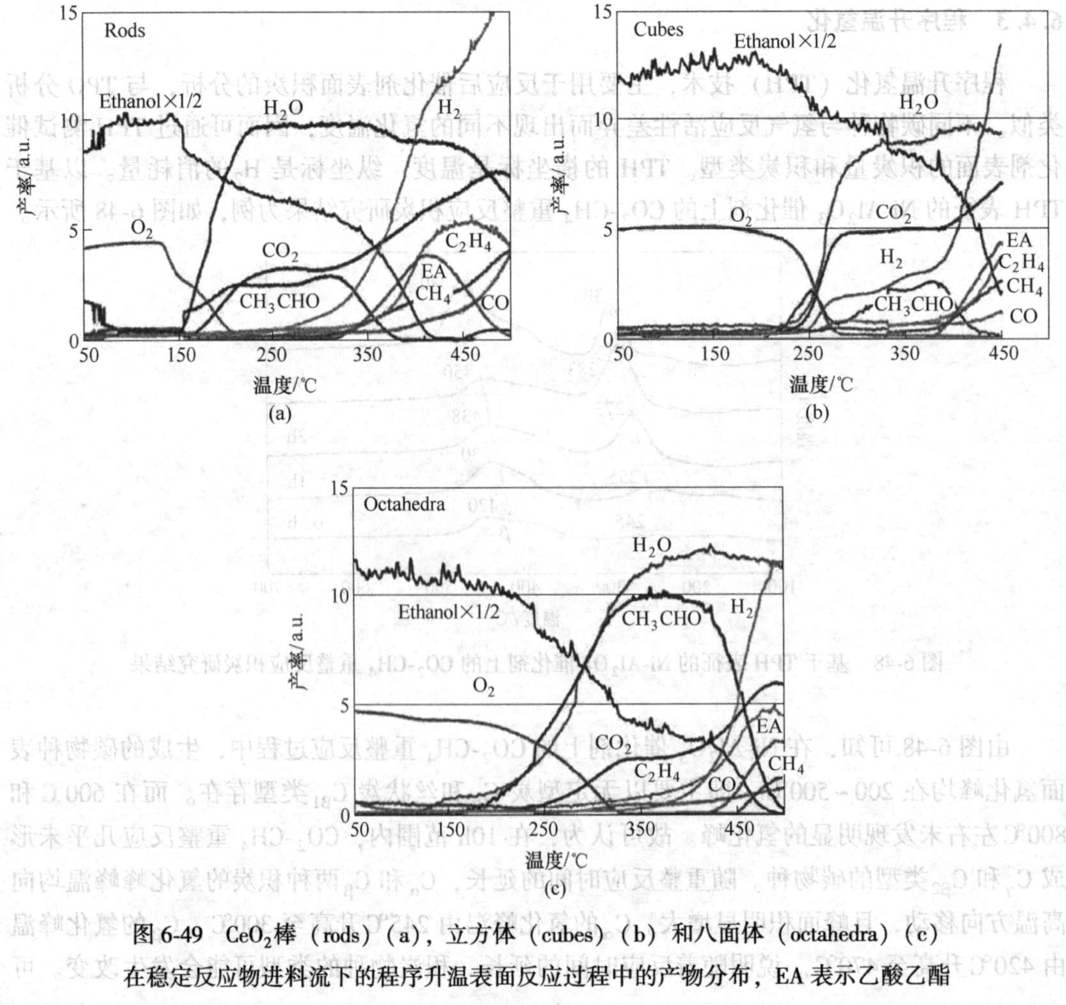

图 6-49 CeO_2 棒（rods）(a)，立方体（cubes）(b) 和八面体（octahedra）(c) 在稳定反应物进料流下的程序升温表面反应过程中的产物分布，EA 表示乙酸乙酯

实验结果表明，乙酸根和乙氧基是在CeO_2上产生的表面物种；由于CeO_2的3种不同形态（棒、立方体、八面体），导致它有不同的表面酸性、不同的氧空位数量和吸附位的几何形状，产物乙醛、乙烯、CO_2的比例也不同。

TPSR可通过两种不同的方式得以实现：(1) 首先将经过处理的催化剂在反应条件下进行吸附和反应，然后从室温程序升温至所要求的温度，使在催化剂上吸附的各种表面物种边反应边脱附。(2) 用作脱附的载气本身就是反应物，在程序升温过程中，载气（或载气中某组分）与催化剂表面上的吸附物种边反应边脱附。

6.4.5 程序升温还原

程序升温还原（TPR），是表征催化剂还原能力的简单有效的方法。TPR是一种在等速升温的条件下进行的还原过程。在升温过程中如果试样发生还原，气相中的氢气浓度随温度变化而发生浓度变化，把这种变化过程记录下来就得氢气浓度随温度变化的TPR图。TPR的研究对象为负载或非负载的金属或金属氧化物催化剂（金属催化剂，需氧化处理为金属氧化物）。通过TPR实验可获得金属价态变化、两种金属间的相互作用、金属氧化物与载体间相互作用、氧化物还原反应的活化能等信息。

由于一种纯的金属氧化物具有一个特定的还原温度，即TPR图谱中的每一个峰对应着催化剂中的1种可还原物种，而峰温（T_M）对应着催化剂上氧化物种被还原的难易程度，峰面积正比于该氧化物种量的多少。在氧化物中引进另一种氧化物，如果在TPR分析过程中每一种氧化物都保持自身还原温度不变，则彼此没有发生作用。反之，如果两种氧化物发生了固相反应型的相互作用，则每一种氧化物原来的还原温度也会发生变化。H_2-TPR曲线可以提供关于氧化态催化剂的可还原性及不同组分间的相互作用等有关信息。因此，TPR是研究负载型催化剂中，金属氧化物与金属氧化物之间，以及金属氧化物与载体之间相互作用的有效方法。在TPR实验中经常发现当氧化物中添加少量贵金属，使得氧化物的还原温度明显下降的现象，这种现象一般归属于氢溢流效应，即氢气在贵金属表面首先发生解离，生成原子氢，然后溢流到氧化物上，由于原子氢的还原能力明显高于氢分子，所以使得氧化物的还原温度明显下降。由于活性组分不同，有的氧化物容易还原，这种氢溢流现象很难避免，采用CO替代H_2，可以减少氢溢流。以Ni-Mo、Ni-Mo-Al、Ni-Mo-P-Al的H_2-TPR表征结果为例，结果见图6-50。

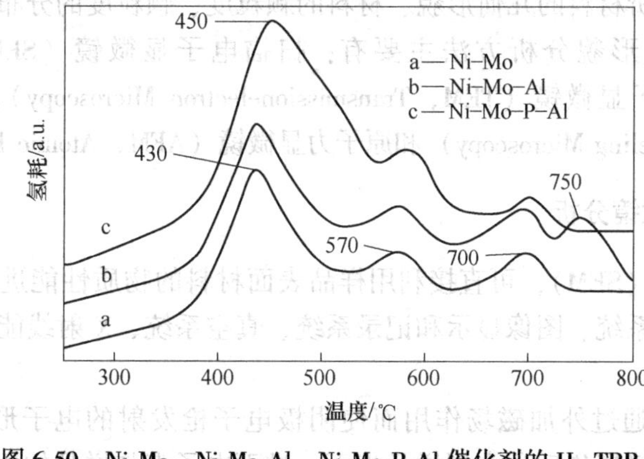

图6-50 Ni-Mo、Ni-Mo-Al、Ni-Mo-P-Al催化剂的H_2-TPR图

从图 6-50 可以看出，Ni-Mo 催化剂分别在 430℃、570℃和 700℃附近出现 3 个还原峰。其中，出现在 430℃处的耗氢峰，对应于 MoO_3 向 MoO_2的还原；700℃的还原峰是 MoO_2向 Mo 的还原；出现在 550~650℃的还原峰，归属为 Ni-Mo-O 的还原。Ni-Mo-Al 催化剂出现 4 个还原峰，除与 Ni-Mo 催化剂相同的 3 个还原峰外，在高温 750℃处还出现了一个还原峰，是 Ni 与 Al_2O_3 形成了 $NiAl_2O_4$ 尖晶石。Ni-Mo-P-Al 催化剂的 TPR 曲线中，高价态 Mo 的还原峰面积变大，高温处低价 Mo 的还原峰明显减弱，进一步说明 P 促进四面体物配位 Mo^{4+}物种减少，八面体配位 Mo^{6+}物种增加。同时，高温处 750℃的还原峰基本消失，是因为 P 与 Al_2O_3 形成了 $AlPO_4$ 相，减小了活性组分 Ni 与 Al_2O_3 间相互作用力。同时，P 的加入使低温处高价态 Mo 的还原温度升高 30℃左右，可能原因是 P 增大了孔径，使颗粒变大，提高了还原温度。

程序升温技术，本质上是一种温度谱，其研究对象是特定的探针或反应物分子与催化剂表面特定部位的相互作用，因此，该技术所得到的信息对催化研究尤为重要。由于程序升温技术能获得吸附态分子之间的相互作用及化学变化，成为表面反应机制研究的一种重要手段。许多催化剂特别是氧化催化剂的催化性能往往取决于活性组分的氧化还原性质，而程序升温和程序升温氧化技术是目前研究催化剂氧化-还原性能最为有效和方便的手段。因此，程序升温分析技术在催化的基础研究和应用研究中得到了十分广泛的应用。

6.5 催化剂微观形貌、分散度以及分布的方法

催化材料种类繁多，包括负载金属粒子、金属、金属氧化物、复合氧化物、硫化物等。为了深入理解催化剂的作用本质和催化剂合成机理，必须弄清楚催化剂的微观结构（包括形貌、相组成、化学组成、表面结构，以及负载催化活性粒子的大小，形状、表面和界面结构等）和催化性能的关系。同样，因化学处理及热处理引起的变化都会对催化剂的性能有影响。催化剂表面科学研究能够提供关于分子在催化剂表面吸附、反应的细节，是理解反应原理和合理设计催化剂的关键。因此，催化基础研究与表面科学研究密不可分。

催化剂表（界）面的形貌常反映出表面结构的特征，不同的形貌在催化反应中表现出不同的催化活性。因此，形貌分析在表征催化剂表（界）面结构方面非常重要。形貌分析的主要内容是分析材料的几何形貌、材料的颗粒度、颗粒度的分布、形貌微区的成分和物相结构等方面。形貌分析方法主要有：扫描电子显微镜（SEM，Scanningelectron Microscopy）、透射电子显微镜（TEM，Transmissionelectron Microscopy）、扫描隧道显微镜（STM，Scanning Tunneling Microscopy）和原子力显微镜（AFM，Atomic Force Microscopy）。

6.5.1 扫描电子显微镜分析

扫描电子显微镜（SEM），可直接利用样品表面材料的物质性能进行微观成像。其组成结构包括电子光学系统、图像显示和记录系统、真空系统、X 射线能谱分析系统，如图 6-51 所示。

SEM 工作原理：通过外加磁场作用而使阴极电子枪发射的电子形成极细的电子束，并经阳极加速和磁透镜聚焦后轰击到样品表面，进而电子束与样品的原子核发生反应而激

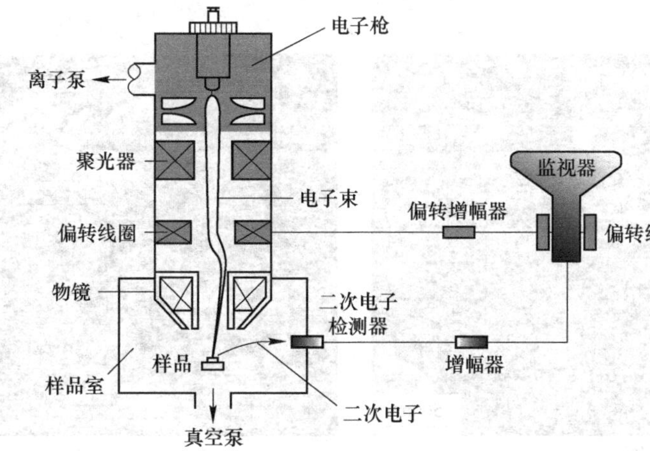

图 6-51 扫描电镜的组成结构

发出多种物理信息，包括二次电子、背散射电子、俄歇电子、特征 X 射线等。如高能的入射电子与试样的核外电子相互作用可造成核外电子电离，电离造成大量电子逸出试样表面，成为二次电子。若试样某部位的二次电子产额高，则此部位在扫描图像上具有较高的亮度。深层的原子也能接受高能入射电子作用，但不能透过表层逸出。因此，能捕捉的逸出电子基本全部来自表层，通过扫描电子显微镜得到的是样品表层结构。逸出电子越多则 SEM 图上越亮，不同的原子形态其逸出电子也不一样。SEM 正是根据上述不同信息产生的机理，采用不同的信息检测器对这些信息收集、放大、再成像，就可以获得表征样品表面形貌、取向、成分的 SEM 图，从而达到对物质微观形貌表征的目的（扫描电镜的组成结构)。如对二次电子、背散射电子的采集，可得到有关物质微观形貌的信息；对 X 射线的采集，可得到物质化学成分的信息。正因如此，根据不同需求，可制造出功能配置不同的扫描电子显微镜。

SEM 分析对样品的要求比较低，无论是粉体样品还是大块状样品，均可以直接观察样品表面的结构和在样品室中作三度空间的平移和旋转。图像的放大范围广，分辨率一般为 6nm，观察视野大。对于场发射扫描电子显微镜，其空间分辨率可以达到 0.5nm 数量级，并且景深大、视野大、成像立体效果好。此外，扫描电子显微镜和其他分析仪器相结合，可以做到观察微观形貌的同时进行物质微区成分分析。SEM 分析提供的信息主要有材料的几何形貌，粉体的分散状态，纳米颗粒大小及分布，以及特定形貌区域的元素组成和物相结构。以 g-C_3N_4 和 g-C_3N_4/ZnO/AgCl(0.1g) 的 SEM 分析结果为例，结果如图 6-52 所示。

由图 6-52 可知：g-C_3N_4 样品的表面比较光滑，呈现为块状结构。然而，g-C_3N_4/ZnO/AgCl 复合材料的结构发生了明显的变化，材料的粒径尺寸更小，呈现为表面凸凹不平的不规则棒状结构，而凹凸不平的结构有利于比表面积的提高，进而有利于提高光催化活性。

6.5.2 透射电子显微镜分析

透射电子显微镜（TEM)，是把经过加速和聚集的电子束透射到非常薄的样品上，电

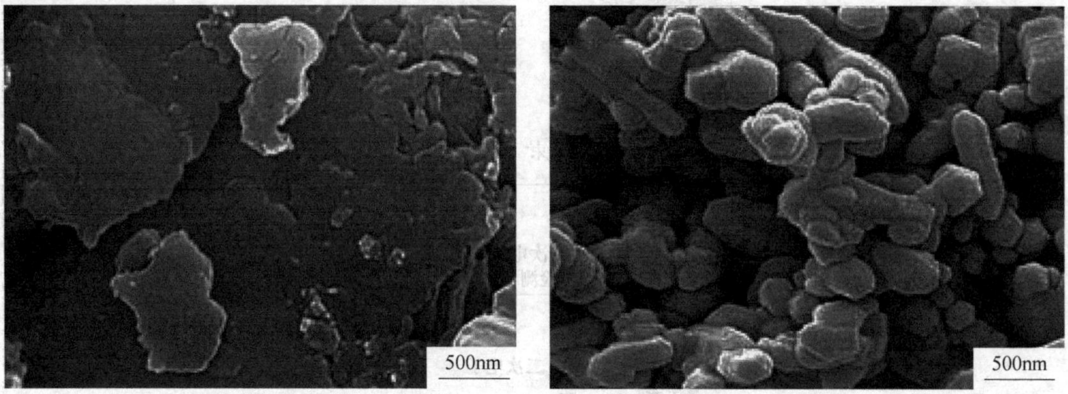

(a) (b)

图 6-52 SEM 图

(a) g-C_3N_4；(b) g-C_3N_4/ZnO/AgCl(0.1g)

子与样品中的原子碰撞后改变方向，产生立体角散射。由于散射角的大小与样品的密度、厚度等相关，因而可以形成明暗不同的影像。影像通过放大、聚焦后，在成像器件(如荧光屏，胶片以及感光耦合组件）上显示出来。透射电子显微镜的基本结构：由电子源与照明系统，成像系统和记录系统组成(图 6-53)。

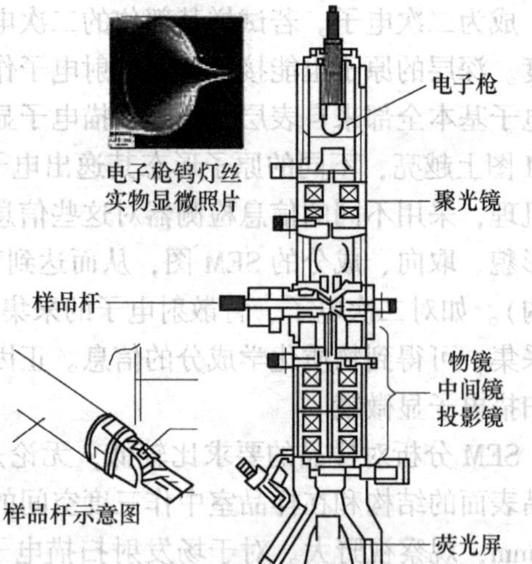

图 6-53 透射电子显微镜的基本结构

TEM 具有很高的空间分辨能力，通常分辨率为 0.1~0.2nm，放大倍数为几万至百万倍，用于观察超微结构，即小于 0.2μm、光学显微镜下无法看清的结构，又称“亚显微结构”。特别适合纳米粉体材料的分析，但颗粒大小应小于 300nm，否则电子束无法透过。对块体样品的分析，透射电镜一般需要对样品进行减薄处理。其特点是样品使用量少，不仅可以获得样品微粒的尺寸、形态、粒径大小、分布状况、粒径分布范围等信息，还可以获得特定区域的元素组成及物相结构信息。

6.5.2.1 TEM 成像原理

TEM 的成像原理可分为以下三种情况：

(1) 吸收像：当电子射到质量、密度大的样品时，主要的成相作用是散射作用。样品上质量厚度大的地方对电子的散射角大，通过的电子较少，像的亮度较暗。早期的透射电子显微镜都是基于这种原理。

（2）衍射像：电子束被样品衍射后，样品不同位置的衍射波振幅分布对应于样品中晶体各部分不同的衍射能力，当出现晶体缺陷时，缺陷部分的衍射能力与完整区域不同，从而使衍射钵的振幅分布不均匀，反映出晶体缺陷的分布情况。

（3）相位像：当样品薄至10.0nm以下时，电子可以传过样品，波的振幅变化可以忽略，成像来自于相位的变化。

电子衍射是电子显微镜中晶体样品成像的主要衬度机制，特别是在中等放大倍数时，衍射衬度是晶体样品成像的主要衬度。电子穿透晶体样品后，因为透射和衍射的电子强度比例不同，因此用透射电子束或衍射电子束来成像时像的衬度不同，由此得到像的衬度叫做衍射衬度。衍射衬度是一种特殊形式的衬度，它只发生在晶体与入射电子束的某些固定取向上。当置物镜光阑于电子显微镜光轴中心时，只有透射电子束通过物镜光阑并在物镜像平面上成像，得到的即为明场像。考虑到质厚衬度同时存在，样品满足布拉格条件的区域将发生强烈的电子衍射。因此，当这部分电子为物镜光阑遮挡而不参加成像时，样品中满足布拉格条件的区域将在明场像中呈现较暗的衬度（图6-54（a））。相应，当只允许一衍射束通过物镜光阑而遮挡住透射电子束，得到的即为暗场像（图6-54（b））。样品中满足布拉格条件的区域将在暗场像中呈现较亮的衬度，可以将物镜光阑偏离光轴中心选取某一衍射束成像，但偏光轴成像容易引起像差。故一般将入射电子束偏移一布拉格角，而使衍射电子沿光轴传播通过物镜光阑成暗场像（图6-54（c）），即利用近光轴电子成像减小像差。

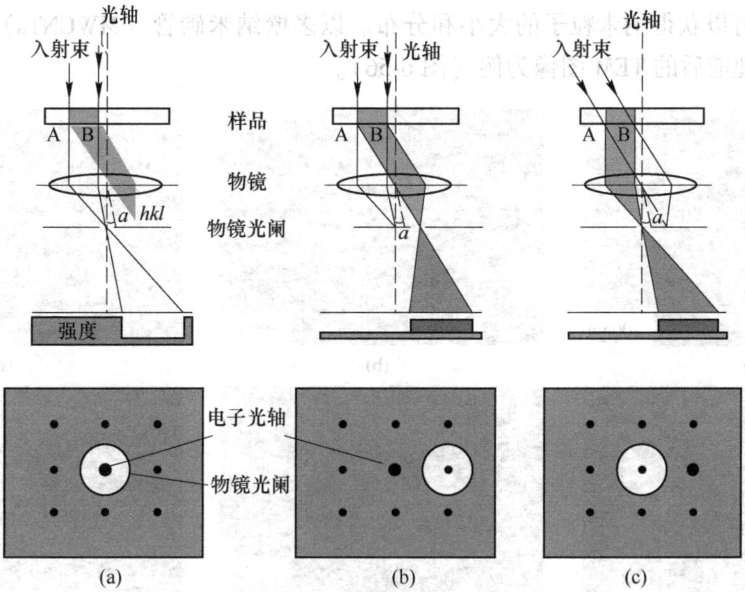

图6-54 透射电子显微镜

（a）明场成像机制；（b）暗场成像机制；（c）偏电子束暗场成像机制

当材料中多相共存时，其衍射图是多套衍射花样的叠加，此时如果选用某一特殊衍射束用于成像，则在相应的暗场像上，含有能产生该衍射的晶体结构的部分就会呈现明亮的衬度，而不含该种结构的部位则呈暗区，这将有利于分析催化剂中不同晶粒的分布和相分离情况。以活性炭上负载的 AuPd 合金纳米催化粒子的 TEM 明场像和暗场像为例，如图 6-55 所示。

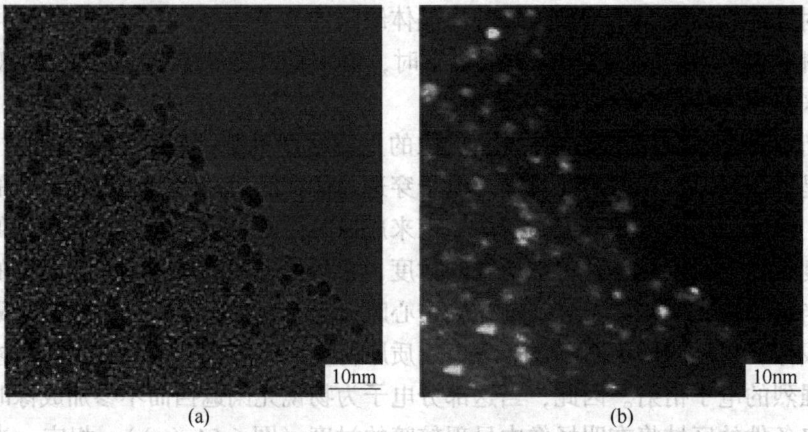

图 6-55 活性炭负载 AuPd 合金纳米催化粒子的 TEM 图像

（a）明场像；（b）暗场像

6.5.2.2 TEM 在催化中的应用

A TEM 粒径分析

测定催化剂粒子的大小及分布是理解催化剂物理性质和化学性质的一个重要方面，借助 TEM 分析可以获得纳米粒子的大小和分布。以多壁纳米碳管（MWCNTs）经硫酸、Ce 和 Ti 改性处理前后的 TEM 图像为例（图 6-56）。

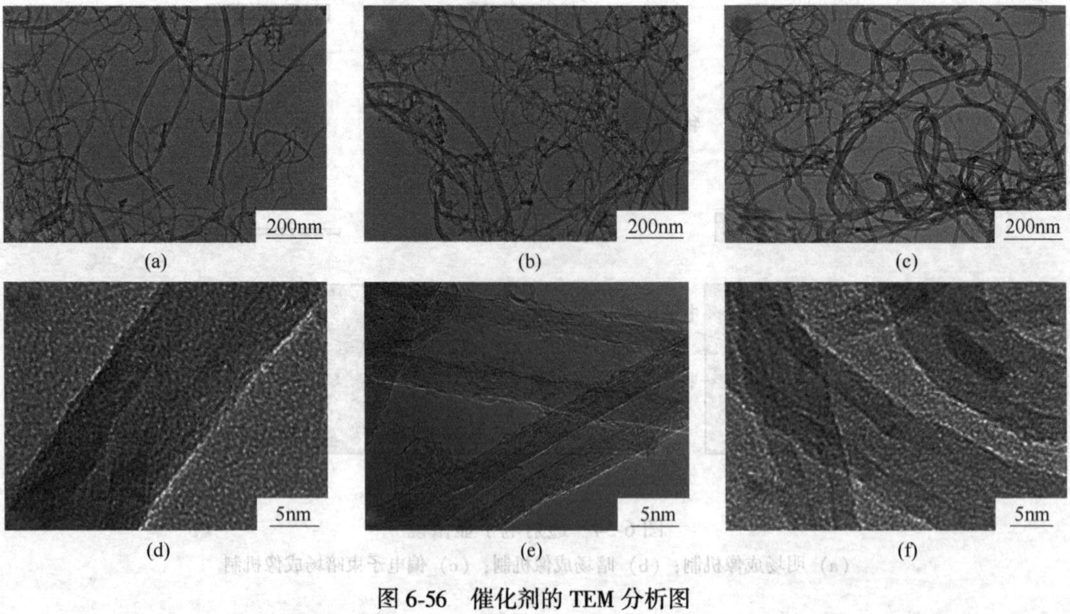

图 6-56 催化剂的 TEM 分析图

（a）（d）SO_4^{2-}/MWCNTs；（b）（e）Ce^{3+}-Ti^{4+}-SO_4^{2-}/MWCNTs；（c）（f）Ti^{4+}-SO_4^{2-}/MWCNTs

由图 6-56（a）、图 6-56（b）和图 6-56（c）可知：相比于整体结构比较松散的

SO_4^{2-}/MWCNTs，催化剂 Ce^{3+}-Ti^{4+}-SO_4^{2-}/MWCNTs 和 Ti^{4+}-SO_4^{2-}/MWCNTs 中的碳管与碳管之间彼此交联缠结。以上变化可尝试解释如下：随着 Ce^{3+} 和 Ti^{4+} 加入 SO_4^{2-}/MWCNTs，Ce^{3+} 和 Ti^{4+} 将与多壁纳米碳管表面的 SO_4^{2-} 相互作用，从而改变了碳管表面原有的电子状态。并且，碳管与碳管之间管壁上的一部分 SO_4^{2-} 会通过 Ce^{3+} 和 Ti^{4+} 而成键，将进一步加强碳管之间的接触，致使管壁间的形态发生了变化。由图 6-56（d）、图 6-56（e）和图 6-56（f）可知，催化剂 Ce^{3+}-Ti^{4+}-SO_4^{2-}/MWCNTs、Ti^{4+}-SO_4^{2-}/MWCNTs 和 SO_4^{2-}/MWCNTs 的碳管直径均约为 15nm。

B　研究催化剂中原子结构及界面结构

当前，高分辨电子显微像已经成为研究离子原子结构的常规手段。通过高分辨像的傅里叶变换，能够得到晶面间距、晶格畸变及对称性信息。以 Ti_3C_2Tx 和 Cu/Ti_3C_2Tx 的 TEM 图像为例（图 6-57）。

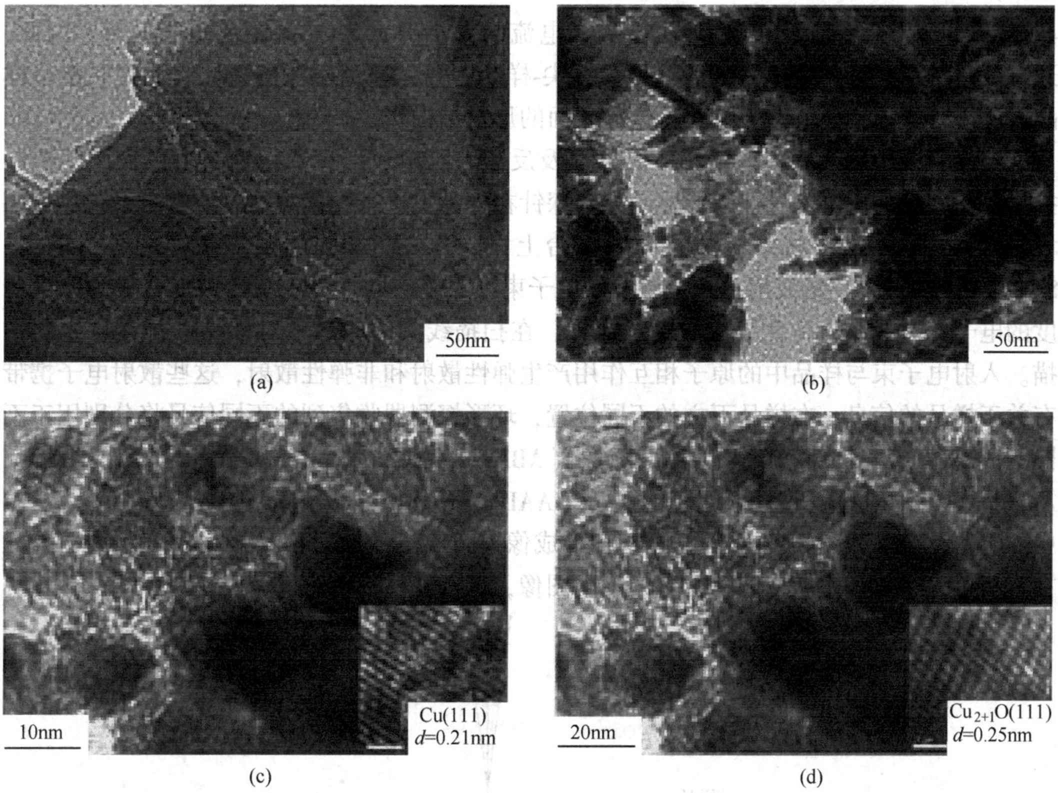

图 6-57　TEM 图像
（a）Ti_3C_2Tx；（b）～（d）Cu/Ti_3C_2Tx

由图 6-57 可观察到：图中间距为 0.21nm 的晶格条纹对应 Cu(111) 的晶面，而间距为 0.25nm 的晶格条纹对应 $Cu_{2+1}O(111)$ 的晶面。

C　衍射分析

HRTEM 可以获得晶格条纹像（反映晶面间距信息），以及结构像及单个原子像（反映晶体结构中原子或原子团配置情况）等分辨率更高的图像信息，但是要求样品厚度小于1nm。以单晶氧化锌的TEM电子衍射图像为例（图6-58）。

图6-58　单晶氧化锌的TEM电子衍射图

6.5.3　扫描隧道显微镜分析

扫描隧道显微镜（STM），是一种利用量子隧穿效应对物体表面进行检测的仪器。根据量子力学原理，电子有一定概率穿过比自身能量高的势垒，这一现象被称为量子隧穿。根据这一原理，控制器通过控制扫描探头上的针尖接近样品表面，使得部分电子能够从样品表面隧穿至针尖，形成隧穿电流，通过放大器对隧穿电流进行放大，再对隧穿电流进行测量，就能够得到针尖与样品之间隧道结的大小信息。由于隧穿电流的大小对针尖-样品距离十分敏感，因此，通过分析隧穿电流的大小，就能够得到针尖-样品距离，通过压电陶瓷控制针尖在整个样品表面进行扫描，便能够大致获得样品表面的形貌结构。

STM主要由扫描探头、锁相放大器以及反馈电路组成，其中扫描头中包含用于控制扫描探针移动的压电陶瓷，以此驱动扫描探针在样品上进行扫描。为了使整个系统隔绝环境的振动，通常需要将系统放置于减振台上，以此提高扫描隧道显微镜的分辨能力。STEM的工作原理：场发射电子枪激发的电子束经过复杂的聚光系统后被汇聚成为原子尺度的电子束斑，作为高度聚焦的电子探针，在扫描线圈的控制下对样品进行逐点光栅扫描。入射电子束与样品中的原子相互作用产生弹性散射和非弹性散射，这些散射电子携带有关于样品的信息。在样品下方的不同位置，环形探测器收集到的不同信号将分别用于不同的成像模式。STEM成像包括明场像（ABF，Annular Bright Field）、暗场像（ADF，Annular Dark Field）和高角环形暗场像（HAADF，High Angle Annular Dark Field），STEM中探测器分布，如图6-59所示。由于各种成像模式收集的散射信号接收角度不同，因此在分析过程中可一次获取同一位置的不同图像，以反映材料的不同信息。

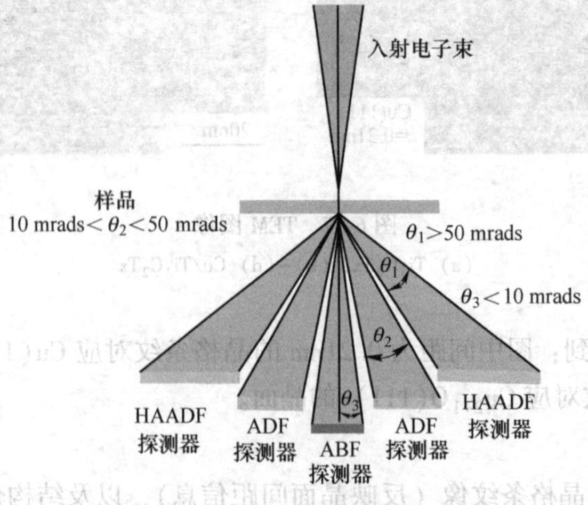

图6-59　STEM中探测器分布示意图

6.5.3.1 环形明场像（ABF）

如图 6-59 所示，在 θ_3 范围内，接收到的信号主要是透射电子束和部分散射电子，利用位于透射电子束的照射锥中心的轴向明场探测器可以获得环形明场像（ABF）。ABF 像类似于 TEM 明场像，可以形成 TEM 明场像中各种衬度的像，如弱束像、相位衬度像、晶格像。θ_3 越小，形成的像与 TEM 明场像越接近。分辨率较 ADF 更高，通常用于提供与 ADF 成像结果互补的图像。ABF 像衬度与原子序数 Z1/3 成正比，因此对轻元素更为敏感。与 HAADF 像相比，ABF 像的优势在于轻重原子同时成像。

6.5.3.2 环形暗场像（ADF）

位于在 θ_2 范围内的环形暗场检测器，接收的信号主要为布拉格散射的电子。在同样成像条件下，ADF 像相对于 ABF 像受像差影响更小，因此图像衬度更好，但 ABF 像分辨率更高。STEM 的明场和暗场像通常用来观察催化剂粒子在载体上的分布，以活性炭负载 AuPd 合金纳米催化粒子为例，如图 6-60 所示。

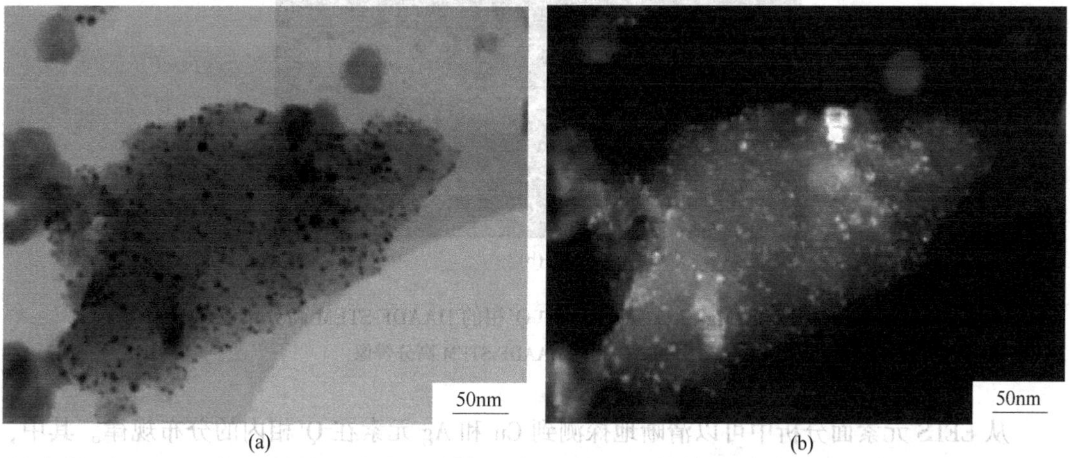

图 6-60 活性炭负载 AuPd 合金纳米催化粒子的 STEM 图像
（a）明场像；（b）暗场像

6.5.3.3 高角环形暗场像（HAADF）

在环形暗场模式下，使用 HAADF 检测器将接收角度进一步扩大到 θ_1 范围时，接收到的信号主要是高角度非相干散射电子。高角散射电子是入射电子束与样品原子内壳层 1s 态电子发生散射所产生的，涉及原子核的性质，包括核的能级结构以及核所处的化学环境。高角环形探测器正是用来收集这些大角散射电子成像的附件，其得到的扫描像也称为 Z 衬度像（亦称为扫描投射电子显微镜高角环形暗场像（HAADF-STEM）。Z 衬度像利用高角散射电子，为非相干像，是原子列投影的直接成像，其分辨率主要取决于电子束斑的尺寸，因而它比相干像具有更高的分辨率。Z 衬度像随试样厚度和物镜聚焦不会有很大变化，不会出现衬度反转，所以像中的亮点总是对应原子列的位置。

虽然 Z 衬度高分辨成像可以获得原子序数衬度，但是它并不能确定元素的种类，EDS 和 EELS 则是探测元素种类的有效方法，其中 EELS 由于具有较高的探测敏感度和可以分析电子的态密度而受到极大关注。在 STEM 中得到高分辨 Z 衬度像的同时，可以精确地将电子束斑停在所选的原子列上，用较大的接收光阑，就可以得到单个原子列的能量损失谱。原子分辨率的Z衬度像与电子能量损失谱结合，可以在亚埃的空间分辨率和亚电子伏特能量分辨率下研究材料界面和缺陷及电子结构、价态、成键和成分等，为研究材料原子尺度成分与宏观性能的关系提供新的途径。以Al-Mg-Si-Cu-Ag合金中Q′相的HAADF-STEM高分辨像，如图6-61所示。

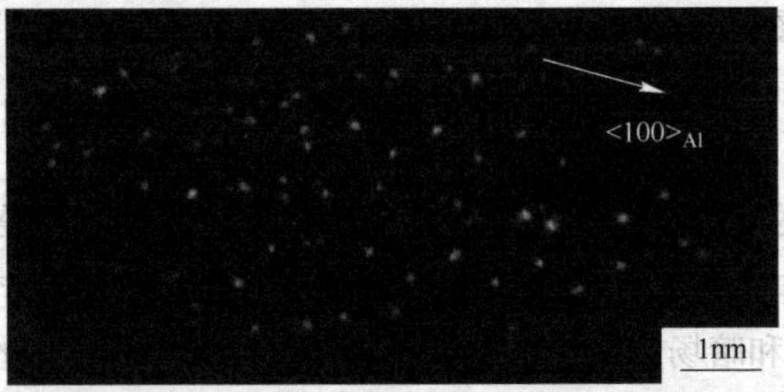

(a)

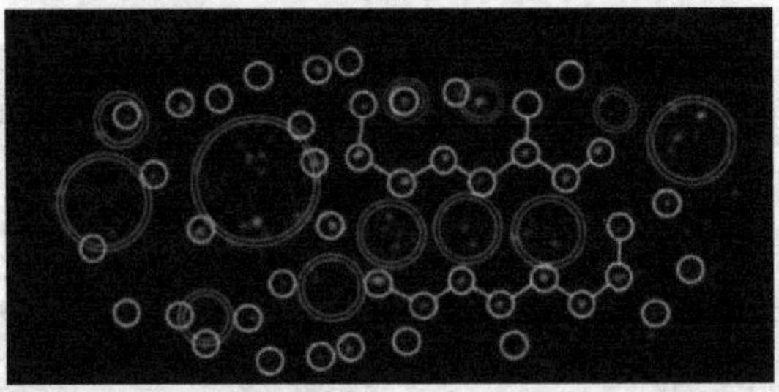

(b)

图6-61 Al-Mg-Si-Cu-Ag合金中Q′相的HAADF-STEM高分辨像
(a)(b) Q′相的HAADF-STEM高分辨像

从EELS元素面分析中可以清晰地探测到Cu和Ag元素在Q′相内的分布规律。其中，Cu原子主要分布在析出相与基体的界面处，并且产生无周期的结构；然而，Ag原子在析出相内的分布比较分散，主要分布在非共格界面处，且Ag原子柱在析出相内部形成一定的特定结构，Ag原子和Cu原子不会混合排列。

6.5.4 原子力显微镜分析

原子力显微镜（AFM，Atomic Force Microscopy），是通过测量样品表面分子（原子）和一个微型力敏感元件（AFM微悬臂探针）之间的极微弱的原子间相互作用力，来观测样品表面的形貌和研究物质的性质。

AFM主要是由执行光栅扫描和z定位的压电扫描器、反馈电子线路、光学反射系统、探针、防震系统以及计算机控制系统构成。压电陶瓷管（PZT）控制样品在x、y、z方向的移动，当样品相对针尖沿着xy方向扫描时，由于表面的高低起伏使得针尖、样品之间的距离发生改变。当激光束照射到微悬臂的背面，再反射到位置灵敏的光电检测器时，检测器不同象限收到的激光强度差值同微悬臂的形变量形成一定的比例关系。反馈回路根据检测器信号与预置值的差值，不断调整针尖、样品之间的距离，并且保持针尖、样品之间的作用力不变，即得到表面形貌像，该种测量模式称为恒力模式。当已知样品表面非常平滑时，可以采用恒高模式进行扫描，即针尖、样品之间距离保持恒定。这时针尖、样品之间的作用力大小直接反映了表面的形貌图像。原子力显微镜的工作原理，如图 6-62 所示。

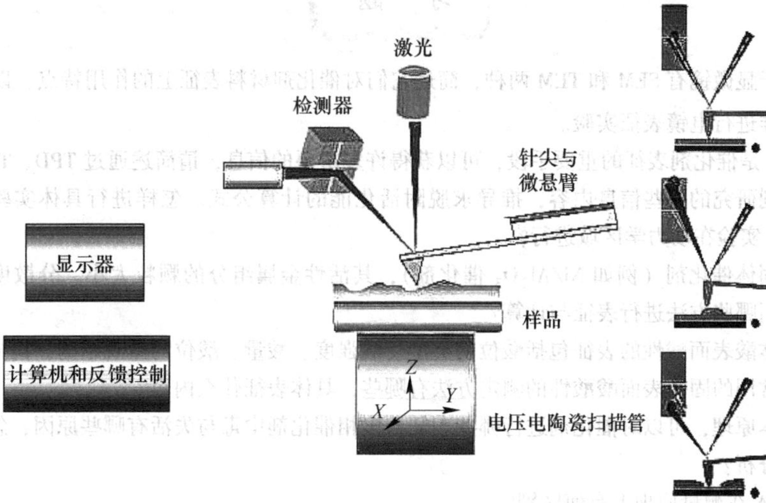

图 6-62 原子力显微镜的工作原理

AFM 在水平方向具有 0.1～0.2nm 的高分辨率，在垂直方向的分辨率约为 0.01nm。尽管 AFM 和 SEM 的横向分辨率相似，但 AFM 和 SEM 两种技术的最基本的区别在于处理试样深度变化时有不同的表征。由于表面的高低起伏状态能够准确地以数值的形式获取，AFM 对表面整体图像进行分析可得到样品表面的粗糙度、颗粒度、平均梯度、孔结构和孔径分布等参数，也可对样品的形貌进行丰富的三维模拟显示，使图像更适合于人的直观视觉。图 6-63 所示为接触式操作模式下得到的二氧化硅增透薄膜的三维形貌。

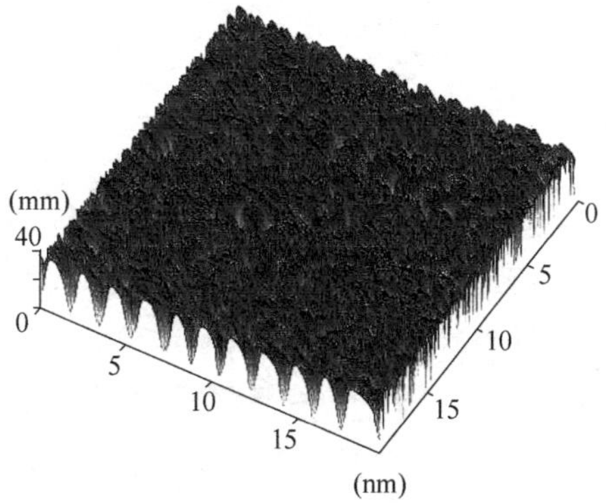

图 6-63 二氧化硅增透薄膜的 AFM 三维形貌

催化剂的活性，选择性，寿命是由催化剂的组成，结构，物化性能，特别是由表面原子的配位状态及其相互作用决定。借助于现代测试技术，人们对催化剂的活性中心的组成、结构、配位环境与能量状态对催化性能的影响、催化反应机理等都有了较深入的认识。催化剂体系众多，对不同反应的催化机理的阐释将有利于开发出高稳定性和高活性的催化剂，而催化剂表征对理解不同催化反应中的反应机理非常关键。因此，催化剂表征是催化剂开发过程中的一个重要方向。

习 题

6-1 常用的电子显微镜有 SEM 和 TEM 两种，简述它们对催化剂材料表征上的作用特点，以纳米 SiO_2 为例说明怎样进行电镜表征实验。

6-2 TPD、TPR 是催化剂表征的重要手段，可以获得许多重要的信息，请简述通过 TPD、TPR 技术可以获得催化剂研究的哪些信息内容，推导求脱附活化能的计算公式。怎样进行具体实验操作，保证 TPD、TPR 实验在动力学区域进行？

6-3 对于负载固体催化剂（例如 Ni/Al_2O_3 催化剂），其活性金属组分的颗粒大小、分散度、活性比表面，可采用哪些方法进行表征与计算？

6-4 通常对固体酸表面酸性的表征包括酸位的类型、酸强度、酸量、酸位的微观结构，请描述它们各自的含义；常用的固体表面酸酸性的测定方法有哪些，具体表征什么内容？

6-5 XPS 的基本原理，可以对催化剂进行哪些表征，多相催化剂中毒与失活有哪些原因，怎样采用 XPS 进行表征分析？

6-6 DSC 和 DTA 在测量原理上有何区别？

6-7 试解释核磁共振谱图中的化学位移产生的原因。

6-8 举例简述 CO 作为探针分子在红外光谱中的应用能揭示催化剂的哪些性质？

7 光 催 化

20 世纪 70 年代以来，人类尝试将目光聚焦于太阳光源以试图解决人类发展所面临的能源危机和环境污染这两大难题，在全世界范围内兴起了光催化技术的研究热潮，现已成为国际上最活跃的研究领域之一。1967 年，Fujishima 发现：在紫外光照射下，TiO_2电极可以将水分解为氢气和氧气，即本多-藤岛效应（Honda-Fujishima Effect）。1972 年，他将这一现象发表在 *Nature* 杂志上，揭开了多相光催化新时代的序幕。1976 年，Carey 等人发现 TiO_2在紫外光条件下能有效分解多氯联苯，被认为是光催化技术在消除环境污染物方面的创造性工作，进一步推动了光催化的研究热潮。1977 年，Yokota 等人发现在光照条件下，TiO_2对丙烯环氧化具有光催化活性，拓宽了光催化的应用范围，为有机物合成提供了一条新的途径。1983 年，Pruden 和 Follio 发现烷烃、烯烃和芳香烃的氯化物等一系列污染物都能被光催化降解，扩大了光催化在环境领域的应用范围。

经过几十年的发展，这种以半导体为基础，通过太阳光驱动，具有绿色和高效优势的光催化技术已被广泛应用于污染物降解、重金属离子还原、空气净化、CO_2还原、太阳能电池、抗菌、自清洁等领域。

7.1 光催化原理

光催化，即一种能在光照条件下，通过吸收光量子而具有氧化还原能力，从而参与反应物转化的物质（光催化剂），通过光照作用而使化学反应的速率或反应过程发生变化的反应过程。常见光催化剂如下：

（1）金属氧化物。常见的金属氧化物光催化剂，包括 TiO_2、Fe_2O_3、WO_3、ZnO、Bi_2O_3、In_2O_3、SnO_2、Cu_2O 等。其中，TiO_2因具有化学性质稳定、催化活性高、价格低廉、无毒无污染等优点，而备受人们的青睐，是当今研究最多的光催化剂。

（2）金属硫化物。CdS 和 MoS_2是金属硫化物在光催化领域应用中的两种代表性材料。CdS 因为有较窄的带隙（$E_g=2.4$eV），恰位于可见光波段，被认为是一种理想的可见光驱动光催化剂。然而，由于其自身金属硫化物的特性，导致其极易被氧化，发生光腐蚀现象；此外，光生电子（e）和空穴（h）易复合，并且该复合过程发生在皮秒到纳秒级，导致大部分光生 e 无法迁移到光催化剂表面参与反应，因而其光催化活性较低。单层的 MoS_2具有类似于石墨烯的纳米结构，它是由 S-Mo-S 三层原子组成一个单片层，层内的连接键为强共价键，而层间为弱范德华力相互作用。因此，其带隙的大小可通过改变原子层数来调节。如块体 MoS_2的间接带隙为 1.2eV，而单片纳米 MoS_2由于量子限域效应可达到 1.96eV 的直接带隙。MoS_2导带和价带边缘电位（−0.14eV，+1.76eV）比大多数光敏半导体更高。另外，研究发现 MoS_2的活性位点不是处于片层面上，而是处于片层结构的边缘位置，可通过减少其片层厚度及片层大小而提高其的活性点位，从而提高光催化性能。

（3）Bi 基光催化剂。卤氧化铋 BiOX（X = Cl、Br、I）材料具有独特的层状结构，$[Bi_2O_2]^{2+}$层和双 X^-交替排列。DFT 计算结果表明：BiOF 是 BiOX 催化材料中唯一的直接带隙半导体，其余均为间接带隙半导体。价带（VB，Valence Band）主要为 O2p 和 Xnp（对于 F，Cl，Br 和 I，n 分别为 2、3、4 和 5）占据，导带（CB，Conduction Band）主要为 Bi6p 轨道的贡献。当 Xnp 上的电子受光子激发后跃迁到 Bi6p 轨道上，分别在原轨道与 Bi6p 轨道产生电子、空穴，同时在构成层状结构的正负离子层之间形成静电场，可以有效地分离光生电子空穴对，从而提高光催化剂活性；又由于层状 BiOX（X = Cl、Br、I）属于间接带隙半导体，受光激发的 e^-要从导带到达价带不如直接带隙半导体容易，且其能量形式也发生变化，使得 e^-难以和 h^+复合，有利于光量子量的增加。此外，$BiVO_4$、Bi_2WO_6、Bi_2MoO_6等 Bi 基光催化剂还具有可见光催化性能，因而受到广泛研究。

（4）Ag 基光催化剂。Ag_3PO_4、Ag_2CrO_4、AgBr 等具有可见光响应性能，但普遍存在稳定性差、易被光腐蚀的问题。因而，目前对 Ag 基光催化剂的研究多集中在对其修饰改性上，如将其与与合适的半导体复合形成异质结。

（5）非金属半导体光催化剂。如石墨相氮化碳（$g\text{-}C_3N_4$），具有合适的禁带宽度，能在可见光下响应，化学稳定性、热稳定性良好，可通过改变反应条件来调节形貌结构和光催化性能。

（6）非金属元素单质光催化剂。磷、硫、硼等非金属元素单质光催化剂，具有组成简单，原料来源广泛，环境友好等特点，相比于金属基光催化剂，它们具有更为广阔的应用前景。如红磷光催化剂，其吸收边可达到 700nm 左右，在可见光分解水制氢领域具有潜在的应用前景。但红磷较低的导电性和窄带隙，造成其光生 e^-和 h^+的分离效率低，光催化活性有待提升。

（7）其他光催化剂。如金属有机框架材料（MOFs）、共轭微孔聚合物（CMPs）、共价有机框架材料（COFs），在光催化领域也有所运用。

典型的光催化剂或光敏剂是半导体材料。半导体晶粒的能带结构通常由一个充满电子的低能价带（VB）和一个空的高能导带（CB）构成，VB 和 CB 之间由禁带（FB，Forbidden Band）分开，CB 底与 VB 顶之间的能量差即称为禁带宽度，或者称为带隙能（Energy band gap，E_g）。当前，常用的半导体催化剂大多是过渡金属形成的氧化物或硫化物，如 TiO_2、WO_3、ZnO、SnO_2、CdO、Fe_2O_3、CdS、ZnS 等。半导体光催化剂通常以微米至纳米级别的颗粒形式存在，即为晶胞的聚集体。颗粒既可以是粉末分散体，也可以是厚度为 100~10000nm 的薄膜。绝大多数光催化半导体材料的催化作用机理，可通过 n 型半导体能带理论进行研究。为获知半导体的 E_g(eV)，可使用紫外可见漫反射测量中的吸光度与波长数据作图，进而通过截线法得到吸收波长阈值 λ_g(nm)，最后通过计算得到 E_g：

$$\lambda_g = 1240/E_g \tag{7-1}$$

常见半导体材料的 VB 和 CB 的能带位置（pH 值为 7，相对于标准氢电极的电位（V）），如图 7-1 所示。

通过式（7-1），可计算得到图 7-1 中所示的常见半导体材料的 λ_g值。由式（7-1）可知，半导体的 E_g越宽，其吸收边越窄，电子跃迁需要的能量越高。因此，当光照射不同的半导体时，具有不同 E_g的半导体的光吸收作用存在明显差异。太阳光全光谱图，如图 7-2 所示。

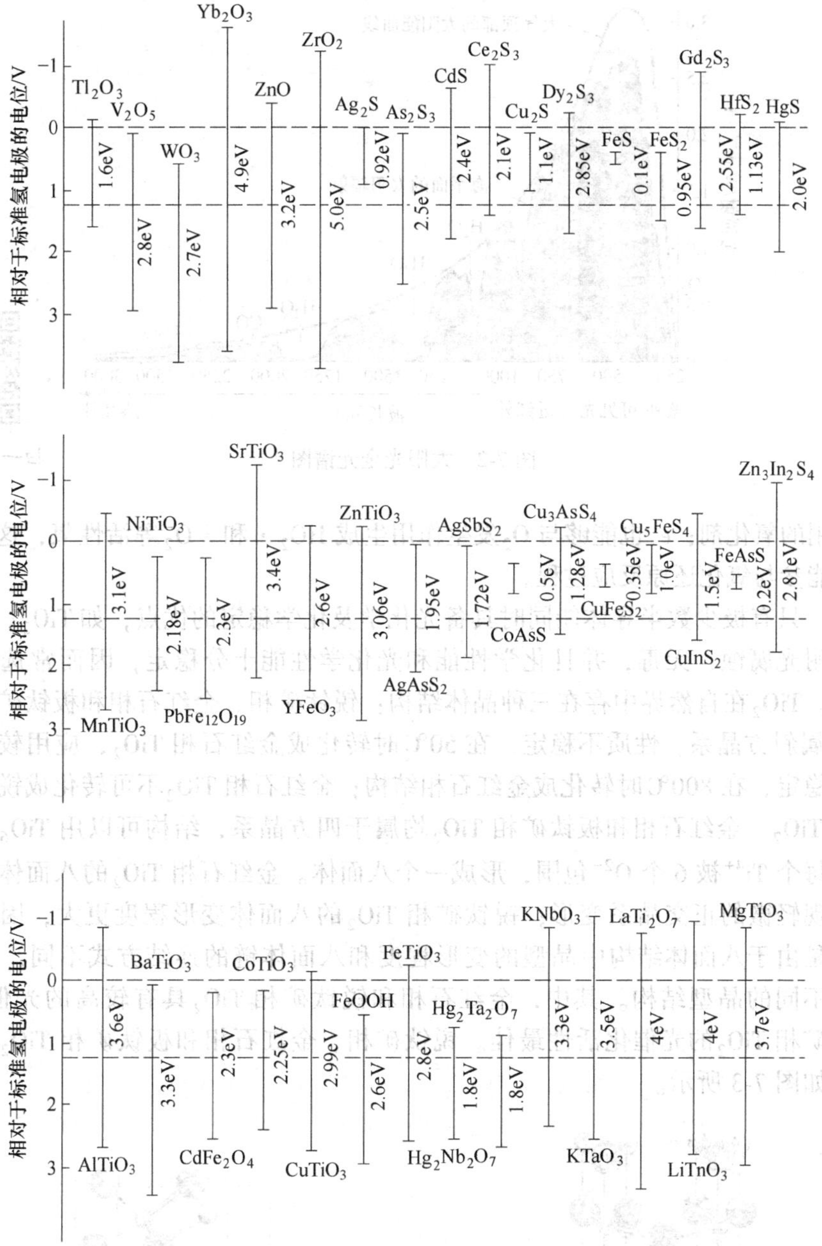

图 7-1　常见半导体材料的 VB 和 CB 的能带位置（pH 值为 7，相对于标准氢电极的电位（V））

由图 7-2 可知：可见光的波长范围为 420~700nm，对应的 E_g 为 1.8~3.0eV。宽禁带半导体只能接受紫外光才能激发，而一些窄禁带半导体可被可见光激发。半导体的 E_g 一般为 0.2~3.0eV。当使用光子能量大于半导体 E_g 的光照射该半导体时，其 VB 上的电子获得光子的能量后，跃迁至 CB 形成光生 e^-；而 VB 中则相应地形成光生 h^+。由于半导体能带的不连续性，e^- 和 h^+ 的寿命较长，它们可通过电场作用或扩散的方式进行迁移。h^+ 能够同吸附在催化剂粒子表面的 OH^- 或 H_2O 发生作用生成 ·OH。由于 ·OH 是一种活性很高的粒子，能够无选择性地氧化多种有机物并使之矿化，通常被认为是光催化反应体系中

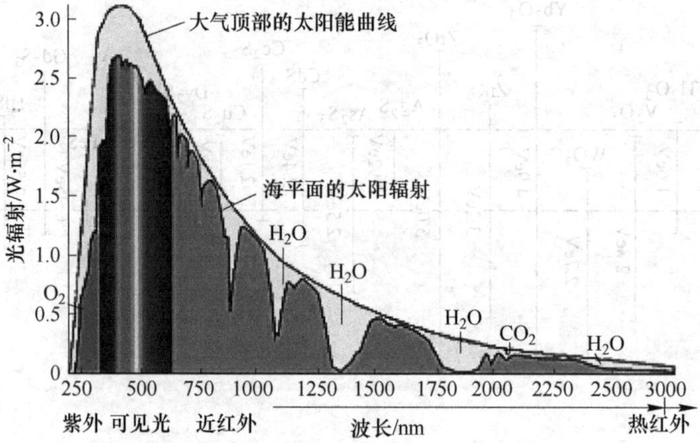

图 7-2 太阳光全光谱图

扫一扫看更清楚

起主要作用的氧化剂；e^-也能够与 O_2发生作用生成 $HO_2\cdot$ 和 $\cdot O_2^-$等活性氧，这些活性氧自由基也能参与氧化还原反应过程。

然而，只有极少数半导体能同时具备光化学及化学稳定的优点，如 TiO_2。TiO_2耐强酸强碱，耐光腐蚀，无毒，并且化学性能和光化学性能十分稳定，因而常选择其作为光催化剂。TiO_2在自然界中存在三种晶体结构：锐钛矿相、金红石相和板钛矿相。板钛矿相 TiO_2属斜方晶系，性质不稳定，在 50℃时转化成金红石相 TiO_2，应用较少；锐钛矿相比较稳定，在 800℃时转化成金红石相结构；金红石相 TiO_2不可转化成锐钛矿相和板钛矿相 TiO_2。金红石相和板钛矿相 TiO_2均属于四方晶系，结构可以用 TiO_6八面体链来表示，每个 Ti^{4+}被 6 个 O^{2-}包围，形成一个八面体。金红石相 TiO_2的八面体结构并不规则，呈现轻微的正交晶系变形；锐钛矿相 TiO_2的八面体变形程度更大，因此对称性减小。正是由于八面体结构中晶型的变形程度和八面体链的连结方式不同，而使 TiO_2存在三种不同的晶型结构。其中，金红石相和锐钛矿相 TiO_2具有较高的光催化活性，尤以锐钛矿相 TiO_2的光催化活性最佳。锐钛矿相、金红石相和板钛矿相 TiO_2的晶体结构参数，如图 7-3 所示。

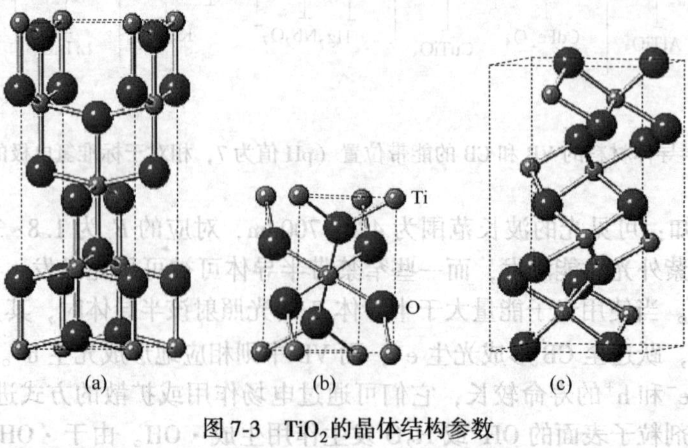

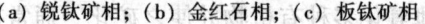

图 7-3 TiO_2的晶体结构参数

（a）锐钛矿相；（b）金红石相；（c）板钛矿相

扫一扫看更清楚

TiO_2的主要缺点是太阳能利用率低，这是由于高 E_g（锐钛矿相 E_g=3.23eV，金红石相 E_g=3.02eV）决定了其只能吸收利用太阳光中的紫外线部分（约占太阳光谱的5%）。因此，其在任何光催化系统中只能用作光敏剂。此外，在半导体光敏剂中，e^-和h^+复合通常占据主导地位。因此，对于光子的吸收利用而言，效率通常不高（基本上小于1%）。当前，已报道的可用于提高 TiO_2光催化活性的方法（表7-1）。

表7-1 可用于提高 TiO_2光催化活性的方法

方法	机理	结果
染料光敏剂（酞菁铜（Ⅱ）染料）	染料激发的电子注入 TiO_2 的导带	将吸收边加宽至可见光范围（>420nm）
与半导体 CdS 复合	CdS 激发的电子注入 TiO_2 的导带	将吸收边加宽至可见光范围（520nm）
非金属元素掺杂（N）	通过将 N2p 与 O2p 杂化缩小带隙	将吸收边加宽至可见光范围（400~800nm）
金属离子掺杂（Pt^+、Cr^{3+}和 V^{3+}）	金属掺杂离子以替代 Ti^{4+} 的形式进入 TiO_2晶格	促进电荷分离和抑制载流子复合
贵金属沉积	贵金属沉积产生肖特基能垒以俘获电子	有效分离电荷载流子并减少复合

7.2 光催化还原及氧化水

近年来，由于地球上的化石燃料总量有限，全世界正考虑从石油经济转变为氢经济。当前，氢气来源仍然是以化石燃料为主，如石油、天然气和煤。利用化石燃料制氢气时，燃料首先与空气或氧气发生作用，生成以氢气和一氧化碳为主的物质；然后，在催化反应器里使一氧化碳和蒸汽反应，以生成二氧化碳和更多的氢气。然而，上述以化石燃料为原料制氢的途径会产生副产品 CO_2，而大气中 CO_2的含量增大会产生温室效应。为了解决该问题，可通过将水裂解成氢和氧的方式来生产氢气。当前，最环保且最可持续的方法是通过电解水制氢气，但是该方法的生产成本很高。据统计，全球氢气生产48%来自天然气，30%来自石油，18%来自煤，而水电解只占4%。

随着半导体光催化剂在合成、改性等方面取得较大进步，兴起了以光催化方法分解水制氢（简称光解水）的研究。在半导体光催化剂作用下，水裂解成 H_2和 O_2的过程为：

$$2H_2O \xrightarrow[\text{制氢催化剂/半导体光敏剂/制氧催化剂}]{h\nu} 2H_2\uparrow + O_2\uparrow \tag{7-2}$$

式（7-2）中，通常用于制 H_2和 O_2的催化剂分别为 Pt 和 RuO_2，半导体光敏剂为 TiO_2或 $SrTiO_3$。

光致水分解，由还原水生成 H_2和氧化水生成 O_2这两个过程组成：

$$\text{光催化剂} + h\nu \longrightarrow h^+ + e^- \tag{7-3}$$

$$4h^+ + 2H_2O \longrightarrow O_2 + 4H^+ \tag{7-4}$$

$$4H^+ + 4e^- \longrightarrow 2H_2 \tag{7-5}$$

总反应如下：

$$2H_2O + h\nu \longrightarrow O_2 + 2H_2,\ \Delta E = 1.23V \tag{7-6}$$

式 (7-6) 中，E 为电极电势（相对于 NHE，pH 值为 0）。因此，水的理论分解电压为 1.23V，即氧化还原反应的电势总和。光致水分解机理，如图 7-4 所示。

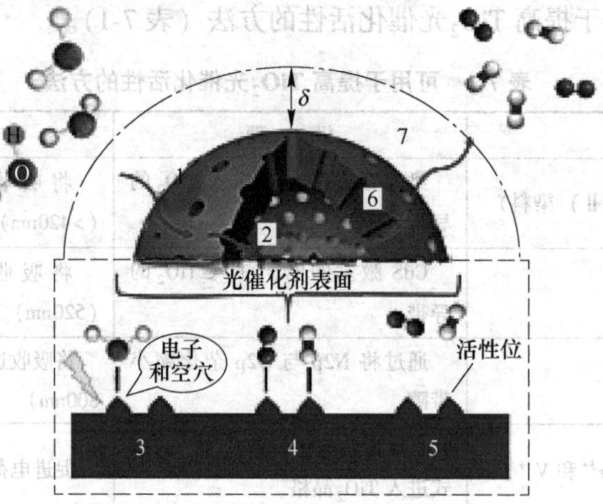

图 7-4　光致水分解机理（7 个基本反应步骤）

如果把光致水分解反应视为一个非均相固液反应过程，那么一个完整的光致水分解循环反应过程由以下 7 个基本步骤，如图 7-4 所示。在表面反应之前，H_2O 分子需要通过液-固边界层扩散到达光催化剂的外表面（标记为图 7-4 中的步骤 1）。由于对流扩散的速率由边界层（δ）的厚度控制，而该边界层厚度通常会在发生湍流混合时变薄，从而有助于加快对流扩散速率。除开光催化剂的外表面，其内表面（取决于光催化剂的孔隙率）也起着重要作用，这是因为大量的活性位点可能存在于光催化剂的孔隙中。因此，H_2O 从外表面到内表面的内扩散过程（标记为图 7-4 中的步骤 2）同样需要关注。通常，开发纳米尺寸的光催化剂可抑制内扩散缓慢的问题，同时赋予更大的水分解表面积。步骤 3、步骤 4 和步骤 5 表示表面反应，包括扩散传输后将 H_2O 分子吸附在活性位点上，水分子解离为 H_2 和 O_2，以及解吸产物为下一个水分解循环腾出活性位点。考虑到光催化的特点，光激发时产生的光生物质（e^- 和 h^+）将在水分解过程中被消耗。完成表面反应后，解吸的产物反向扩散传输（步骤 6 和步骤 7），最终以体相气体产物的形式释放。简而言之，图 7-4 中所示的这 7 个步骤按顺序排列并相互关联。从光催化的角度考虑，e^- 和 h^+ 具有高反应性，因此需要在活性位点上快速补充和解离 H_2O（分别为第 3 步和第 4 步），从而保证在 e^- 和 h^+ 复合之前完成 H_2O 的解离。同样，H_2 和 O_2 的快速解吸（步骤 5），为下一个水分解循环腾出活性位点也至关重要。

由光催化剂分解水的反应步骤可知：半导体的光催化活性主要取决于 CB 与 VB 的氧化-还原电位。通常 VB 顶的还原电位越正，光生 h^+ 的氧化能力越强；CB 底的还原电位越负，光生 e^- 的还原能力越强。

以属于 n 型半导体的锐钛矿相 TiO_2 为例，由于其的 $E_{CB} = -0.32V$，$E_{VB} = 2.91V$（相对于 NHE，pH 值为 0），VB 顶和 CB 底之间的 E_g 为 3.0eV 左右。由于 $E_{CB} < E\ (H^+/H_2) = 0V$ 和 $E_{VB} \gg E\ (O_2/H_2O) = 1.23V$。因此，锐钛矿相 TiO_2 产生的光生电子有足够的还原

性，能将水还原为 H_2。由于其的光生 h^+的还原电位比氟（$E(F_2/F^-)=2.85V$）更正，因而具有更强的氧化性，可以氧化水形成羟基（$E(OH/H_2O)=2.31V$）或氧气（$E(O_2/H_2O)=1.23V$）。因此，锐钛矿相 TiO_2是水还原、氧化或裂解光催化系统中最常使用的半导体。以锐钛矿相 TiO_2光催化分解水过程为例，如图 7-5 所示。

由图 7-5 可知，TiO_2光致水分解过程可分为以下三大过程：光吸收、载流子分离、表面反应。

（1）当 TiO_2吸收能量大于或等于其带隙能量时，价带中的电子被激发到导带中产生光生 e^-；在价带中留下带有正电性的空位，即空穴（h^+）。e^-和 h^+在 TiO_2内部自发形成 e^-/h^+对，也被称作光生载流子。

（2）在 TiO_2内部的部分 e^-/h^+对发生部分复合，剩下的 e^-/h^+对迁移到 TiO_2的表面；

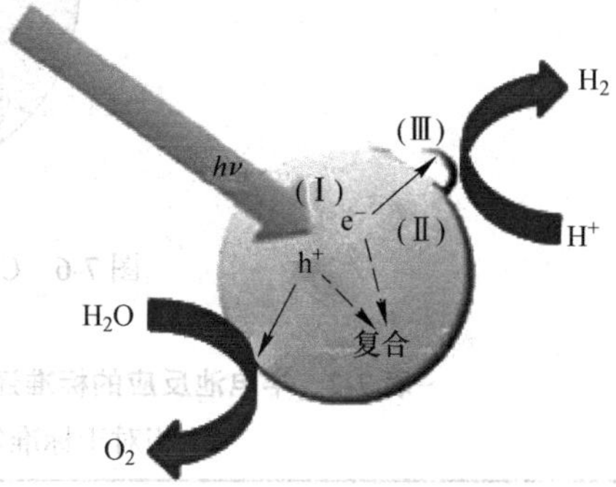

图 7-5 光催化分解水过程

（3）跃迁到 TiO_2表面的 e^-和 h^+分别具有很强的氧化和还原性。具有氧化能力的 h^+能与水中的 OH^-反应生成 O_2，而具有还原能力的 e^-能与氢反应生成 H_2。

当前，光催化制氢并没有实现大规模的工业化实际应用。制约光催化制氢实用化的主要原因：半导体催化剂很难满足同时制氢和氧的能带要求，并且还能有效利用太阳能中的可见光。大多数金属氧化物的禁带宽度大于 3.0eV，对太阳能的利用效率较低；一些具有与太阳光谱较为匹配能隙宽度的半导体材料，如 Cds，却又存在光腐蚀及有毒等问题；p-型 InP、GaP、$GaInP_2$等虽具有理想的能隙宽度，且一定程度上能抗光腐蚀，但其能级与水的氧化还原能级不匹配。因此，探索高效、稳定和经济的可见光响应的光催化材料是光催化制氢实用化的关键。

7.3 光催化 CO_2还原

化石燃料燃烧排放出大量二氧化碳（CO_2），而 CO_2是温室气体的重要来源之一，随着大气中 CO_2浓度不断增加，温室效应越发明显，极端气候频发，已成为地球的严重威胁。因此，如何降低大气中 CO_2含量是亟待解决的重大问题。为了减少 CO_2排放，人类已经开发了多种 CO_2捕获技术。其中，利用光催化技术，将 CO_2还原为甲烷、甲醇、甲酸等有机化合物，具有很高的应用价值。由于 CO_2具有很强的 C ═O 双键，是非常稳定的直线型分子结构。CO_2还原的第一步是一个单电子还原过程，即将 CO_2分子还原为 CO_2^-，其的氧化还原电位为-1.90V（pH 值为 7，标准氢电极）。因此，为了使光生电子或空穴能够还原 CO_2，光催化剂的 CB 边缘必须比 CO_2还原的氧化还原电位-1.90V 更负，并且 VB 边缘应该比 H_2O 氧化的氧化还原电位 0.817V（pH 值为 7，标准甘汞电极）更正。由于大多数无机半导体材料的电位均达不到这个要求，因而在热力学上如果不加以外力将难以实现。CO_2还原过程及产物示意图（图 7-6）。CO_2光催化还原过程中可能发生的典型反应的反应势见表 7-2。

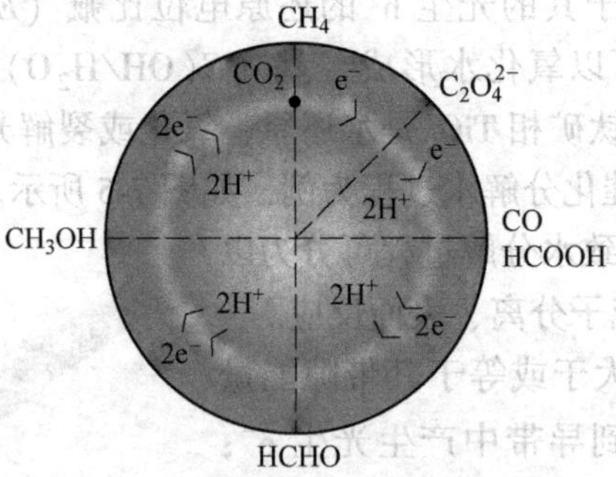

图 7-6 CO_2还原过程及产物示意图

表 7-2 半电池反应的标准还原电位（在 25℃和 1 个大气压的水介质中，相对于标准氢电极（NHE），pH 值为 7）

反 应	还原电位
$CO_2+2H^++2e^- \longrightarrow HCOOH$	-0.61
$CO_2+4H^++4e^- \longrightarrow HCHO+H_2O$	-0.52
$CO_2+2H^++2e^- \longrightarrow CO+H_2O$	-0.48
$CO_2+6H^++6e^- \longrightarrow CH_3OH+H_2O$	-0.38
$CO_2+8H^++8e^- \longrightarrow CH_4+2H_2O$	-0.24
$H_2CO_3+2H^++2e^- \longrightarrow HCOOH+H_2O$	-0.16
$H_2CO_3+4H^++4e^- \longrightarrow HCHO+2H_2O$	-0.05
$H_2CO_3+6H^++6e^- \longrightarrow CH_3OH+2H_2O$	-0.04
$2CO_3^{2-}+3H^++2e^- \longrightarrow HCOO^-+2H_2O$	+0.31
$2CO_3^{2-}+8H^++6e^- \longrightarrow CH_3OH+2H_2O$	+0.20

由表 7-2 可知，光催化 CO_2的还原电位比光催化析氢反应低，因此反应相对更有利。原则上，用于光催化析氢的所有光催化剂都能够进行光催化 CO_2还原的反应。然而，由于 CO_2 的还原产物（一氧化碳（CO）、甲酸盐（$HCOO^-$）、甲酸（HCOOH）、甲醇（CH_3OH）、乙醇（C_2H_5OH）、甲烷（CH_4）、环状有机碳酸酯等产品）和 H_2O 的还原产物 H_2的热力学势非常相似。因此，想要获得具有高选择性的目标产物，具有很大的挑战性。由于半导体表面发生的还原反应和氧化反应分别由材料的光生电子和空穴驱动，只有还原电势和氧化电势处于光催化材料的 CB 底和 VB 顶的电势之间的反应才能发生。因此，从热力学角度进行分析，提高 CO_2光催化还原反应的活性和选择性有以下两种途径：使用具有更负 CB 能级的半导体来降低 CO_2还原所需的过电位；使用助催化剂和选择多电子还原路线而不是单电子还原过程来降低反应的热力学势垒。

因此，与光致水分解反应相比，光催化还原 CO_2需要更高的技术实施精度。常用光催化还原 CO_2催化剂的带隙能级，如图 7-7 所示。

由图 7-7 可知，大部分半导体材料的 CB 所对应的电势值小于 CO_2单电子还原反应势

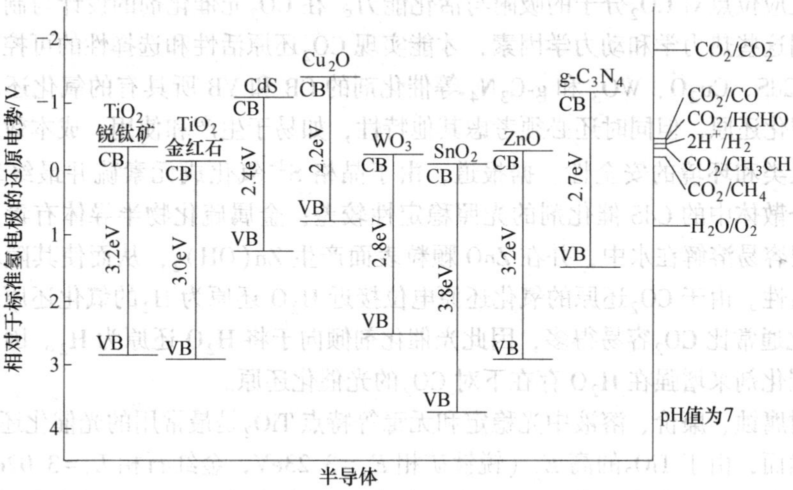

图 7-7　常用光催化还原 CO_2 催化剂的带隙能级

能值。因此，CO_2 的光催化还原过程是多电子-质子迁移的复杂过程，其量子效率低，产物复杂，选择性差。

光催化剂是光催化反应的主体，在诸多光催化还原 CO_2 材料中，半导体材料因其具有高催化活性和化学稳定性而得到广泛关注。半导体材料光催化还原 CO_2 过程，如图 7-8 所示。

由图 7-8 可知，半导体材料光催化还原 CO_2 过程可分成以下三步：

（1）光生 e^--h^+ 的产生。半导体材料吸收能量大于等于其带隙的光子后，半导体材料 CB 上的 e^- 被激发至导带，形成具有还原能力的自由 e^-，同时在失去 e^- 的 CB 上产生相应数量的 h^+，即光激发后形成 e^--h^+ 对。

（2）光生 e^-、h^+ 的分离与输运。光激发形成的 e^--h^+ 有效分离并分别迁移至半导体表面的反应位点，分别为参与还原、氧化反应做准备。在这一过程中，已分离的 e^- 和 h^+ 可能在半导体相内迁移过程复合，或在迁移至半导体表面后发生复合。

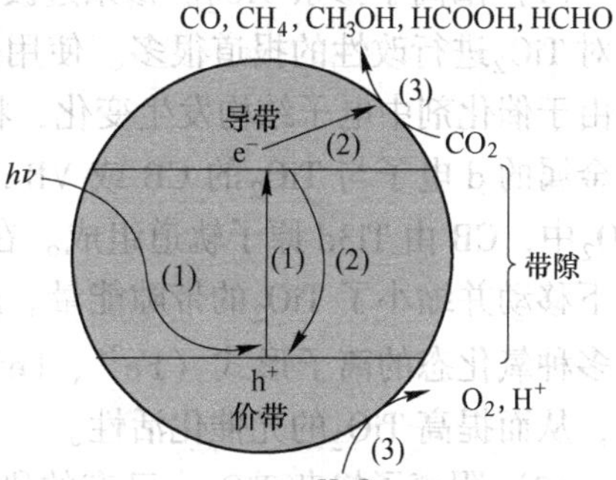

图 7-8　半导体材料光催化还原 CO_2 反应示意图

e^- 和 h^+ 在这一阶段的复合严重影响光催化产率，因此，降低 e^- 和 h^+ 在该阶段的复合率是光催化还原 CO_2 的研究热点之一。

（3）光生 e^-、h^+ 参与反应。迁移至半导体催化位点的 e^-、h^+ 分别与其表面吸附分子发生反应，其中，电子参与 CO_2 的还原反应，将 CO_2 还原成 CO、CH_4、CH_3OH 等有机小分子，而空穴可将 H_2O 氧化成 O_2 或 H_2O_2，亦可在有牺牲剂参与的反应中被牺牲剂捕获消耗。通过以上过程，光能被转化成化学能并储存在其产物中。

半导体材料能否实现 CO_2 的高效光转换，取决于催化过程中的热力学和动力学的平衡综合，包括光吸收率、光生电子-空穴的分离与输运、光催化剂表面的反应活性位点数量以及这些反应位点对 CO_2 分子的吸附与活化能力。在 CO_2 光催化剂的设计与制备中，需要充分考虑到这些热力学和动力学因素，才能实现 CO_2 还原活性和选择性的可控调节。由图 7-7 可知，CdS、Cu_2O、WO_3 和 g-C_3N_4 等催化剂的 CB 和 VB 所具有的氧化还原电位适用于 CO_2 光催化还原，但同时还必须考虑其他特性，如易于生产和使用、成本效益、光稳定性以及对人类和环境的安全性。据报道，由于晶格 S^{2-} 氧化成元素硫并最终氧化成硫酸盐，在水分散体中的 CdS 催化剂的光照稳定性较差；金属硫化物半导体有毒，对环境有害；ZnO 很容易溶解在水中，并在 ZnO 颗粒表面产生 $Zn(OH)_2$，从而使其随着时间的推移而失去活性。由于 CO_2 还原的氧化还原电位接近 H_2O 还原为 H_2 的氧化还原电位，并且 H_2O 的活化通常比 CO_2 容易得多，因此光催化剂倾向于将 H_2O 还原为 H_2。因此，需要一种合适的催化剂来增强在 H_2O 存在下对 CO_2 的光催化还原。

具有耐腐蚀、廉价、溶液中光稳定和无毒等特点 TiO_2 是最常用的光催化还原 CO_2 催化剂之一。然而，由于 TiO_2 的高 E_g（锐钛矿相 $E_g=3.23eV$，金红石相 $E_g=3.02eV$）决定了其只能吸收利用太阳光中的紫外线部分（约占太阳光谱的 5%），导致太阳能利用率低。此外，使用 TiO_2 作为催化剂光催化还原 CO_2 形成的产物的产率仍然很低，因为与吸附物质相比，TiO_2 光生电子/空穴对的复合时间为 $10^{-9}s$，而与吸附物种的化学相互作用时间为 $10^{-8}\sim10^{-3}s$。从而减少了光生 e^- 和 h^+ 在光催化 CO_2 还原反应中的使用。最后，由于 TiO_2 催化剂对 CO_2 的吸附能力较低，从而导致还原过程吸附的反应物较少，这也可能会导致产物收率低。因此，设计一种同时满足所有要求的理想 TiO_2 基催化剂是一个巨大的挑战。当前，基于 TiO_2 改性主要是围绕带隙、电荷转移和 CO_2 吸附能力进行研究。

（1）阳离子掺杂 TiO_2。掺杂过渡金属如 Fe、Co、Ni、Mn、V、Cu、Zn 等阳离子掺杂剂对 TiO_2 进行改性的报道很多。使用过渡金属掺杂 TiO_2 可以提高其光催化活性，这可能是由于催化剂中电子结构发生变化，将其吸收范围从紫外光区扩展到可见光区域。由于过渡金属的 d 电子与 TiO_2 的 CB 或 VB 之间的电荷转移跃迁，吸收边移至可见光区域。在 TiO_2 中，CB 由 Ti3d 原子轨道组成。在 Fe 掺杂的 TiO_2 中，Fe2p 态与 O2p 态的混合使 CB 向下移动并缩小了 TiO_2 的带隙能量。此外，在 TiO_2 晶格中的过渡金属 Fe，由于可以表现为多种氧化态的离子形式（Fe^{2+}、Fe^{3+} 和 Fe^{4+}），可作为 e^- 和 h^+ 陷阱而延缓二者的复合率，从而提高 TiO_2 的光催化活性。

（2）阴离子掺杂 TiO_2。已有的研究报道中，通常将碳（C）、硼（B）、硫（S）和氮（N）等非金属元素掺入 TiO_2 晶格中进行改性。由于非金属元素的原子轨道（如 N2p、S3p、C2p）势能高于 O2p 的原子轨道势能，轨道杂化后可使 VB 顶电位上升，能够在不影响 CB 电位的情况下，缩短半导体 E_g。在众多掺杂非金属元素中，用于 CO_2 光催化还原研究最多的是 N 掺杂。除了缩短 E_g 外，N 还可以产生适合 CO_2 吸附的碱性位点。由于表面上形成的氧空位，可作为 H_2O 和 CO_2 吸附的活性位点，N 掺杂的 TiO_2 也增强了 CO_2 还原的光活性。如以 TiO_2 为 CO_2 光催化还原的催化剂，在产品中未发现 CH_3OH。然而，在 TiO_2 上掺杂 N 后形成的 N-TiO_2，可在紫外可见光照射下将 CO_2 转化为 CH_3OH。这是由于 N-TiO_2 催化剂具有较强的物理和化学吸附 CO_2 的能力。

（3）TiO_2 与窄带隙半导体复合。将 TiO_2 与窄带隙半导体如 CdS、Cu_2O、$FeTiO_3$ 和 $CuFe_2O_4$ 复合是开发具有可见光区域吸收波长范围的光催化剂并降低高电荷载流子复合的另一种策略。在可见光照射下，窄带隙半导体首先从可见光中吸收一个光子。然后，光生电子从窄带隙半导体的 CB 转移到 TiO_2的 CB。只有当窄带隙半导体的 CB 边缘比 TiO_2的 CB 边缘更负时，电子才能转移。两种半导体的 CB 之间的差异越大，电子转移的驱动力就越高。

7.4 光催化污染治理

空气可能是地球上绝大多数生物赖以生存的最重要资源，其质量直接影响人类健康和植物生长。由于工业活动、交通拥堵和城市化的影响，发展中国家和发达国家都面临着空气污染问题。全世界约有 30 亿人使用自然资源作为日常烹饪和取暖需求的能源来源，由于薪柴等自然资源燃烧而向大气中释放的有害气态污染物，已被确认为危害人类健康的第四大威胁。

空气中含有的污染物主要有氮氧化物（NO_2和 NO），硫氧化物（SO_2和 SO_3）等无机有害气体，以及各种挥发性有机化合物（甲苯、苯、二甲苯、乙醛、甲醛等）。世界卫生组织（WHO）对各国的人口和空气污染情况进行了分析，发现世界上大约 87%人口生活在超过《世卫组织环境空气质量指南》中的限值（年度平均 $PM_{2.5}$浓度为 10μg/m^3）的地区。研究表明，城市地区的空气排放是人类致癌的潜在因素。据报道，几乎每 10 人中就有 1 人死于空气污染，气候变化和全球变暖可能会加剧这种情况。空气污染还会导致生产力下降和气候变化。此外，空气质量差导致全球每年损失数十亿美元。因此，科学界正在努力开发具有成本效益的空气污染控制解决方法，以处理大气中的有害污染物。目前处理空气污染常见方法为物理吸附或者借助贵金属降解，物理吸附适用面广，但只适合于浓度较高污染物；贵金属降解成本高，且条件苛刻，耗能高，效率低，只适用于有经济条件的工厂。光催化作为一种新型的绿色环保技术，成本低，适用面广，显示出广阔应用前景。

7.4.1 有害气体的光催化转化

7.4.1.1 硫化氢的光催化转化

硫化氢（H_2S）是一种有毒且具有高度腐蚀性的气体，可来源于石油、冶金和污水处理厂等人为来源的大气排放物。此外，火山喷发和硫还原菌的代谢作用等自然过程也会产生 H_2S。然而，人为来源会提高大气中 H_2S 的含量，从而影响环境并危害人类。因此，通过绿色方法去除 H_2S 是一个重要的研究领域。H_2S 分解产生 S 和 H_2，反应为：

$$H_2S \rightleftharpoons H_2 + S \quad \Delta G^{\ominus} = 33.3\text{kJ/mol}; \quad \Delta H^{\ominus} = 20.4\text{kJ/mol}\ (25℃) \tag{7-7}$$

整个反应属于一个可逆反应过程，且正向反应只能在高温下发生（由式（7-7）可知）。通常，升高反应温度和降低压力可以促进 H_2S 热解反应的正向反应，但不足以抵消逆反应的严重影响。据报道，在 1000℃时，只有 14%的 H_2S 转化为 H_2 和 S，进一步降低反应压力可以使转化率稍微提高到 26%。此外，将产品从原料中及时分离可促进 H_2S 的转化，但并不能显著提高整体的转化效率。总而言之，与大多数技术相比，热解法是一种相对简单和直接的方法。然而，由于不可避免的逆反应的限制，以及对热量和产物分离提出的苛刻要求，均限制了热解法在 H_2S 去除领域的应用。

与热解法相比，光催化分解 H_2S 制氢，不仅可以回收 H_2S 中的氢气，而且可以利用丰富、廉价、清洁的太阳能资源，实现将太阳能转化为氢能的目标。光致 H_2S 分解过程可表示为：

$$\text{光催化剂} + h\nu \longrightarrow e^- + h^+ \tag{7-8}$$

$$2H^+ + 2e^- \longrightarrow H_2(g), \quad \Delta E = 0V \tag{7-9}$$

$$H_2S + 2h^+ \longrightarrow S + 2H^+, \quad \Delta E = 0.14V \tag{7-10}$$

相比于 H_2O 的裂解（$\Delta G^{\ominus} = 237.2kJ/mol$，25℃），$H_2S$ 的裂解（$\Delta G^{\ominus} = 33.3kJ/mol$，25℃）相对更容易进行。光催化分解 H_2S 过程如下：当半导体被能量足够大于或等于其带隙（E_g）的光子照射时，e^-可以从半导体的 VB 激发到 CB，CB 上的 e^-进一步转移到半导体表面，并将 H^+还原为 H_2（式（7-9））；同时，VB 上的 h^+将 H_2S 氧化为 S（式（7-10））。由于只有当氧化还原反应的氧化还原电位位于半导体的 CB 顶和 VB 底之间时，表面还原和氧化反应才能分别由光生 e^-和 h^+驱动。因此，对于 H_2S 分解，光催化剂的 CB 顶必须比 H_2 生成电位更负（H^+/H_2，0V），VB 底必须比 S 生成所需的电位更正（S/H_2S，0.14V，相对于 NHE）。因此，光催化过程中的热力学驱动力很大程度上取决于所用半导体光催化剂的 CB/VB 电位。通常，大多数半导体都具有足够负的 CB 电位和正的 VB 电位来使 H_2S 分解为 H_2 和 S。常用光催化剂，如 TiO_2、ZnO、MnS、In_2S_3、CdS、ZnS、$ZnIn_2S_4$ 均可实现 H_2S 的高效光分解。在开发有效的可见光响应光催化剂时，应平衡氧化还原能力（由 CB/VB 电位决定）和可见光吸收能力（由带隙值决定）之间的这种矛盾。具体原因如下：CB 顶越负，H^+还原的驱动力越大；同理，VB 底越正，硫化物氧化的驱动力越大。然而，同时具有负 CB 和正 VB 能级的半导体，通常具有更宽的带隙而显著降低了其对太阳光谱中可见光（约占太阳光谱的 43%）的利用效率，从而导致太阳能转换效率较低。由于金属硫化物光催化剂的 CB 总是由金属的 d 和 sp 轨道组成，而 VB 由比 O2p 轨道更负的 S3p 轨道组成。这不仅使金属硫化物的 CB 位置足够负，可将 H_2S 还原为 H_2。而且，带隙足够窄，对太阳光谱具有良好的响应。因此，金属硫化物半导体是有前途的 H_2S 分解光催化剂。

7.4.1.2　氮氧化物的光催化转化

NO、N_2O_5和 NO_2 等氮氧化物是有毒气体。除了天然来源之外，汽车尾气、飞机、发电厂、汽车工业和城市化等人为来源也会向大气中释放氮氧化物气体，造成空气污染。这些气体会导致全球变暖、城市烟雾、酸雨、对流层臭氧层破坏等，还会直接影响植物和人类健康。目前，成熟的脱除 NO_x 的方法为催化还原法，但此法存在设备投资及运行费用高，产生二次污染，只能局限于对固定源 NO_x脱除等缺点。近年来，许多研究表明，光催化技术在环境污染治理方面有着良好的应用前景。

光催化分解 NO_x过程与光致 H_2S 分解过程相似。光催化剂，如 Bi@BiOSi 纳米片，其可有效吸收可见光辐射且具有高电荷分离效率。此外，氧空位的存在促进了 O_2 的活化，从而有效地产生了超氧离子（$\cdot O_2^-$）和羟基自由基（OH^-）等活性自由基，使 NO_x转化为 NO_3^-和 NO_2^-。以光催化分解 NO 为例，该过程可表示成：

$$2NO + OH^- \longrightarrow NOH + NO_2^- \tag{7-11}$$

$$2NOH + 2 \cdot O_2^- \longrightarrow NO_3^- + NO_2^- + H_2O \tag{7-12}$$

$$2h^+ + 2NO + O_2 + 4OH^- \longrightarrow 2NO_3^- + 2H_2O \quad (7\text{-}13)$$

7.4.1.3 硫氧化物的光催化转化

大气中的硫氧化物（SO_x）主要来源于化石燃料的燃烧排放物。它们会导致酸雨和光化学烟雾，对植物和建筑物产生破坏，长期吸入 SO_x 还会导致人类呼吸系统疾病。因此，人类已尝试使用光催化法来去除 SO_x。与光催化分解 NO_x 过程类似，同样是通过超氧离子（$\cdot O_2^-$）和羟基自由基（OH^-）攻击 SO_x 气体，形成 SO_4^{2-}。以光催化分解 SO_2 为例，光致 SO_2 分解过程可表示成：

$$H_2O \longrightarrow H^+ + OH^- \quad (7\text{-}14)$$

$$h^+ + OH^- \longrightarrow \cdot OH \quad (7\text{-}15)$$

$$SO_2 + 2\cdot OH \longrightarrow SO_3 + H_2O \quad (7\text{-}16)$$

$$SO_2 + \cdot O_2^- \longrightarrow SO_3 + O^- \quad (7\text{-}17)$$

$$SO_3^{2-} + 2\cdot OH \longrightarrow SO_4^{2-} + H_2O \quad (7\text{-}18)$$

$$SO_3 + H_2O \longrightarrow H_2SO_4 \quad (7\text{-}19)$$

然而，形成的 SO_4^{2-} 会吸附在光催化剂上而使其失去催化活性。因此，为了避免该现象发生，采用水热法制备的碳酸钠修饰 TiO_2 纳米粉体为光催化剂，同样以 SO_2 去除为例，结果发现 0.2M Na_2CO_3 负载的 TiO_2 显示出比纯 TiO_2 高 10.6 倍的去除效率。Na_2CO_3 在 TiO_2 价带附近充当陷阱中心，从而促进光致电子空穴的分离，累积的空穴会氧化 H_2O 以生成更多的（$\cdot OH$）。

除了无机有毒气体污染物外，包括脂肪族和芳香族化合物在内的挥发性有机化合物同样对生物的健康影响很大。它们主要来自燃料燃烧、车辆交通、建筑和装饰材料、重工业等。它们可与空气中的其他化学物质发生反应，形成有害的气态产物。因此，人类已经开展了利用光催化技术分解挥发性有机化合物的研究。

A 脂肪族化合物

甲醛（HCHO）是一种无色有毒的挥发性脂肪族有机化合物。它是一种致癌化合物，对人体有不良影响，包括胸闷、喘息和过敏反应。在较高浓度下，甲醛还会导致呼吸系统损伤和眼睛缺陷。HCHO 的来源是油漆、家具、黏合剂、泡沫和纺织品。TiO_2 纳米线被报道可在紫外线照射下分解 HCHO 为 CO_2。在 8.6min 的光照时间内，HCHO 可完全矿化，且反应活性可保持不变长达 1200min。此外，发现紫外线强度与光降解率成正比。$\cdot OH$ 负责 HCHO 的光致矿化。

B 芳香族有机化合物

大多数挥发性芳香族有机化合物对生物有害和有毒，因为它们本质上是致癌的。苯是一种致癌物质，而长期接触邻二甲苯和甲苯可能会影响呼吸系统和中枢神经系统，乙苯会导致肾脏疾病和癌症。当前，有许多关于去除芳香族有机空气污染物的研究。例如，报道了掺钒的 TiO_2 光催化剂用于甲苯降解。TiO_2 晶格中的 V 掺杂导致 Ti(Ⅲ) 和 V(Ⅳ) 离子的形成，从而提高了光生电子-空穴对的分离效率，并改善了其对可见光区域的吸收效果。为了提供更多的孔隙率，V 掺杂的 TiO_2 可通过化学键固定在聚氨酯上。在可见光照射下，聚氨酯固载 6wt%V-TiO_2 表现出较高的甲苯矿化能力（89.3%），$\cdot OH$ 是甲苯蒸气矿化的活性物质。

与挥发性芳香族有机化合物一样，含氯挥发性芳香族有机化合物（Cl-VOCs）也因其致癌特性而被认为是重要的空气污染物，其被广泛应用于工业、农业、农药、医药、有机合成等领域。对于含氯有机污染物的消除，尤其是氯代芳香族有机污染物的消除一直都受到人们的广泛关注。如 V_2O_5 和 g-C_3N_4 复合而成的光催化剂 V_2O_5/g-C_3N_4 用于光催化降解邻二氯苯，由于 V_2O_5 和 g-C_3N_4 形成了异质结，从而减少了光生 e^- 和 h^+ 的复合，光催化效率显著提高。研究发现：参与邻二氯苯光催化降解反应的主要氧化物质是超氧离子（$\cdot O_2^-$）和羟基自由基（OH^-）。

7.4.2 水污染物的光催化转化

随着工业化和现代化的不断发展，环境污染问题日益突出，水污染是其中重中之重。造纸、纺织和服装行业的工业废水中广泛存在有机染料，导致严重的环境污染。据世界银行报告，大约 17%~20%的水污染与染色工业和纺织品行业使用的染料有关。在确定的主要废水污染物中，纺织品染色会释放 72 种化学物质，其中大约 30 种化学物质无法自行降解。1974 年，以瑞士为总部的染料及有机颜料制造商生态学和毒理学协会（ETAD）成立，旨在通过与政府合作解决与染料的毒理学影响相关的问题。在 ETAD 调查测试的所有 4000 种染料中，90%的染料呈现出大于 2×10^3 mg/kg 的中间致死剂量（LD50）值。在所有测试的重氮染料中，碱性染料和直接染料的毒性最高。

在主要的染料分类中，化合染料中占比最大的一类染料是偶氮染料，使用的所有工业染料中超过 50%是偶氮染料。染料按化学结构分为阳离子染料和阴离子染料。阳离子染料分为亚甲基蓝（MB）、孔雀石绿（MG）、罗丹明 B(RhB)、结晶紫（CV）、罗丹明 6G（Rh6G）和番红 O(SO)，它们具有在水溶液中可解离成带正电荷的阳离子官能团。而阴离子染料包括活性染料、直接染料和酸性染料，如亚甲基橙（MO）、酸性橙（AO7）、酸性红（AR14）、曙红 Y（EY）、玫瑰红（RB）、茜素红 S(ARS）和酚红（PR）。所有阴离子染料都具有阴离子官能团，例如磺酸或羧酸基团。这些官能团可溶于水，可以有效地与具有亲水表面的光催化剂相互作用。用于纺织工业的染料，其中大部分（约 20%）在合成和加工操作过程中损失，最终进入废水。这些被染料污染的流出物包含对生物体有害的不可生物降解、剧毒和有色颜料。即使浓度非常低（小于 1×10^{-6}），染料在水中也清晰可见，并且会污染水生环境。因此，从废水中去除染料很重要。

近年来，从水性环境中去除染料和其他污染物已成为一项具有挑战性的任务。因此，已经采用了几种策略来解决这个特殊问题，包括臭氧化、膜过滤、生物吸附、离子交换去除，吸附、光催化降解、催化还原、生物/好氧处理和混凝。相比传统水污染治理方法，光催化法绿色环保、无二次污染。污染物的光降解在过去几年中得到了极大的普及。半导体光催化剂吸收太阳光以降解各种环境污染物，包括水生和大气有机污染物。光降解提供优于传统废水处理方法的优势。例如，在室温下，活性光催化剂可以在几小时内完全降解有机污染物。此外，在不形成二次毒性产物的情况下，有机污染物可以完全矿化为相对无害的产物（水和二氧化碳）。

除了常见的各种染料，其他无色的污染物，如苯酚、双酚 A（BPA），或者各种抗生素农药等都可以降解掉。此外，光催化还可以将水体中的有毒重金属离子，如 Cr^{6+}、Pt^{4+}、Au^{3+} 等还原为低价离子，减弱其毒性。

7.5 光催化有机合成

有机合成反应被广泛应用于制造化学品，如药品、香水、食品添加剂和杀虫剂等。传统的有机合成反应，不仅要在高温高压等苛刻的反应条件下进行，而且经常使用各种有毒有害或者危险试剂，并且会产生大量有毒副产物而造成严重的环境污染。然而，光催化有机合成反应不仅可以在温和的条件下进行，而且具有高选择性从而可有效避免传统有机合成路线的复杂反应步骤。此外，光照射催化剂产生的电子、空穴和绿色的氧、空气、水都可以作为反应中有效的还原剂或氧化剂，通过各种活性物质的形成来驱动有机反应的转化，避免使用传统有机合成反应中的腐蚀性试剂。因此，以光为驱动力的光催化有机合成是一种具有简单环保、能源可持续等优点的合成途径，已成为有机合成的研究热点。

目前，光催化在有机合成中主要有以下应用。

7.5.1 光催化苯直接羟基化制苯酚

近年来，随着苯酚需求量的增加，以及传统苯酚制备方法，如异丙苯法、甲苯-苯甲酸法、磺化法和氯苯水解法存在原料成本高、苯酚收率低和副产物多等缺点，越来越多的研究者将目光投向苯直接羟基化制苯酚。然而，由于苯环 C-H 键能较高，很难直接活化，直接选择氧化苯将羟基引入苯环是有机反应中极具挑战的合成路线，深受广大研究者的关注。

可见光驱动苯直接氧化制苯酚由于具有驱动方式简洁高效等优点而受到关注，并已取得较大进展，但距工业化还有一定的距离。过渡金属配合物被认为是氧化不同有机底物的高性能催化剂。金属酞菁（MPCs）是一类金属配合物，具有化学和热稳定性高、原料廉价易制备等显著特点。此外，它们被用作多种有机底物的有效氧化催化剂，如甲苯、苯甲醇、烯烃和硫醇。具有扩展的 π 共轭结构的 MPC 被认为是通用的光催化剂，能够通过自由基途径生产高活性中间体。值得注意的是，MPCs 通常不溶于乙腈等常见有机溶剂，这赋予了它们回收的可能性。上述突出特点为利用 MPC 作为各种氧化反应中的高效非均相光催化剂提供了新的可能性。与其他含 Fe(Ⅱ) 的材料一样，铁（Ⅱ）酞菁（FePc）可以通过类芬顿路线将过氧化氢转化为羟基自由基，这为苯在光催化条件下的羟基化提供了成功的途径。FePc 合成及光催化苯羟基化为苯酚过程，如图 7-9 所示。

图 7-9 FePc 合成及光催化苯羟基化为苯酚过程

FePc 光催化苯羟基化为苯酚机理，如图 7-10 所示。由该图可知，$Fe^{II}Pc$ 吸收太阳光能后转化为激发态（$Fe^{II}Pc^*$），其可通过单电子转移过程激活过氧化氢而产生羟基自由基（OH^-）。OH^- 加成到苯部分产生中间体环己二烯基自由基。最后，从中间体中脱离出 H^+，并生成苯酚。

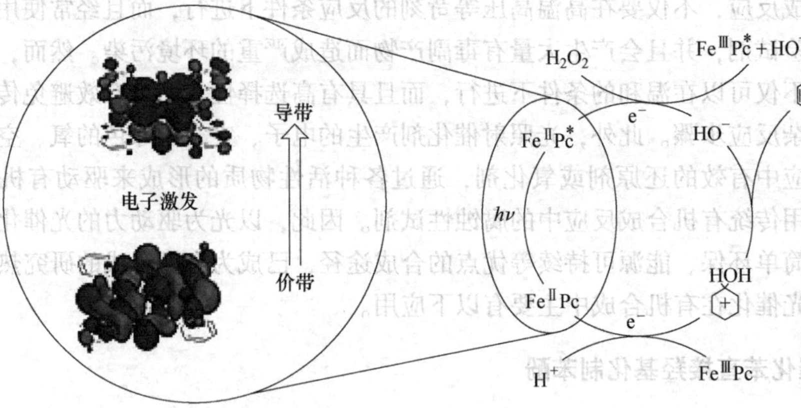

图 7-10　FePc 光催化苯羟基化机理　　扫一扫看更清楚

7.5.2　可见光驱动 C—H 键的直接胺化反应

含氮类化合物可广泛应用于能源、材料、医药、环境以及日用化工等领域。因此，C—N 键的构筑一直是现代有机合成中的重点研究方向之一。合成胺的方法主要有腈的催化加氢合成胺、Hofmann 酰胺降解合成胺、醛酮还原胺化和 Buchward-Hartwig 偶联反应等。这些合成方法操作繁杂，底物经过多步骤反应才得到胺类化合物。

近年来，随着可见光化学的蓬勃发展，可见光诱导氧化还原技术已成为一种构建各类 C—N 键的有效方法。其中，可见光驱动 C—H 键的直接胺化反应被认为具有很高的优势，C—H 键储量丰富，来源广泛，应用于各类 C—C 键或 C—X 键的构建时可避免对底物的预活化，是一种理想碳源。大多数 $C(sp^3)$—H 键的离解能较高，反应活性低，一般需要比较苛刻的反应条件。三级胺是一类重要的有机合成单元，与氮原子邻位相连的 $C(sp^3)$—H键具有较高的反应活性，容易被活化。可见光诱导氧化还原已成为促进三级胺 α 位 $C(sp^3)$—H 键直接官能团化的有效手段，如利用硝基烷为烷基化试剂，实现了可见光条件下四氢异喹啉衍生物 α 位 $C(sp^3)$—H 键的烷基化。另外，可见光促进三级胺 α 位 $C(sp^3)$—H 键的芳香化、磷酸化以及分子间或分子内的环加成反应也有报道。

7.5.3　光催化固氮

固氮作用：将不可生物利用的 N_2 转变为可利用的氨的过程。此作用在生物循环中的作用仅次于光合作用，为所有生物体内的氨基酸、核苷酸等其他必需化合物提供必需的原料。在人类的生产活动中，氨是重要的农业化肥原料，但是现阶段生产氨所采用的方法不仅生产条件要求高，而且会产生大量的能源消耗与碳排放。随着日益增加的氨需求，研发更佳的固氮工艺迫在眉睫，光催化固氮工艺的出现或可解决这个难题。光催化固氮，是利用半导体作为光催化剂，水和氮气作为反应物，太阳能作为驱动能的绿色友好固氮方式。

目前，Haber-Bosch 法是工业合成氨的主要方式，其生产条件需要高温高压。相比于 Haber-Bosch 法，光催化固氮过程具有低能耗、无污染、低成本、反应便捷快速等优点。

7.5.4　光催化还原硝基苯

苯胺和苯胺衍生物可用于制造染料、颜料、塑料、聚氨酯泡沫、橡胶、药物、杀菌剂和除草剂等。通过还原将硝基芳族化合物转化为氨基化合物是制药和化学工业中的关键过程。事实上，这种转化的重要性不仅在于氨基化合物的广泛应用，还在于能够将剧毒和生物降解性较差的硝基化合物转化为毒性较低且易于生物降解的氨基化合物。硝基苯还原为苯胺的方法是通过均相催化。均相催化具有反应产物中残留金属中毒、分离反应困难等诸多缺点。因此，为了克服硝基苯还原反应中的这些缺点，将硝基苯光催化还原为苯胺被认为是最有效的方法之一。

习　题

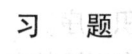

7-1　TiO_2 的光催化基本原理，影响 TiO_2 光催化剂活性有哪些主要因素，它们与光催化活性之间的关系如何？

7-2　简述 TiO_2 光催化剂受紫外光激发后，电子和空穴可能的复合途径。并分别阐述上述途径对其光催化活性的影响。

7-3　举例说明提高 TiO_2 光催化效率的有哪些改性方法，提高其可见光区光催化活性的方法？提高光量子效率的方法？

7-4　试论述通过贵金属负载改性提高 TiO_2 的光量子效率，有哪几种途径？

7-5　贵金属在光催化剂上处于何种状态和尺寸时，将最有利于提高光催化活性，并尝试解释可能的原因？

7-6　为了合成具有高光催化活性的良好催化剂，主要是设计良好的带隙。请列出其他需要考虑的问题。

7-7　CdS 半导体的光腐蚀过程有哪几种？

7-8　指出在半导体敏化的光解水系统中，最流行的 H_2 和 O_2 助催化剂。简要描述助催化剂的功能。

7-9　掺杂离子的选择一般遵循什么原则，金属离子掺杂为何存在最佳浓度，最佳掺杂浓度一般受哪些因素的影响？

7-10　列出牺牲性电子受体牺牲剂（A）和电子供体牺牲剂（D），它们为何可以提高光解水中光催化剂的效率？

7-11　哪种光敏剂可以吸收可见光？

7-12　为何将 TiO_2 用作环境净化过程的光催化剂？

8 电 催 化

电催化，即在电场的作用下，通过存在于电极表面或溶液相中的修饰物（电活性和非电活性的物种）使电极和电解质界面上的电荷发生转移而加速反应，而修饰物本身不发生任何变化的一类化学作用。这种存在于电极表面或溶液相中的修饰物，如硼化镍、骨架镍、碳化钨等半导体氧化物，以及各种金属化合物和酞菁一类的物质，即为电催化剂。当前，电催化主要应用于有机污水处理、烟道气及原料煤脱硫、二氧化碳和氮气还原、同时脱除 NO_x 和 SO_2 等领域。在工业上也已有成熟的应用，如氯碱工业中的食盐水电解、冶金工业中电解铝和湿法冶金中的电沉积工序。

相比于光催化和热催化，电催化具有不同的电子来源和能源输入方式。在光催化过程中，半导体光催化剂吸收高能光子变成激发态电子，并通过改变光催化剂的光吸收效果，带隙，促进光生载流子分离等方式，降低反应过电位或能垒而满足反应所需热力学要求，实现对反应的促进。在热催化与电催化过程中，均通过基态电子进行反应。热催化反应时，反应物和催化剂的电子转移在限定区域进行，既不能从外电路导入电子也不能从反应体系导出电子。此外，电子的转移无法从外部加以控制。然而，在电催化反应过程中存在纯电子的转移。电极在电催化过程中具有催化剂的作用，其既可作为反应的场所，又可作为电子的供受场所。并且，可利用外部回路控制电流而控制电子转移，最终实现对反应的控制。同时，作为能量的一种输入方式存在差异：热催化首先通过改变反应温度和压力而使反应的吉布斯自由能小于零，满足反应所需热力学要求；进而，通过催化剂降低活化能而克服动力学势垒。在热催化过程中，温度和压力是决定反应进行的重要因素。电催化则是首先通过施加高于反应所需氧化还原电势来满足热力学要求，再通过施加过电位来克服动力学势垒。在电催化过程中，电极电势大小和方向是决定反应进行的重要因素。

经过近 100 年的发展，电催化已从电化学科学的一个分支发展成为一门交叉性极强的学科。电催化的基础涉及电化学、催化科学、表面科学以及材料科学等众多科学分支的内容和知识，其应用则广泛存在于能源转换与储存（燃料电池、化学电池、太阳能电池、超级电容器、水解制氢等），环境工程（水处理、土壤修复、传感器、污染治理、臭氧发生等），绿色合成与新物质创造（有机和无机电合成、氯碱工业、新材料等）等重要技术领域都处于关键的地位。无论是电催化的基础研究还是应用研究，催化剂始终是核心问题。电催化研究的重要任务是设计并制备出对特定反应具有高活性、高选择性和长寿命的电催化剂。其次，电催化研究的是两相界面（固/液、液/液、固/固）间反应物分子与电催化剂表面相互作用的催化行为，除通过控制电极电位来控制涉及界面电荷转移的氧化或还原反应外，关键还在于调控电催化剂与反应分子的相互作用，以实现反应活化能或反应途径的改变。因此，电催化剂的表面结构（化学结构、原子排列结构和电子结构）和界面双电层结构等对电催化反应的效率和选择性有直接影响。研究这些结构及其演化和性能构成了电催化的主要研究内容。

电催化除了可以单独作用外，还可以将其与光催化、生物催化结合，进一步扩展光催化、生物催化在能源、材料、环境、生命等重要领域的应用中。限于篇幅，本章仅对电催化基本原理、电解水析氢反应（HER）、氧气的电催化还原（ORR）、有机小分子电催化氧化进行介绍。

8.1 电催化原理

电化学（electrochemistry）作为物理化学的分支之一，是一门研究电能与化学能相互转换及其规律的学科，主要研究两类导体（电子导体，如金属或半导体；以及离子导体，如电解质溶液）形成的界面上所发生的带电及电子转移变化规律，如电解和原电池。然而，电化学并不局限于电能出现的化学反应，也包含其他物理化学过程，如金属的电化学腐蚀和电解质溶液中的金属置换反应。

燃料电池是一种能量转化装置，它是按电化学原理，即原电池工作原理，等温的把储存在燃料和氧化剂中的化学能直接转化为电能，因而实际过程是氧化还原反应。燃料电池主要由四部分组成，即阳极、阴极、电解质和外部电路。典型氢-氧聚合物电解质膜燃料电池的关键部件及工作原理，如图 8-1 所示。

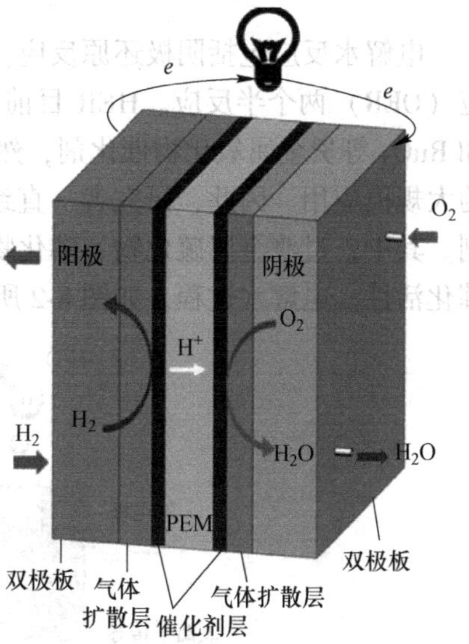

图 8-1 典型氢-氧聚合物电解质膜燃料电池的关键部件及工作原理

电极是指与电解液或电解质接触的电子导体或半导体，承担着电能的输入或输出，也是电化学反应发生的场所。电化学中规定，使正电荷从电极进入电解质（溶液）的电极称为阳极，使正电荷从溶液中进入电极的电极称为阴极。对于原电池，习惯上将其阴极称为正极，阳极称为负极；而对于电解池而言，正极对应着阳极，负极对应着阴极。但无论是原电池还是电解池，在电场作用下，溶液内部阳离子总是向阴极迁移。

电极在电化学处理技术中处于“心脏”的地位，电极的电催化特性是电催化技术的核心内容，即希望电极对目标有机物表现出高反应速率和选择性。电催化电极材料主要包括以下几类：金属电极、碳素电极、金属氧化物电极、非金属化合物电极。在电催化过程中，催化反应发生在电极/电解液的界面，即反应物分子必须与电催化电极发生相互作用，而相互作用的强弱则主要决定于电极表面的结构和组成。电极的功能：能导电，又能对反应物进行活化，提高电子的转移速率，对电化学反应进行某种促进和选择。因此，良好的电极应该具备下列几项性能。

（1）良好的导电性。至少与导电材料（例如石墨、银粉）结合后能为电子交换反应提供不引起严重电压降的电子通道，即电极材料的电阻不能太大。

（2）高催化活性。即能够实现所需要的催化反应，抑制不需要或有害的副反应。

（3）良好的稳定性，即能够耐受杂质及中间产物的作用而不致较快地被污染或中毒而失活，并且在实现催化反应的电势范围内催化表面不至于因电化学反应而过早失去催化活性，此外还包括良好的机械物理性质，表面层不脱落、不溶解。影响电催化的因素处理效果的主要因素可分几个方面，包括电极材料、电解质溶液等。

8.2 电解水析氢反应（HER）

经济社会发展致使能源需求剧增，由于煤炭等不可再生能源的过度使用，能源和环境问题严峻，可再生能源的研发备受世界关注。在能源需求方面，因氢能具有能量密度高、零排放和可循环利用等特点，未来传统不可再生化石燃料大概率会被氢能替代。迄今，用于生产氢气的策略主要有四种，分别为太阳能、水煤气法、蒸汽甲烷重整和电解水制氢。电解水制氢是公认的最可持续、最环保的从水中直接产生高纯氢的方法。

8.2.1 电解水反应机理

电解水反应包括阴极还原反应，即析氢反应（HER）；以及阳极氧化反应，即析氧反应（OER）两个半反应。HER 目前主要使用 Pt 基贵金属催化剂，而 OER 主要使用 IrO_2 和 RuO_2 等贵金属氧化物催化剂，然而贵金属催化剂成本高和稀缺性限制了其在电解水上的大规模应用。因此，研究者一直致力于使用具有成本效益的材料来制备高效 HER 催化剂。其中，过渡金属硫化物、磷化物、氧化物、碳化物和氮化物已被发现对 HER 具有高催化活性。电解水过程，如图 8-2 所示。

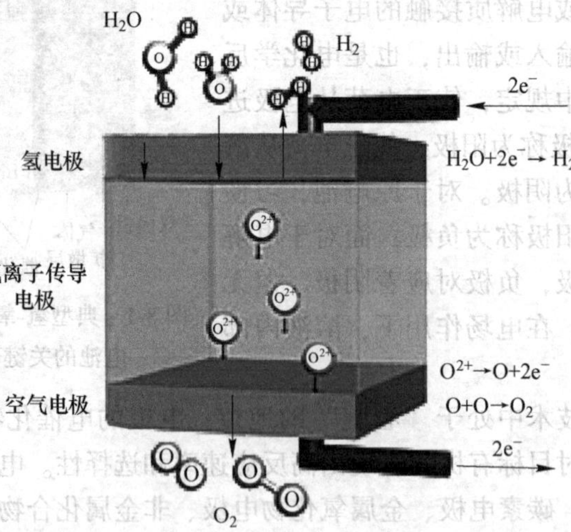

图 8-2 电解水过程示意图

OER 和 HER 分别为：

$$2H_2O(l) \longrightarrow O_2(g) + 4H^+(aq) + 4e^- \quad E^\ominus = 1.23V(vs.\ RHE) \quad (8\text{-}1)$$

$$2H^+(aq) + 2e^- \longrightarrow H_2(g) \quad E^\ominus = 0.00V(vs.\ RHE) \quad (8\text{-}2)$$

总的水分解反应：

$$2H_2O(l) \longrightarrow 2H_2(g) + O_2(g) \quad E^\ominus = 1.23V(vs.\ RHE) \quad (8\text{-}3)$$

作为水分解的两个半反应之一，HER 过程包括两个步骤。

第一步是 H^+ 在催化剂表面的活性位点（*）上得到一个 e^- 后成为吸附态氢原子（Hads），即为 Volmer 反应。在酸性溶液中，HER 反应按照以下过程进行：

$$H^+ + e^- + ^* \longrightarrow Hads(\text{Volmer 反应}) \tag{8-4}$$

第二步是形成氢气。特别值得注意的是，有两种途径可以完成这一步。一种是 Heyrovsky 反应，通过电化学解吸形成氢气：

$$H^+ + e^- + Hads \longrightarrow H_2 + ^*(\text{Heyrovsky 反应}) \tag{8-5}$$

另一种称为 Tafel 反应，通过化学解吸形成氢气：

$$Hads + Hads \longrightarrow H_2 + 2^*(\text{Tafel 反应}) \tag{8-6}$$

基于上述反应途径，可以将 HER 的作用机制归为两种类型之一，即 Volmer-Heyrovsky 和 Volmer-Tafel。这两种机制在酸性和碱性溶液中都有效，它们取决于电解质中不同的 H^+ 浓度。

在中性及碱性溶液中，由于溶液中 H^+浓度较低，HER 过程通过不同的 Volmer。

$$H_2O + e^- + ^* \longrightarrow Hads + OH^-(\text{Volmer 反应}) \tag{8-7}$$

Heyrovsky 反应机理进行：

$$Hads + H_2O + e^- \longrightarrow H_2 + OH^- + ^*(\text{Heyrovsky 反应}) \tag{8-8}$$

其中，*代表催化剂表面的活性位，ads 表示在催化剂表面的吸附，Hads 代表在活性位点上的吸附态氢原子。

与 HER 相比，包括 4 个基本步骤的 OER 更复杂。在酸性溶液中，吸附在催化剂表面活性位点（*）上的 H_2O 分子发生一次电子转移后，形成吸附态的氢氧自由基（OHads）：在酸性溶液中，OER 反应按照以下反应进行：

$$^* + H_2O \longrightarrow OHads + H^+ + e^- \tag{8-9}$$

进而，OHads 可能相互结合产生 Oads，同时释放 H_2O：

$$OHads + OHads \longrightarrow Oads + ^* + H_2O \tag{8-10}$$

或失去第二个电子直接形成中间体 Oads：

$$OHads \longrightarrow Oads + H^+ + e^- \tag{8-11}$$

催化剂表面的两个 Oads 中间体可以互相结合并直接释放 O_2：

$$Oads + Oads \longrightarrow 2^* + O_2 \tag{8-12}$$

此外，另一种涉及 Oads 中间体形成的机制也被设想。据推测，伴随着第三次电子转移，Oads 中间体在催化剂表面可能与另一个 H_2O 分子反应形成吸附态的 OOHads：

$$Oads + H_2O \longrightarrow OOHads + H^+ + e^- \tag{8-13}$$

然后，OOHads 会分解产生 O_2：

$$OOHads \longrightarrow ^* + O_2 + H^+ + e^- \tag{8-14}$$

在碱性介质中，基本反应步骤与酸性介质中类似。碱性介质中的 OH^-取代了酸性介质中的 H_2O，首先被吸附在催化剂表面活性位点（*）上，形成 OHads：

$$^* + OH^- \longrightarrow OHads + e^- \tag{8-15}$$

进而，OHads 可以直接与 OH^-反应，在催化剂表面形成 Oads：

$$OHads + OH^- \longrightarrow Oads + H_2O + e^- \tag{8-16}$$

然后，同样存在两种不同的释放 O_2 的途径：

$$Oads + Oads \longrightarrow * + O_2 \tag{8-17}$$

或

$$Oads + OH^- \longrightarrow OOHads + e^- \tag{8-18}$$

$$OOHads + OH^- \longrightarrow * + O_2 + H_2O + e^- \tag{8-19}$$

8.2.2 HER 催化剂活性评价

过电位（η）、塔菲尔斜率（b）、交换电流密度（j）、法拉第效率和循环耐久性等常被用作评价 HER 活性的关键指标。

8.2.2.1 过电位

为使水分解所需的任何超过+1.23V 的额外能量输入，即被称为过电位（η）。η 是评估催化剂性能的重要指标之一。在理想条件下，驱动特定反应的外加电压应该等于平衡时的电池反应电势。然而，在现实应用中，为了克服反应电极的动力学势垒，通常施加的外加电压比平衡时的电池反应电势高很多。可根据能斯特方程计算过电位：

$$E = E^{0'} + \frac{RT}{nF}\ln\frac{C_0}{C_R} \tag{8-20}$$

$$\eta = E - E_{eq} \tag{8-21}$$

式中，E 为外加电压；$E^{0'}$ 为整个反应的电势；n 为反应中转移电子的数量；F 为法拉第常数；R 为大气压；T 为绝对温度；C_0 和 C_R 为氧化和还原物浓度；E_{eq} 为平衡时的电池反应电势。

同一电流密度下，过电位越小，或同电势下电流密度越大，表示催化性能越好。

8.2.2.2 Tafel 斜率和交换电流密度

1905 年，Tafel 提出了一个经验公式来表示氢超电势与电流密度的定量关系，称为 Tafel 公式，它是电极反应动力学中的一个重要公式，其具体形式如下：

$$\eta = b\lg j + a \tag{8-22}$$

其中，η、j、a 和 b 分别表示过电位、电流密度、调整常数和 Tafel 斜率。

由式（8-22）可知，Tafel 斜率 b 对应于电流对过电位 η 的增长速度，其值主要取决于传递系数。Tafel 公式适用于电流密度 j 较大的情况，这是因为当电流密度 j 较小，即 $j \to 0$ 时，η 将趋于负无穷大。然而，当电流密度 $j \to 0$，η 应为 0。在实际应用中，为使电流密度 j 增大，需要施加高过电位 η。但是，为使电流密度 j 增长快，则过电位 η 越小越好。

此外，塔菲尔斜率 b 是揭示反应机理的重要参数，特别是在阐明速率控制步骤方面。不同的塔菲尔斜率值意味着不同的速率决定步骤，一般而言，Tafel 斜率 b 越小，表明电流密度 j 增长越快，而过电位 η 变化越小，则说明电催化性能越好（即反应速率常数较快）。通常，当 HER 过程由 Volmer、Heyrovsky 或 Tafel 机制主导时，相应的 b 值分别约为 116eV/dec、38eV/dec 和 29mV/dec。此外，交换电流密度 j 也可以通过式（8-22）计算。j 是评价催化效率的重要指标，它与电极表面状态和催化表面积相关，j 值大表明快速的电子转移和有利的催化表面积。

8.2.2.3 法拉第效率

法拉第效率表示与电化学反应有关的电子的利用效率，可以用实验产生 H_2 量与理论产生 H_2 量的比值来计算。当氧化电流（I）恒定，一定时间 t 内产生的 H_2 的实验量，可以使用荧光传感器或体积法来获得。

$$理论产生 H_2 量 = (I \times t)/n \times F \quad (8\text{-}23)$$

$$法拉第效率 = (m \times n \times F)/(I \times t) \quad (8\text{-}24)$$

其中，m 为 H_2 实验产生摩尔数；n 为反应电子数；F 为法拉第常数，即 1mol 电子所含的电量；I 为电流，A；t 为时间，s。

8.2.2.4 循环耐久性

通常，有两种评估催化稳定性的方法。一种是电流密度对时间的依赖性，即 I-t 曲线。在此测量过程中，施加的电流密度应不小于 10mA/cm^2，持续时间应不小于 12h。另一种方法是进行不少于 1000 次的循环伏安法（CV，Cyclic Voltammetry）或线性扫描伏安法（LSV，Linear Sweep Voltammetry）。

8.2.3 催化剂在 HER 中的应用

由于电催化剂的活性在过去几十年中得到了显著提高，当前的努力一直致力于通过电极设计和制造将这些催化剂应用于 HER 过程。可通过在电极表面涂覆一层具有化学稳定性和导电性的活性材料制成 HER 电极，活性材料和基材分别用作 HER 催化的多孔层和集电器。在 HER 过程中，电极中存在电子转移、质子扩散和气泡释放 3 个主要过程，这在很大程度上决定了 HER 性能。因此，制造有效的 HER 电极应满足 3 个原则。首先，所使用的催化剂应具有较高的本征电催化活性，可以促进质子和电极之间的电子转移。其次，电极（和催化剂）应该具有高度多孔的结构，可以为电极内部的质子扩散和气泡传输提供足够的通道。最后，电极表面应促进氢气泡的释放，因为气泡会阻碍离子扩散，降低电极的有效表面积。泡沫镍、碳布、石墨烯薄膜、石墨烯气凝胶、碳气凝胶和碳毡具有丰富的孔隙结构和高导电性，已被广泛用作电极基材。

值得注意的是，单独的高效催化剂在制备 HER 电极时是不够的，因为电极和电解质之间的接触会被电极表面的氢气泡粘附阻碍，导致欧姆降增加和降低 HER 效率。为了最大限度地减少由 H_2 气泡引起的不利影响，HER 电极设计引入了“超疏气”表面的概念。多项研究表明，可以通过改变三相接触线（TPCL，Three Phase Contact Lines）来构建“超疏气”表面，这对于 H_2 气泡与固体表面之间的相互作用至关重要。在该设计中，可以通过在电极制造过程中控制电极表面的纳米结构来调节 TPCL，有效降低气泡的粘附力，提高 HER 性能。尽管已经开发了许多具有“超疏气”表面的出色催化剂和电极，但从催化剂到电极的演变还需要进一步探索。

8.3 氧气的电催化还原（ORR）

燃料电池，作为一种绿色环保的可再生能源获取方式，越来越受到研究者们的关注。氧化还原反应（ORR，Oxygen Reduction Reaction），是大多数燃料电池在阴极上发生的反应，但由于 O ═O 键的能量特别高（498kJ/mol），导致动力学缓慢，其能否高效进行将直接影响燃料电池的转化效率。当前，铂及其合金已被证明是最具活力的 ORR 电催化剂。然而，该类贵金属电催化剂具有成本高、易甲醇中毒、制备困难等缺点。

ORR 过程在酸性和碱性电解质中具有不同的机制，涉及多电子转移。在碱性电解质中，ORR 过程：

$$O_2 + 2H_2O + 4e^- \longrightarrow 4OH^- \qquad E^\ominus = 0.40V \tag{8-25}$$

$$O_2 + H_2O + 2e^- \longrightarrow HO_2^- + OH^- \qquad E^\ominus = -0.07V \tag{8-26}$$

$$HO_2^- + H_2O + 2e^- \longrightarrow 3OH^- \qquad E^\ominus = 0.87V \tag{8-27}$$

在碱性电解质中，ORR 过程为：

$$O_2 + 4H^+ + 4e^- \longrightarrow 2H_2O \qquad E^\ominus = 1.229V \tag{8-28}$$

$$O_2 + 2H^+ + 2e^- \longrightarrow 2H_2O_2 \qquad E^\ominus = 0.67V \tag{8-29}$$

$$H_2O_2 + 2H^+ + 2e^- \longrightarrow 2H_2O \qquad E^\ominus = 1.77V \tag{8-30}$$

值得注意的是，无论电解液的类型如何，只有两种途径。一种是一步 $4e^-$转移过程，分别在酸性电解液中生成 H_2O 或在碱性电解质中生成 OH^-；另一种是两步 $2e^-$转移途径，第一步 $2e^-$转移发生 O_2 还原反应，在酸性电解液中生成 H_2O_2 或在碱性电解质中形成 HO_2^-，随后发生第二步 $2e^-$转移，进一步将 H_2O_2 或 HO_2^- 还原为 H_2O 或 OH^-。

在酸性电解液中，两步 $2e^-$途径会在溶液中生成 H_2O_2，而 H_2O_2 易分解转变为 O_2 和 H_2O。此外，在碱性溶液中，两步 $2e^-$途径生成的 HO_2^- 中间体的平衡浓度很低，即使找到能使 HO_2^- 中间体迅速分解的催化剂，也难以在接近平衡电势下获得足够大的电流。因此，两步 $2e^-$途径对能量转换不利。在燃料电池中，更优选一步 $4e^-$转移过程途径，因为它更直接且更节能。锌、锂空气电池的工作原理示意图，如图 8-3 所示。

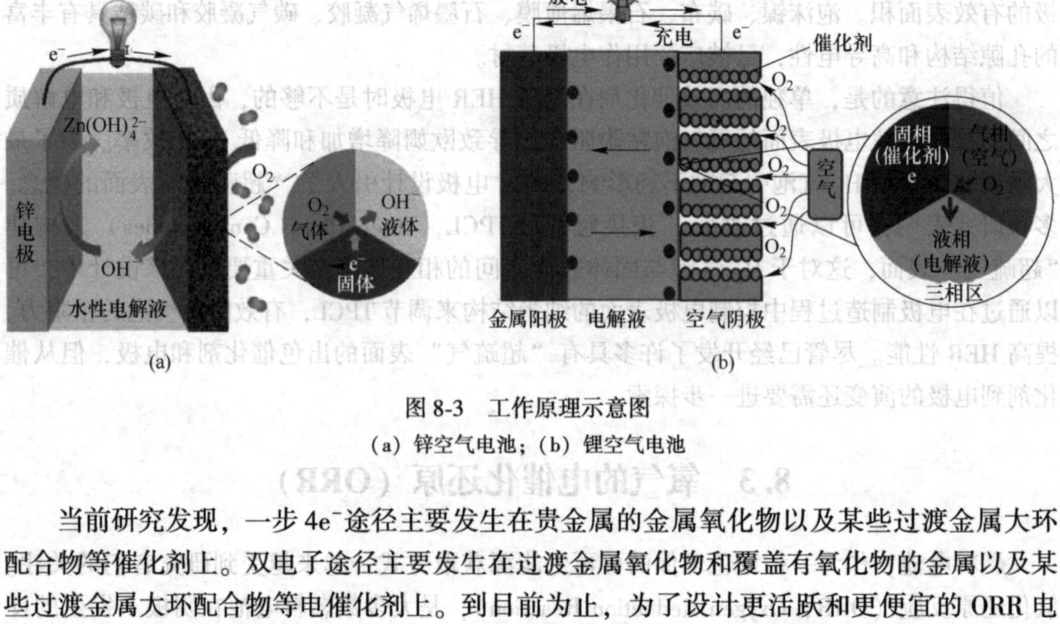

图 8-3 工作原理示意图

（a）锌空气电池；（b）锂空气电池

当前研究发现，一步 $4e^-$途径主要发生在贵金属的金属氧化物以及某些过渡金属大环配合物等催化剂上。双电子途径主要发生在过渡金属氧化物和覆盖有氧化物的金属以及某些过渡金属大环配合物等电催化剂上。到目前为止，为了设计更活跃和更便宜的 ORR 电催化剂，研究人员已经做出了非凡的努力。其中，Pt 基电催化剂被证明是最有希望的 ORR 电催化剂，其显示出优于商业 Pt/C 电催化剂的电催化性能。在该类催化剂中，Pt 与其他金属（例如 Fe、Co、Ni、Cu、Pd 和 Au）形成合金而获得 Pt 基双金属、三金属和多金属电催化剂。近年来，为了获得更好的 ORR 电催化剂，研究主要集中在控制 Pt 基纳米粒子的形状、组成和尺寸。另一条获得用于 ORR 的新型电催化剂的途径是进行无 Pt 电催化剂的研究，例如 Pd、Ru 和 C 基材料。

8.4 有机小分子电催化氧化

对可以作为燃料电池燃料的甲醇、甲醛、甲酸等有机小分子电催化氧化行为的研究，既具有重大的基础理论研究意义，又具有广阔的应用前景。如直接甲醇燃料电池（Direct Methanol Fuel Cell，DMFC）是一种很有前途的便携式电子设备，它直接使用甲醇为阳极活性物质，可将液体甲醇燃料中储存的化学能直接转化为电能，副产品是水和二氧化碳。与传统二次电池相比，DMFC 不需要充电过程。

1922 年，E. Muelier 首次进行了甲醇的电氧化（MOR，Methanol electro-oxidation reaction）实验。1951 年，Kordesch 和 MarKo 最早进行了 DMFC 的研究。在 DMFC 中，将甲醇/水混合物直接送入阳极，其可以在低于 100℃ 的温度和大气压下实现电催化过程。DMFC 的工作原理与质子交换膜燃料电池（PEMFC，Proton Exchange Membrane Fuel Cell）的工作原理基本相同。不同之处在于 DMFC 的工作原理的燃料为甲醇（气态或液态），氧化剂仍为空气和纯氧。DMFC 的工作原理，如图 8-4 所示。

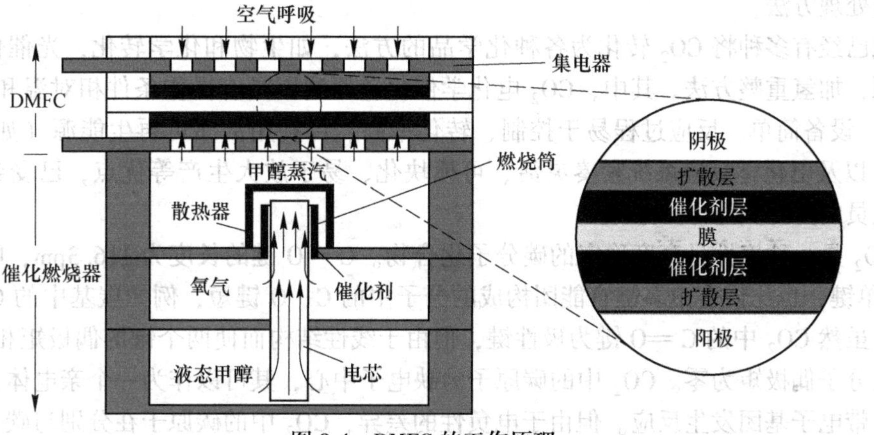

图 8-4　DMFC 的工作原理

DMFC 的阳极和阴极催化剂分别为 Pt-Ru/C（或 Pt-Ru 黑）和 Pt-C，电极反应如下：

阳极：$$CH_3OH + H_2O \longrightarrow CO_2 + 6H^+ + 6e^- \tag{8-31}$$

阴极：$$1.5O_2 + 6e^- + 6H^+ \longrightarrow 3H_2O \tag{8-32}$$

电池的总反应：$$CH_3OH + 1.5O_2 \longrightarrow 2H_2O + CO_2 \tag{8-33}$$

通过热力学关系和热力学数据，可得到 DMFC 在标准状态下的理论开路电压（可逆电动势）为：

$$E^{\ominus} = -\Delta G^{\ominus}/nF = -(-702450)/(6 \times 96500) = 1.213\text{V} \tag{8-34}$$

由式（8-32）可知：MOR 是一个涉及 6 个电子和 6 个质子的释放和转移的反应过程。在该过程中，有可能生成多种中间物和副产物，如甲醇脱质子形成的各种中间物种（CO、甲醛和/或甲酸），很容易被催化剂吸附且难以脱附，在催化剂表面逐渐积累，占据催化剂活性位，阻碍了甲醇的进一步吸附和脱质子反应，从而降低了催化剂的利用效率甚至使催化剂严重中毒引起失效，切断了反应的连续性。但中间物种可在高活性的催化剂上进一步被氧化成 CO_2。因此，MOR 与催化剂的类型和反应条件（甲醇浓度、反应温度、电解质、催化剂等）密切相关。由于催化剂决定了整体反应效率、耐久性和成本，因此开发合适的电催化剂材料对 DMFC 起着至关重要的作用。通常，由于铂基纳米粒子对 MOR 具有高活性，其常被用作 MOR 的电催化剂。

8.5 CO_2 电催化还原

随着人类对化石能源需求和人类活动的日益增长，温室气体在大气中的含量急剧升高，严重破坏了生态系统平衡。在众多温室气体中，CO_2 对温室效应的贡献最大，超过 50%。在过去的 20 年中，与 CO_2 排放相关的问题引起了人们的密切关注，并为此进行了大量投资研究。为了实现生态友好、稳定的环境和有利于社会可持续发展的转型，如何有效地解决由 CO_2 排放造成的温室效应和环境问题已成为人类可持续发展的前提。通常认为 CO_2 是导致全球温室效应的主要气体，但也是一种宝贵的碳氧资源，可用于合成多种精细化学品。通过化学转化实现 CO_2 的资源化利用，不仅可以固定 CO_2 而降低大气中 CO_2 的含量，还可以获得多种高附加值的化工产品和化学燃料，是一种比地质封存更具有价值的处理方法。

现已经有多种将 CO_2 转化为各种化学品的方法，如生物和化学转化，光催化和电催化还原，加氢重整方法。其中，CO_2 电化学催化还原法因具有操作条件相对温和（常温、常压）、设备简单、反应过程易于控制、转化率高、可利用洁净可再生能源（如太阳能、风能）以及电化学反应系统紧凑灵活、可模块化、易于放大生产等优点，已受到国内外研究人员的广泛关注。

CO_2 是一种惰性且高度稳定的碳分子化合物。C ═O 键的长度为 116.3pm，明显短于 C—O 单键，也比许多由多键官能团构成的分子中的 C—O 键短，例如羰基中的 C—O 键。此外，虽然 CO_2 中的 C ═O 键为极性键，但由于线性结构而使两个键的偶极矩相互抵消，导致其分子偶极矩为零。CO_2 中的碳原子为缺电子中心，其可以作为一个亲电体，与亲核试剂，带电子基团发生反应。但由于电负性的差异，CO_2 中的碳原子在分别与碳和氧结合时，其更易于和氧结合。

CO_2 的 C ═O 键能为 805kJ/mol。在标准条件（1atm，298.15K）下，CO_2 直接分解为 CO 和 O_2 的焓变（ΔH）为 283.0kJ/mol。值得注意的是，CO_2 电化学还原中的第一个基本电子转移步骤，即 CO_2 分子形成 $CO_2^{\cdot -}$ 自由基阴离子的过程，仅在非常负的外加电位下进行（−1.9V vs. SHE）。因此，CO_2 电化学催化还原缓慢的动力学意味着需要开发能有效降低动能势垒和提高能源效率的电催化剂。

在电化学催化还原过程中，CO_2 直接在阴极表面上发生催化加氢反应。电化学催化还原 CO_2 的机制极其复杂。在不同电催化剂表面，CO_2 电化学还原反应可以在气态、水相和非水相中通过 2、4、6 和 8 电子途径来进行。一般情况下，CO_2 电化学催化还原产物并不是单一物种，而是混合物。其选择性和转化率取决于电极材料种类、催化剂性质、电解质溶液及外加电压等诸多影响因素。CO_2 电化学还原反应的可能途径及各种电化学热力学半反应在水溶液中的电极电位见表 8-1。

表 8-1 CO_2 电化学还原反应的可能途径及各种电化学热力学半反应在水溶液中的电极电位

电化学热力学半反应	电极电位（vs. SHE）/V
$CO_2(g) + 4H^+ + 4e^- \longrightarrow C(s) + 2H_2O(l)$	0.210
$CO_2(g) + 2H_2O(l) + 4e^- \longrightarrow C(s) + 4OH^-$	-0.627
$CO_2(g) + 2H^+ + 2e^- \longrightarrow HCOOH(l)$	-0.250
$CO_2(g) + 2H_2O(l) + 2e^- \longrightarrow HCOO^-(aq) + OH^-$	-1.078
$CO_2(g) + 2H^+ + 2e^- \longrightarrow CO(g) + H_2O(l)$	-0.106
$CO_2(g) + 2H_2O(l) + 2e^- \longrightarrow CO(g) + 2OH^-$	-0.934
$CO_2(g) + 4H^+ + 4e^- \longrightarrow CH_2O(l) + H_2O(l)$	-0.070
$CO_2(g) + 3H_2O(l) + 4e^- \longrightarrow CH_2O(l) + 4OH^-$	-0.898
$CO_2(g) + 6H^+ + 6e^- \longrightarrow CH_3OH(l) + H_2O(l)$	0.016
$CO_2(g) + 5H_2O(l) + 6e^- \longrightarrow CH_3OH(l) + 6OH^-$	-0.812
$CO_2(g) + 8H^+ + 8e^- \longrightarrow CH_4(g) + 2H_2O(l)$	0.169
$CO_2(g) + 6H_2O(l) + 8e^- \longrightarrow CH_4(g) + 8OH^-$	-0.659
$2CO_2(g) + 2H^+ + 2e^- \longrightarrow H_2C_2O_4(aq)$	-0.500
$2CO_2(g) + 2e^- \longrightarrow C_2O_4^{2-}(aq)$	-0.590
$2CO_2(g) + 12H^+ + 12e^- \longrightarrow CH_2CH_2(g) + 4H_2O(l)$	0.064
$2CO_2(g) + 8H_2O(l) + 12e^- \longrightarrow CH_2CH_2(g) + 12OH^-$	-0.764
$2CO_2(g) + 12H^+ + 12e^- \longrightarrow CH_3CH_2OH(l) + 3H_2O(l)$	0.084
$2CO_2(g) + 9H_2O(l) + 12e^- \longrightarrow CH_3CH_2OH(l) + 12OH^-$	-0.744

在中性水溶液中，在不同的标准电极电势下，电化学催化还原 CO_2 可得到各种不同的产物，如 CO、CH_4、C_2H_4、HCOOH、CH_3OH 和 CH_3CH_2OH 等。用于 CO_2 还原过程的电化学反应池的示意图和可能的产物如图 8-5 所示。

催化剂种类对还原产物的影响最为敏感，可通过调整反应/操作参数（即温度、氧化还原电位、电解质）和优化电催化剂来实现 CO_2 电还原副产物的最小化。以 Pb、Hg、In、Sn、Cd、Bi、Hg/Cu、Sn-Cd 和 Sn-Zn 等为催化剂，主要还原产物为 HCOOH；以 Au、Ag、Zn、Pd、Ga 和 Ni-Cd 等为催化剂，主要还原产物为 CO；以 Ni、Fe 和 Pt 等为催化剂，主要产物为 H_2；Cu 为催化剂的主要产物为 CO、烷烃、醇和酸等。因此，开发具有高催化活性、高选择性和高稳定性的 CO_2 电化学催化还原催化剂，一直是该领域研究的重点和热点。

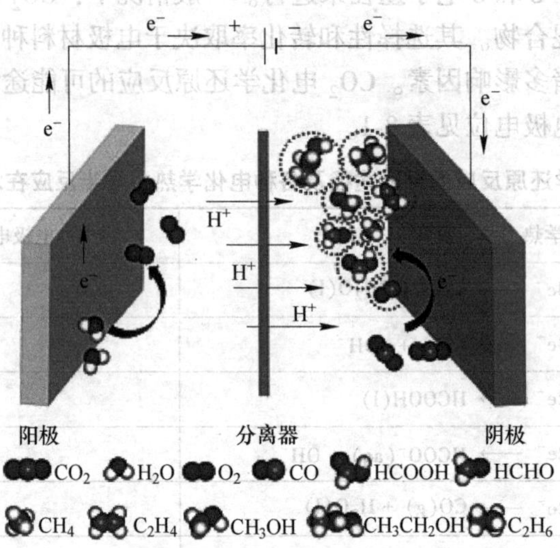

图 8-5 用于 CO_2 还原过程的电化学反应池的示意图和可能的产物

扫一扫看更清楚

尽管在 CO_2 的电催化还原方面投入了大量研究，但令人失望的是，目前还没有一种催化剂可实现工业化应用，仍然有很多关键问题亟须解决。首先，催化剂活性低。其次，产物选择性差。目前，一部分催化剂得到的产物常是混合物。再者，催化剂稳定性低。因此，开发具有高催化活性、高选择性和高稳定性的 CO_2 电催化还原电极材料仍是 CO_2 电化学还原技术发展的核心及根本。

习 题

8-1 对电催化剂的要求是什么？

8-2 影响电催化活性的因素是什么？

8-3 与气-固反应比较电催化吸附的特点。

8-4 试说明参比电极应具有的性能和用途。

8-5 电催化剂的电子结构效应和表面结构效应是什么？

8-6 试说明纳米粒子的组成及其对电催化性能的影响。

8-7 试说明催化剂载体对电催化性能的影响。

8-8 试说明纳米粒子的表面结构对其电催化性能的影响。

9 稀土催化

1968年，国际理论与应用化学联合会（IUPAC）统一规定把在周期表第六周期中原子序数为57至71的15种镧（Ln）系元素，包括镧（La）、铈（Ce）、镨（Pr）、钕（Nd）、钷（Pm）、钐（Sm）、铕（Eu）、钆（Gd）、铽（Tb）、镝（Dy）、钬（Ho）、铒（Er）、铥（Tm）、镱（Yb）、镥（Lu），以及钇（Y）和钪（Sc），统称为稀土元素。Ln系元素的原子半径大，很容易失去外层的两个6s电子和次外层5d轨道上的一个电子（或4f层上的一个电子），成为高氧化能和高电荷的三价稀土离子（RE^{3+}）。这是稀土元素的特征氧化态，基态电子构型为［Xe］$4f^n$（$n=0\sim14$）。根据元素光谱学的洪德规则，当同一亚层处于全空、半空或全满状态时，原子或离子的电子层结构更加稳定。因此，La^{3+}（$4f^0$）、Gd^{3+}（$4f^7$）和Lu^{3+}（$4f^{14}$）已处于稳定结构，获得+2和+4氧化态相当困难。而Ce^{3+}、Pr^{3+}和Tb^{3+}比稳定态多1~2个电子，所以它们可以氧化成4价RE^{4+}；Sm^{3+}、Eu^{3+}和Yb^{3+}比稳定态少1~2个电子，所以它们可以被还原成二价RE^{2+}。因此，RE^{3+}容易获得或失去电子，几乎能促进所有的催化反应类型，如氧化还原反应、酸碱反应、多相反应等。

稀土元素的催化活性基本可分为两类：一类对应于4f轨道中的电子数（1~14）呈单调变化，如加氢、脱氢、酮化学；另一类对应于4f轨道中的电子的构型（1~7，7~14）呈周期变化，如氧化。在现行的实用工业催化剂中，稀土通常用作助催化剂或混合催化剂的活性组分。目前，稀土催化剂主要应用于能源和环境领域，如石油裂化、化工、汽车尾气净化、工业废气和人类生活环境净化、催化燃烧和燃料电池。特别是在工业废气和人居环境净化领域，具有巨大的应用市场和发展潜力，已成为研发热点。中国是世界上稀土储量和产量最大的稀土大国。然而，中国的稀土消费量仅占世界总量的约四分之一，是世界上最大的稀土原材料供应商。与此同时，中国的稀土利用仍然不平衡。随着稀土永磁材料和稀土荧光粉等稀土产品产量的增加，中重稀土和钕的消耗量大幅增加，导致铈和镧等高丰度元素大量积压。稀土催化剂的研发为La、Ce、Pr、Nd等高丰度轻稀土元素的优质高效利用提供了有效途径，可有效缓解我国稀土消费失衡问题。

随着纳米技术、材料科学和现代表征方法的发展，可以从分子或原子层面理解稀土在催化材料中的作用机理，所有这些都为设计和制备具有新结构和新功能的稀土催化材料提供了理论和技术基础。本章介绍了稀土催化剂在石油化工、化石燃料催化燃烧、机动车尾气催化净化、有毒有害废气处理、固体氧化物燃料电池和移动制氢中的应用和研究现状，以及稀土催化材料研究中存在的问题和发展前景。

9.1 稀土的性质及应用

Y和Ln系元素在化学性质上极为相似，有共同的特征氧化态（Ⅲ），Y^{3+}的半径介于

Dy^{3+}与Er^{3+}的半径之间。在天然矿物中，Y和Ln系元素相互共生，具有相同的地球化学和矿物化学性质，因此，把Y划入了稀土元素。Sc和Ln系元素也有共同的特征氧化态，在地壳的原生稀土矿中也发现有钪矿物伴生，例如白云鄂博稀土矿就存在钪矿物，因此把它也划入了稀土元素。但由于Sc的离子半径与稀土元素有很大的不同，并且它的化学性质不像Y和Ln元素那样相似，加上它极为分散，除了钪钇矿和水磷钪矿之外，发现独立的矿物非常罕见，因此，在一般的生产过程中，Sc不包括在稀土元素中。此外，Pm元素是一种放射性元素，寿命最长的同位素^{147}Pm的半衰期也只有2.64年。它是铀的裂变产物，在天然矿物中很难找到。

因此，根据Y和Ln元素的化学和物理性质的异同，以及稀土元素在矿物中的分布和矿物加工的需要，将除Sc和Pm之外的其他15种稀土元素以Gd为界分为轻稀土和重稀土组。其中，轻稀土也称为铈族元素。包括La、Ce、Pr、Nd、Sm、Eu；重稀土，又称钇族元素，包括Gd、Tb、Dy、Ho、Er、Tm、Yb、Lu和Y。此外，根据稀土硫酸盐的溶解性，稀土通常分为轻、中和重稀土族。轻稀土为La、Ce、Pr、Nd，中稀土为Sm、Eu、Gd、Tb和Dy，重稀土为Ho、Er、Tm、Yb、Lu和Y。采用现代络合萃取技术分离稀土，得到了“四分组效应”关系，将稀土分为四组：铈组为La、Ce、Pr，钐组为Nd、Sm、Eu，钺组为Gd、Tb、Dy，铒组为Ho、Er、Tm、Yb、Lu、Y。

目前，全球已发现超过250种稀土矿物和含有稀土元素的矿物。约50~65种稀土含量大于5.8%的矿物可被视为稀土的独立矿物。它们主要是磷酸盐和氟碳酸盐，很少以硫酸盐和硫化物的形式存在，这表明稀土元素具有亲氧性。一些稀土矿物（特别是复合氧化物和硅酸盐）呈现为无定形状态。稀土矿物的分布，主要是岩浆岩和伟晶岩中的硅酸盐和氧化物，以及热液矿床和风化壳矿床中的氟化碳酸盐和磷酸盐。在已经发现的250多种稀土矿物和含有稀土元素的矿物中，只有十几种工业矿物适合目前的分离和冶炼条件。例如，铈稀土矿物，包括氟碳铈矿、氟碳铈矿和独居石；富含Sm和Gd的矿物，包括硅酸钇、铌钇、黑金；含有钇族稀土（钇、镝、铒、铥等）的矿物，包括磷酸钇、三碳钇、铌酸钇、黑色稀金矿。

稀土元素具有典型的金属性质。除Pr和Nd外，稀土元素一般具有类似于银或铁的金属光泽，大多数呈现为银灰色，偶尔带有一些黄色或棕色。稀土元素的晶体结构多为六方致密或面心立方结构，除了Sm（菱形结构）和Eu（体心立方结构）。以及Sc、Y、La、Ce、Pr、Nd、Sm、Tb、Dy、Ho、Yb等都有同素异晶变体。它们的晶体转变较慢，因此有时金属中会出现两种不同的晶体结构。除Yb外，钇组稀土金属的熔点（1312~1652℃）均高于铈组稀土金属。然而，铈组稀土金属（Sm和Eu除外）的沸点均高于钇稀土金属（Lu除外）。其中，Sm、Eu和Yb的沸点最低（1430~1900℃）。稀土的硬度不大，大多数硬度在20~30布氏硬度单位之间。随着原子序数的增加，稀土的硬度逐渐增加。稀土具有延展性，其中Ce、Sm和Yb的延展性最强，Ce可以被拉成金属丝并压成薄片。稀土元素具有非常相似的化学性质，通常表现为+3价。稀土元素是活泼金属，其金属活性仅次于碱金属和碱土金属。在17种稀土元素中，金属活性的顺序是由Sc、Y、La递增，由La到Lu递减，即La元素最活泼。稀土与冷水反应缓慢，但与热水反应剧烈，有氢气生成。它们容易溶解在酸中，形成相应的盐类化合物，但不与碱相互作用。它们可以形成化学稳定的氧化物、卤化物和硫化物。

应用稀土元素可改善金属性能，生产稀土金属氢化物/镍蓄电池、稀土荧光材料、稀土永磁材料、稀土催化材料、稀土储氢材料、稀土精密玻璃陶瓷材料、稀土激光材料、稀土超导体材料、稀土光磁存储器、稀土光导纤维、稀土微肥等。稀土已广泛应用于冶金、机械、能源、石油化工、轻工、电子、环境保护和农业等领域。

9.2 稀土催化

自20世纪60年代中期以来，国内外对稀土化合物的催化性能进行了广泛的研究。稀土催化剂根据其组成可大致分为稀土氧化物、稀土复合氧化物、稀土-（贵）金属、稀土-分子筛等。稀土元素在催化剂中的作用具有多样性，它们可以用作催化剂的主要组分，即催化剂的直接活性点；它们也可以用作助催化剂或混合催化剂中的次要组分，通过控制活性组分的化合价并稳定晶格而发挥间接作用。其中，稀土氧化物作为助催化剂的形式更为常见。

当稀土用作负载型金属催化剂的助催化剂时，主要功能是通过增加活性组分在表面上的分散度来提高催化剂的活性或选择性；通过防止活性组分的烧结，提高了催化剂的稳定性；通过调节表面酸碱度，提高了催化剂的结炭性能。例如，当将稀土添加到镍催化剂中时，稀土氧化物和镍之间的相互作用可以提高反应的选择性，改变载体的表面性质，细化镍颗粒，增加镍的分散性，从而提高反应活性。同时，由于稀土在镍晶粒的晶粒界面中富集，稀土可以在非均相催化反应中充分发挥催化剂的作用。在铂系催化剂（如Pt、Pt-Sn、Pt-Re-Al_2O_3等）中加入稀土后，稀土的引入使金属原子集合体变小，有利于Pt颗粒的均匀分散，提高了活性。在氧化物催化剂中，稀土氧化物和其他过渡金属氧化物形成新的复合氧化物，并获得了一系列适合高温氧化的催化剂。由于一些稀土氧化物独特的非化学计量性质，它们可以在反应中起到储氧和氧输送的作用，这可以提高催化剂的反应活性。

与传统催化材料相比，稀土催化剂具有催化活性高、比表面积大、稳定性好、选择性高、加工周期短等特点。稀土元素的催化活性不如d型过渡元素，但在大多数反应中，每种稀土元素的催化剂活性变化很小，不超过1~2倍，特别是重稀土元素之间几乎没有活性变化，而d型过渡元素的活性有时会相差几个数量级，存在明显的选择差异。与传统的贵金属催化剂相比，稀土催化材料在资源丰富性、成本、制备工艺和性能等方面具有很强的优势。从结构和组成分类，大致可分为三种：分子筛稀土催化剂、钙钛矿催化剂和铈锆固体氧催化剂（表9-1）。

表9-1 在工业中获得应用的稀土催化剂

催化剂	分子筛稀土催化剂	稀土钙钛矿催化剂	铈锆固溶体催化剂
结构特征	“硅铝酸盐”中的部分Na^+被稀土离子置换	ABO_3结构；A位为稀土或碱土离子，12配位；B位为过渡金属离子，6配位，形成(BO_6)八面体；A、B位可掺杂，其中贵金属属B位掺杂	ABO_2结构；Ce和Zr的配位数分别为8和6

续表 9-1

催化剂	分子筛稀土催化剂	稀土钙钛矿催化剂	铈锆固溶体催化剂
催化特征	多价稀土阳离子使羟基结构活化，产生较强的质子酸中心	A 位离子，影响吸附氧和 B 位离子的电子状态；B 位离子的取代，影响离子价态和键能，产生协同作用	Ce 离子可以在+4 和+3 价态之间转换，具有优良的储放氧性能；Zr 的加入可降低氧迁移活化能，以及表面氧和体相氧的还原温度，提高储氧性能
主要应用	炼油用催化剂	汽车尾气净化催化剂、环保催化剂、光催化分解水制氢、碳氢化合物重整反应	汽车尾气净化催化剂、环保催化剂

20 世纪 60 年代末，我国开始研究稀土分子筛材料，主要是替代基本国产的 Y 型分子筛和无定型硅铝裂化催化剂，并于 20 世纪 70 年代成功研制并投入使用，实现了炼油催化裂化的革命性进展。到目前为止，催化裂化催化剂仍以稀土分子筛为主，但其性能已大大提高，其原油处理能力大、轻质油收率高、选择性好、焦炭率低和催化剂损失等优势更加明显。20 世纪 70 年代，有许多使用稀土催化剂的化学工艺，如氨氧化、氨合成、脱硫、汽车尾气净化等。稀土氧化物和复合催化材料主要由氧化铈或铈锆固溶体组成，或再引入 La、Pr 等第三或第四组分。它们的发展与中国环境保护法规，特别是汽车排放法规的实施和逐步收紧密切相关。自 2005 年以来，稀土催化材料已成为世界上最大的稀土应用需求。根据用途的不同，稀土催化材料主要分为石油裂化催化剂、机动车尾气净化催化剂、催化燃烧催化剂、合成橡胶催化剂、光催化剂、燃料电池催化剂。其最大的应用市场是石油催化裂化催化剂和机动车尾气净化催化剂。

9.2.1 稀土催化剂在石油化工中的应用

9.2.1.1 在催化裂化中的应用

催化裂化（FCC，Fluid Catalytic Cracking）过程，是在热及催化剂作用下使重质油发生裂化反应，转变为裂化气、汽油和柴油等组分的过程。分子筛具有大比表面积、发达的孔道结构、酸性、择型性等，从 20 世纪 60 年代初开始，以分子筛代替无定型硅铝作为裂化催化剂被广泛应用于 FCC 过程，产生了巨大的经济和社会效益。

分子筛在实际应用过程中会遇到高温水热环境等苛刻条件，分子筛长期处于高温水热环境中，会发生脱铝和结晶度下降现象，从而导致分子筛催化剂失活。在分子筛中引进稀土可以调节催化剂的酸性和孔径分布。将轻稀土（La、Ce、Pr）的 3 价阳离子通过离子交换取代人工合成分子筛中的 H^+、NH_4^+等进入晶体内部，与骨架上的氧原子发生相互作用，形成配合物，抑制了分子筛在水热条件下的骨架脱铝作用，增强了分子筛骨架的热稳定性和水热稳定性（图 9-1）。

同时，稀土离子在分子筛笼内通过极化和诱导作用增加了骨架硅羟基和铝羟基上电子向笼内的迁移概率，增大了分子筛笼内的电子云密度，使羟基表现出更强的酸性，提高了催化裂化的活性。根据 RE^{3+}的种类、交换量和引入方式的不同，可对分子筛的酸中心数

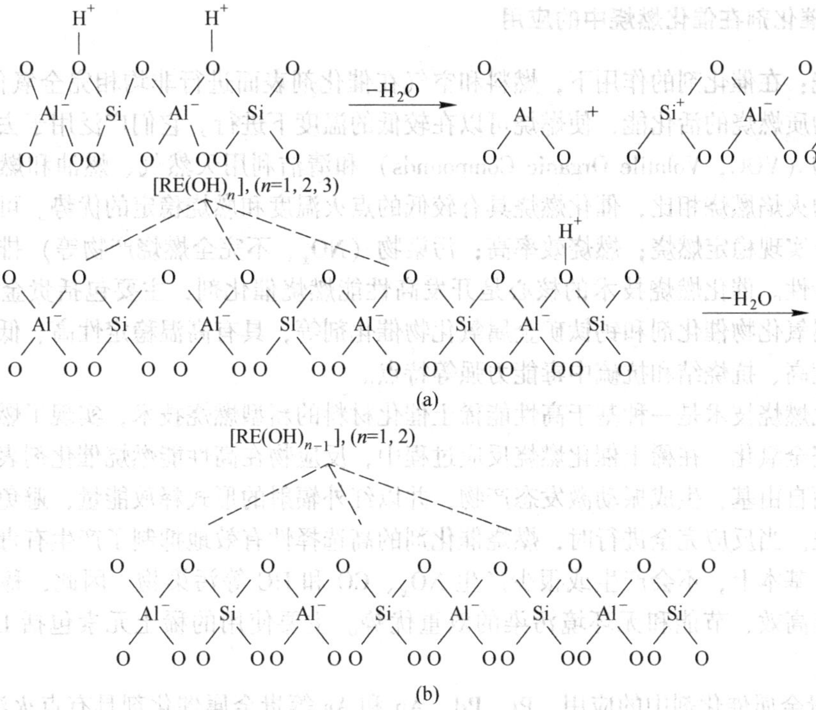

图 9-1　稀土提高分子筛稳定性的作用机理

（a）未引入稀土元素；（b）引入稀土元素

目、强度分布等进行调节，从而调变催化剂的性能。轻稀土（La、Ce、Pr）掺入分子筛催化剂之后，可显著提高催化剂的活性和稳定性，大幅度提高原料油裂化转化率，增加汽油和柴油的产率，如将原油转化率由 35%～40%提高到 70%～80%，汽油产率提高 7%～13%。同时，稀土分子筛催化剂还能加工大量的劣质渣油，具有原油处理量大、轻质油收率高、生焦率低、催化剂损耗低、选择性好等优点。

9.2.1.2　在催化重整中的应用

催化重整（CR，Catalytic Reforming）工艺：在热量、加压氢气和催化剂存在下将原油蒸馏的轻质汽油馏分（或石脑油）转化为富含芳烃的高辛烷值汽油重整汽油，并副产液化石油气和氢气。

重整催化剂主要分为两类：贵金属催化剂和过渡金属催化剂。前者以 Pt-Re/Al_2O_3、Pt-Ir/Al_2O_3 和 Pt-Sn/Al_2O_3 为代表，后者主要包括 CuO/CeO_2 等铜基催化剂和 Ni/Al_2O_3、Ni/SiO_2 等镍基催化剂。通过在贵金属重整催化剂中引入稀土，Al_2O_3 载体和活性组分 PtO 之间的相互作用被削弱，这有助于 Pt 的分散并增加原子分散的 Pt 的数量。同时，稀土氧化物可以向 Pt 提供更多的电子。两种方法的协同作用提高了 Pt 的脱氢环化活性，降低了 Pt 的氢解活性。对于非贵金属重整催化剂，添加稀土作为促进剂可以促进活性组分的分散，防止高温下的聚集和烧结。作为载体，可以提高催化剂的储氧和释放能力，降低重整气中的 CO 含量，提高反应转化率。作为主要催化剂，它可以转化 100%的甲醇。

9.2.2 稀土催化剂在催化燃烧中的应用

催化燃烧：在催化剂的作用下，燃料和空气在催化剂表面进行非均相完全氧化反应。由于降低了物质燃烧的活化能，使燃烧可以在较低的温度下进行。它们广泛用于去除挥发性有机污染物（VOC，Volatile Organic Compounds）和清洁利用天然气、燃油和燃煤化合物。与传统的火焰燃烧相比，催化燃烧具有较低的点火温度和燃烧稳定的优势。可在宽范围的油气比下实现稳定燃烧；燃烧效率高；污染物（NO_x、不完全燃烧产物等）排放水平低；低噪声特性。催化燃烧技术的核心是开发高性能燃烧催化剂，主要包括贵金属催化剂、过渡金属氧化物催化剂和钙钛矿金属氧化物催化剂等，具有高温稳定性高、低温活性好、机械强度高、抗烧结和抗硫中毒能力强等特点。

稀土催化燃烧技术是一种基于高性能稀土催化材料的新型燃烧技术，实现了燃料在催化剂表面的完全氧化。在稀土催化燃烧反应过程中，反应物在高性能燃烧催化剂表面形成低能量的表面自由基，生成振动激发态产物，并以红外辐射的形式释放能量，避免了可见光的能量损失。当反应完全进行时，燃烧催化剂的高选择性有效地抑制了产生有毒有害物质的副反应。基本上，不会产生或很少产生 NO_x、CO 和 HC 等污染物。因此，稀土催化燃烧技术具有高效、节能和无环境污染的双重优势。主要使用的稀土元素包括 La、Ce、Pr、Sm、Gd。

（1）在贵金属催化剂中的应用。Pt、Pd、Au 和 Ag 等贵金属催化剂具有点火温度低、转化率高的优点，但也存在高温下容易聚集和烧结、抗毒性差等缺点。当加入 CeO_2 时，它可以与贵金属发生强烈的相互作用，这可以抑制贵金属颗粒的团聚和烧结，并提高其分散性。促进烧结贵金属颗粒的再分散，从而延长催化剂的使用寿命；将贵金属如 Pt 和 Pd 稳定在具有最高催化活性的氧化状态，而贵金属可以提高氧空位浓度和 CeO_2 的迁移。

（2）在过渡金属氧化物催化剂中的应用。纯 CeO_2 的热稳定性和低温储氧释放能力较差。过渡金属氧化物与 CeO_2 之间的相互作用，可以产生更多的缺陷位点和氧空位，并提高活性组分的热稳定性和催化活性。

9.2.3 稀土催化剂在机动车尾气的净化中的应用

机动车使用不同的燃料（如汽油、柴油、液化石油气、压缩天然气等），废气排放的成分也不同。机动车尾气的主要成分是 CO、NO_x 和碳氢化合物。传统贵金属（铂、钯、铑）在低温下具有良好的催化性能，但在高温下容易烧结、失活，抗铅、镉中毒能力较差。此外，贵金属产量有限，价格昂贵。目前，稀土钙钛矿催化材料和铈锆固体氧化物催化剂在 CO 和碳氢化合物中的催化效果良好，但在 NO_x 方面存在较大差距。我国开发的稀土催化剂对汽车尾气进行催化转化的工艺流程（图 9-2）。

9.2.3.1 稀土催化剂用于柴油车尾气的排放控制

对于柴油车的尾气排放控制，除开 CO 和 HC 的净化外，难点是 NO 的选择性催化还原（SCR，Selective Catalytic Reduction）。在 SCR 催化剂方面，早期报道中主要是将 CeO_2 作为助剂或第二活性组分引入催化剂体系。随着研究的逐步深入，研究人员发现铈基氧化物对 SCR 反应也具有良好的催化活性。例如，研究发现：CeO_2/TiO_2 催化剂的活性与 CeO_2 的高分散性显著相关；此外，CeO_2 与 TiO_2 的相互作用，有助于抑制锐钛矿 TiO_2 微

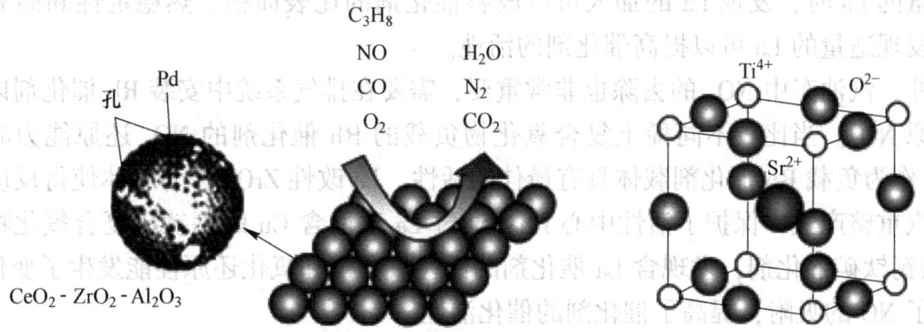

图 9-2 我国研制的稀土催化剂催化转化汽车尾气流程

晶的生长，使 CeO_2 在 TiO_2 表面保持高分散性，从而提高了催化剂的 SCR 催化活性。近年来，具有微孔结构的分子筛催化剂（Cu-CHA/AEI）在处理柴油机尾气中显示出良好的性能。然而，由于柴油车尾气中含有大量水蒸气，分子筛在长期运行中会脱铝。研究人员发现，掺杂稀土元素包括 La、Ce、Pr、Nd、Sm、Eu 中的任意一种或两种以上而形成的催化剂，可以提高催化剂的水热稳定性。

柴油车辆排放的细颗粒物（PM，Particulate Matter）占汽车总排放量的 90%以上，因此柴油颗粒过滤器（DPF，Diesel Particulate Filter）装置被广泛使用。DPF 载体表面涂覆有帮助碳烟快速氧化的催化材料，从而可以及时清除附着在 DPF 上的碳烟颗粒而使其再生。碳烟颗粒的催化氧化过程实质是碳烟/催化剂/O_2 的三相催化反应，催化剂的本征活性取决于活性氧的产生和转移。在使用较多的铂基催化剂体系中，可通过 Pt 与 Ce 的相互作用来改善催化剂的性能，减少贵金属 Pt 的用量而降低成本。在过渡族的非贵金属（Mn、Fe、Co、Ni 和 Cu 等）氧化物与 CeO_2 形成的复合氧化物催化剂体系中，过渡金属的氧化物具有很强的氧化能力。而以 CeO_2 为代表的稀土金属氧化物具有储氧释放性能，可以同时通过“活性氧辅助机制”和“NO_2 辅助机制”来氧化碳烟颗粒，因此，它显示出良好的碳烟氧化活性。在稀土钙钛矿催化材料体系中，$La_{0.8}K_{0.2}Cu_{0.05}Mn_{0.95}O_3$ 钙钛矿催化材料具有优异的同时去除 NO_x 和烟尘的能力。

由此可见，稀土催化材料在柴油车 NO_x 去除和碳烟颗粒氧化方面的研究取得了很大进展，具有广阔的发展前景。在机动车尾气净化催化剂中，贵金属作为主要活性成分发挥着不可替代的作用。然而，从资源和经济角度来看，贵金属具有资源稀缺、价格昂贵的缺点。如何在降低贵金属含量的同时保持催化剂的高效净化效果，已成为汽车尾气净化催化剂的发展方向。在研究人员考查的各种替代元素中，稀土元素由于其独特的 4f 电子层结构而在化学反应过程中表现出良好的助催化性能与功效。

9.2.3.2 稀土催化剂用于汽油车尾气的排放控制

随着催化剂的广泛应用，汽油车尾气中碳氢化合物（HC，Hydrocarbon）的催化氧化已成为当前研究的热点。目前，汽油车用低温点火催化剂主要以贵金属为主要活性成分。在新型 HC 氧化催化剂中，稀土催化剂已成为研究的重点。

研究表明，稀土材料与贵金属的结合可以增加催化剂的表面氧，并促进催化活性。例如，使用铈锆作为载体，发现负载 1% Pt（质量分数）的催化剂的丙烷点燃温度（T50）比未负载铈的催化剂低 60℃，显示出优异的低温催化性能；向 Pd/CeZrO 催化材料中添加不同含量的 La 时，发现 La 的加入可以改善催化剂的比表面积、热稳定性和储氧释放性能，并发现适量的 La 可以提高催化剂的活性。

此外，汽油车中 NO_x 的去除也非常重要，需要在排气系统中安装 Rh 催化剂以选择性催化还原 NO_x。当比较不同稀土复合氧化物负载的 Rh 催化剂的 NO_x 还原能力时，发现 Zr-La-O 作为负载 Rh 催化剂载体具有最佳的活性，La 改性 ZrO_2 作为载体使得反应过程中发生蒸汽重整产氢，保护了活性中心 Rh；通过 La 改性含 Cu 的钙钛矿复合氧化物制备了含 La 的钙钛矿催化剂，发现含 La 催化剂的活性氧含量和氧化还原性能发生了变化，氧空穴增强了 NO 的吸附，提高了催化剂的催化活性。

9.2.4 稀土催化剂在有毒有害废气的净化中的应用

除了机动车排放的废气外，工业源排放的 SO_x、NO_x 和 VOC 等有毒有害气体也是大气污染物，严重影响人民健康和城乡经济发展。同时，装饰材料引起的室内空气污染也越来越受到人们的关注。其中，催化净化技术是最有效的方法。根据脱硫剂的形态，烟气脱硫分为湿法和干法。由于湿法烟气脱硫的局限性，近年来干法烟气脱硫的研究和发展迅速。以稀土氧化物为吸收剂或催化剂的干法脱硫已引起广泛关注。稀土氧化物是非常有前途的吸收剂。例如，使用 CeO_2/Al_2O_3 同时去除烟气中的 SO_2 和 NO_x，脱氮和脱硫效率大于 90%。同时，由 La_2O_3 或 CeO_2 形成的钙钛矿型和萤石型稀土复合氧化物在烟气催化还原脱硫中也显示出良好的应用前景。例如，La_2O_3 可以在反应气氛中生成 La_2O_2S，这可以催化 COS 和 SO_2 之间的反应，从而抑制更具毒性的 COS 的形成。

固定源的 NO_x 排放主要来自火力发电厂、水泥厂、钢铁厂、垃圾焚烧厂和其他类型的工业设施。目前，由于 V 的生物毒性，广泛使用的 V_2O_5-WO_3/TiO_2（简称 VWTi）脱氮催化剂材料逐渐被非钒基脱氮催化剂取代。由于工业烟气中的粉尘和硫含量较高，以 Cu 和 Mn 为活性中心的 SCR 催化剂的应用受到限制。然而，稀土氧化物，特别是基于 CeO_2 的脱氮催化剂，具有高效、无毒、无二次污染的特点，可以替代剧毒的钒钛体系，实现环境友好催化。研究表明：基于 CeO_2/TiO_2 催化材料，以 WO_x、NbO_x 和 MoO_x 氧化物为代表的固体酸，以及磷酸和硫酸盐作为改性添加剂，可以有效提高 SCR 催化剂的性能和抗硫中毒能力。因此，鉴于国内工业烟气中高粉尘、高硫和高毒性元素的特点，开发催化剂寿命长、温度操作窗口宽、低温催化活性高的稀土 SCR 催化剂，将是我国该研究领域的方向和发展趋势。

除了上述应用，稀土催化材料在燃料电池、光催化、制氢催化、污水净化等领域都有重要应用。在光催化净化方面，稀土的引入可以扩大 TiO_2 的光吸收区，为 TiO_2 在室内低光或可见光条件下的空气净化的有效应用开辟了更大的空间。同时，吸附材料和光催化剂的复合，结合了吸附净化和光催化净化的优势，有望在高效空气净化技术上取得突破。

9.2.5 稀土催化剂在固体氧化物燃料电池中的应用

燃料电池：是一种主要通过氧或其他氧化剂进行氧化还原反应，把燃料中的化学能转化成电能的的装置。燃料电池是按电化学方式直接将化学能转化为电能，不受卡诺循环的限制，能量转化效率高，几乎不排放 NO_x 和 SO_x，同时 CO_2 排放量比常规发电厂减少 40% 以上。根据所用电解质的不同，燃料电池可分为碱性燃料电池（AFC），磷酸盐燃料电池

(PAFC)，质子交换膜燃料电池（PEMFC)，熔融碳酸盐型燃料电池（MCFC)，固体氧化物型燃料电池（SOFC）等。

稀土复合氧化物由于具有丰富的离子和电子导电性，经常被用于 SOFC。SOFC 的关键部件包括电解质、阴极、阳极、双级板或连接材料等。如通过稀土 Y 和 Yb 掺杂 $BaCeO_3$-Ba-ZrO_3 获得了一种新型钙钛矿混合离子导体 $BaZr_{0.1}Ce_{0.7}Y_{0.1}Yb_{0.1}O_3$，研究了以碳氢化合物为燃料时 Ni/$BaZr_{0.1}Ce_{0.7}Y_{0.1}Yb_{0.1}O_3$ 阴极的碳沉积和抗硫化物行为。当 Ni 和 CeO_2 构成阳极时，CeO_2 可以显著抑制 Ni 的硫毒性，表明 CeO_2 是硫物种的有效吸附剂。Gd^{3+}、Sm^{3+}和 Ce^{3+}具有相似的离子半径，因此当用 Gd 或 Sm 掺杂 CeO_2 时，可以获得更高的电导率。同时，阳极中氧空穴的增加有利于提高阳极的抗硫中毒能力。稀土也被用作熔融碳酸盐燃料电池（MCFC）的电极材料。MCFC 的电解质由 Li_2CO_3 和 K_2CO_3 组成，工作温度约为 650℃。长期在高温下运行会导致电解液损失，导致电池故障和电极板腐蚀。例如，当 $LiCoO_2$ 阴极通过半导体掺杂方法掺杂 La 和 Ce 等稀土元素时，发现掺杂阴极的性能优于传统的 NiO 阴极，电导率也大大提高。此外，稀土元素的掺杂可以有效地提高电极的蠕变电阻。例如，当向 MCFC 的阳极 Ni-Cr 中添加少量 Ce 时，发现在 500~600℃的温度下，阳极的烧结电阻优于没有 Ce 的电极。Ce 的添加改变了电极的延展性或柔韧性，从而提高了电极在高温下工作时的抗蠕变性。稀土也用于 PEMFC 的阳极催化材料。PEMFC 通常使用氢气和氧气（空气）作为反应气体，电池反应的产物是水。阳极反应是氢的电催化氧化反应，阴极是氧的电催化还原反应。为了提高电化学反应的速率，需要在气体扩散电极上携带一定量的催化剂，通常选择具有高催化活性的 Pt 作为电催化剂。然而，由于 Pt 的价格很高，并且一些反应产物会吸附到 Pt 的活性位点并毒害催化剂，因此其大规模应用受到限制。稀土元素作为第二和第三掺杂组分已被广泛研究。研究表明，加入廉价的稀土化合物可以提高催化剂的活性和抗毒性。此外，廉价的稀土化合物掺杂催化剂，使贵金属的量减少，降低了催化剂的生产成本。

9.2.6 稀土催化剂在移动制氢中的应用

由于 H_2 在使用过程中的零排放特性，它被认为是 21 世纪最有前途的燃料。在自然界中，氢主要以结合态存在于水和有机物中，而大气中游离态的氢很少。因此，人们需要使用有效的方法来提取 H_2。目前，制氢技术主要包括水电解制氢、光催化分解水制氢和石化能源制氢。其中，石化能源制氢过程约占总制氢量的 95%。然而，传统石化能源制氢催化剂存在稳定性差、高温下容易烧结和碳沉积失活等问题。近年来，研究人员通过添加少量稀土金属氧化物作为助剂对催化剂进行了改性处理，发现稀土金属氧化物可提高催化剂的稳定性和选择性，并且显著提高了活性组分在催化剂表面上的分散性和碳沉积阻力。如在乙醇重整制氢反应的催化剂中加入 CeO_2、Y_2O_3 和 La_2O_3，能够对其催化性能起到较好的促进作用。

尽管现有的化石能源制氢工艺已经成熟，生产成本也相对较低，但资源有限且不可再生，制氢过程会排放温室气体，对环境造成二次污染。可再生能源制氢成为解决能源危机和环境问题的重要途径。光催化剂是一种环保且经济的制氢方法。近年来，光催化剂的研究成为一个热点。传统的光水解主要集中于半导体氧化物（TiO_2）及其表面改性的研究，但其在工业化生产中的广泛应用受到低量子速率、低太阳能利用率和严格的光催化剂负载要求的限制。稀土材料的掺杂拓宽了 TiO_2 的光吸收区，这为光催化剂空气净化在室内低光和可见光条件下的有效应用提供了广阔的空间。

9.2.7 其他催化应用

除了上述应用之外，稀土在有机合成方面也具有良好的效率。如编者通过溶胶凝胶法，使用单壁纳米碳管（SWCNTs，Single-walled Carbon Nanotube）经侧壁羟基功能化作用后得到的 SWCNTs-OH 和稀土 La^{3+} 对 $H_3PW_{12}O_{40}$ 进行了协同改性作用，合成了一种以强 Lewis 酸位为主的固体酸催化剂 La-PW-SiO_2/SWCNTs，并通过油酸和甲醇的酯化反应研究了合成得到的催化剂的催化活性和稳定性。结果表明，当甲醇与油酸的摩尔比为 15∶1，反应温度为 65℃，催化剂与反应物的质量比为 1.5%，反应 8h 后，油酸的转化率为 93.1%（质量分数）。经过 6 次循环使用，油酸的转化率仍然高达 88.7%（质量分数）。为了解 La-PW-SiO_2/SWCNTs 催化剂的酸性活性位的类型，采用吡啶红外吸附法对其进行了分析，结果如图 9-3 所示。

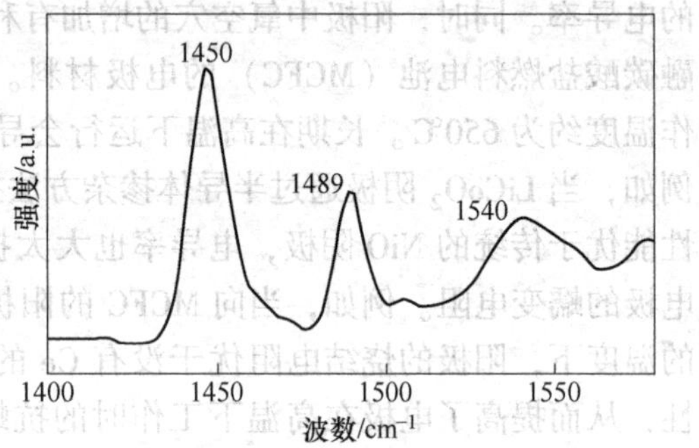

图 9-3 La-PW-SiO_2/SWCNTs 催化剂的吡啶红外吸附谱图

由图 9-3 可知，在波数为 $1450cm^{-1}$ 和 $1540cm^{-1}$ 处均出现特征峰，分别属于 Brönsted 酸位和 Lewis 酸位所对应的特征峰，可以得出催化剂是一种 B 酸位和 L 酸位同时存在的酸性催化剂。在波数为 $1450cm^{-1}$ 处的峰值要强于波数在 $1540cm^{-1}$ 处的峰值，这表明了 La-PW-SiO_2/SWCNTs 的 Lewis 酸位要强于 Brönsted 酸位。为了更好地表述催化剂中 Lewis 酸中心的形成，对催化剂的形成机理进行了图解，结果如图 9-4 所示。

Lewis 酸位形成过程具体如下：在使用溶胶-凝胶法合成时，四乙氧基硅烷（TEOS）易水解并在酸性条件下形成 SiO_2 网络。存在于 SiO_2 网络中的（Si-OH_2^+）与 $H_3PW_{12}O_{40}$ 的 H^+ 配位，形成具有强静电吸附力的（Si-OH_2^+）（$H_2PW_{12}O_{40}^-$）络合物。经煅烧后，它将进一步与 SWCNTs-OH 中的-OH 和 La^{3+} 键合形成活性组分（La-PW-SiO_2）。由于 La^{3+} 的强吸电子效应，因此 e^- 移动到 SWCNT 的表面并分散在苯状环结构中。因此，La-PW-SiO_2/SWCNTs 催化剂的系统电荷不平衡趋势加剧，并导致其中的正电荷过量，该作用有助于 Lewis 酸位的形成而增加其含量。

目前，稀土催化剂的研究发展趋势如下：开发稀土改性的无钒、少钒工业废气脱硝催化剂，适应更先进尾气排放标准的新型汽车尾气净化器，提高催化剂热稳定性和氧传输能力的铈锆储氧材料等，固体燃料电池电极，电解质材料的优化和改良等。虽然稀土氧化物在许多催化反应中发挥着不可替代的作用，但在大多数情况下还是作为催化剂的载体或助剂。加入稀土或稀土氧化物，不管是作为助剂、载体还是助催化剂，均在提高催化活性和低温、提高活性组分分散度、抗活性组分高温聚集或烧结、抗中毒性能等方面发挥重要的积极作用。但要实现其性能不断提高甚至突破，需要对结构-性能之间的构效关系以及与活性中心等各组分协同作用机理等有关科学问题进行更深入的研究。同时，在理论研究基

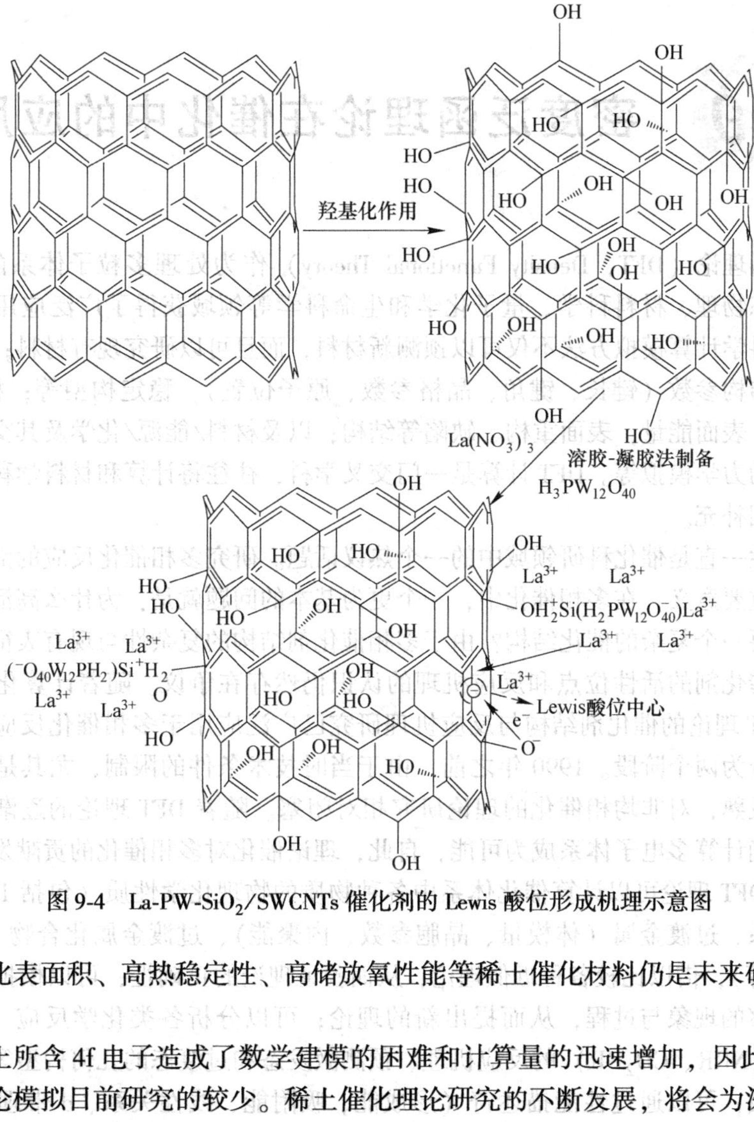

图 9-4　La-PW-SiO$_2$/SWCNTs 催化剂的 Lewis 酸位形成机理示意图

础上开发高比表面积、高热稳定性、高储放氧性能等稀土催化材料仍是未来研究的方向和发展趋势。

由于稀土所含 4f 电子造成了数学建模的困难和计算量的迅速增加，因此有关稀土催化作用的理论模拟目前研究的较少。稀土催化理论研究的不断发展，将会为深入理解稀土催化的本质提供新的思路。

习　题

9-1　何谓“镧系收缩”，说明其产生的原因。

9-2　镧系元素电子层结构的最大特点是什么，用电子层结构说明镧系元素有哪些可能的价态，其中非 3 价态的稳定性顺序如何，并加以解释。写出 La、Ce、Pr、Tb、Tm、Yb 的氧化物的分子式，并说明其中价态情况。

9-3　试从 Ln^{3+} 的特征分析，镧系离子形成配合物时，其配位数、配位体类型、化学成键和金属羰基化合物的稳定性方面有何特点？

9-4　试比较镧系元素与碱土金属在化学性质上有何相似处和差异性。

9-5　稀土元素有哪些重要应用领域，它们与现代科学技术的发展有何关系？

9-6　为什么镧系元素的电子结构在固态和气态不同，对元素的特性会造成什么影响？

10 密度泛函理论在催化中的应用

密度泛函理论（DFT，Density Functional Theory）作为处理多粒子体系的近似方法，已经在凝聚态物理、材料科学、量子化学和生命科学等领域获得了广泛应用。基于DFT理论的材料科学计算模拟方法不仅可以预测新材料，而且可以研究现有材料；可以研究材料的结构：结构参数（键长、键角、晶格参数、原子位置），稳定构型等；材料表面能：表面吸附能，表面能量，表面重构、缺陷等结构；以及材料/能源/化学及其交叉学科相关的从头分子动力学模拟等。DFT计算是一门交叉学科，往往将计算和材料学科的实验结合在一起，互相补充。

催化活性一直是催化科研领域中的一个热议话题。研究多相催化反应的活性位点和反应机理具有重要意义。在多相催化中，一个更为基本的问题就是：为什么高活性的非均相催化反应需要一个复杂的催化结构？由于多相催化剂结构的复杂性与现有表征技术的局限性，目前对催化剂的活性位点和反应机理的认识仍然存在争议。随着计算化学的不断发展，基于DFT理论的催化剂结构与反应机理研究已广泛应用于多相催化反应中。理论催化可以大致分为两个阶段。1990年之前，由于当时技术条件的限制，尤其是理论量子计算方法的不成熟，对非均相催化的理论研究相对闭塞。随着DFT理论的逐渐成熟，运用量子力学准确计算多电子体系成为可能，自此，理论催化对多相催化的贡献发生了质的飞跃。如通过DFT理论可以计算催化体系中各种物质的物理化学性质（包括17种原子能、主族分子体系、过渡金属（体模量、晶胞参数、内聚能）、过渡金属化合物（晶胞参数、能带结构）等），借以比较各种近似理论，从而验证理论的正确性；可以模拟现代实验方法还无法考察的现象与过程，从而提出新的理论；可以分析各类化学反应（包括HER、ORR、OER、NRR、CO_2RR）的反应机理、预测激发态和过渡态的几何构型等，从而深入探究反应本质；可以通过性能描述符（形成能、吸附能、线性关系、d带理论、eg轨道占据）与理论分析工具（Bader电荷、差分电荷密度、电子局域函数、态密度、晶体轨道重叠布局、过渡态）替代以往的传统实验手段，进行新材料（如催化剂）的设计，从而有效缩短新材料的研制周期，降低开发成本等。

近年来，DFT理论作为催化领域最先进、最高效的理论研究方法之一，越来越广泛地应用于催化领域。目前，理论催化研究存在两个难点：如何获取接近全局反应能垒最低的反应路径；如何理论指导可控合成具有特定形貌的模型催化剂？

10.1 密度泛函理论

1933年，狄拉克（P. A. M. Dirac）和薛定谔（Erwin Schrödinger）因建立了量子力学的基本方程——薛定谔（波动）方程和狄拉克方程，获得了诺贝尔物理学奖。通过求解薛定谔方程中波函数的具体形式以及对应的能量，可以了解微观体系的物化性质。但是薛定谔方程仅对少数体系（如氢原子体系）能解析求解，对于多粒子系统，其精确求解十分困难。1964 年，Walter Kohn 教授创立的 DFT 理论巧妙地将求解多电子波函数的问题转化为求解体系电子云密度的问题，大幅度地降低了薛定谔方程求解的难度。因此，DFT 理论成为了理论计算化学与固态物理学界应用最为广泛的“第一性原理计算”方法。

以催化合成氨为例来说明 DFT 理论在催化科学领域中的应用，合成氨指由氮和氢在高温高压和催化剂存在下直接合成的氨。合成氨是大宗化工产品之一，全世界每年合成氨产量已达到 1 亿吨以上，其中约有 80%的氨用来生产化学肥料，20%作为其他化工产品的原料。合成氨的主要反应非常简单，可表示为：

$$N_2 + 3H_2 \longrightarrow 2NH_3 \tag{10-1}$$

合成氨反应通常在金属催化剂（如 Fe 和 Ru）的存在下，需要高温（400℃）高压（100atm）下才能进行。虽然 Haber 等人早在 100 多年前就发现了适合合成氨反应的金属催化剂，但是人们对发生在金属催化剂表面的反应过程及机理知之甚少。这在一定程度上是因为实际使用的催化剂的结构非常复杂，为了使金属催化剂具有高比表面积，金属催化剂的活性组分颗粒要均匀分散在多孔材料上。由于催化剂表面不同的活性位点的反应活性不同，为理解活性组分颗粒的反应活性，需要确定这些表面原子的空间位置。金属催化剂的表面通常包括各种类型的原子（根据空间位置分类），因此，可通过纳米颗粒形状和各类原子活性构成的复杂函数对金属催化剂整体的表面活性进行解析。

上面的讨论引出了一个重要问题，即金属纳米颗粒的形状和尺寸与其作为氨合成催化剂的活性之间能否建立直接联系？如果能够找到这个问题的详细答案，那么就可以为催化剂的改进提供参考。迄今为止，对这个问题最详细的回答之一来自 Honkala 团队，他们主要研究 Ru 纳米粒子的 DFT 计算。DFT 计算表明，在金属催化剂上进行合成氨的化学反应至少包含了 12 个独立步骤，这些步骤的速率受金属原子的局部配位情况的影响非常大。合成氨反应中，最重要的反应是催化剂表面 N_2 键的断裂，在 Ru 块体表面，更确切地说是原子平坦区域的表面，这种键断裂反应需要大量的能量，意味着反应速率极慢。然而，当催化剂的表面暴露着大量的不饱和台阶位的 Ru 原子时，这种反应需要的能量要小得多。Honkala 和同事利用 DFT 计算，预测了 Ru 纳米颗粒中许多不同的表面原子局部配位的相对稳定性，即预测了纳米颗粒的详细形貌随粒径的变化关系。根据预测结果，可得到 Ru 纳米颗粒的直径与纳米颗粒上 N_2 键断裂的高活性位点数目之间的函数关系。最后，根据计算结果建立了一个模型，用来描述纳米颗粒表面众多不同种类型的金属原子的反应速率如何耦合在一起，以定义现实反应条件下的整体反应速率。在此过程的任何阶段，都没有用到任何实验数据来拟合或调整模型，因此，其最终结果是对一个复杂催化剂的反应速率的真正预测描述。之后，Honkala 等人将他们的预测结果与工业反应条件下用纳米 Ru 催化剂的实验测量结果进行了比较。结果表明，他们的预测与实验结果惊人的一致。

10.2 密度泛函理论的基本原理

10.2.1 薛定谔方程

本节内容主要是对 DFT 理论进行一个简短而清晰的描述，并不涵盖 DFT 的全部理论及其推论。如果要描述原子的集合属性，研究者很可能会想到用一个分子结构或晶体结构来描述。关于这些原子，研究者想了解的基本信息之一是它们的能量，或者是移动某些原子所需要的能量。为了定义原子的位置，需要同时定义原子核以及其电子的位置。在对原子进行量子力学计算时，有一个非常重要的实验结论是原子核的质量要远远大于电子，即原子核内每个中子或质子的质量是电子质量的1800倍。通俗而言，这意味着当环境发生变化时，电子的反应要比原子核的反应快得多。

因此，对于一个物理问题，研究者可以分为两个部分进行求解，首先是把原子核固定，求解电子运动方程。在给定的原子核集组成的场中，求解电子运动问题可以得到电子最低的能量或者最稳定状态。最低能量状态也就是通常所说的基态，把原子核和电子的运动用独立的数学模型来描述，即为玻恩-奥本海默近似（Born-Oppenheimer approximation）。如果原子核所在的位置是 R_1，…，R_M，研究者把基态能量（E）表示为这些原子核位置的函数，即 $E(R_1, \cdots, R_M)$。这个方程就是原子的绝热势能面。一旦研究者能够计算这个势能面，研究者就可以回答前面提出的问题，即当原子移动时，物质的能量如何发生变化。

大家熟悉的薛定谔方程的一个简单形式，更确切地说是一个与时间无关，非相对论的波动方程，即 $H\psi = E\psi$ 。在这个方程中，H 是哈密顿算子，ψ 是哈密顿量的一组解或本征态。每个解 ψ_n（复数）与 E_n（一个满足特征方程的实数）相关联。哈密顿算子详细的形式取决于薛定谔方程描述的物理系统。如盒子中的粒子或谐振子中的哈密顿量有一个简单的形式，可得到薛定谔方程的精确解。通常情况下，研究者对多电子与多原子核的相互作用情况更感兴趣，但是这种情况更加复杂。研究者用薛定谔方程描述电子如下：

$$\left[\frac{h^2}{2m}\sum_{i=1}^{N}\nabla_i^2+\sum_{i=1}^{N}V(r_i)+\sum_{i=1}^{N}\sum_{j<i}U(r_i, r_j)\right]\psi=E \tag{10-2}$$

式中，m 是电子质量。在括号内的3项分别表示每个电子的动能，每个电子和原子核之间的相互作用能和不同电子的相互作用能。哈密顿量为电子波函数，它是 N 个电子空间坐标的函数，即 $\psi=\psi(r_1, \cdots, r_N)$。$E$ 为电子的基态能量，基态能量与时间无关，上述方程是一个静态的薛定谔方程，电子的动态变化可以由时间相关的薛定谔方程求解得到。为了更清晰表达，在描述中忽略了电子自旋。如果要完整描述电子，必须指明电子的3个空间坐标变量及其自旋方向。

虽然电子波函数是 N 个电子坐标的函数，但是可以用单个电子的波函数来近似得到，即 $\psi=\psi_1(\boldsymbol{r})$，$\psi_2(\boldsymbol{r})$，…，$\psi_N(\boldsymbol{r})$。这个表达式就是哈特里方程（Hartree product），用这种方式，可以把多电子原子中的多电子的波函数近似写成各单粒子波函数的乘积。注意在式中，N 是电子数，通常要比原子核数 M 要大很多，这是因为一个原子通常包含一个原子核和多个电子。比如 CO_2 分子，完整的波函数是66元方程（即22个电子的三维空间坐标）。一个100个Pt原子的纳米团簇，其完整波函数需要超过23000个变量。这也是为什么近一个世纪以来，对于实际物质的薛定谔方程的求解十分困难，需要顶尖科学家才能完成。

对于哈密顿函数 H 来说，求解更加困难。哈密顿函数定义为电子和电子之间的相互作用，这对于求解薛定谔方程来说至关重要。这意味着研究者前面定义的电子波函数 $\psi_i(\boldsymbol{r})$，必须同时考虑与其他所有电子相关联的单个电子波函数。薛定谔方程是一个多体问题。

求解薛定谔方程可以认为是量子力学的基本问题，但是研究者必须认识到，对于任意给定的坐标来说，其波函数并不能直接观测到。原则上可以测量的是 N 个电子在指定的坐标上 $\boldsymbol{r}_1$，…，$\boldsymbol{r}_N$ 出现的概率。这个概率等于 $\psi(\boldsymbol{r}_1, \cdots, \boldsymbol{r}_N)\,\psi^*(\boldsymbol{r}_1, \cdots, \boldsymbol{r}_N)$，其中星号表示复共轭。还需要注意的是在实验过程中，研究者并不关心电子的编号，而且即使需要编号也很难进行。这意味着物理量其实是意味着物理兴趣的数量实际上是一组 N 个电子的坐标 $\boldsymbol{r}_1$，…，$\boldsymbol{r}_N$ 以任意顺序排列的概率。一个密切相关的量是空间中某一特定位置处的电子密度 $n(\boldsymbol{r})$，它可以写成单独电子的波函数，表示为：

$$n(\boldsymbol{r}) = 2\sum_i \psi_i^*(\boldsymbol{r})\,\psi_i(\boldsymbol{r}) \tag{10-3}$$

式中，求和包含所有被电子占据的单个电子波函数，因此求和表达式中内部的项是单个电子波函数为 $\psi_i(\boldsymbol{r})$ 占据位置 $\boldsymbol{r}$ 的概率。前面乘了两倍是因为电子具有自旋，根据泡利不相容原理，每个单独的电子波函数可以被两个独立的，且具有不同自旋方向的电子占据。这是一种纯粹的量子力学效应，在经典物理学中没有对应关系。本节讨论讲述的重点是，电子密度 $n(\boldsymbol{r})$ 是 1 个只和 3 个坐标有关的函数，从波函数可以得到大量实际可观测到物理量的信息，其中波函数是 $3N$ 个坐标相关的薛定谔方程的解。

10.2.2 密度泛函理论——从波函数到电子密度

DFT 理论的基础是 Hohenberg-Kohn 定理以及在 20 世纪 60 年代中推导出来的 Kohn-Sham 方程组。Hohenberg 和 Kohn 第一定理：薛定谔方程解出的体系基态能量是电子密度的唯一泛函。该定理表明基态能量与基态电子密度一一对应。要理解这个定理的重要性，需要先了解什么是泛函，与泛函含义接近概念是函数。函数是指取一个变量或变量的值，从这些变量计算得到单个数字结果。以只有一个变量的函数为例：

$$f(x) = x^2 + 1 \tag{10-4}$$

泛函是用一个函数作为变量，并从函数的值来得到单值结果。如：

$$F[f] = \int_{-1}^{1} f(x)\,\mathrm{d}x \tag{10-5}$$

即为一个函数 $f(x)$ 的函数。如果把式（10-4）代入到式（10-5）中，可得到 $F[f] = 8/3$。因此，研究者可以把 Hohenberg-Kohn 定理中的基态能量表示为 $E[n(\boldsymbol{r})]$，其中，$n(\boldsymbol{r})$ 是电子密度。因此，这个领域被称为密度泛函理论。

Hohenberg-Kohn 定理的另外一种表达方式为基态电子能量密度由电子的所有性质唯一确定，这些性质包括波函数，能量和基态。这个结论也非常重要，它说明研究者可以通过找到一个与空间坐标相关函数来求解薛定谔方程，而不是来求解包含 $3N$ 个变量的波函数。因此，求解薛定谔方程可以更准确的找到基态能量。对于一个 100 个 Pd 原子的纳米团簇来说，这种定理可以使问题规模从求解 23000 多个变量的问题转换为求解 3 个变量的问题。

虽然上述 Hohenberg-Kohn 第一定理严格证明了存在一个电子密度的泛函，可以用来求解薛定谔方程，但是这个定理却没有给出这个泛函的具体形式。Hohenberg-Kohn 第二定理却给出了这个泛函的重要特征，可使泛函能量最小的电子密度对应于薛定谔方程完整解的真实电子密度。那么如果知道这个“真实”的泛函形式，研究者就可以改变电子密度使得泛函计算的能量最小化，这是得到电子密度的一个方法。这种变分原理在实际中用的是近似形式的泛函。

Hohenberg-Kohn 定理的一个应用是求解单电子波函数 $\psi_i(\boldsymbol{r})$，从式（10-3）可知，波函数求解后可得到电子密度 $n(\boldsymbol{r})$。能量泛函可以写成：

$$E[\psi_i] = E_{\text{known}}[\psi_i] + E_{\text{XC}}[\psi_i] \tag{10-6}$$

式中，把泛函分为两部，$E_{\text{known}}[\psi_i]$ 为可解析部分；$E_{\text{XC}}[\psi_i]$ 为除此以外的其他部分。E_{known} 的表达式：

$$E_{\text{known}}[\{\psi_i\}] = \frac{h^2}{m}\sum_{i=1}\int \psi_i^* \ \nabla_i^2 \psi_i \, d^3r + \int V(\boldsymbol{r})\, n(\boldsymbol{r}) \, d^3r + \frac{e^2}{2}\iint \frac{n(\boldsymbol{r})\, n(\boldsymbol{r}')}{|\boldsymbol{r}\boldsymbol{r}'|} d^3r d'^3\boldsymbol{r}' + E_{\text{ion}} \tag{10-7}$$

式（10-7）中，右边的四项依次是电子动能，电子与原子核之间的库仑相互作用，电子对之间的库仑相互作用，原子核对之间的库仑相互作用。在能量泛函中的另外一项 $E_{\text{XC}}[\psi_i]$ 是交换关联泛函，它包含了除开 E_{known} 所包含部分之外的其他所有的量子力学效应。

当前，研究者一直在努力如何使用某种有效的方式把交换关联能量泛函的表达式写出来，以及在得到总体泛函最小值过程中应该考虑哪些因素。到目前为止，这项工作并不比完整求解薛定谔方程来得到波函数的过程更简单。但是这个难题被 Kohn 和 Sham 解决了，他们研究发现，求解电子密度的过程可以用求解一组方程来表示，其中每个方程只涉及一个电子。Kohn-Sham 方程为：

$$\left[\frac{h^2}{2m}\nabla^2 + V(\boldsymbol{r}) + V_{\text{H}}(\boldsymbol{r}) + V_{\text{XC}}(\boldsymbol{r})\right]\psi_i(\boldsymbol{r}) = \varepsilon_i\, \psi_i(\boldsymbol{r}) \tag{10-8}$$

式（10-8）与式（10-2）有点相似，它们的区别在于 Kohn-Sham 方程没有出现式（10-2）中的求和符号。这是因为 Kohn-Sham 方程的解是单个电子的波函数 $\psi_i(\boldsymbol{r})$，其只与 3 个空间变量有关。在 Kohn-Sham 方程的左边是 3 个势能，即 V，V_{H} 和 V_{XC}。其中 V 出现在完整薛定谔方程中（式（10-2）），并且在总能量函数（式（10-6））中属于 E_{known} 部分，它表示电子与原子核集合之间的相互作用。第二个势能 V_{H} 称为哈特里势能：

$$V_{\text{H}}(\boldsymbol{r}) = e^2\int \frac{n(\boldsymbol{r}')}{|\boldsymbol{r}\boldsymbol{r}'|} d^3\boldsymbol{r}' \tag{10-9}$$

V_{H} 势能表示 Kohn-Sham 方程计算的电子与体系的所有电子之间的库仑排斥作用。哈特里势能包含了电子自相互作用势，因为在 Kohn-Sham 方程中描述的电子也是总电子的一部分，所以 V_{H} 包含了电子与自身和其他电子之间的库仑相互作用。电子自相互作用是不符合物理规律的，并且对它的修正体现在 Kohn-Sham 方程中综合考虑集总成最终势的几个部分之一 V_{XC}，它表示单个电子的交换关联效应。V_{XC} 可以定义为交换关联能的泛函导数：

$$V_{\text{XC}}(\boldsymbol{r}) = \frac{\delta E_{\text{XC}}(\boldsymbol{r})}{\delta n(\boldsymbol{r})} \tag{10-10}$$

从严格数学定义上考虑，泛函导数比研究者熟知的函数导数要更复杂一些，但是从一般概念上考虑，可把泛函导数认为是普通的导数。泛函导数是用符号 δ 而不是符号 d 来书写方程式，以强调它不完全等同于函数导数。

通过对 Kohn-Sham 方程的讨论，研究者发现其中有某种迭代的内容。要求解 Kohn-Sham 方程，需要得到哈特里势能，而要得到哈特里势能，需要知道电子密度。但是要找到电子密度，必须知道单电子波函数，而要知道这些波函数，就必须求解 Kohn-Sham 方程。为了打破这个循环，通常用如下算法来进行迭代处理。具体如下：

(1) 定义一个初始的电子密度 $n(\boldsymbol{r})$。

(2) 用初始电子密度来求解 Kohn-Sham 方程，得到单电子的波函数 $\psi_i(\boldsymbol{r})$。

(3) 通过第 2 步得到的波函数来计算电子密度，$n_{KS}(\boldsymbol{r}) = 2\sum_i \psi_i^*(\boldsymbol{r})\,\psi_i(\boldsymbol{r})$。

(4) 比较计算得到的 $n_{KS}(\boldsymbol{r})$ 和研究者用来求解 Kohn-Sham 方程的 $n(r)$。如果两个值是一样的，那么计算就达到了基态电子密度，这个电子密度也可以用来计算总能量了。如果两个电子密度不同，初始的电子密度需要通过某种方式来更新，然后回到步骤 (2)，直到最后两个电子密度一致为止。

在这个迭代过程中，忽略了很多重要的细节（如两个电子密度差值是多少时，认为他们是相等的？如何更新电子密度，如何定义初始密度?），但是这种迭代方法可以保证 Kohn-Sham 方程的解是自洽的。

10.2.3 交换关联泛函

前面已经讲过，如果想得到薛定谔方程的基态能量，但是由于多体问题导致求解十分困难。而 Kohn，Hohenberg 和 Sham 等人的工作表明，这个基态能量可以通过最小化一个能量泛函的能量得到，而最小化能量过程可以通过单个粒子方程组的自洽计算得到。这个过程可以完美解决计算薛定谔方程的问题，除了一个关键的地方：求解 Kohn-Sham 方程时，需要指定一个交换关联函数 $E_{XC}[\{ci\}]$。从式（10-6）和式（10-7）可知，$E_{XC}[\{ci\}]$ 的定义非常困难。

实际上，研究者并不清楚交换关联泛函的真实形式，尽管 Hohenberg-Kohn 定理肯定它确定存在。幸运的是，对于均匀电子气这种情形，该泛函可以直接导出。在此情形下，电荷密度在空间所有点上都是常数，即 $n(\boldsymbol{r})$ = 常数。对于任何真实材料而言，这种情形的意义可能不大，其原因在于：正是由于电荷密度的变化才确定了化学键，也才使材料更有意义。但均匀电子气给出了实际使用 Kohn-Sham 方程的可行方法。为了做到这一点，研究者把每个位置的交换关联势能都设定为已知的交换关联势能，这个已知的交换关联势能是根据该位置所观测到的电荷密度，由均匀电子气得到，即：

$$V_{XC}(\boldsymbol{r}) = V_{XC}^{\text{electron gas}}[n(\boldsymbol{r})] \tag{10-11}$$

这个近似方法只用了局域密度来近似计算交换关联泛函，因此称为局域密度近似（LDA，Local Density Approximation）。通过 LDA 方法可以完全确定地写出 Kohn-Sham 方程，但需要注意的是：用这些方程所得的结果并不能严格求解真实的 Schrodinger 方程，因为并没有使用真实的交换关联泛函。

在 DFT 计算中，LDA 并不是唯一可以用来近似的泛函。开发能更正确反映自然规律的泛函，仍然是目前量子化学界研究的重要领域之一。在大量的物理问题中，有很多结果良好且应用广泛的近似泛函。最著名的一类泛函利用了局域电子密度和电子密度中局域梯度的信息，被称为广义梯度近似法（GGA）。需要说明的是，LDA 并非是用于求解 DFT 计算的唯一泛函。开发出更接近实际情形的泛函，仍是量子化学领域中一个重要的、活跃的研究方向。最为广泛知名的一类泛函是局域电荷密度和电荷密度上的局域梯度，这种方法所给出的就是广义梯度泛函（GGA，Generalized Gradient Approximation）。它吸引人的地方在于：相比于 LDA，GGA 包含有更多的物理信息，因此理应结果会更为精确，虽然结果并不总是如此。

把电子密度梯度的信息包含到 GGA 泛函的方式很多，因此有很多不同的 GGA 泛函。在涉及晶体的计算过程中，使用最多的是 Perdew-Wang 泛函（PW91）和 Perdew-Burke-Ernzerhof 泛函（PBE），它们都是 GGA 泛函。除此之外，还有其他十几种其他的 GGA 泛函也被开发和应用，特别是用于孤立分子的计算。针对某一特定的原子集合，不同的泛函往往会给出不同的计算结果，因此在计算时，都有必要说明在计算中所使用的具体泛函，而不是简单标注为“DFT 计算”。

GGA 泛函包含了来自电荷密度和电荷密度的梯度信息，这表明研究者可以根据更多其他物理信息，建立更加复杂的泛函。事实上，目前已经可以构造一个泛函层次结构，随层次升高，则逐步包含了更多的物理信息。

10.3 量子化学概述

求解薛定谔方程的数值解并不只有 DFT 一种方法，还有其他方法可供选择。本节简要介绍量子化学领域内的其他计算方法。

10.3.1 局域和空间扩展函数

量子化学计算通常根据他们所用的函数类型来进行分类，从广义上讲，使用的函数有空间局域化函数或空间扩展函数。空间局域函数的图形，如图 10-1 所示，其函数关系：

$$f(x) = f_1(x) + f_2(x) + f_3(x) \tag{10-12}$$

式中，$f_1(x) = \exp(-x^2)$；$f_2(x) = x^2\exp(-x^2/2)$；$f_3(x) = \frac{1}{10}x^2(1-x)^2 \times \exp(-x^2/4)$。

图 10-1 同时也提供了 f_1，f_2 和 f_3 的函数图像。这些函数的一个特点就是当 x 的绝对值增大的时候，函数值快速趋近 0。这种特征非常适合表示孤立原子的波函数或电子密度，即研究者可以将多个具有不同空间范围、对称性等的单个函数组合起来定义一个整体函数。研究者可以在这个最终函数中包含更多的信息，通过在其定义中包含更多的子函数。此外，研究者可以简单地对每个原子使用一组合适的局域函数来建立描述多个原子的函数。

空间局域函数是研究孤立分子量子化学的一个极其有用的方法，因为孤立分子的波函数确实在远离分子的地方衰减到零。

如果研究者要研究诸如固体硅中的原子或金属催化剂内部原子等块体物质，仍然可以使用空间局域函数来描述每个原子，并将这些函数迭加起来描述整体材料，但这样做并不是唯一的方法。对于此类物质，通常采用周期函数来描述波函数或电子密度。空间周期性函数的图形，如图 10-2 所示，其即为式（10-13）所示的函数关系：

$$f(x) = f_1(x) + f_2(x) + f_3(x) \tag{10-13}$$

式中，$f_1(x)=\sin^2\left(\frac{\pi x}{4}\right)$；$f_2(x)=\frac{1}{3}\cos^2\left(\frac{\pi x}{2}\right)$；$f_3(x)=\frac{1}{10}\sin^2(\pi x)$。

由式（10-13）可知：最终结果呈现周期性的特征，即对于任意的 n，都有 $f(x+4n)=f(x)$。该类函数适合于描述块体材料，因为对于无缺陷材料，电子密度和波函数实际上是空间周期函数。

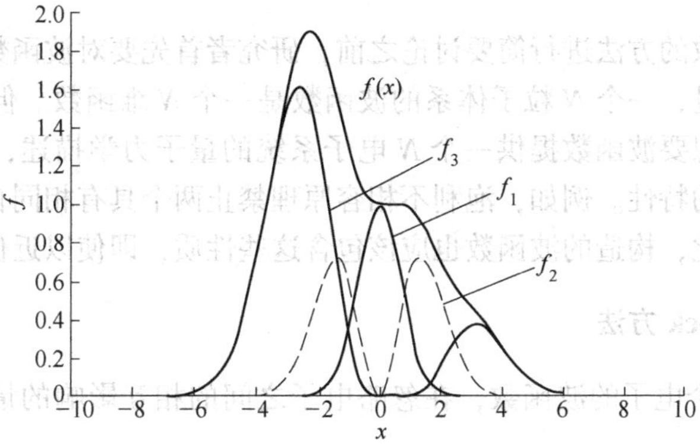

图 10-1　空间局域函数的曲线

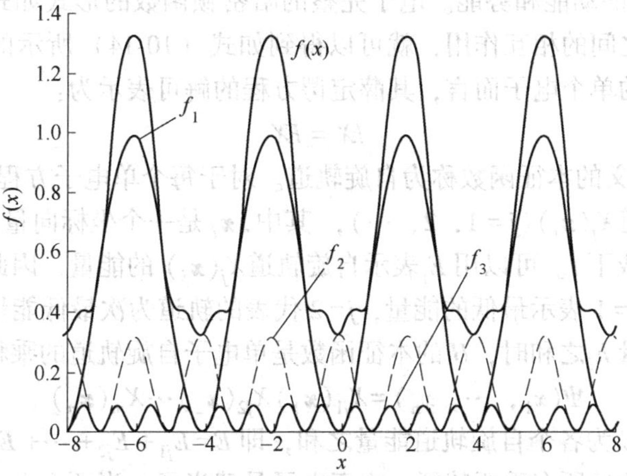

图 10-2　空间周期性函数

由于空间局域化函数是孤立分子的自然特征，在计算化学领域内发展起来的量子化学方法主要是基于这些函数。相反，由于物理学家历来对块体材料的关注程度高于单个分子，在物理学界发展起来的求解薛定谔方程的数值方法主要是空间周期函数。这两种方法没有对错之分，他们各有优缺点。

10.3.2　基于波函数的方法

量子化学计算还可以根据其需要计算的量进行分类。在前面的关于 DFT 的介绍内容中，研究者重点关注的是计算电子密度，而不是电子的波函数。然而，计算完整的电子波函数有很多种方法，这些基于波函数的方法与 DFT 计算相比的优势体现在：其有一个良好的计算框架，在不考虑计算时间的情况下，可以收敛到薛定谔方程的精确解。自从1998年的诺贝尔化学奖颁发给了 Walter Kohn 和 John Pople，表彰他们分别在奠定 DFT 基础理论和开发计算原子和分子电子结构的量子化学计算机代码方面的开创性工作以来，DFT 和基于波函数的方法之间的强联系及其在科学研究中重要性就被广泛认同。这也是诺贝尔奖第一次颁发给一种数值计算方法（或更确切地说是一类数值计算方法），而不是一个独特的科学发现。

在对基于波函数的方法进行简要讨论之前，研究者首先要对波函数描述的常用方式进行描述。前面提到过，一个 N 粒子体系的波函数是一个 N 维函数。但是波函数到底是什么呢，因为研究者想要波函数提供一个 N 电子系统的量子力学描述，这些波函数必须满足真实电子所具备的特性。例如，泡利不相容原理禁止两个具有相同自旋的电子同时存在于相同的轨道。因此，构造的波函数也应该包含这些性质，即使以近似的方式得到实现。

10.3.3 Hartree-Fock 方法

如果要得到 N 个电子的波函数，在忽略电子之间的相互影响的情况下，电子的哈密顿量可以表示为：

$$H = \sum_{i=1}^{N} h_i \tag{10-14}$$

式中，h_i 表示电子 i 的动能和势能。电子完整的哈密顿函数的形式如式（10-1）所示，如果研究者忽略电子之间的相互作用，就可以得到如式（10-14）所示的形式。对于用这种方式计算哈密顿量的单个电子而言，其薛定谔方程的解可表示为：

$$h\chi = E\chi \tag{10-15}$$

式（10-15）定义的本征函数称为自旋轨道。对于每个单电子方程都有多个本征函数，因此有一组自旋轨道 $\chi_j(\boldsymbol{x}_i)(j=1, 2, \cdots)$，其中，$\boldsymbol{x}_i$ 是一个坐标向量，它表示电子 i 的位置和自旋状态（上或下）。可以用 E_j 表示自旋轨道 $\chi_j(\boldsymbol{x}_i)$ 的能量，因此可以进行标记来比较他们的能量，如 $j=1$ 表示最低的能量，$j=2$ 代表的轨道为次最低能量等。当总哈密顿量只是单电子哈密顿量 h_i 之和时，H 的本征函数是单电子自旋轨道的乘积：

$$\Psi(x_1, \cdots, x_n) = \chi_{j1}(\boldsymbol{x}_1)\chi_{j2}(\boldsymbol{x}_2)\cdots\chi_{jn}(\boldsymbol{x}_n) \tag{10-16}$$

波函数的能量 E 为各个自旋轨道能量之和，即 $E=E_{j1}+E_{j2}+\cdots+E_{jn}$。但是，哈特里乘积并不能满足波函数的所有重要特征。由于电子是费米子，当两个电子互换位置后，其波函数的符号要发生变化，这就是反对称原则。如果电子位置发生变化，但哈特里乘积符号没变的话，无疑是一个严重的缺陷。因此，可以采用 Slater 行列式来得到波函数的更好近似。在一个 Slater 行列式中，N 个电子波函数是由满足反对称原理的单个电子波函数组合而成。这是通过将整体波函数表示为单电子波函数矩阵的行列式来实现。为了更好理解这种方法，以两个电子的情况为例来观察该行列式如何表达。对于两个电子，Slater 行列式可表示为：

$$\Psi(x_1, x_2) = \frac{1}{\sqrt{2}}\det\begin{bmatrix}\chi_j(\boldsymbol{x}_1) & \chi_j(\boldsymbol{x}_2)\\ \chi_k(\boldsymbol{x}_2) & \chi_k(\boldsymbol{x}_1)\end{bmatrix} = \frac{1}{\sqrt{2}}[\chi_j(\boldsymbol{x}_1)\chi_k(\boldsymbol{x}_1) - \chi_j(\boldsymbol{x}_2)\chi_k(\boldsymbol{x}_2)] \tag{10-17}$$

式（10-17）中，系数 $1/\sqrt{2}$ 仅是一个归一化因子。该表达式符合电子交换的物理规律：如果两个电子交换，它会改变符号。这个表达式还有其他优点，例如，它不区分电子，如果两个电子有相同的坐标或波函数，这个行列式的值为 0。这意味着 Slater 行列式满足泡利不相容原理。此外，Slater 行列式可以简单的扩展到 N 个电子的情况，即单个电子自旋轨道的 $N \times N$ 矩阵。使用 Slater 行列式，可以确保薛定谔方程的解包含了交换关系，但是为了得到更高的计算精度，研究者还需要定义其他的电子关联式。

在 Hartree-Fock（HF）计算过程中，研究者固定原子核的位置，旨在确定 N 个相互作用电子的波函数。描述 HF 计算要确定它首先求解什么方程。对于每一个电子，薛定谔方程可以表示为：

$$\left[\frac{h^2}{2m}\nabla^2 + V(\boldsymbol{r}) + V_{\mathrm{H}}(\boldsymbol{r})\right]\chi_j(\boldsymbol{x}) = E_j\chi_j(\boldsymbol{x}) \tag{10-18}$$

上式左边第三项就是哈特里势能：

$$V_{\mathrm{H}}(\boldsymbol{r}) = e^2\int \frac{n(\boldsymbol{r}')}{|\boldsymbol{r} - \boldsymbol{r}'|} d^3 r' \tag{10-19}$$

简单而言，这意味着单个电子感受到的所有其他电子的作用只是平均值，而不是感受到随着电子在空间上变得接近而产生的瞬间变化的斥力。比较式（10-18）和 Kohn-Sham 方程式（10-8），可以发现这两组方程唯一的区别是 Kohn-Sham 方程中出现了附加交换关联势能项。

为了完整描述 HF 方法，研究者还需要定义上面的单电子方程解的表达形式，以及这些解是如何组成 N 个电子波函数的。HF 方法假定完整波函数可以用单个 Slater 行列式近似，这意味着可以得到单电子方程的 N 个最低能量的自旋轨道，$\chi_j(\boldsymbol{x})$，$j=1$，…，N，总波函数由这些自旋轨道的 Slater 行列式得到。

要在实际计算中实际求解单电子方程，由于不能在计算机上描述任意连续函数，因此必须用有限的信息量来定义自旋轨道。为了做到这一点，研究者定义了一组可加在一起的有限函数来近似精确的自旋轨道。如果把有限集函数写成 $\varphi_1(\boldsymbol{x})$，$\varphi_2(\boldsymbol{x})$，…，$\varphi_K(\boldsymbol{x})$，那么自旋轨道近似为：

$$\chi_j(\boldsymbol{x}) = \sum_{i=1}^{K} \alpha_{j,\,i}\,\varphi_i(\boldsymbol{x}) \tag{10-20}$$

当使用该表达式时，研究者只需要找到系数 $\alpha_{j,\,i}$(其中 $i=1$，…，K；$j=1$，…，N）来计算 HF 方法中的所有自旋轨道。$\varphi_1(\boldsymbol{x})$，$\varphi_2(\boldsymbol{x})$，…，$\varphi_K(\boldsymbol{x})$ 方程的集合称为基组，可以直观的发现，当使用较大的基组（即增加 K）准确性会提高，但计算时间会增加。同样，选择与实际材料中出现的自旋轨道类型非常接近的基函数，也可以提高 HF 计算的精度。正如前面所提到的选择依据，应该根据所考虑的材料类型不同而选择不同的函数形式。

现在，进行 HF 计算的所有部分已经准备齐全：包括一个单个电子自选轨道展开的基组，一组自旋轨道必须满足的方程，以及当自旋轨道计算出来后的一个最终波函数的表达方式。但是，仍有一个关键的地方没有解决，在前面讨论 Kohn-Sham 方程时也出现了这种情况。为得到自旋轨道，必须求解单电子方程，要在单电子方程中定义哈特里势，必须知道电子密度，但是要知道电子密度，研究者必须定义电子波函数，它是利用单个自旋轨道进行计算。要解决这个循环过程，仍旧需要设计迭代过程，HF 计算的迭代过程可以概述如下：

（1）通过指定扩展系数 $\alpha_{j,\ i}$ 来计算自旋轨道的初值，$\chi_j(\boldsymbol{x}) = \sum_{i=1}^{K} \alpha_{j,\ i}\,\varphi_i(\boldsymbol{x})$。

（2）通过自旋轨道的计算值来计算电子密度 $n(\boldsymbol{r}')$。

（3）使用第（2）步得到的电子密度来计算单个电子的自旋轨道。

（4）如果第（3）步得到自旋轨道与第（2）步使用的自旋轨道一致，则计算的自旋轨道就可以作为 HF 方法的解。如果不一致，则需要重新估算一个自旋轨道，然后返回到第（2）步重新计算。

这个过程与在 DFT 计算中求解 Kohn-Sham 方程的迭代方法极其相似。正如前面所述，实际做 HF 计算时，还需要细化很多重要内容。比如：如何决定两组自旋轨道是否一致，相差多少时可以认为是一致的？在步骤（4）中如何更新自旋轨道，使整体计算可以收敛到一个解？一个基组应该设置多大才比较合适？如何得到一个有用的自旋轨道的初始？如何有效地找到单电子方程解的展开系数？这些问题的详细解决过程超过了本章的范围，读者可以在其他书籍上找到答案。

10.4 DFT 局限性

在进行 DFT 计算时，需要时刻注意到 DFT 计算结果只是薛定谔方程的近似解，这个误差产生的原因是 Hohenberg-Kohn 定理所适用的精确泛函是未知的。因此，当进行 DFT 计算时，DFT 计算的能量与薛定谔方程的真实基态能量之间存在内在的差异性。在大部分情况下，除了与实验测量进行比较外，没有直接的方法来估计这种不确定度的大小。但是在许多物理情况下，DFT 计算的准确性足以对复杂材料的性能做出有力的预测。

有些场合，DFT 计算结果存在与实际情况偏差较大的情况。下面简要讨论存在这类问题的一些最常见的情景。DFT 计算精度有限的第一种情况是电子激发态的计算。通过回顾 Hohenberg-Kohn 定理的描述，可以大致理解这一点：这些定理只适用于计算基态能量。当然可以从 DFT 计算中对激发态做出预测，但是这些预测与对基态性质的类似预测在理论上并不一致。

DFT 中一个众所周知的不准确性是在计算半导体和绝缘材料时，对带隙的低估。在孤立的分子中，单个电子可以获得的能量构成一个离散的集合（通常用分子轨道来描述）。在晶体材料中，这些能量必须用称为能带的连续函数来描述。金属和绝缘体最简单的定义是，按照泡利不相容原理，如果下一个可用的电子能级比最高占据态能级的能量高无限小，那么该物质就可以认为是一种金属；如果下一个可用的电子能级比最高占据态能级的能量小到一定数值，则该物质不是金属，且这两个能级差就是带隙。根据惯例，具有“大”带隙的材料（即多个电子伏特的带隙）称为绝缘体，而具有“小”带隙的材料称为半导体。使用现有泛函的标准 DFT 计算对带隙的精度有限，与实验数据相比，误差通常大于 1eV。即使使用精确的 Kohn-Sham 交换相关泛函来计算，也会遇到相同的问题。

DFT 计算给出不准确结果的另一种情况是，原子和分子之间存在的弱范德华引力。要发现这种相互作用的存在，只需要考虑一个简单的分子，如 CH_4（甲烷）。甲烷在足够低的温度和足够高的压力下会成为液体。甲烷长距离输送时，以液体形式输送远比作为气体更经济。但要成为液体，CH_4 分子之间必须存在相互作用，这种相互作用就是范德华相互作用。从根本上考虑，范德华相互作用，是由于 1 个分子电子密度的暂时性波动与另 1 个分子中电子对这些波动响应的能量之间存在关联而发生。这种描述已经暗示了用 DFT 描述这些相互作用比较困难的原因：即范德华相互作用是长程电子相互作用的直接结果。为了从量子力学中准确计算这些相互作用的强度，必须采用基于波函数的高层次方法系统处理电子关联。例如，为了计算两个 H_2 分子之间存在的非常微弱的相互作用就采用了这种方法，从实验结果可知，两个 H_2 分子在其最稳定的几何构型中的能量比长程分离的同一分子的能量低约 0.003eV。

DFT 还有 1 个根本的缺陷也比较重要，它源于与求解 DFT 数学问题的计算成本。通常涉及数十个原子的计算是常规计算，涉及数百个原子的计算虽然可行，但是具有挑战性，涉及 1000 个或更多原子的计算仅仅是可能的，且仅限于少部分人使用最先进的代码和高性能的计算机来实现。作为对比，1 个半径为 1mm 的水滴包含了 10^{11} 数量级的原子。在计算技术或代码效率方面没有显著增长之前，这种规模的原子集合无法直接使用 DFT 来计算。因此，任何使用 DFT 计算必须清楚地了解如何使用最少的原子来得到实际材料的相关物理信息。

10.5 DFT 计算案例——La 掺杂 TiO_2 性质计算

TiO_2 一般存在三种晶体形式：金红石相（Rutile，R-TiO_2）、锐钛矿相（Anatase，A-TiO_2）和板钛矿相（Brookite，B-TiO_2）。由于 B-TiO_2 不稳定，一般研究 R-TiO_2 和 A-TiO_2 性能较多。大量研究表明：A-TiO_2 光催化性能要比 R-TiO_2 好。因此，选用 A-TiO_2 作为考察的计算模型，通过对比其掺杂稀土原子前后的光催化性能的差异，为合成具有较高光催化活性的催化剂提供理论参考，并通过实验对 DFT 计算结果进行验证。

A-TiO_2 的空间群为 $I4_1/AMD$，晶格常数为 $a=b=0.3785$nm，$c=0.9512$nm，$\alpha=\beta=\gamma=90°$，其结构如图 10-3 所示。Ti 和 O 按照面心立方密堆积排列，每个 Ti^{4+} 位于 6 个 O^{2-} 组成的八面体中，八面体为共边连接。Material studio 软件中自带的 A-TiO_2 的晶体结构图（图 10-3），每个晶胞中包含 4 个 Ti 和 8 个 O 原子。

为了方便数据对比和计算其他离子掺杂，在构建超晶胞模型时，理论上模型大小与实际材料相近时计算结果最准确，但 DFT 理论的计算量以模型内电子平面波数目的 3 次方增长，过大的模型将超出服务器计算能力。在 La 掺杂 TiO_2 的实验研究中，一般稀土掺杂浓度在 0.03%~0.5%。因此，为使掺杂模型中杂质比例尽可能接近试验值并减小计算量，选取沿 a 轴，b 轴分别重复 3 倍，c 轴 1 倍的 3×3×1 锐钛矿相超晶胞作为基础模型，原子总数为 108，其中 Ti 原子 36 个，O 原子 72 个（图 10-4）。由于 La 离子比 Ti 离子半径大较多，在保证晶体结构稳定条件下难以存在间隙掺杂，因此构建稀土掺杂锐钛矿相 TiO_2 超晶胞模型时仅考虑原子取代掺杂，即将超晶胞中某个位置 Ti 原子替换为 La 原子。为减小晶胞边界效应的影响，将位于超晶胞中心的 Ti 设置为取代 La 原子（图 10-5）。

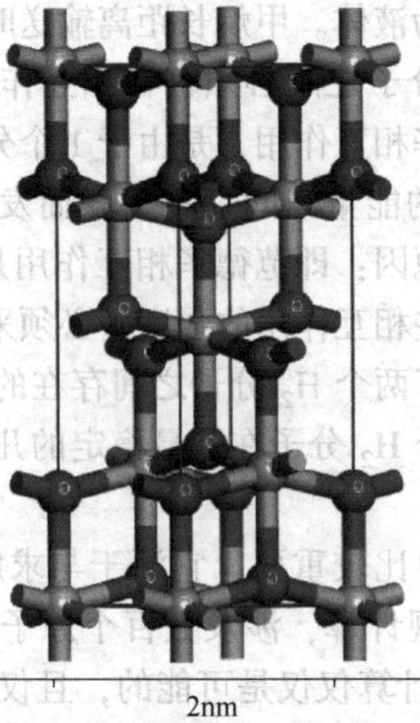

图 10-3 A-TiO_2 晶体结构（浅色为 Ti，深色为 O）

扫一扫看更清楚

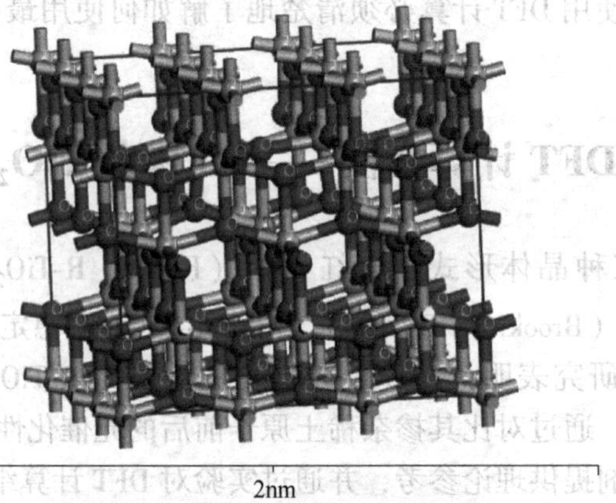

图 10-4 A-TiO_2 2×2×2 超晶胞

（灰色为 Ti，红色为 O，蓝色为 La）

扫一扫看更清楚

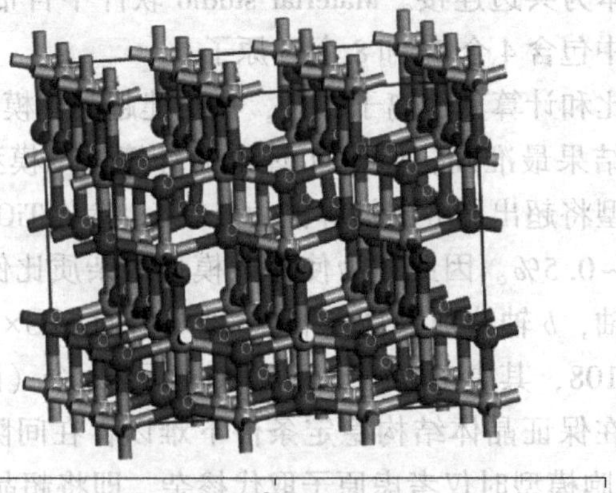

图 10-5 La 掺杂 A-TiO_2 超晶胞结构

（灰色为 Ti，红色为 O，蓝色为 La）

扫一扫看更清楚

基于密度泛函理论，采用第一性原理的超软赝势法。计算采用交换关联能应用 GGA 中的 PBE 函数。离子实与价电子间的相互作用由超软赝势（Ultrasoft Pseudopotential，US-PPs）描述，各元素赝势分别为：Ti(250eV)、O(340eV)、La(240eV)。几何优化及单点能计算均在倒易 k 空间中进行，第一布里渊区计算采用 1×1×2 的 Monkorst-Pack 特殊 k 点进行取样积分，快速傅里叶变换（FFT，Fast Fourier Transform）网格设置为：80×80×64。

通过收敛性测试，得到平面波的截断能为 450eV。当原子间力的距离为 0.1nm，则原子间相互作用的收敛标准为 0.1eV，内应力不大于 0.02GPa。通过 CASTEP 软件进行能量和几何优化，得到最低能量和最稳定的结构。在此基础上对结构进行分析，得到能带结构、禁带宽度、态密度及电子分布情况。纯 A-TiO_2 和掺杂了 La 的 A-TiO_2 的晶格常数见表 10-1。

表 10-1 纯 TiO_2 和掺杂 La 后 TiO_2 的晶格常数

项 目	a/nm	b/nm	c/nm	单点能/eV
纯 A-TiO_2 理论计算	0.3799	0.3799	0.9712	−99110.4
实验值	0.3785	0.3785	0.9742	
La 掺杂	0.3815	0.3815	0.9844	−98410.9

由表 10-1 可知，纯 A-TiO_2 的晶格参数为 $a=b=0.37991$nm，与实验值 0.3785 较为接近，最大误差在 0.38%内，表明构建模型及参数合理，计算结果具有一定可靠性。纯 A-TiO_2中 Ti^{4+}半径为 0.068nm，而 La^{3+}半径（0.1068nm）大于 Ti^{4+}，离子半径差异导致掺杂后 A-TiO_2 晶胞出现畸变，表现为原子位置偏移以及原子间键长拉伸或压缩，晶胞膨胀体积增大。除掺杂离子半径，原子间键长与掺杂元素核外电子数相关，即参与成键的价电子数越多，库仑排斥力越大，原子间距增大。Ti、La 的价电子数目分别为 12、11。当掺杂离子为 La^{3+}时，晶格常数 a、c 增大。由于离子半径增大及电子相互作用改变，掺杂晶体内平均键长增长，引起八面体扭曲，根据晶体场理论可知，晶格畸变将进一步导致内电场的产生，能够使激发态电子-空穴对在内电场作用下发生有效分离，提高 A-TiO_2 半导体催化剂的量子转化效率。因此，掺杂了 La 的 A-TiO_2 在量子转化效率上要比纯 A-TiO_2 高。掺杂 La 之后，体系的单点能升高，表明掺杂 La 之后，体系稳定性降低，较难形成稳定结构，在制备过程中需要提供足够的能量才能达到稳定结构。纯 A-TiO_2 和掺杂 La 原子后的 A-TiO_2 的能带结构图分别如图 10-6 和图 10-7 所示。

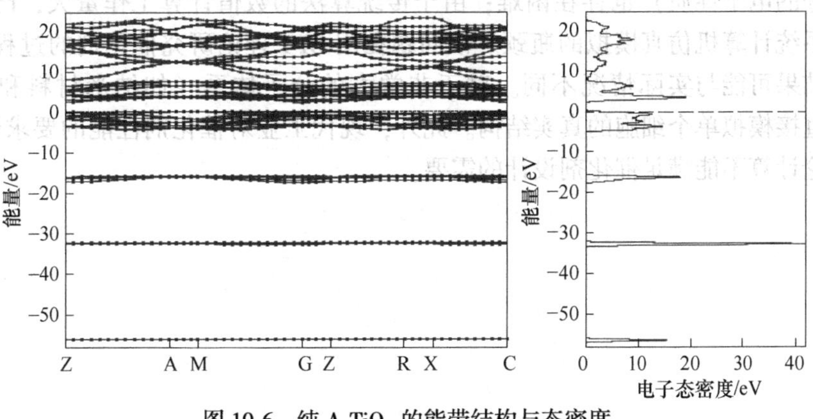

图 10-6 纯 A-TiO_2 的能带结构与态密度

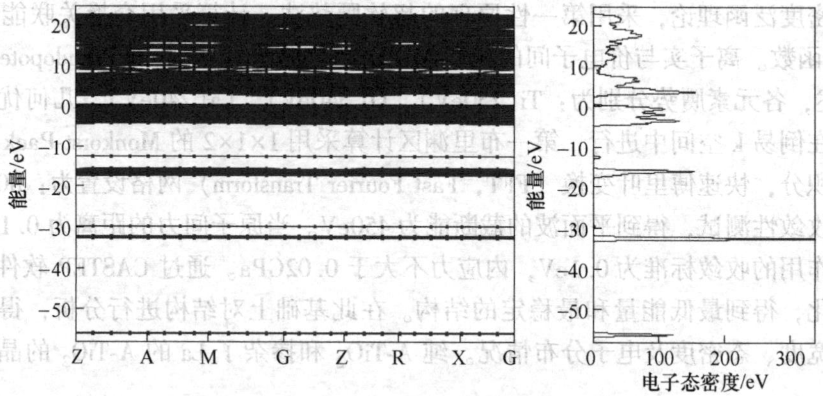

图 10-7 La 掺杂 A-TiO_2 的能带结构与态密度

从图 10-6 和图 10-7 可以看出，纯 A-TiO_2 的禁带宽度为 2.121eV，与实验值(3.23eV) 相比差距较大，这是由于软件基于 DFT 理论，对强关联轨道不能完全真实的表示，致使计算带隙较实验值偏低，但是这个值与其他理论计算的结果偏差较小，并不影响对禁带及电子结构的分析，并且其相对值是准确的。La 的加入对晶格电子轨道的影响较大，掺杂晶体费米能级升高，能带下移，上价带轨道能量分布范围为 −12.722 ~ −10.658eV，带宽 8.063eV。而纯 A-TiO_2 上价带轨道能量分布范围为 −15.919 ~ −10.626eV，带宽 110.293eV。光生空穴的氧化能力由价带顶的位置决定，价带顶的能级越低，空穴的氧化能力越强。所以 La 的加入提高了光生空穴的氧化能力。与纯 A-TiO_2 相比，La-TiO_2 导带宽度为 2.100eV。相对于纯 A-TiO_2 要小，说明掺杂 La 后，体系对光的吸收发生了红移，可吸收低能量的光。

目前，基于 DFT 理论的量子化学计算，不仅成为学术界理论研究的有力工具，而且越来越被工业界所接受。它解决了原子、分子和凝聚态物理中的许多问题，如化学反应、生物分子的结构和材料的电子结构等问题，因此被广泛应用于化工、生物和电子等领域。然而，DFT 理论仍存在一些问题，如大原子数复杂体系、强关联问题、激发态问题，以及中程和长程相互作用的处理等。

在 DFT 理论中的 LDA 方法的框架内计算半导体或绝缘体材料的电子结构时，存在计算得到的带隙偏小的问题；研究具有电子强关联效应的材料（如高温超导材料和过渡金属氧化物等的电子性质）也存在困难；由于传统算法的数值计算工作量大，已成为制约大型复杂系统计算机仿真模拟的瓶颈。该问题在用 DFT 理论研究催化剂的过程中同样存在，计算结果可能与实际情况不同。对于非常大的分子体系（如纳米材料和分子筛），DFT 不能直接模拟单个细胞的真实结构。此外，现代工业对催化剂性能的要求越来越高，单一的理论计算不能满足催化剂设计的需要。

参 考 文 献

[1] 韩维屏. 催化化学导论 [M]. 北京：科学出版社，2003.

[2] 黄仲涛，耿建铭. 工业催化 [M]. 4 版. 北京：化学工业出版社，2020.

[3] Guo J, Ye L, Li F F, et al. Metal-organic frameworks' tricks in asymmetric catalysis [J]. Chem. Catal., 2022 (2): 2986-3018.

[4] 阎守胜. 固体物理基础 [M]. 北京：北京大学出版社，2011.

[5] 陈敬中. 现代晶体化学 [M]. 北京：科学出版社，2010.

[6] Chen S L, Xiong F, Huang W X. Surface chemistry and catalysis of oxide model catalysts from single crystals to nanocrystals [J]. Surf. Sci. Rep., 2019 (74): 100471.

[7] Moisés R C, Braulio B, Samer A, et al. Heterogeneous Catalysis, Chapter 1: Understanding Heterogeneous Catalysis: A Brief Study on Performance parameters [M]. Amsterdam: Elsevier, 2022: 1-18.

[8] Jiang D, Wang W Z. Studies in Surface Science and Catalysis, Chapter 11: Fundamental Studies on Photocatalytic Structures with Well-defined Crystal Facets [M]. Amsterdam: Elsevier, 2017: 409-438.

[9] 赵振国. 吸附作用应用原理 [M]. 北京：化学工业出版社，2005.

[10] Langmuir I. The constitution and fundamental properties of solids and liquids. Part Ⅰ. Solids [J]. J. Am. Chem. Soc., 1916 (38): 2221-2295.

[11] Brunauer S, Emmett P H, Teller E. Adsorption of gases in multimolecular layers [J]. J. Am. Chem. Soc., 1938 (60): 309-319.

[12] Giovanni P, Samar A J, Corrado G. Heterogeneous catalysis, Chapter 3: Adsorption models, surface reaction, and catalyst architectures [M]. Amsterdam: Elsevier, 2022: 63-99.

[13] Julian R H R. Contemporary Catalysis, Chapter 2: Surfaces and Adsorption [M]. Amsterdam: Elsevier, 2019: 39-68.

[14] 张继光. 催化剂制备过程技术 [M]. 2 版. 北京：中国石化出版社，2011.

[15] 陈诵英，王琴. 固体催化剂制备原理与技术 [M]. 北京：化学工业出版社，2012.

[16] Marianna B, Agatino D P, Sedat Y, et al. Heterogeneous Photocatalysis, Chapter 2: Preparation of Catalysts and Photocatalysts Used for Similar Processes [M]. Amsterdam: Elsevier, 2019: 25-56.

[17] Guido B. Heterogeneous Catalytic Materials, Chapter 2: Preparation of Solid Catalysts: A Short Summary [M]. Amsterdam: Elsevier, 2014: 9-22.

[18] Bahareh A T M, Sonia E, Umema K, et al. Advances in Catalysis, Chapter One: A Review of Preparation Methods for Supported Metal Catalysts [M]. New York: Academic Press, 2017 (61): 1-35.

[19] 朱洪法，刘丽芝. 催化剂制备及应用技术 [M]. 北京：中国石化出版社，2011.

[20] 常翠荣，王华，韩金玉. 固体酸表面 B 酸和 L 酸与果糖转化制乳酸甲酯产物分布 [J]. 化工学报，2015, 66 (9): 3428-3436.

[21] 武鹏，丑维超，王鹏，等. 沉淀温度对费托合成沉淀铁催化剂性能的影响 [J]. 石油化工，2019 (48): 19-24.

[22] 莫建红，童志权，张俊丰. Mn/Co-Ba-Al-O 催化氧化 NO 性能研究 [J]. 环境科学学报，2007 (27): 1793-1798.

[23] 申志兵，柯明，张君涛，等. 水热处理对 Mo-Ni/Al_2O_3催化剂活性结构和催化硫醚化反应性能的影响 [J]. 石油学报 (石油加工)，2016 (32): 1106-1112.

[24] 赵建宏. 催化剂的结构与分子设计 [M]. 北京：中国工人出版社，1998.

[25] 黄仲涛，彭峰. 工业催化剂设计与开发 [M]. 北京：化学工业出版社，2009.

[26] 刘迎新，陈吉祥，张继炎，等. 氧化镧助剂对镍/二氧化硅催化剂结构和加氢性能的影响 [J]. 化

工学报，2005（11）：82-86.

[27] Zheng Y，Li X，Dutta P K. Exploitation of unique properties of zeolites in the development of gas sensors [J]. Sensors，2012（12）：5170-5194.

[28] Zou W，Gonzalez R D，Lopez T，et al. The effect of precursor structure on the preparation of Pt/SiO_2 catalysts by the sol-gel method [J]. Mater. Lett.，1995（24）：35-39.

[29] Nagarale R K，Shina W，Singh P K. Progress in ionic organic-inorganic composite membranes for fuel cell applications [J]. Polym. Chem.，2010（1）：388-408.

[30] Corriu R J P，Leclercq D. Recent developments of molecular chemistry for sol-gel processes [J]. Angew. Chem. Internat. Edit.，1996（35）：1420-1436.

[31] 辛勤、罗孟飞、徐杰. 现代催化研究方法新编（上、下册）[M]. 北京：科学出版社，2018.

[32] 赵地顺. 催化剂评价与表征 [M]. 北京：化学工业出版社，2011.

[33] Deepa D，Vasant R C. Advanced functional solid catalysts for biomass valorization，Chapter 3：Properties of functional solid catalysts and their characterization using various analytical techniques [M]. Amsterdam：Elsevier，2020：77-88.

[34] Shu Q；Liu X Y，Huo Y T，et al. Construction of a Brönsted-Lewis solid acid catalyst La-PW-SiO_2/SWCNTs based on electron withdrawing effect of La(Ⅲ) on π bond of SWCNTs for biodiesel synthesis from esterification of oleic acid and methanol [J]. Chinese. J. Chem. Eng.，2022（44）：351-362.

[35] 王幸宜. 催化剂表征 [M]. 上海：华东理工大学出版社，2008.

[36] 舒庆，侯小鹏，唐国强，等. 新型 Lewis 固体酸 Ce^{3+}-Ti^{4+}-SO_4^{2-}/MWCNTs 制备及催化酯化反应合成生物柴油性能研究 [J]. 燃料化学学报，2017，45（1）：65-74.

[37] Sedat Y，Corrado G，Levent Ö，et al. Heterogeneous Photocatalysis，Chapter 4：(Photo) catalyst characterization techniques：adsorption isotherms and BET，SEM，FTIR，UV-Vis，photoluminescence，and electrochemical characterizations [M]. Amsterdam：Elsevier，2019，87-152.

[38] E. Principi，Polymer Electrolyte Membrane and Direct Methanol Fuel Cell Technology，Chapter 1：Extended X-ray absorption fine structure（EXAFS）technique for low temperature fuel cell catalysts characterization [M]. Sawston，Woodhead Publishing，2012（2）：3-25.

[39] Basrur A，Sade D. Industrial Catalytic Processes for Fine and Specialty Chemicals，Chapter 4：Catalyst Synthesis and Characterization [M]. Amsterdam：Elsevier，2016，113-186.

[40] Chen H D，Shu Q. Construction of a ternary staggered heterojunction of ZnO/g-C_3N_4/AgCl with reduced charge recombination for enhanced photocatalysis [J]. Environ. Sci. Pollut. R.，2022，1-16.

[41] 舒庆，侯小鹏，唐国强，等. 氟离子与磺化反应改性多壁纳米碳管催化剂的制备、表征及催化酯化反应合成油酸甲酯性能研究 [J]. 无机化学学报，2016，32（10）：1791-1801.

[42] Yi X F，Zheng A M，Liu S B. Annual reports on NMR spectroscopy，Chapter two：Acidity characterization of solid acid catalysts by solid-state ^{31}P NMR of adsorbed phosphorus-containing probe molecules：An update [M]. New York：Academic Press，2020（101）：65-149.

[43] 舒庆，唐国强，刘峰生，等. 新型 Brönsted~Lewis 酸性催化剂 $LaPW_{12}O_{40}$/SiO_2制备及其在催化酯化反应合成生物柴油中的应用 [J]. 燃料化学学报，2017，45（8）：939-949.

[44] Colin E S，Miguel C D，Youva R T，et al. Studies in surface science and catalysis，characterisation of coke on deactivated hydrodesulfurisation catalysts and a novel approach to catalyst regeneration [M]. Amsterdam：Elsevier，2001（139）：359-365.

[45] Wang B X，Shu Q，Chen H D，et al. Copper-Decorated $Ti_3C_2T_x$ MXene Electrocatalyst for Hydrogen Evolution Reaction [J]. Metals，2022，12（12）：1-14.

[46] 朱永法，姚文清，宗瑞隆. 光催化：环境净化与绿色能源应用探索 [M]. 北京：化学工业出版

社，2015.

[47] Gao W S, Zhang S R, Wang G Q, et al. A review on mechanism, applications and influencing factors of carbon quantum dots based photocatalysis [J]. Ceram. Internat., 2022 (48): 35986-35999.

[48] Timothy N, Eli Z C. The promise and pitfalls of photocatalysis for organic synthesis [J]. Chem. Catal., 2022 (2): 468-476.

[49] Gong Y N, Guan X Y, Jiang H L. Covalent organic frameworks for photocatalysis: Synthesis, structural features, fundamentals and performance [J]. Coordin. Chem. Rev., 2023 (475): 214889.

[50] Wang Z H, Li Y Y, Wu C, et al. Electric-/magnetic-field-assisted photocatalysis: Mechanisms and design strategies [J]. Joule, 2022 (6): 1798-1825.

[51] Ansaf V K, Sukanya K, Amritanshu S. An overview of heterogeneous photocatalysis for the degradation of organic compounds: A special emphasis on photocorrosion and reusability [J]. J. Indian. Chem. Soc., 2022 (99): 100480.

[52] Xu Y Y, Li S, Chen M, et al. Carbon-based nanostructures for emerging photocatalysis: CO_2 reduction, N_2 fixation, and organic conversion [J]. Trends. Chem., 2022 (4): 984-1004.

[53] Zhang Y F, Liu H X, Gao F X, et al. Application of MOFs and COFs for photocatalysis in CO_2 reduction, H_2 generation, and environmental treatment [J]. Energy Chem, 2022 (4): 100078.

[54] Hamidah A, Md M R K, Huei R O, et al. Modified TiO_2 photocatalyst for CO_2 photocatalytic reduction: An overview [J]. J. CO_2. Util., 2017 (22): 15-32.

[55] Teh C M, Mohamed A R. Roles of titanium dioxide and ion-doped titanium dioxide on photocatalytic degradation of organic pollutants (phenolic compounds and dyes) in aqueous solutions: a review [J]. J. Alloy. Compound., 2011 (509): 1648-1660.

[56] Saeid A, Shohreh F, Jalal S R, et al. One-step photocatalytic benzene hydroxylation over iron (Ⅱ) phthalocyanine: A new application for an old catalyst [J]. J. Photoch. Photobio. A., 2020 (392): 112412.

[57] Akira F, Kenichi H. Electrochemical photolysis of water at an emiconductor electrode [J]. Nature, 1972 (238): 37-38.

[58] 孙世刚，陈胜利. 电化学丛书：电催化 [M]. 北京：化学工业出版社，2013.

[59] John A K, James R M, Joshua D S, et al. Deeper learning in electrocatalysis: realizing opportunities and addressing challenges [J]. Curr. Opin. Chem. Eng., 2022 (36): 100824.

[60] Li W, Yuan C. Degradation of carbon materials in electrocatalysis [J]. Curr. Opin. Chem. Eng., 2022 (36): 101159.

[61] Andrew R A. Electrocatalysis on oxide surfaces: Fundamental challenges and opportunities [J]. Curr. Opin. Chem. Eng., 2022 (35): 101095.

[62] Tian J K, Shen Y Q, Liu P Z, et al. Recent advances of amorphous-phase-engineered metal-based catalysts for boosted electrocatalysis [J]. J. Materi. Sci. Technol., 2022 (127): 1-18.

[63] Nawras A, Stephan N S. How are transition states modeled in heterogeneous electrocatalysis? [J]. Curr. Opin. Electroche., 2022 (33): 100940.

[64] Wang G, Jia S W, Gao H J, et al. The action mechanisms and structures designs of F-containing functional materials for high performance oxygen electrocatalysis [J]. J. Energy. Chem., 2023 (76): 377-397.

[65] Lu L, Cao X J, Huo J J, et al. High valence metals engineering strategies of Fe/Co/Ni-based catalysts for boosted OER electrocatalysis [J]. J. Energy. Chem., 2023 (76): 195-213.

[66] Du C, Li P, Zhuang Z H, et al. Highly porous nanostructures: Rational fabrication and promising application in energy electrocatalysis [J]. Coordin. Chem. Rev., 2022 (466): 214604.

[67] Lin J, Wang A Q, Qiao B T, et al. Remarkable performance of Ir_1/FeO_x single-atom catalyst in water gas shift reaction [J]. J. Am. Chem. Soc., 2013 (135): 15314-15317.

[68] Qiu H J, Ito Y, Cong W T, et al. Nanoporous graphene with single-atom nickel dopants: an efficient and stable catalyst for electrochemical hydrogen production [J]. Angew. Chem. Internat. Edit., 2015, 54 (47): 14031-14035.

[69] Hana L, Zhou X F, Wang X J, et al. One-step synthesis of single-site vanadium substitution in 1T-WS_2 monolayers for enhanced hydrogen evolution catalysis [J]. Nat. Commun., 2021, 12 (1): 709.

[70] Ghosh T K, Nair N N. Rh_1/γ-Al_2O_3 single-atom catalysis of O_2 activation and CO oxidation: mechanism, efects of hydration, oxidation state, and cluster size [J]. ChemCatChem, 2013 (5): 1811-1821.

[71] Spezzati G, Su Y Q, Hofmann J P, et al. Atomically dispersed Pd-O species on CeO_2(111) as highly active sites for low-temperature CO oxidation [J]. ACS. Catal., 2017 (7): 6887-6891.

[72] 罗一丹，薛名山. 稀土材料的催化应用 [M]. 北京：化学工业出版社，2021.

[73] 赵卓，彭鹏. 稀土催化材料：在环境保护中的应用 [M]. 北京：化学工业出版社，2013.

[74] Zhang N Q, Yan H, Li L C, et al. Use of rare earth elements in single~atom site catalysis: A critical review-Commemorating the 100th anniversary of the birth of Academician Guangxian Xu [J]. J. Rare. Earth., 2021 (39): 233-242.

[75] Hou Z Q, Pei W B, Zhang X, et al. Rare earth oxides and their supported noble metals in application of environmental catalysis [J]. J. Rare. Earth., 2020 (38): 819-839.

[76] Richard R A, Fan M H. Rare earth elements: Properties and applications to methanol synthesis catalysis via hydrogenation of carbon oxides [J]. J. Rare. Earth., 2018 (36): 1127-1135.

[77] Zhan W C, Guo Y, Gong X Q, et al. Current status and perspectives of rare earth catalytic materials and catalysis [J]. Chinese. J. Catal., 2014 (35): 1238-1250.

[78] Hossain K M, Rubel K H M, Akbar A M, et al. A review on recent applications and future prospects of rare earth oxides in corrosion and thermal barrier coatings, catalysts, tribological, and environmental sectors [J]. Ceram. Internat., 2022 (48): 32588-32612.

[79] Guan Y W, Lu E L, Xu X. Rare-earth mediated dihydrogen activation and catalytic hydrogenation [J]. J. Rare. Earth., 2021 (39): 1017-1023.

[80] Sun X C, Yuan K, Zhang Y W. Advances and prospects of rare earth metal~organic frameworks in catalytic applications [J]. J. Rare. Earth., 2020 (38): 801-818.

[81] Mohammed I. Environmental remediation and sustainable energy generation via photocatalytic technology using rare earth metals modified g-C_3N_4: A review [J]. J. Alloy. Compound., 2023, 931: 167469.

[82] Kapileswar S. Recent progress in rare-earth metal-catalyzed sp^2 and sp^3 C−H functionalization to construct C−C and C−heteroelement bonds: Dedicated to Prof. Asit K. Chakraborti on the occasion of his 68th birthday [J]. Org. Chem. Front., 2022 (9): 3102-3141.

[83] 胡英，刘洪来. 密度泛函理论 [M]. 北京：科学出版社，2016.

[84] Zhu H D, Liang Z Z, Xue S S, et al. DFT practice in Mxene-based materials for electrocatalysis and energy storage: From basics to applications [J]. Ceram. Internat., 2022 (48): 27217-27239.

[85] Luis M A. Nitrogen reduction reaction (NRR) modelling: A case that illustrates the challenges of DFT studies in electrocatalysis [J]. Curr. Opin. Electroche., 2022 (35): 101073.

[86] Shang Y, Duan X, Wang S, et al. Carbon-based single atom catalyst: Synthesis, characterization, DFT calculations [J]. Chinese. Chem. Lett., 2022 (33): 663-673.

[87] Fabiola D F, Marko M. Melander. Electrocatalytic rate constants from DFT simulations and theoretical models: Learning from each other [J]. Curr. Opin. Electroche., 2022 (36): 101110.

[88] Shen H, Ouyang T, Guo J, et al. A perspective LDHs/$Ti_3C_2O_2$ design by DFT calculation for photocatalytic reduction of CO_2 to C_2 organics [J]. Appl. Surf. Sci., 2023 (609): 155445.
[89] David D A. In Advances in Green and Sustainable Chemistry, Green Chemistry and Computational Chemistry, Chapter 13: Computational chemistry and the study and design of catalysts [M]. Amsterdam: Elsevier, 2022, 299-332.

冶金工业出版社部分图书推荐

书　名	作　者	定价(元)
稀土冶金学	廖春发	35.00
计算机在现代化工中的应用	李立清　等	29.00
化工原理简明教程	张廷安	68.00
传递现象相似原理及其应用	冯权莉　等	49.00
化工原理实验	辛志玲　等	33.00
化工原理课程设计(上册)	朱　晟　等	45.00
化工原理课程设计(下册)	朱　晟　等	45.00
化工设计课程设计	郭文瑶　等	39.00
水处理系统运行与控制综合训练指导	赵晓丹　等	35.00
化工安全与实践	李立清　等	36.00
现代表面镀覆科学与技术基础	孟　昭　等	60.00
耐火材料学(第2版)	李　楠　等	65.00
耐火材料与燃料燃烧(第2版)	陈　敏　等	49.00
生物技术制药实验指南	董　彬	28.00
涂装车间课程设计教程	曹献龙	49.00
湿法冶金——浸出技术(高职高专)	刘洪萍　等	18.00
冶金概论	宫　娜	59.00
烧结生产与操作	刘燕霞　等	48.00
钢铁厂实用安全技术	吕国成　等	43.00
金属材料生产技术	刘玉英　等	33.00
炉外精炼技术	张志超	56.00
炉外精炼技术(第2版)	张士宪　等	56.00
湿法冶金设备	黄　卉　等	31.00
炼钢设备维护(第2版)	时彦林	39.00
镍及镍铁冶炼	张凤霞　等	38.00
炼钢生产技术(高职高专)	韩立浩　等	42.00
炼钢生产技术	李秀娟	49.00
电弧炉炼钢技术	杨桂生　等	39.00
矿热炉控制与操作(第2版)	石　富　等	39.00
有色冶金技术专业技能考核标准与题库	贾菁华	20.00
富钛料制备及加工	李永佳　等	29.00
钛生产及成型工艺	黄　卉　等	38.00
制药工艺学	王　菲　等	39.00